D1693669

Der Hydraulik Trainer
Band 2

Proportional- und Servoventil-Technik

Lehr- und Informationsbuch
über hydraulische Proportional- und Servoventile
sowie elektronische Komponenten,
eingesetzt in Steuerungen und Regelkreisen.

Autorengemeinschaft
H. Dörr • R. Ewald • J. Hutter • D. Kretz • F. Liedhegener • A. Schmitt
Mannesmann Rexroth GmbH, Lohr am Main

M. Reik
HYDAC GmbH, Sulzbach

Herausgeber	Mannesmann Rexroth GmbH Postfach 340 D 8770 Lohr am Main Telefon (09352) 180 Telex 06-894 18
Druck	Schleunung Druck SD GmbH u. Co. KG graph. Betrieb Eltertstraße 27 D 8772 Marktheidenfeld
Lithographien	Held GmbH Offsetreproduktion Max-von-Laue-Str. 36 D 8700 Würzburg
Fotos und Darstellungen	Mannesmann Rexroth GmbH, Lohr HYDAC GmbH, Sulzbach
Druck-Nummer	RD 00303/01.86 (1.Auflage) ISBN 3-8023-0898-0

Vorwort

Ist die Proportional-Hydraulik der Vorbote einer Hybridtechnologie, die hydraulische Kraftübertragung mit der Präzision und Flexibilität elektronischer Steuerung vereinigt?

Diese Frage, Mitte der Siebziger Jahre gestellt, ist heute - nach dem jahrelangen, erfolgreichen Einsatz der Proportional-Hydraulik - eindeutig mit "Ja" zu beantworten.

Proportional-Hydraulik bietet Kraft und Flexibilität

Proportionalventile und -pumpen mit ihren Proportionalmagneten bieten die geeigneten Schnittstellen zur elektronischen Steuerung und damit zu mehr Flexibilität in den Arbeitsabläufen von Produktionsmaschinen, bis hin zu freiprogrammierbaren Steuerungen und Antrieben.

Die Proportional-Hydraulik schließt die Lücke zwischen konventioneller Schalthydraulik und Servohydraulik.
Sie ermöglichte und ermöglicht die Realisation neuer Maschinenkonzepte, sowohl an Serienmaschinen wie auch an Spezialmaschinen.

In kurzer Zeit hat sie einen angemessenen Platz in der hydraulischen Antriebs- und Steuerungstechnik eingenommen. Dabei kam ihr zugute, daß sich die Proportional-Hydraulik eher an der Schalthydraulik orientiert als an der Servohydraulik. Die Entwicklung von elektronischen Verstärkern, die überschaubar im Aufbau und in ihrer Funktionsweise sind, hat ein Übriges dazu beigetragen.

Die Kenntnis um die Möglichkeiten der Proportional-Hydraulik sind heute Basis zum erfolgreichen Planen von modernen, hydraulisch betriebenen Arbeitsmaschinen. Da Proportional-Hydraulik bereits heute in vielen Produktionsmaschinen - in nahezu allen Anwendungsgebieten der hydraulischen Antriebs- und Steuerungstechnik - vertreten ist, kommt dem Wissen um diese moderne Technik eine große Bedeutung zu.

Das Buch *"Der Hydraulik Trainer, Proportional- und Servoventil- Technik"* ist für Fortbildungswillige konzipiert, die sich mit dieser Technik vertraut machen wollen. Es ist geeignet für Einsteiger, wie auch für Aufsteiger in der Proportionalventil-Technik. Das Buch setzt beim Leser die Kenntnisse der Hydraulik-Grundlagen voraus, wie sie z.B. *"Der Hydraulik Trainer"* vermittelt.

Bewußt werden Proportional- und Servoventile in einem Buch behandelt, um einerseits die Berechtigung beider Techniken aufzuzeigen, andererseits aber auch klar zu machen, daß inzwischen ein fließender Übergang von der Proportional- zur Servoventiltechnik besteht. Es wird deutlich, daß die Proportional-Hydraulik keine "Low Cost-Servohydraulik" ist. Zum Verständnis der Ansteuerbeispiele ist Basiswissen der Elektrik von Vorteil. Spezielle Bausteine der elektronischen Verstärker werden jedoch in ihrer Funktionsweise erklärt. Über die Funktionsbeschreibung der hydraulischen und elektronischen Komponenten hinaus wird deren Zusammenwirken an Einsatzbeispielen aus der Praxis aufgezeigt. Ein umfangreiches Kapitel ist der Berechnung von Steuerungen unter Einsatz der Proportionalventil-Technik gewidmet. Der detailliert erläuterte Rechengang wird an einer realisierten Steuerung nachvollzogen.

Das Buch vermeidet allzu theoretische Überlegungen zu Regelsystemen, um den Einsteiger nicht zu überfordern und Schwellenängste vor der Proportional- und Servohydraulik gar nicht erst aufkommen zu lassen. Von der Steuerung zum Regelkreis erhält der Leser umfassende Informationen, die es ihm ermöglichen praxisgerechte Anwendungen zu realisieren. Beispiele ausgeführter Anlagen runden das Informationsangebot ab

In der beruflichen Fortbildung nehmen Themen, welche die Antriebs- und Steuerungstechnik betreffen einen immer breiteren Rahmen ein. Dieses Buch soll einen Beitrag leisten, daß sich der Leser auf dem aktuellen Stand dieser Techniken halten kann.

Mannesmann Rexroth GmbH
Lohr am Main

Inhaltsübersicht

Kapitel A

Einstieg in die Proportionalventil-Technik

Arno Schmitt

Die Proportionalventil – Technik

Die Proportionalventil – Technik, als Bindeglied zwischen Schalt – und Regelungstechnik, ist heute in der Hydraulik zu einem festen Begriff geworden. Sehr schnell wurden die Vorteile erkannt, die diese Technik bietet.

Was versteht man eigentlich in der Hydraulik unter der Proportional(ventil) – Technik?

Bild 1 soll zunächst den Signalablauf verdeutlichen:

Ein elektrisches Eingangssignal als Spannung (meist zwischen 0 und ± 9 V) wird in einem elektronischen Verstärker entsprechend der Spannungshöhe in einen elektrischen Strom umgesetzt. Z.B. 1mV = 1mA.

Proportional zu diesem elektrischen Strom als Eingangsgröße erzeugt der Proportionalmagnet die Ausgangsgröße Kraft und Weg.

Diese Größen Kraft bzw. Weg als Eingangssignal für das Hydroventil bedeuten proportional dazu einen bestimmten Volumenstrom oder einen Druck.

Für den Verbraucher und damit für das Arbeitselement an der Maschine bedeutet das, neben der Richtung, die stufenlose Beeinflussung von Geschwindigkeit sowie Kraft.

Gleichzeitig kann noch entsprechend dem zeitlichen Verlauf, z.B. Änderung des Volumenstromes in der Zeit, die Beschleunigung oder Verzögerung stufenlos beeinflußt werden.

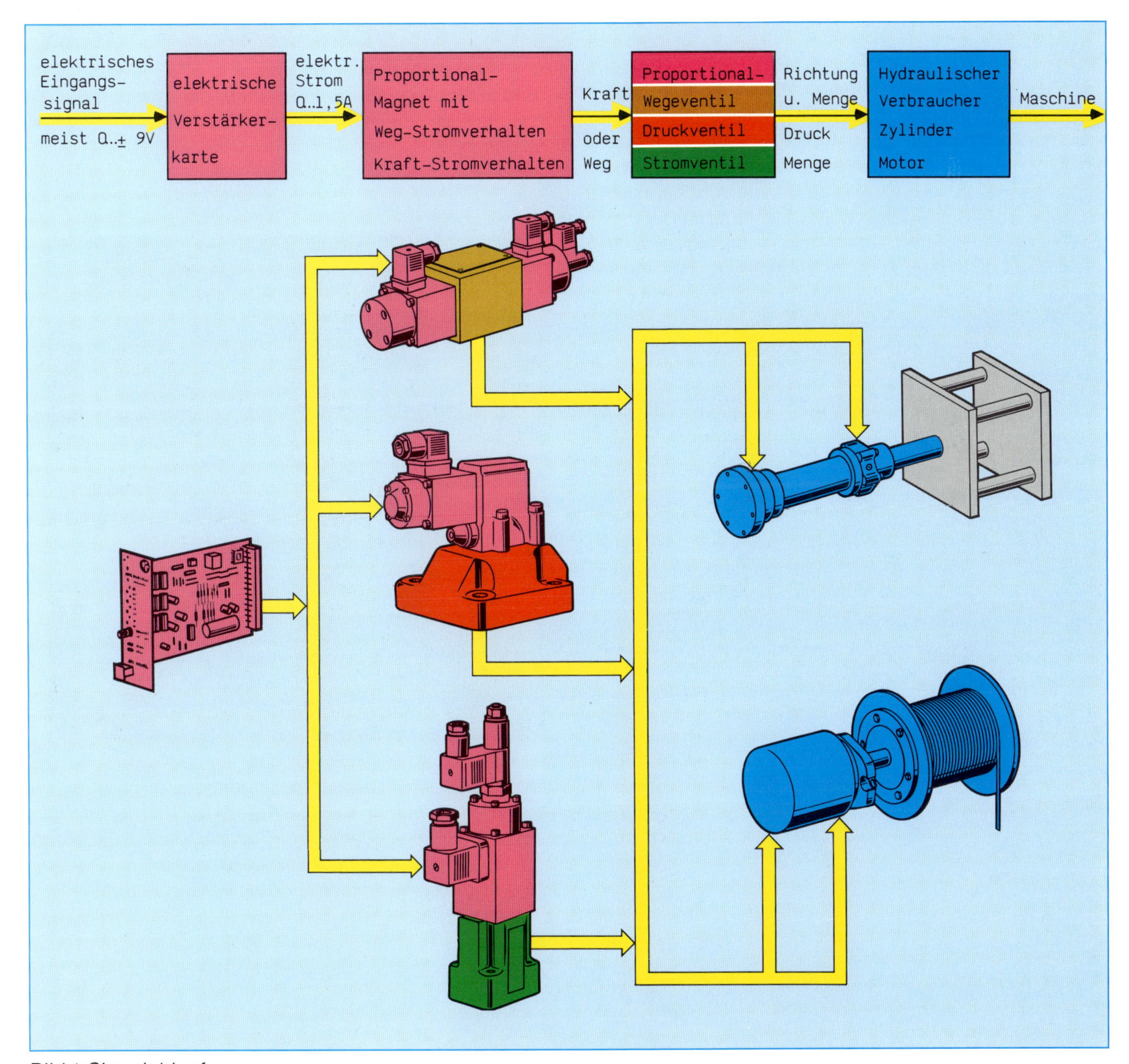

Bild 1 *Signalablauf*

Ein Beispiel verdeutlicht die Möglichkeiten mit der Proportionaltechnik.

Wir wollen die Schweißstraße in der Fertigung von Karosserien dazu hernehmen:

Bevor so mancher Autofahrer die Angaben zur Beschleunigung seines Wagens testen kann, brachten einzelne Bau – Gruppen des Autos schon während der Produktions – Phase ein äußerst "bewegtes" Leben hinter sich. Analysiert man das Diagramm im Bild 2 auf die Beschleunigung der Karosserie – Teile in einer Schweiß – Straße, so kommt man auf Werte, die umgerechnet einer Beschleunigung von 0 auf 100 km/h in ca. 11 Sekunden entspricht.

In der Schweiß – Straße erfolgt die Zusammenstellung und Verschweißung der Karosserieteile, die sich um eine Plattform herum gruppieren. In mehreren Stationen oder besser in mehreren Schritten läuft dieser Produktions – Prozeß ab.

Dazu werden alle Hub – Stationen gleichzeitig angehoben bzw. abgesenkt, um in die Arbeits – Position zu gelangen; also in den Bereich der Schweiß – Zangen. Die Übernahme der jeweils vorbereiteten, hinzuzufügenden Blechteile erfolgt in der Mitte des Hubes bei verringerter Geschwindigkeit. Die "Übernahme – Geschwindigkeit" darf den Wert von 0,15 m/s nicht überschreiten. Die automatisch eingelegten Blechteile würden sonst herausgeschleudert. Andererseits müssen aber sowohl der Hub – wie auch der Senk – Vorgang möglichst schnell, also wirtschaftlich ausgeführt sein.

Dies ist möglich mit der Proportional – Hydraulik. Bei einer Lösung ohne Proportionaltechnik müßte z.B. die max. Geschwindigkeit erheblich reduziert werden. Verzögerungsventile mit entsprechenden mechanisch belasteten Nocken für die Beschleunigung und Verzögerung sowie Stromventile für die Geschwindigkeitsvorgabe und natürlich Wegeventile für die Richtung kämen zum Einsatz. Neben dem höheren Geräteaufwand hätte man trotz reduzierter Beschleunigungs – und Geschwindigkeitswerte eine wesentlich härtere, ungenauere und unflexiblere Lösung.

Die Proportional – Hydraulik schafft es also, daß es trotz großer bewegter Massen, hoher Beschleunigungs – und Geschwindigkeitswerte sanft zugeht.

Bild 2 *Ein Zylinder (oben im Bild), der zweite dient als "stand – by", bewegt über eine Mechanik alle Stationen gleichzeitig.*

Bild 3 *Die für den Beschleunigungs – Vorgang benötigten 460 L/min an Drucköl liefert die Speichereinheit, links. Die Flügelzellenpumpe Typ V4, rechts, füllt in den "bewegungslosen" Phasen den Speicher.*
Rechts plaziert ist das Proportional – Wegeventil Typ 4 WRZ 25.

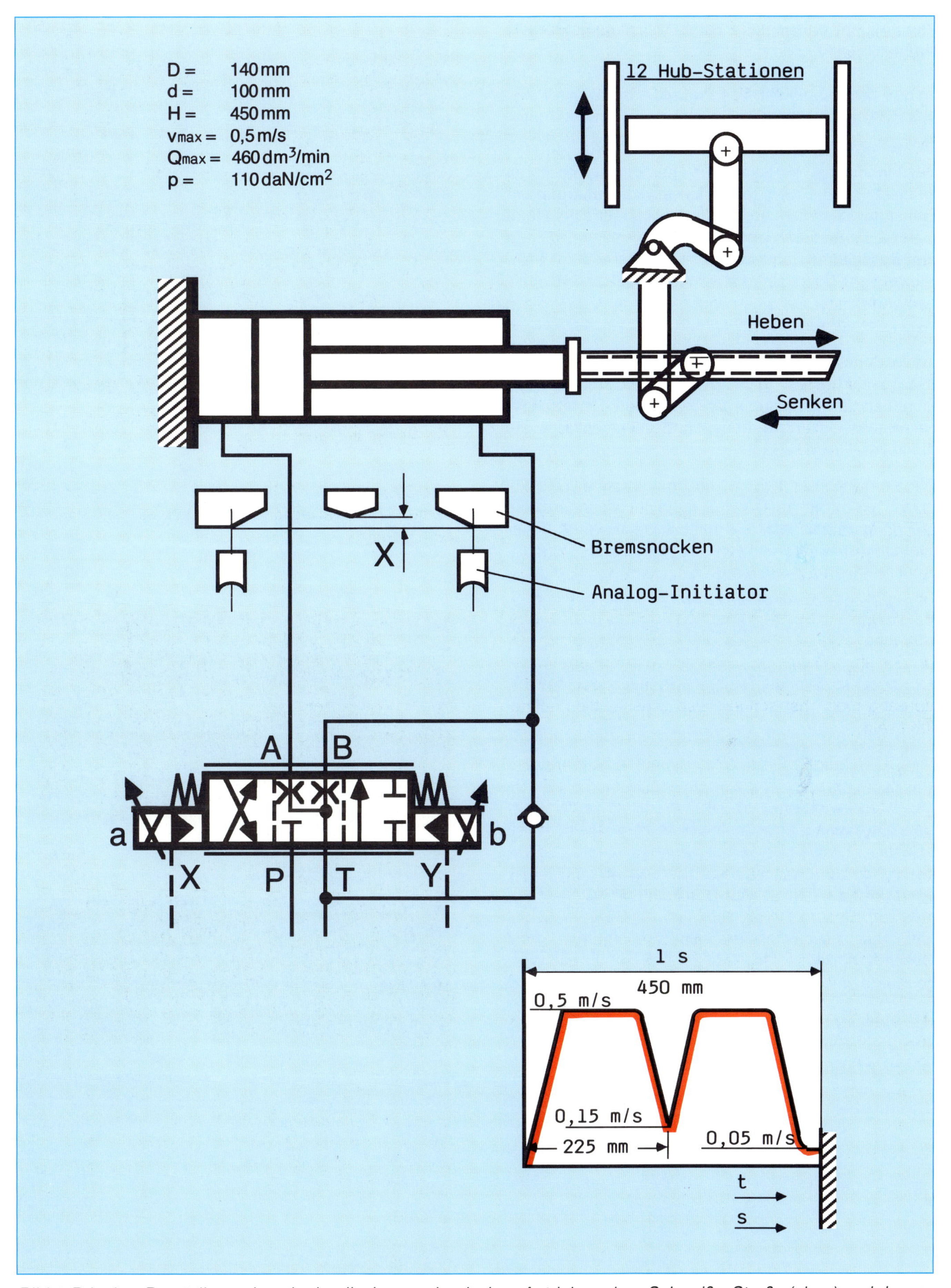

Bild 4 *Prinzip – Darstellung eines hydraulisch – mechanischen Antriebes einer Schweiß – Straße (oben) und dessen Bewegungs – Ablauf im Diagramm (unten rechts)*

Proportionalventile und – pumpen mit ihren Proportio – nalmagneten bieten die geeigneten Schnittstellen zur elektronischen Steuerung und damit zu mehr Flexibilität in den Arbeitsabläufen von Produktionsmaschinen, bis hin zu freiprogrammierbaren Steuerungen und Antrie – ben.

Die technischen Vorteile der Proportionalgeräte liegen in erster Linie in den kontrollierten Schaltübergängen, der stufenlosen Steuerung der Sollwerte und der Reduzierung der hydraulischen Geräte für bestimmte Steuerungsaufgaben. Damit wird auch ein Beitrag zur Redu – zierung des Materialeinsatzes in hydraulischen Kreis – läufen geleistet.

Mit den Proportionalventilen sind einfache, schnellere und exaktere Bewegungsabläufe möglich bei gleich – zeitiger Verbesserung des Schaltvorganges. Durch die kontrollierten Schaltübergänge werden Druckspitzen vermieden. – Längere Lebensdauer der mechanischen und hydraulischen Bauteile sind eine weitere Folge.

Die elektrische Signalgabe für Richtung und Durchfluß bzw. hydraulischen Druck ermöglicht die Anordnung der Proportionalgeräte unmittelbar am Verbraucher. Damit wird das dynamische Verhalten der hydrauli – schen Steuerung verbessert.

Der verstärkte Einsatz der Proportionalgeräte bei den Hydraulikanwendern erfolgte erst, als auf dem Hydraulikmarkt im Aufbau einfache Geräte angeboten wur – den. Diese Geräte unterscheiden sich von dem Stan – dard – Hydraulik – Programm nicht wesentlich. Es wurden sogar möglichst viele Teile oder Baugruppen aus dem Standard – Hydraulik – Programm übernommen.

Zu dem verstärkten Einsatz der Proportionaltechnik hat letztlich auch die Entwicklung funktionssicherer und einfacher Elektronikkarten im Euro – Format beige – tragen.

Zu jeder Proportionalgeräteart wurde ein Verstärker konzipiert, der die gerätespezifische Elektronik bein – haltet.

In der Regel sind dies

- Spannungsstabilisierung
- Rampenbildner
- Funktionsbildner
- Sollwerte
- Sollwertrelais
- getaktete Endstufe

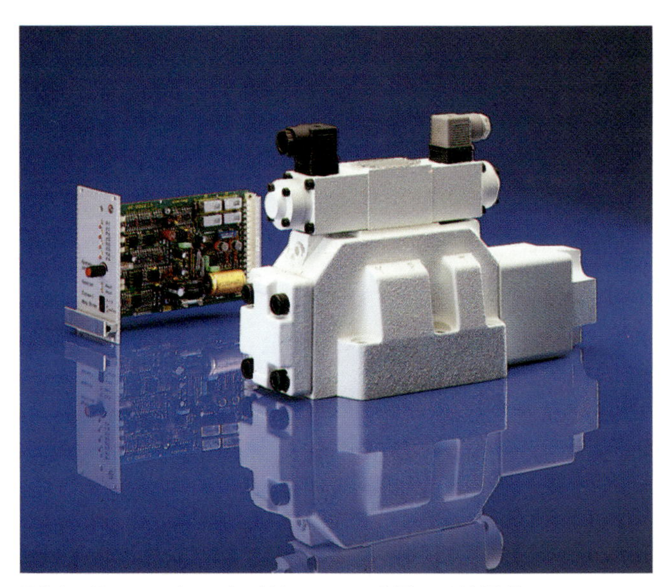

Bild 5 *Proportional – Wegeventil Typ 4 WRZ, Ansteuerelektronik*

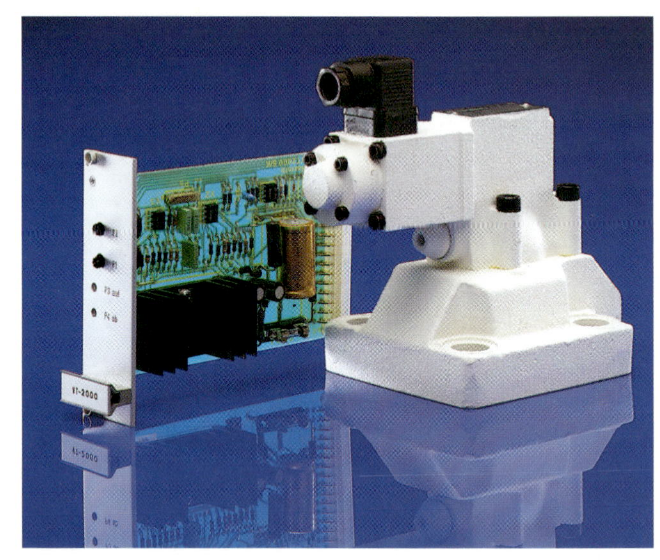

Bild 6 *Proportional – Druckbegrenzungsventil Typ DBE, Ansteuerelektronik*

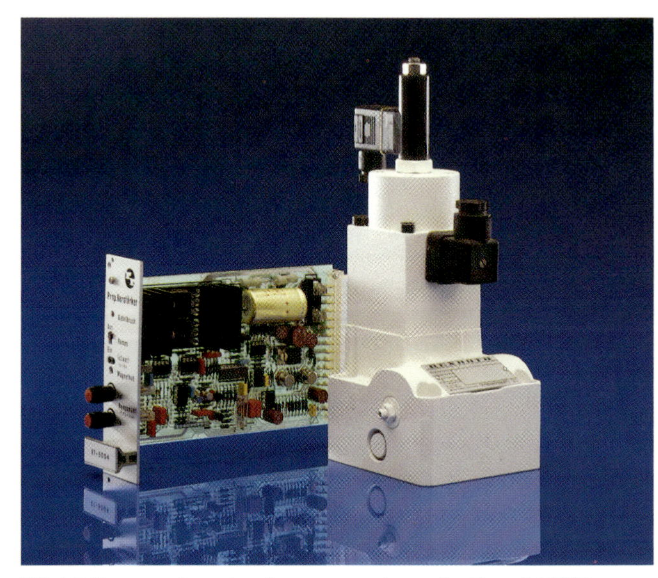

Bild 7 *Proportional – Stromregelventile Typ 2 FRE, Ansteuerelektronik*

Welche Funktionen möglich sind bzw. welche Geräte zur Verfügung stehen zeigt die Übersicht

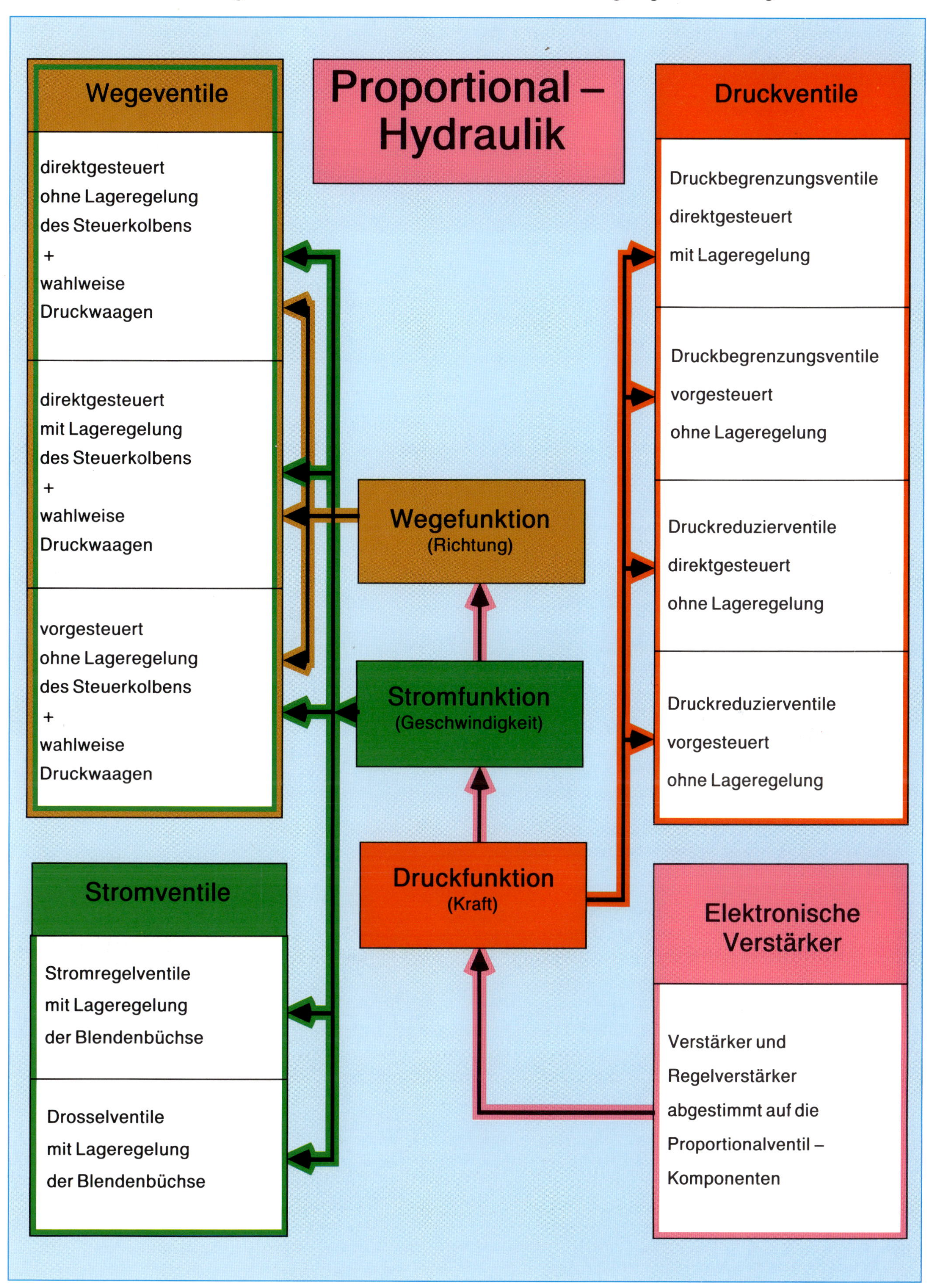

Notizen

Kapitel B

Proportionalventile, Gerätetechnik

Arno Schmitt

Die Proportional – Magnete

Sie sind das Bindeglied zwischen der Elektronik und der Hydraulik.
Die Proportional – Magnete gehören zur Gruppe der Gleichstrom – Hubmagnete. Proportional zum elektrischen Strom als Eingangsgröße erzeugen sie Kraft und Weg als Ausgangsgröße.

Je nach der praktischen Anwendung unterscheidet man

- Magnete mit analogem Weg – Stromverhalten, sogenannte "hubgeregelte Magnete"

und

- Magnete mit besonders definiertem Kraft – Strom – verhalten, sogenannte "kraftgeregelte Magnete".

Für die stromproportionale Änderung der Ausgangsgröße Kraft und Weg lassen sich nur Gleichstrommagnete einsetzen. Wechselstrommagnete müssen wegen ihrer hubabhängigen Stromaufnahme möglichst unverzögert ihre Hubendlage einnehmen.

Kraftgeregelter Magnet

Bei dem kraftgeregelten Magnet wird die Magnetkraft, ohne daß der Magnetanker einen wesentlichen Hub ausführt, durch Veränderung des Stromes I geregelt.

Durch eine Stromrückführung im elektrischen Verstärker wird der Magnetstrom und damit die Magnetkraft auch bei Änderung des Magnetwiderstandes konstant gehalten.

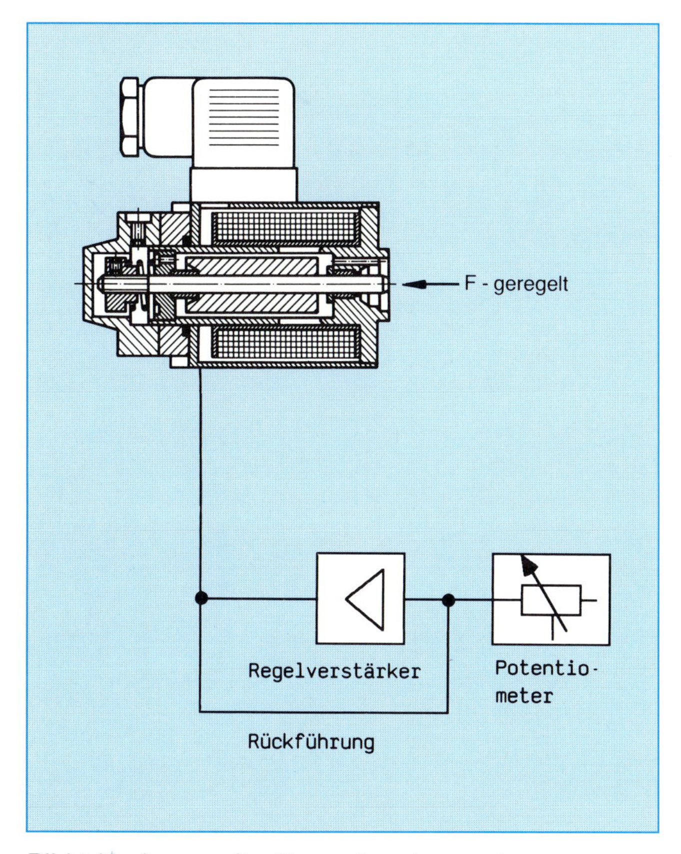

Bild 1 *Kraftgeregelter Proportionalmagnet*

Das wesentliche Merkmal am kraftgeregelten Proportional – Magneten ist die Kraft – Hub – Kennlinie.

Die Magnetkraft bleibt über einen Hubbereich, bei gleichem Strom, konstant.
Für den gezeigten Magneten beträgt der Hub ca. 1,5 mm. Dieser Bereich wird genutzt.

Das Bauvolumen des kraftgeregelten Magneten ist klein, bedingt durch den kurzen Hub. Wegen des kleinen Hubes ist der kraftgeregelte Magnet bei vorgesteuerten Proportional – Wege – und Druckventilen eingesetzt. Dabei wird die Magnetkraft in hydraulischen Druck umgesetzt.

Der Proportionalmagnet ist ein regelbarer in Öl arbeitender Gleichstrommagnet.

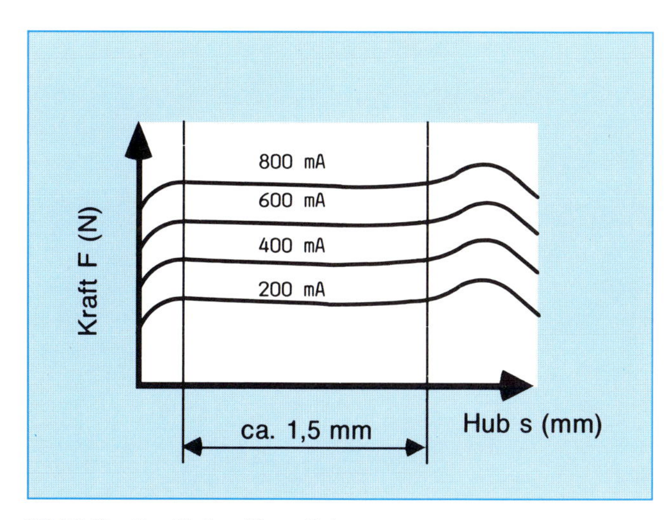

Bild 2 *Kraft – Hub – Kennlinie*

Hubgeregelter Magnet

Bei dem hubgeregelten Magnet (Bild 4) wird die Lage des Ankers durch einen geschlossenen Regelkreis geregelt und unabhängig von der Gegenkraft, sofern diese im zulässigen Arbeitsbereich des Magnetes ist, gehalten.

Mit dem hubgeregelten Magnet können z.B. Kolben von Proportional-Wege-, Strom- sowie Druckventilen direktbetätigt und in jede beliebige Hublage gesteuert werden. Der Magnethub liegt je nach Baugröße zwischen 3 – 5 mm.

Der hubgeregelte Magnet wird vorwiegend, wie bereits erwähnt, für direktbetätigte 4-Wege-Proportional ventile eingesetzt.

In Verbindung mit der elektrischen Rückführung ist die Hysterese und der Wiederholfehler des Magneten klein gehalten. Außerdem werden auftretende Strömungskräfte am Ventilkolben ausgeregelt (relativ kleine Magnetkraft im Verhältnis zu den Störkräften).

Bei den vorgesteuerten Ventilen wird eine große Stellfläche mit dem gesteuerten hydraulischen Druck beaufschlagt. Die zur Verfügung stehenden Stellkräfte sind dadurch ungleich größer und Störkräfte wirken sich prozentual nicht so stark aus. Deshalb können vorgesteuerte Proportionalventile ohne elektrische Rückführung gebaut werden.

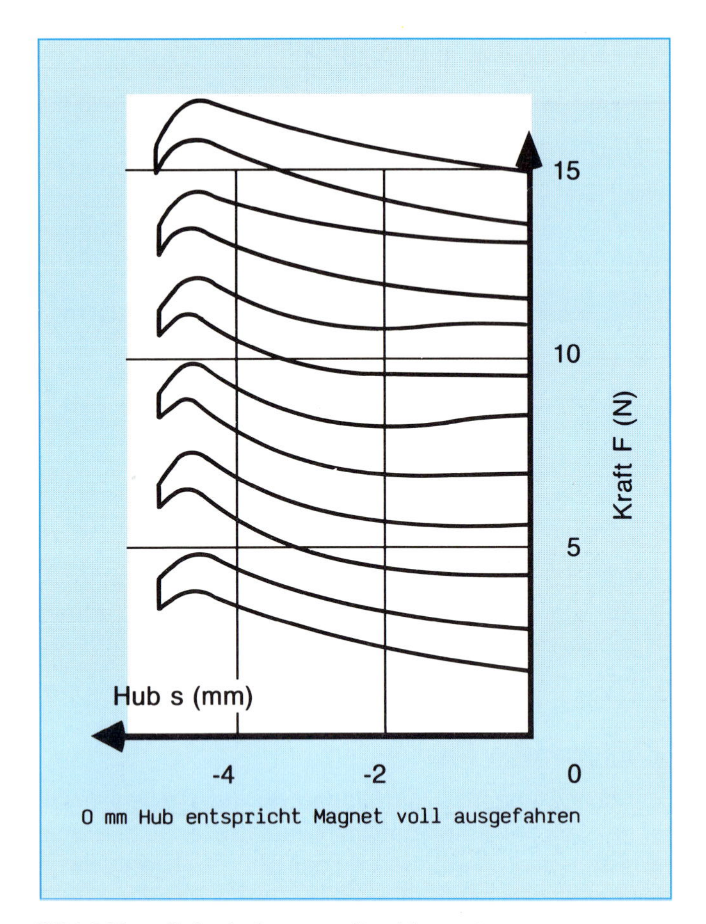

Bild 3 *Kennlinie, hubgeregelter Magnet*

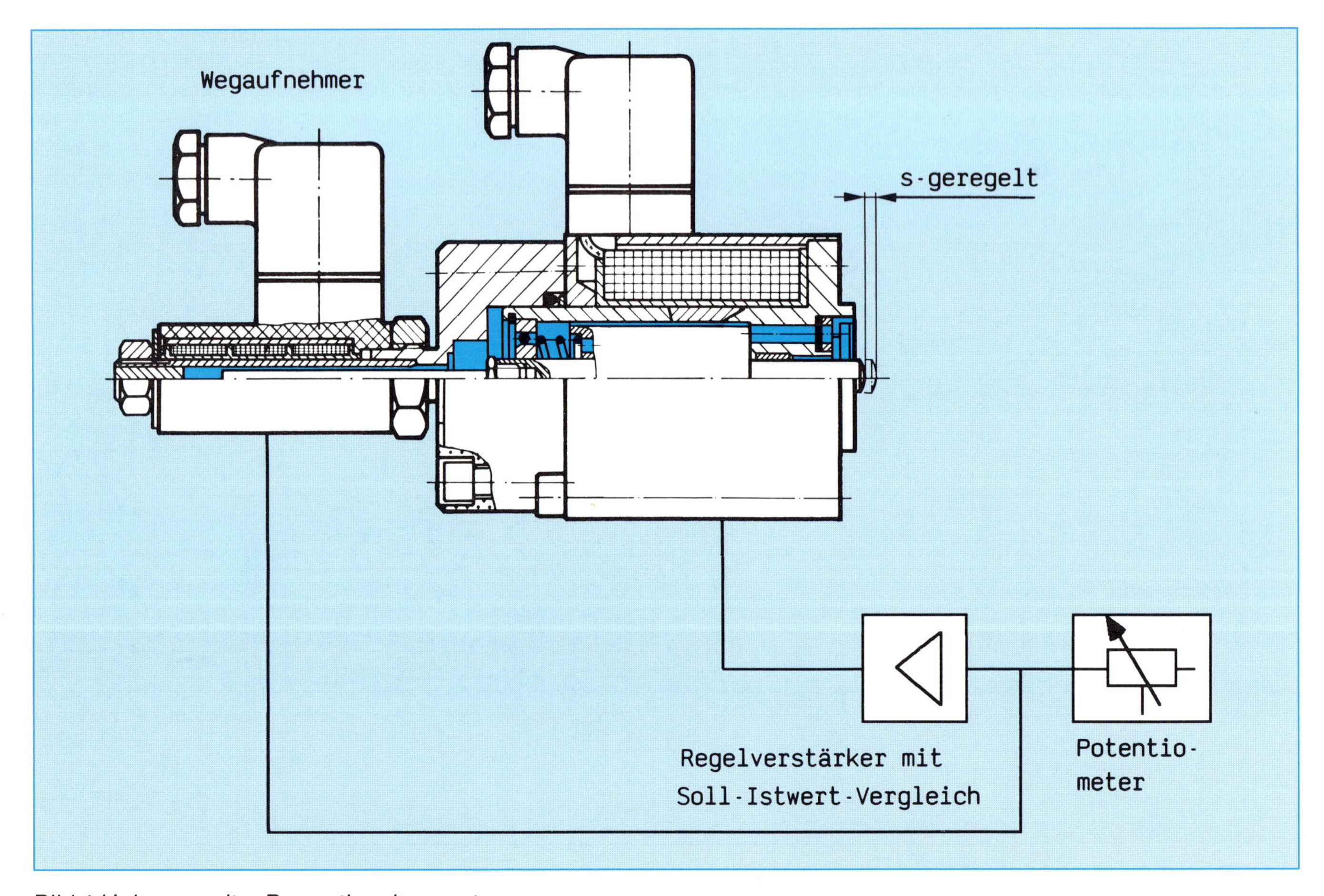

Bild 4 *Hubgeregelter Proportionalmagnet*

Proportional – Wegeventile

Ein Proportional – Wegeventil dient zur Beeinflussung von Richtung und Größe eines Volumenstromes.

Direktgesteuertes Proportional – Wegeventil

Im Zusammenhang mit diesem Ventil werden auch als Beispiel die für die nachfolgenden Proportional – Wege – ventile gültigen Punkte behandelt wie: Hysterese, Wiederholgenauigkeit, Steuerkolben, Prinzipielles zu Kennlinien und zum Zeitverhalten des Steuerkolbens.

Wie bei einem Schalt – Wegeventil wirkt der Proportionalmagnet direkt auf den Steuerkolben.

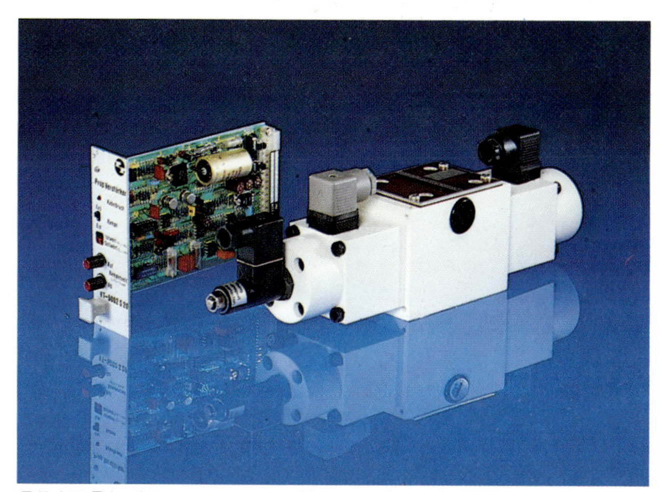

Bild 5 *Direktgesteuertes Proportional – Wegeventil Typ 4 WRE 10 mit elektrischer Rückführung, Ansteuerelektronik*

Funktion

Wesentliche Bestandteile des Ventiles sind das Gehäuse (1), ein oder zwei Proportionalmagnete (2) mit analogem Weg – Stromverhalten, bei der Ausführung *Bild 6* mit induktivem Wegaufnehmer (3), der Steuerkolben (4), sowie ein oder zwei Rückstellfedern (5).

Sind die Magnete nicht betätigt, wird der Steuerkolben (4) durch die Rückstellfeder (5) in Mittelstellung gehalten. Die Betätigung des Steuerkolbens erfolgt direkt über den Proportionalmagneten.

Bei dem im Bild dargestellten Kolben ist damit die Verbindung zwischen P, A, B und T gesperrt. Wird z.B. Magnet A (links) erregt, verschiebt er den Steuerkolben nach rechts. Es wird die Verbindung von P ⟶ B und A ⟶ T hergestellt.

Je höher nun das von der elektrischen Ansteuerung (genaue Beschreibung siehe "Ansteuerelektronik für Proportionalventile") kommende Signal ist, um so weiter wird der Steuerkolben nach rechts verschoben. Der Hub ist also proportional dem elektrischen Signal. Je größer der Hub, um so größer ist der Durchflußquerschnitt und um so größer ist der Volumenstrom. Der linke Magnet im *Bild 6* ist mit einem induktiven Wegaufnehmer versehen. Dieser erfaßt die Ist – Stellung des Steuerkolbens und "meldet" sie als elektrisches Signal (Volt) proportional zum Hub an den elektronischen Verstärker.

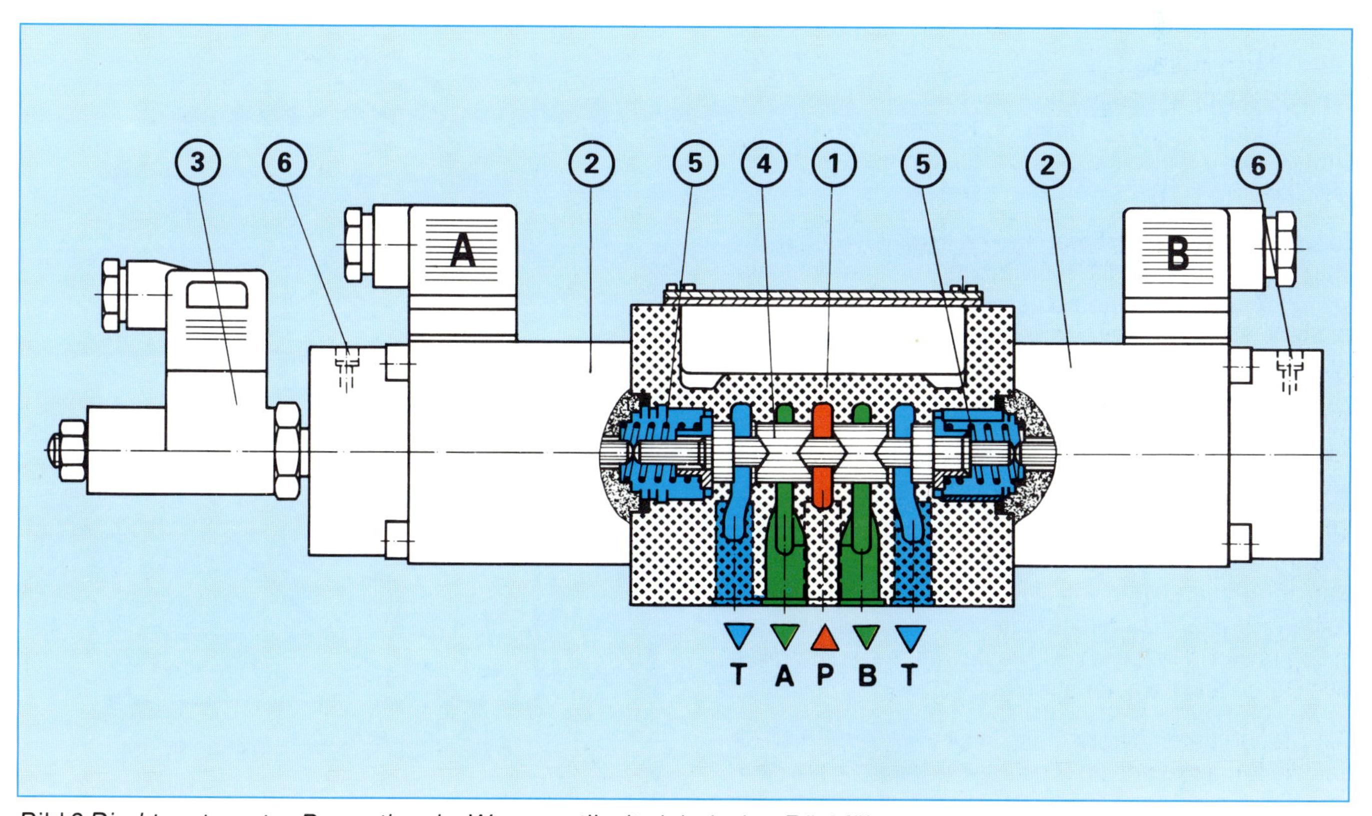

Bild 6 *Direktgesteuertes Proportional – Wegeventil mit elektrischer Rückführung*

Da der Wegaufnehmer mit doppeltem Hub ausgeführt ist, werden damit beide Schaltstellungen überwacht.

Außerdem handelt es sich hier um eine druckdichte Ausführung, die deshalb keinen Leckölanschluß erfordert. Damit ist auch keine zusätzliche Dichtung erforderlich. Das bedeutet, daß kein zusätzlicher Reibwert die Genauigkeit des Ventiles negativ beeinflußt.

Im elektrischen Verstärker wird der Istwert (tatsächliche Position des Steuerkolbens) mit dem vorgegebenen Wert, dem Sollwert, verglichen. Es handelt sich hier um einen Lageregelkreis, der vorhandene Abweichungen zwischen dem vorgegebenen Wert (Sollwert) und dem tatsächlichen Wert (Istwert) erkennt und durch entsprechende Signale auf den jeweiligen Magneten korrigiert.

Für die Praxis heißt das, daß je nach Ventilgröße die Hysterese sowie die Wiederholgenauigkeit des Ventiles bei $\leq 1\%$ liegen.

Hysterese allgem.: Abhängigkeit eines Zustandes von früheren Zuständen.
Wird das elektrische Signal von 0 bis max. und wieder zurück durchfahren, so nimmt der Kolben jeweils proportional zum Signal eine bestimmte Position ein. Die sich ergebende Abweichung bei gleichem Sollwert, der jedoch aus unterschiedlicher Richtung (vom niedrigen als auch vom höheren Wert ankommend) eingestellt wird, nennt man Hysterese bzw. Hysteresefehler (*Bild 8*).

Wiederholgenauigkeit (auch Reproduzierbarkeit genannt)
Hierunter versteht man die Spanne, innerhalb derer bei wiederholtem Einstellen desselben Eingangssignales die Ausgangssignale, erreicht werden. Auf den Steuer- kolben bezogen heißt das, daß sich bei wiederholtem Einstellen desselben Sollwertes eine Abweichung von $\leq 1\%$ in der Position ergeben wird (bei WRE).

Das Ventil nach *Bild 7* hat keinen Wegaufnehmer am Magneten. Somit ist die Position des Kolbens nicht zusätzlich überwacht. Dadurch ergibt sich wieder je nach Ventilgröße eine Hysterese von 5–6% und eine Wiederholgenauigkeit von 2–3%.

Es gibt einige Einsatzfälle, bei denen diese Genauigkeit völlig ausreichend ist. Damit ist diese Ausführung eine preiswerte Lösung.

Steuerkolben Ausführung
Wie im Schnittbild (*Bild 6*) zu erkennen, unterscheidet sich der Steuerkolben von einem normalen Wegeventilkolben. Er ist mit blendenartigen Drosselquerschnitten in Dreieckform versehen. Diese bewirken eine progressive Durchflußcharakteristik (*Bild 9*).

Die Steuerkanten des Kolbens in Dreieckform (*Bild 10*) und die Steuerkanten des Gehäuses bleiben in allen Positionen des Kolbens stets miteinander im Eingriff. Das bedeutet einen immer definierten Durchflußquerschnitt in Form eines Dreieckes.

Es gibt also keine Position wie bei Standardwegeventilen (Schaltventilen), in der diese beiden Kanten erst durch einen "Leerhub" wieder in Eingriff kommen oder sich beim Öffnen voneinander lösen.

Außerdem sind stets Zulauf und Ablauf gedrosselt.

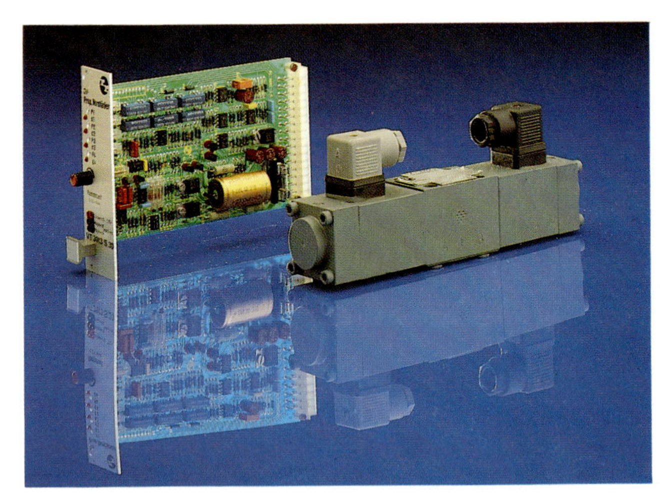

Bild 7 *Direktgesteuertes Proportional – Wegeventil Typ 4 WRA 6 ohne Rückführung, Ansteuerelektronik*

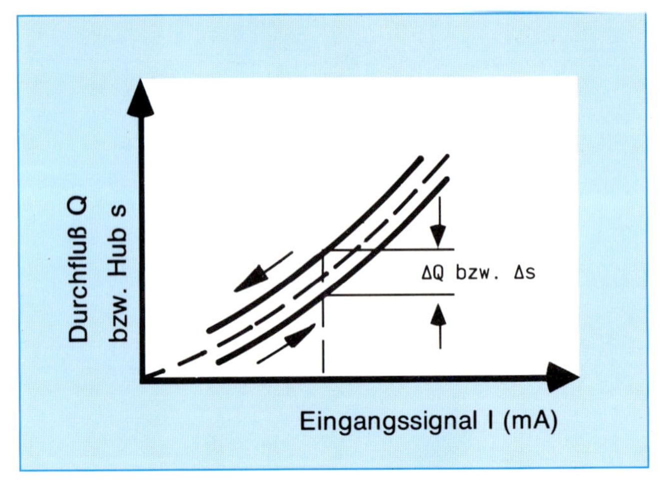

Bild 8 *Hysterese*

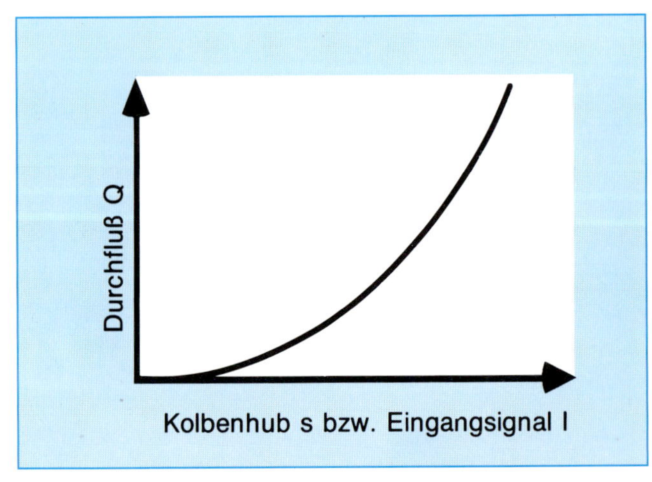

Bild 9 *Q – h – Kennlinie bzw. Q – I – Kennlinie*

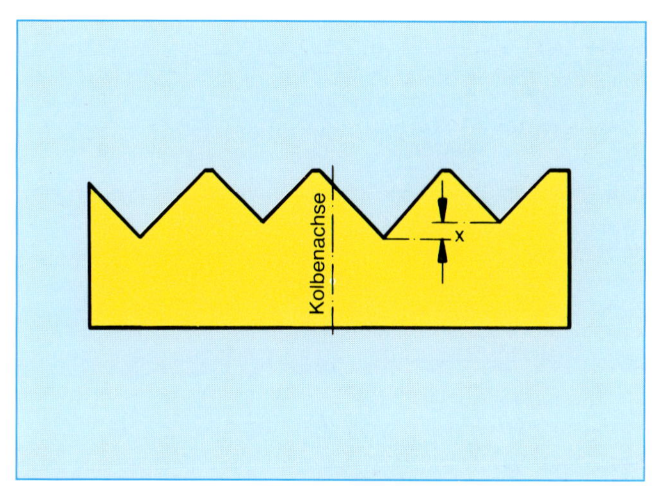

Bild 10 *Versetzte Steuernuten am Kolbenumfang und langer Kolbenhub bewirken ein gutes Auflösungsvermögen*

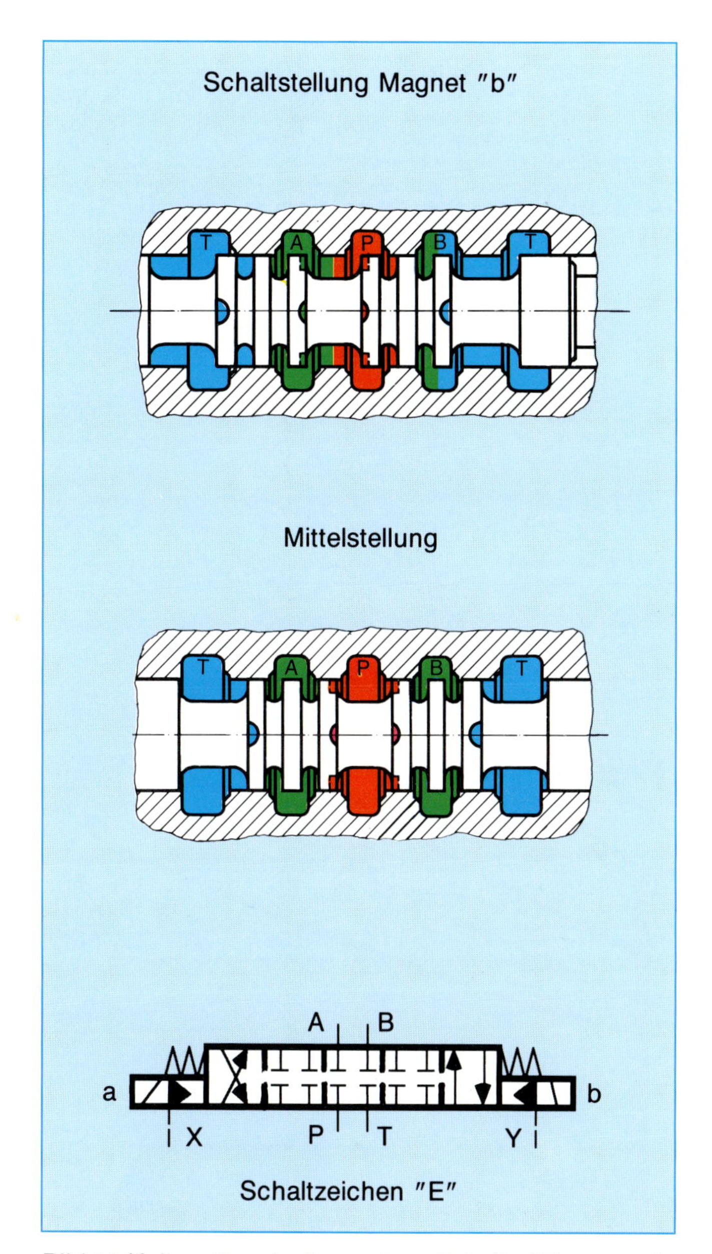

Bild 11 *Kolbenüberdeckung eines Schalt – Wegeventils der NG 25, Schaltzeichen "E" (gesperrte Mittelstellung)*

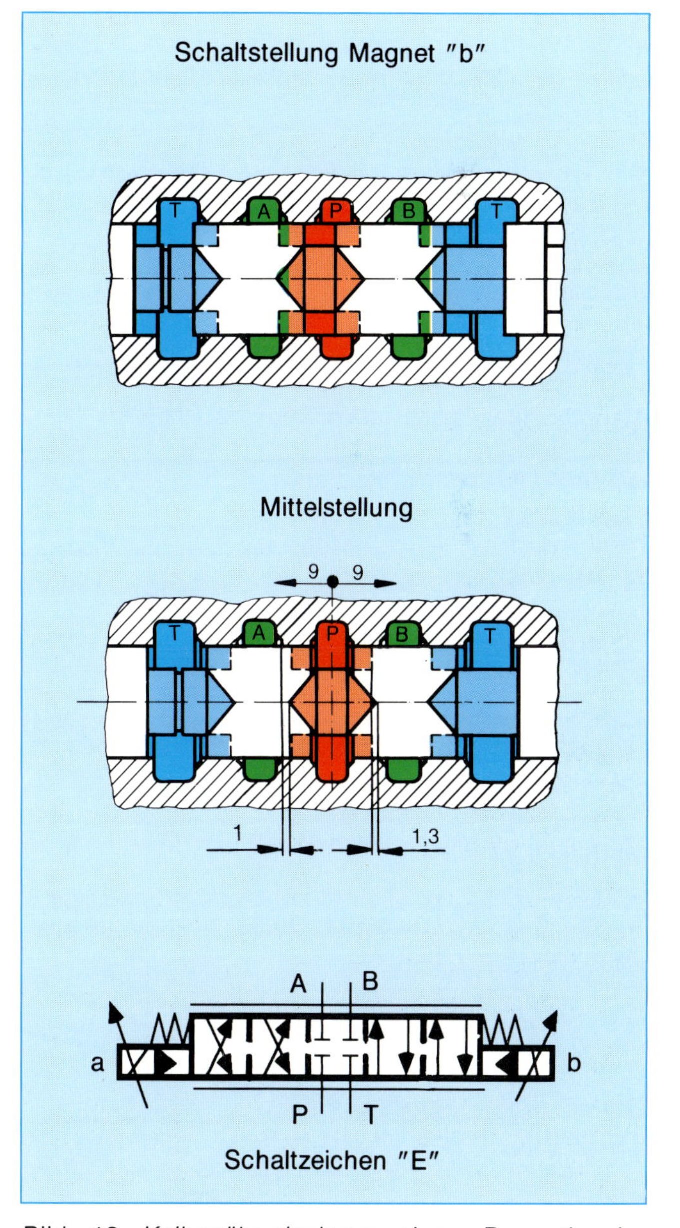

Bild 12 *Kolbenüberdeckung eines Proportional – Wegeventils der NG 25, Schaltzeichen "E" (gesperrte Mittelstellung)*

Durchfluß – Kennlinie

Um den max. Kolbenhub immer optimal nutzen zu können, wurden für verschiedene Nenndurchflüsse die entsprechenden Steuernutenquerschnitte festgelegt.

Ein Beispiel soll diese Aussage sowie das Lesen der Kennlinien verdeutlichen.

Folgende Anlagendaten liegen vor:

- festgelegter Systemdruck p = 120 bar
- Lastdruck bei Arbeitsgeschwindigkeit p = 110 bar
- Lastdruck bei Eilgang p = 60 bar
- benötigte Durchflußmenge für Arbeitsgeschwindigkeits – Bereich Q = 5 – 20 L/min
- benötigte Durchflußmenge für Eilganggeschwindigkeits – Bereich Q = 60 – 150 L/min

Nehmen wir an, es wäre ein Proportionalventil nach gewohnter Weise, wie ein normales Schaltventil, gewählt worden (für Q = 150 L/min Nenndurchfluß). Dieser Fehler, der leider häufiger gemacht wird, würde zu folgenden Werten führen:

- Ventildruckabfall bei Eilgang
  pv = 120 – 60 = 60 bar
  $Q_{\text{erf. Eilgang}}$ = 60 – 150 L/min
- Ventildruckabfall bei Arbeitsgang
  pv = 120 – 110 = 10 bar
  $Q_{\text{erf. Arbeitsgang}}$ = 5 – 20 L/min

Eilgang

Den Durchfluß von Q = 150 L/min bei pv = 60 bar erreicht man bei einem Sollwert von ca. 66%, Q = 60 L/min bei ca. 48% Sollwert. Es bleibt ein Einstellbereich von nur 18%.

Arbeitsgang

Für die Einstellung der Arbeitsgeschwindigkeiten bleiben lediglich 10% (47% Sollwert bei 20 l/min, 37% Sollwert bei 5 L/min) des gesamten Einstellbereiches übrig. Bei einer Ventilhysterese von z.B. 3% (gleich 30% bezogen auf den Einstellbereich von 10%) wird die Schwierigkeit der Einstellung durch schlechte Auflösung deutlich.

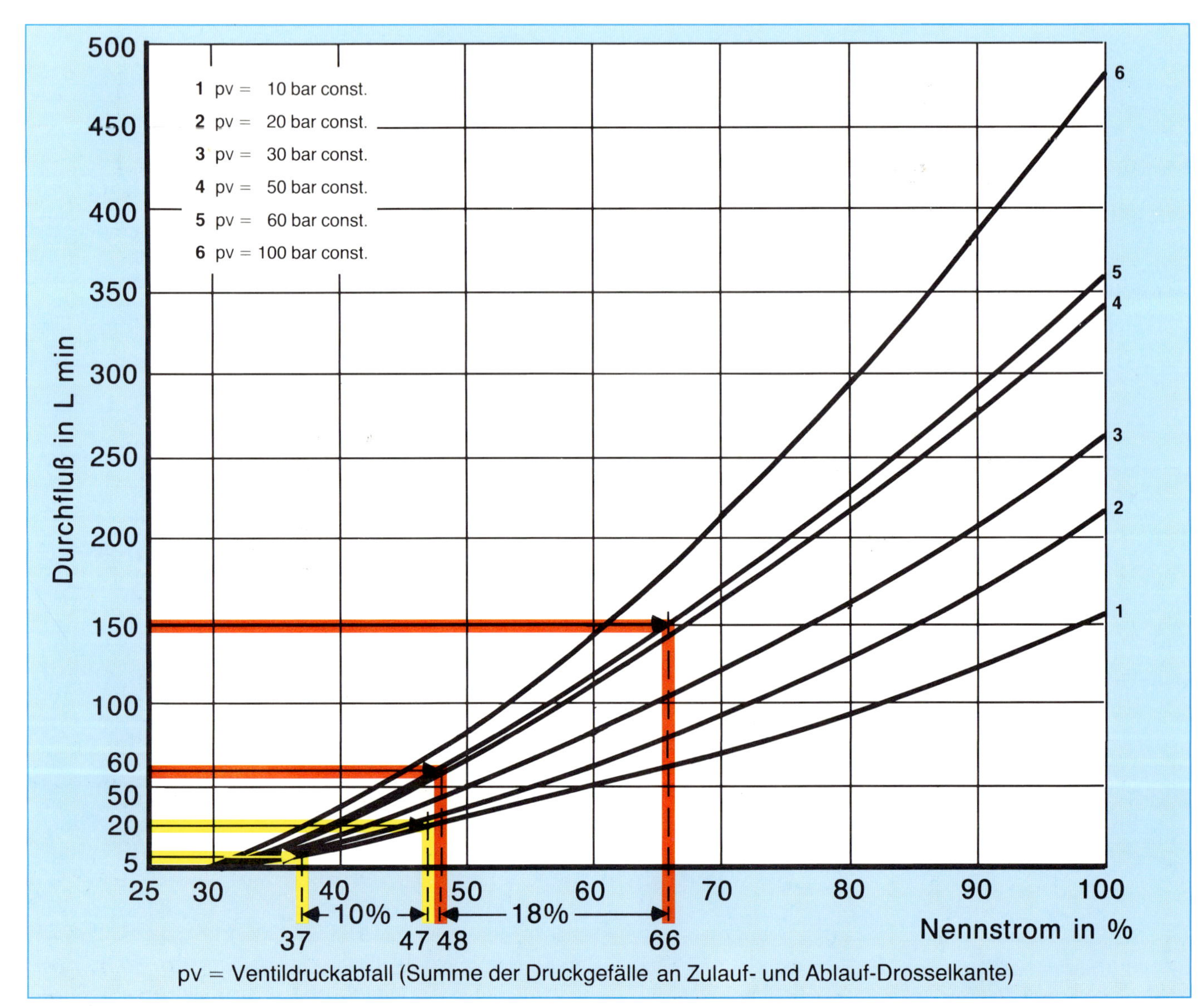

Bild 13 *Durchfluß – Nennstrom – Kennlinie für 150 L/min Nenndurchfluß bei 10 bar Ventildruckabfall*

Richtig gewählt hätten wir beispielsweise ein Ventil nach folgender Kennlinie:

- Verhältnisse bei Eilgang

Der Sollwert liegt zwischen 66% und 98% (60 – 150 L/min). Damit ergibt sich eine Einstellspanne von 32%.

- Verhältnisse bei Arbeitsgang

Der Sollwert liegt jetzt zwischen 36% und 63%also ein erheblich größerer Einstellbereich und damit eine bessere Auflösung. Gleichzeitig wird natürlich die Abweichung durch die Wiederholgenauigkeit geringer.

Zeitverhalten des Steuerkolbens

Die nachfolgenden Diagramme zeigen die Übergangsfunktion des Steuerkolbens bei sprungförmigem, elektrischen Eingangssignal.

Der Übergang von einer Position in eine andere Position erfolgt ohne "Überschwingen". Der Kolben fährt in relativ kurzer Zeit und doch gedämpft in die neue Position.

Auch ist die Stellzeit für Beschleunigungs – und Abbremsvorgänge mehr als ausreichend.

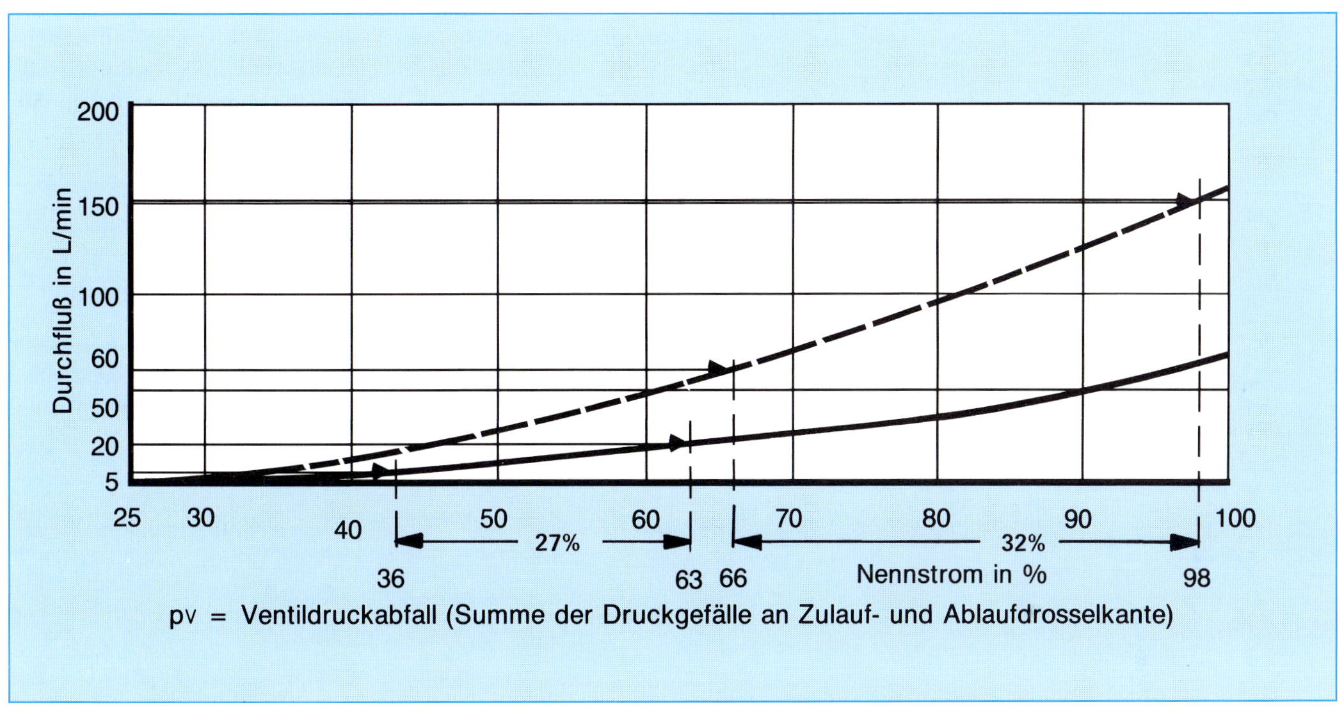

Bild 14 *Durchfluß – Nennstrom – Kennlinie für 64 L/min Nenndurchfluß bei 10 bar Ventildruckabfall*

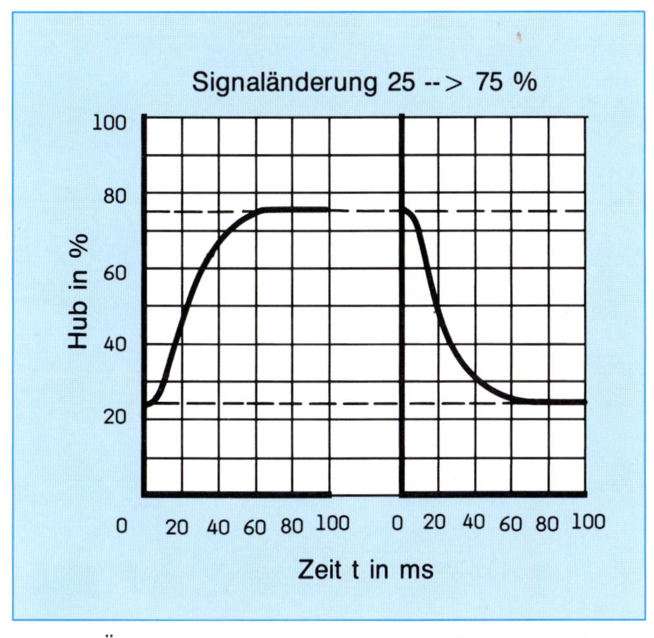

Bild 15 *Übergangsfunktion bei sprungförmigem elektrischen Eingangssignal, Signaländerung 25 – > 75%*

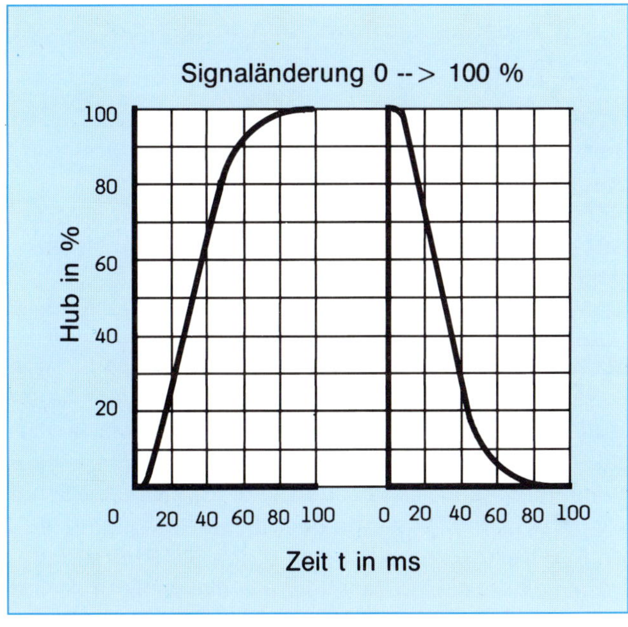

Bild 16 *Übergangsfunktion bei sprungförmigem elektrischen Eingangssignal, Signaländerung 0 – > 100%*

Beschleunigung, Verzögerung

Bei dem eingangs beschriebenen Anlagenbeispiel wurde von der Beschleunigung der Plattform mit den Karosserieteilen gesprochen. Diese Beschleunigung oder auch die Verzögerung eines Hydro – Zylinders oder – Motors bedeutet die Änderung der zufließenden Menge pro Zeiteinheit. Die Mengenänderung + oder – erfolgt über das Proportionalventil. Die Vorgabe, in welcher Zeit diese Mengenänderung und damit die Positionsänderung des Steuerkolbens erfolgen soll, wird an der Ansteuerelektronik für den Proportionalmagneten eingestellt. Der von der Elektronik abgegebene Sollwert ändert sich in der vorgebenenen Zeit auf den als Endwert eingestellten Sollwert.

Das elektrische Bauteil nennt man den Rampenbildner, die Zeitspanne der Wertänderung die Rampenzeit.

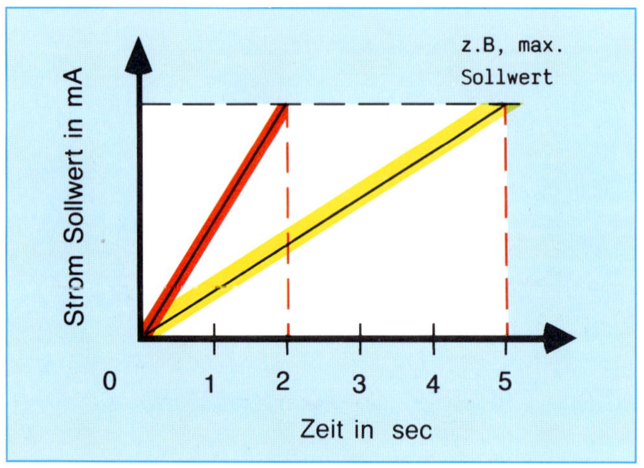

Bild 17 *Strom – Zeit – Diagramm*

- z.B. Änderung des Sollwertes von 0 auf max. in 2 sec
  – – > kurze Beschleunigungszeit,
  große Beschleunigung
- z.B. Änderung des Sollwertes von 0 auf max. in 5 sec
  – – > lange Beschleunigungszeit,
  kleine Beschleunigung

Beim Bremsvorgang erfolgt die Sollwertänderung sinngemäß vom höheren zum niedrigeren Wert.
Im Zusammenhang mit der Ansteuerelektronik wird hierauf nochmals näher eingegangen (siehe "Ansteuer – elektronik für Proportionalventile).

Leistungsgrenze
Auch bei den Proportionalventilen gibt es wie bei den Schalt – Wegeventilen Leistungsgrenzen, auf deren Einhaltung geachtet werden muß. Interessant ist hierbei das Verhalten des direktgesteuerten Ventiles ohne Wegaufnehmer. Auch mit größerem Δp ergibt sich keine Erhöhung der Durchflußmenge über die Leistungsgrenze hinaus. Der Kolben zieht sich durch die Strömungs – kräfte selbst zu. Man kann hier aus diesem Grunde von einer "natürlichen" Leistungsgrenze sprechen.

Welcher Kolben für eine Anlage in Abhängigkeit vom Durchfluß bzw. welche Ventilgröße gewählt wird, ist abhängig vom festzulegenden Systemdruck. Dies wird im Kapitel "Kriterien für die Auslegung der Steuerung mit Proportionalventilen" anhand von Beispielen näher erläutert.

Ganz allgemein kann man jedoch festhalten, daß ein Sollwert von nahe 100% für max. Menge anzustreben ist.

Steuerbereich (Auflösungsvermögen)
Unter dem Begriff Steuerbereich (in der Praxissprache auch oft Regelbereich genannt) versteht man das Verhältnis zwischen minimalem und maximalem Durchfluß. Für das Proportional – Wegeventil ohne Wegaufnehmer (Typ WRA) ist der Steuerbereich 1:20. Bei einer max. Menge von z.B. 40 L/min wäre damit der kleinste Durchfluß 2 L/min.

Eine wesentliche Rolle spielt hierbei der Wiederhol – fehler, der als Wert ausgedrückt erheblich unter dem kleinsten Durchfluß liegen muß.

Für das Proportional – Wegeventil mit Wegaufnehmer (Typ WRE) ist der Steuerbereich ca. 1:100.

Kolbenausführungen
Nachfolgende Kolbenausführungen sind in der Praxis vorwiegend zu finden:

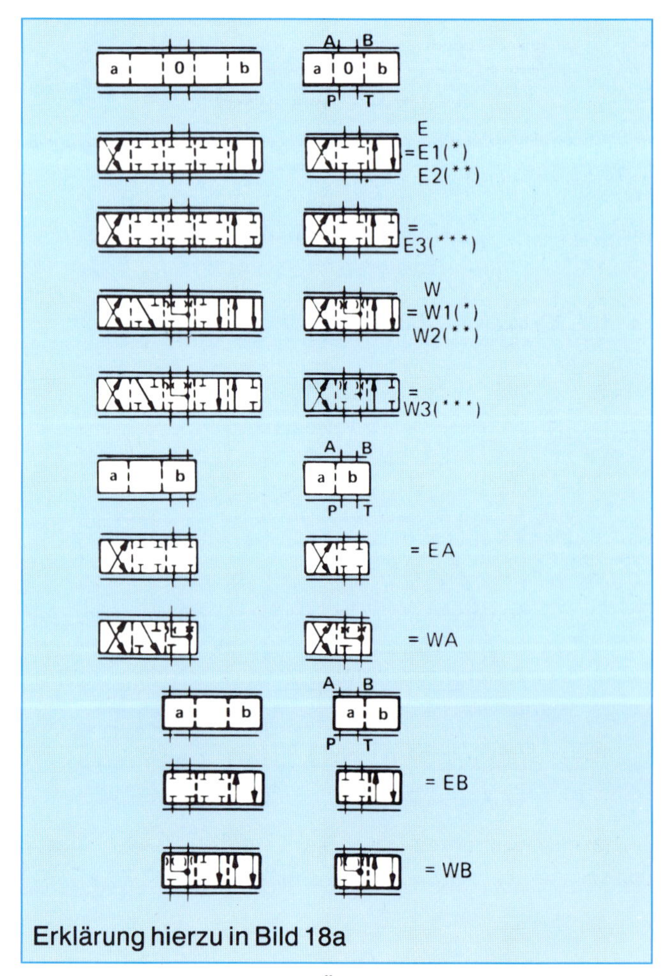

Bild 18 *Schaltzeichen mit Übergangsfunktionen*

```
(*)     Bei Schaltzeichen E1 und W1:
        P -> A = Qmax | B -> T = Q/2
        p -> B = Q/2  | A -> T = Qmax

(**)    Bei Schaltzeichen E2 und W2:
        p -> A = Q/2  | B -> T = Qmax
        P -> B = Qmax | A -> T = Q/2

(***)   Bei Schaltzeichen E3 und W3:
        P -> A = Qmax | B -> T = gesperrt
        P -> B / A -> T = Qmax
```

Bild 18a *Durchflußverhältnisse der Kolben*

Beispiele zu den einzelnen Kolbenversionen

E – Kolben

Der E – Kolben zeigt das beste Abbremsverhalten. Die Durchflußquerschnitte P – > A und B – > T sowie P – > B und A – > T sind gleich. Er wird deshalb bei Gleichgangzylindern oder, wie im *Bild 20* dargestellt, bei Hydromotoren eingesetzt.

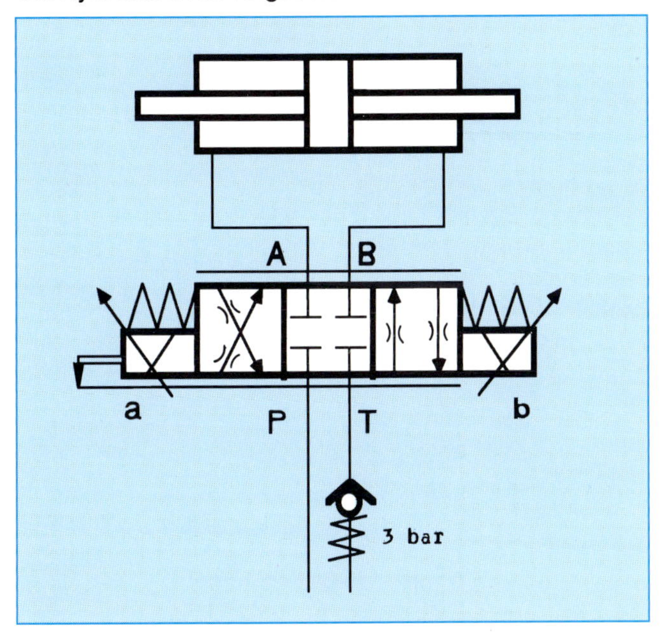

Bild 19 *E – Kolben mit Gleichgangzylinder*

Bei Hydromotoren empfehlen wir eine Einspeisung in die Verbraucherleitungen nach *Bild 20.*

Eventuell auftretender Unterdruck würde bei Hydro – motoren einen erhöhten Geräuschpegel bewirken.

Soll der Motor unter Last exakt gehalten werden, ist auch hier wie sonst üblich eine Haltbremse vorzusehen.

Ist der Motor ohne Last, so erfolgt kein Wegdriften durch das Lecköl am Ventil, da das Motorlecköl größer ist.

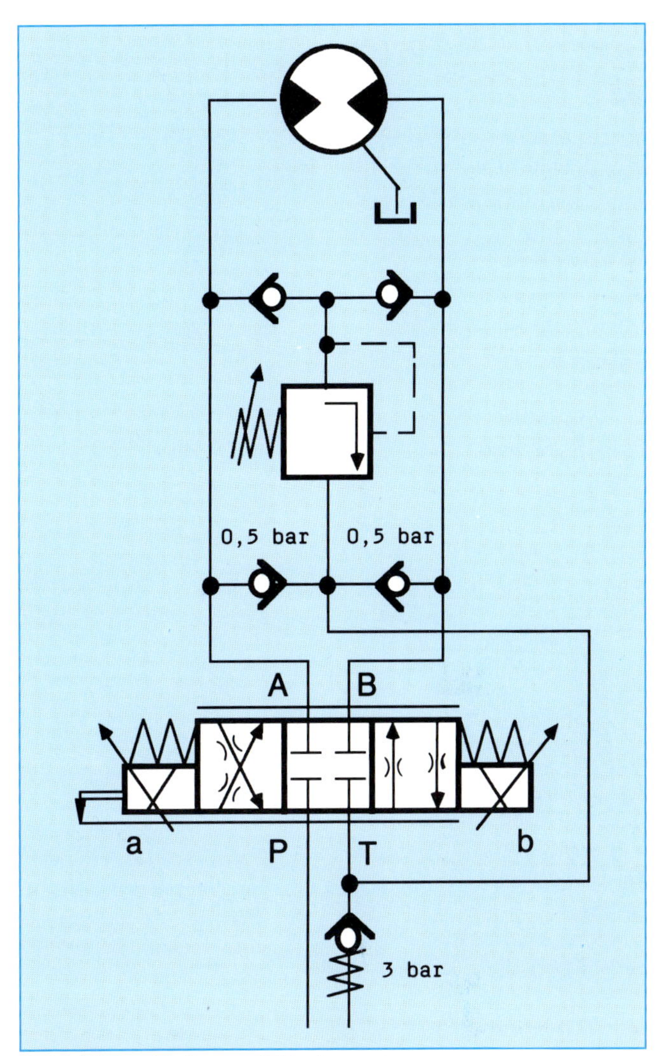

Bild 20 *E – Kolben mit Hydromotor*

Bei dieser Schaltung mit einem Zylinder mit Flächen – verhältnis $A_K:A_R = 2:1$ ist ein Kolben mit Drosselöff – nungsverhältnis von ebenfalls 2:1 zu wählen. Diese Bedingung erfüllt der E1 – Kolben (ebenso der W1 – Kolben).

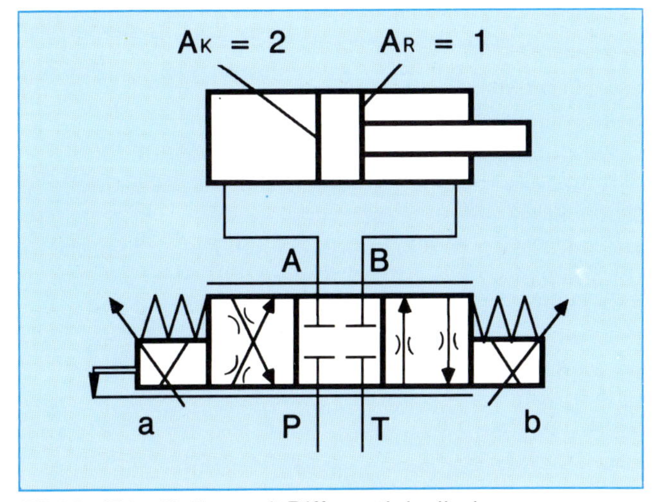

Bild 21 *E1 – Kolben mit Differentialzylinder*

Die folgende Skizze (*Bild 22*) verdeutlicht die Zusammenhänge. Die Drosselstellen symbolisieren die Durchflußquerschnitte im Proportionalventil.

Es gilt $Q_1 / Q_2 = \sqrt{\Delta p_1} / \sqrt{\Delta p_2}$

wenn $Q_2 = 2 \cdot Q_1$

und die Durchflußquerschnitte gleich sind

dann ergibt sich $\Delta p_1 / \Delta p_2 \triangleq Q_1^2 / Q_2^2$

$\Delta p_2 \triangleq (Q_2^2 / Q_1^2) \cdot \Delta p_1$

$-->$ $\Delta p_2 \triangleq 4 \cdot \Delta p_1$

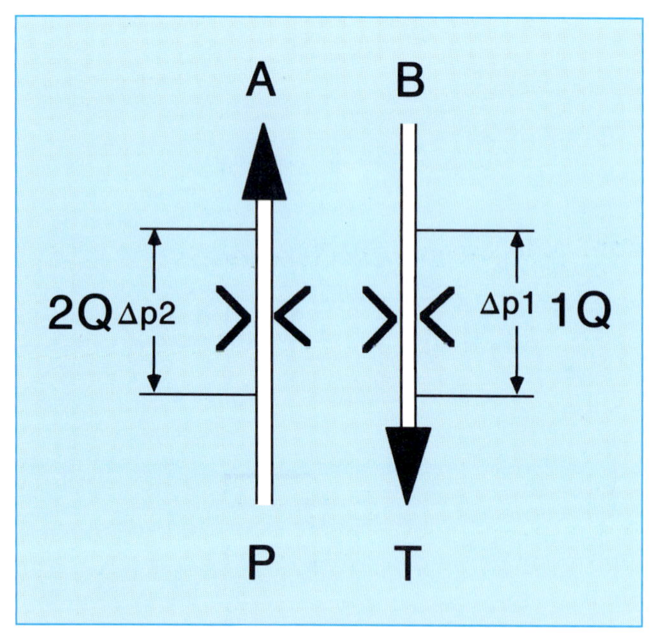

Bild 22 *Abhängigkeit Durchfluß – Druckgefälle*

Dieser Zusammenhang macht deutlich, daß ein 4 – faches Druckgefälle erforderlich ist, um bei gleichem Durchflußquerschnitt die doppelte Menge durchzubringen.

Bei dem Verhältnis der Kolbenfläche zur Ringfläche von 2:1 ergibt sich bei gleichem Drosselquerschnitt für z.B. P – > A und B – > T ein Differenzdruckverhältnis von 4:1.

Erfordern abzubremsende Massenkräfte auf der Kolbenringseite einen Gegendruck, der 1/4 des Betriebsdruckes übersteigt, so ist im vorliegenden Fall erkennbar, daß als Folge des quadratischen Zusammenhanges zwischen Δp und Q die Kolbenseite nicht vollständig gefüllt wird.

Mit dem E1 – Kolben
(P – > A = 1/1 Durchflußquerschnitt und
B – > T = 1/2 Durchflußquerschnitt)
bzw. bei E2 – Kolben umgekehrt, werden diese Probleme vermieden.

E3 – Kolben
(bitte auch Schaltung mit W – 3 – Kolben beachten)

Er wird eingesetzt, um bei einem Zylinder mit Flächenverhältnis 2:1 auf relativ einfache Weise eine Differentialschaltung zu erhalten.
Das Rückschlagventil ist auch als Zwischenplatte möglich.

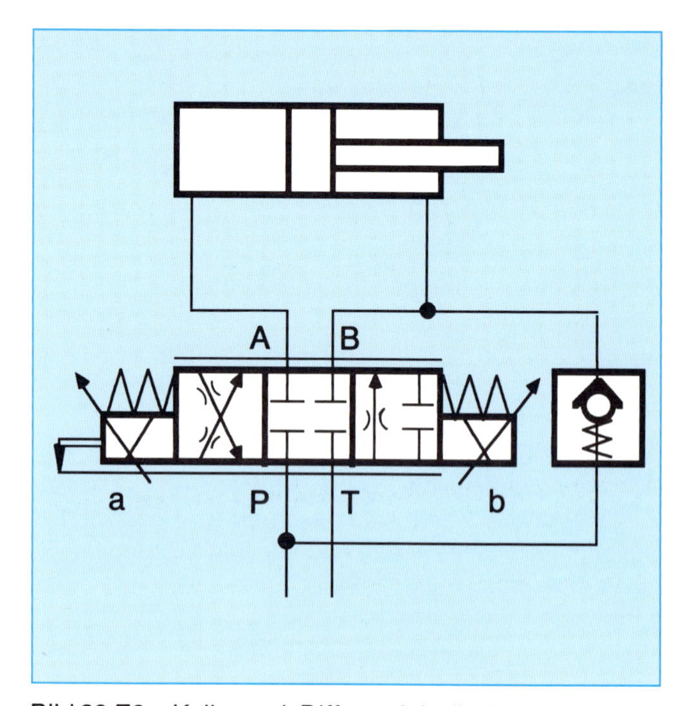

Bild 23 *E3 – Kolben mit Differentialzylinder*

W – Kolben
Bei einem Zylinder mit einseitiger Kolbenstange und Flächenverhältnis nahe 1:1 verhindert der W – Kolben das wegkriechen des unbelasteten Zylinders durch Lecköl. In der Mittelstellung besteht eine Verbindung von A und B nach T in der Größe von 3% des Nennquerschnittes.

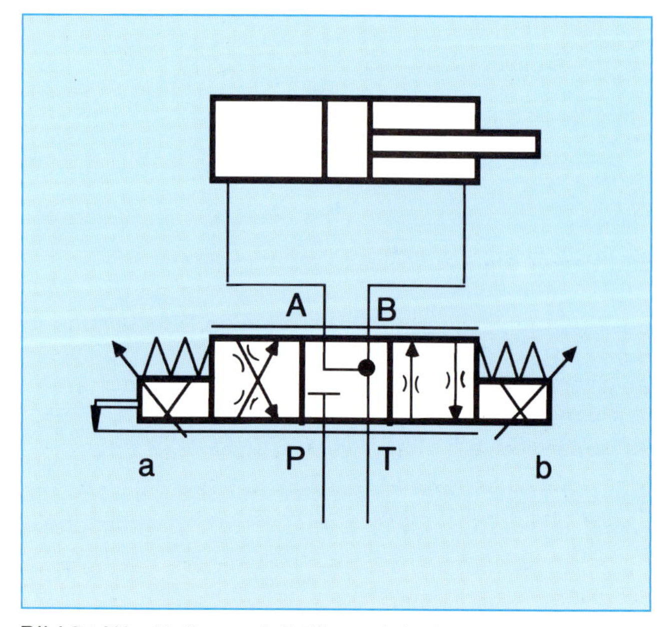

Bild 24 *W – Kolben mit Differentialzylinder*

W1 – Kolben, W2 – Kolben
Dieser Kolben hat wie der E1 – Kolben ein Drosselöff – nungsverhältnis von 2:1 für Zylinder mit Flächenverhältnis 2:1 und wie der W – Kolben in der Mittelstellung eine Verbindung von A und B nach T in der Größe von 3% des Nennquerschnittes.

W3 – Kolben
Mit dem W3 – Kolben wird, wie mit dem E3 – Kolben, die Differentialschaltung realisiert. Hiermit gibt es kein Zurückfedern des Zylinders nach dem Abbremsen, da B – > T entlastet ist.

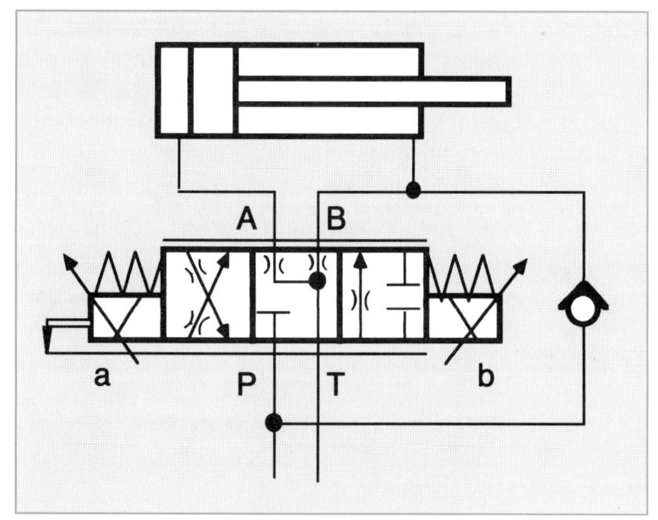

Bild 25 *W3-Kolben mit Differentialzylinder*

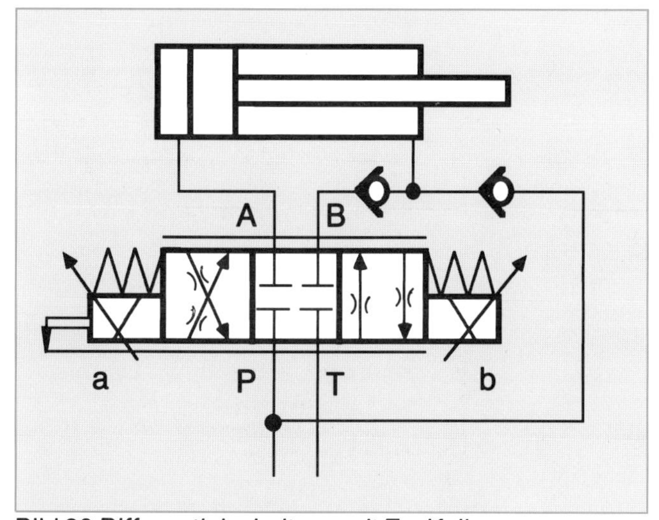

Bild 26 *Differentialschaltung mit E – Kolben*

Weitere Schaltungsbeispiele
Bild 27 *Zylinder mit einseitiger Kolbenstange, Flächenverhältnis nahe 1:1. Senkrechte Anordnung mit Gewichtsausgleich. Eingesetzt ist der W1 – Kolben. Der Gewichtsausgleich erfolgt durch ein direktgesteuertes Druckbegrenzungsventil (DBDs ...) mit leckölfreier Absperrung der Zylinderleitung.*

Bild 28 *Zylinder mit einseitiger Kolbenstange, Flächenverhältnis 2:1 und Differentialschaltung. Senkrechte Anordnung mit Gewichtsausgleich, Ventil mit W1 – Kolben.*

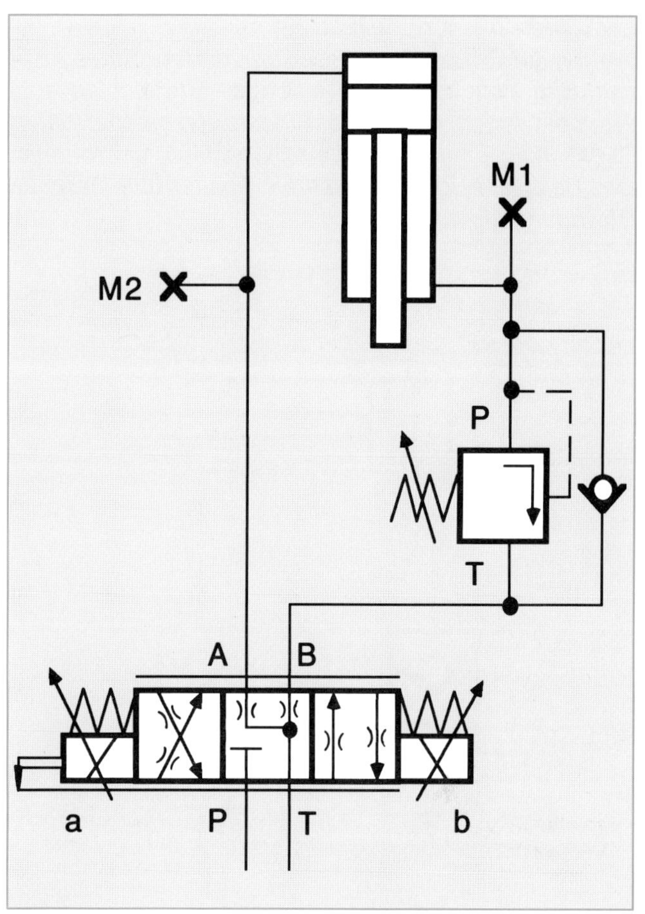

Bild 27

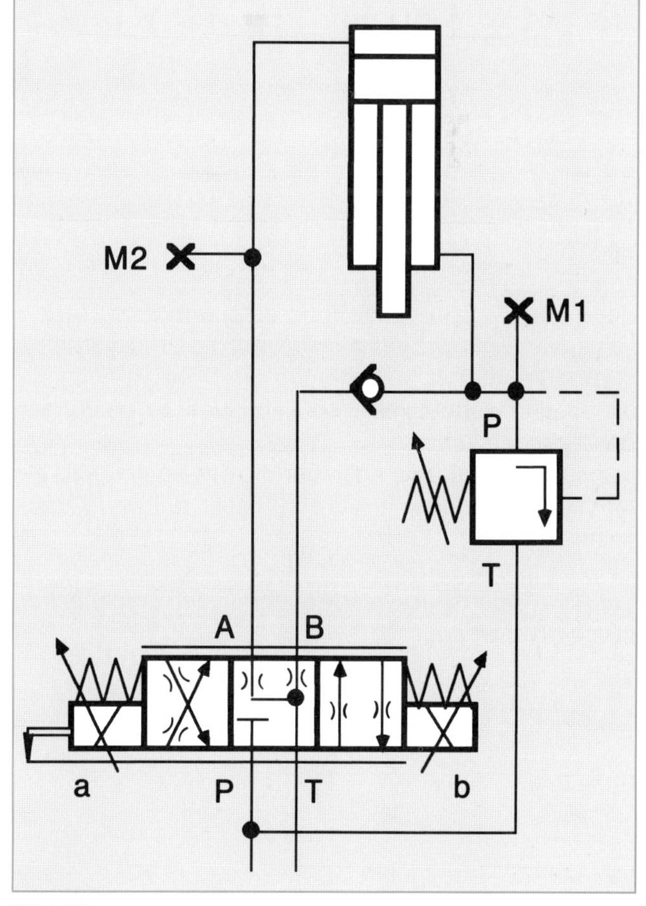

Bild 28

Leckölfreie Absperrung (Bild 29)
Wegen der Druckverhältnisse kann die leckölfreie Absperrung nicht mit einem Zwillings – Rückschlagventil erreicht werden. Hier ist der Einsatz von entsperrbaren Rückschlagventilen mit Leckölanschluß erforderlich. Das Beispiel zeigt die leckölfreie Absperrung für beide Bewegungsrichtungen.

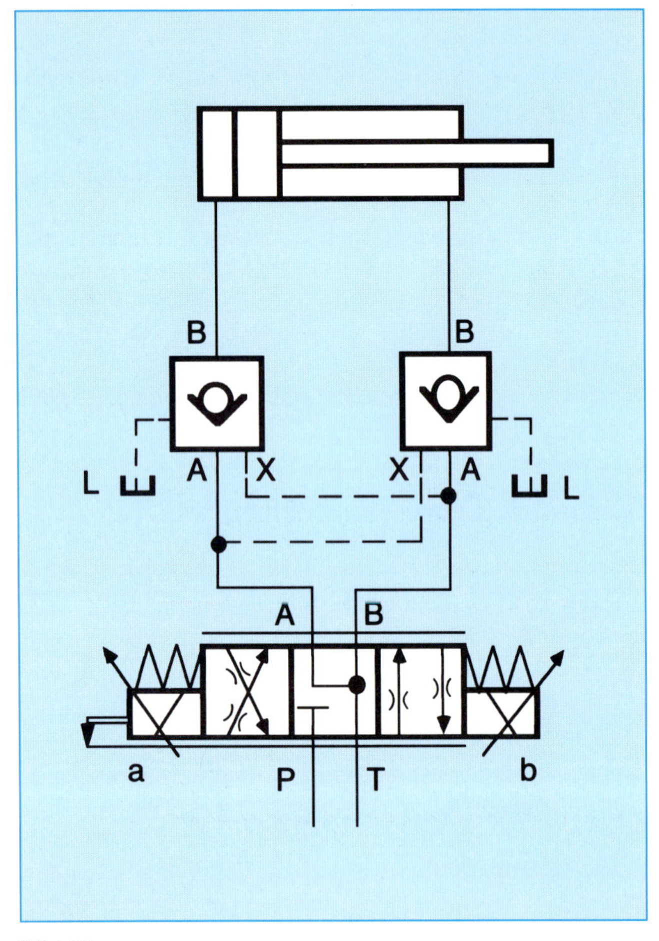

Bild 29

Bei dieser Schaltung ist, trotz entsperrbarem Rückschlagventil mit Leckölanschluß, auf die Druckverhältnisse zu achten. Überschreiten die Druckverhältnisse die Flächenverhältnisse, so kann das zu unstetigen Bewegungen führen.
In diesem Fall muß die Ansteuerung des Sperrventils extern erfolgen und nicht, wie dargestellt, aus der Gegenseite.
Eine weitere Möglichkeit der Absperrung bietet sich mit der Ablaufsperrdruckwaage (siehe "Lastkompensation durch Druckwaagen").

Hinweise zur Praxis

Es ist darauf zu achten, daß Ventilanschluß A mit Anschluß A des Zylinders, d.h. mit der Kolbenseite verbunden wird. Dies gilt insbesondere für die E1 –, W1 –, E3 – und W3 – Kolben, sollte aber auch bei den Grundkolben beachtet werden, da im Ventil von A – > T der kürzere Weg besteht.

Optimale dynamische Werte sind nur erreichbar, wenn die Verbindungen zwischen Proportionalventil und Verbraucher (Hydrozylinder, Hydromotor) möglichst kurz ausgeführt sind. Aus diesem Grund wird das 4 – Wege – Proportionalventil vorwiegend so eingesetzt, daß die Ausgänge A und B mit den beiden Anschlüssen eines reversierbaren Verdrängungsraumes auf kürzestem Wege in Verbindung stehen. Nur so läßt die Kombina tion von Ein – und Ausgangswiderstand, gekoppelt durch den gemeinsamen Kolben, eine besonders intensive Einflußnahme auf den Bewegungsablauf zu.

Die max. mögliche Beschleunigung eines Federmasse – Systems, wie es jedes Hydrauliksystem darstellt, wird bestimmt durch die Stellzeit des Hydraulikgerätes oder durch das Federmasse – System selbst.

Im Kapitel "Kriterien für die Auslegung der Steuerung mit Proportionalventilen" wird dies durch die Berechnungsbeispiele verdeutlicht.

Vorgesteuertes Proportional – Wegeventil

Wie bei den Schalt – Wegeventilen werden auch bei den Proportionalventilen die größeren Nennweiten vorgesteuert. Der Grund liegt auch hier bei den notwendigen Betätigungskräften zum Verschieben des Hauptsteuerkolbens.

Üblicherweise sind die Ventile bis einschließlich NG 10 direktgesteuert und ab einschließlich NG 10 vorgesteuert.

Ein vorgesteuertes Proportional – Wegeventil (Bild 33) besteht aus einem Vorsteuerventil (3) mit den Proportionalmagneten (1) und (2), Hauptventil (7) mit dem Hauptkolben (8) und der Zentrierfeder und Regelfeder(9).

Als Proportionalmagnet wird die Version mit Kraft – Stromverhalten eingesetzt.

Für den Überblick zunächst einmal ein vereinfachter Funktionsablauf:
Das von der elektrischen Ansteuerung kommende Signal wird im Proportional – Magneten (1) bzw. (2), in eine proportionale Kraft umgesetzt. Entsprechend der Kraft erhalten wir am Ausgang (A oder B) des Vorsteuerventils (3) einen Druck. Dieser Druck wirkt auf eine Fläche des Hauptkolbens (8) und verschiebt ihn gegen die Feder (9) so weit, bis zwischen der Federkraft und der Druckkraft Gleichgewicht herrscht. Der Hub des Kolbens und damit der Durchflußquerschnitt ist abhängig von der Höhe des auf die Kolbenfläche wirkenden Druckes. Zur Beeinflussung des Druckes kann ein Druckbegrenzer oder ein Druckreduzierer verwendet werden.

Das hier beschriebene Ventil hat einen Druckreduzierer als Vorsteuerventil. Der Vorteil liegt darin, daß nicht permanent Steueröl fließt.

Das 3 – Wege – Druckregelventil (Bild 30) besteht im wesentlichen aus 2 Proportionalmagneten (1) und (2), Gehäuse (3), einem Steuerkolben (4) und 2 Druckmeßkolben (5) und (6).

Der Proportionalmagnet wandelt ein elektrisches Signal in eine proportionale Kraft um, d.h. eine Erhöhung des Steuerstromes bewirkt eine entsprechend höhere Magnetkraft. Die eingestellte Magnetkraft bleibt über den gesamten Regelhub konstant.

Bei nicht betätigten Magneten, wie im Bild 30 dargestellt, wird der Steuerkolben (4) von Federn in der Mittelstellung gehalten. Die Anschlüsse A und B sind mit Anschluß T verbunden und damit drucklos. Anschluß P ist gesperrt. Wird als Beispiel Magnet B (1) angesteuert, so wirkt die Kraft des Magneten über den Druckmeßkolben (5) auf den Steuerkolben (4) und verschiebt diesen nach rechts. Dadurch fließt Öl von P nach B. Anschluß A bleibt nach wie vor mit T verbunden. Der sich im Anschluß B aufbauende Druck beaufschlagt über die Radialbohrung im Steuerkolben (4) den Druckmeßkolben (6). Die hieraus resultierende Druckkraft wirkt der Magnetkraft entgegen und verschiebt den Steuerkolben (4) in Schließrichtung, wenn Gleichgewicht zwischen beiden Kräften erreicht ist.
Der Meßkolben (6) stützt sich dabei auf dem Stößel des

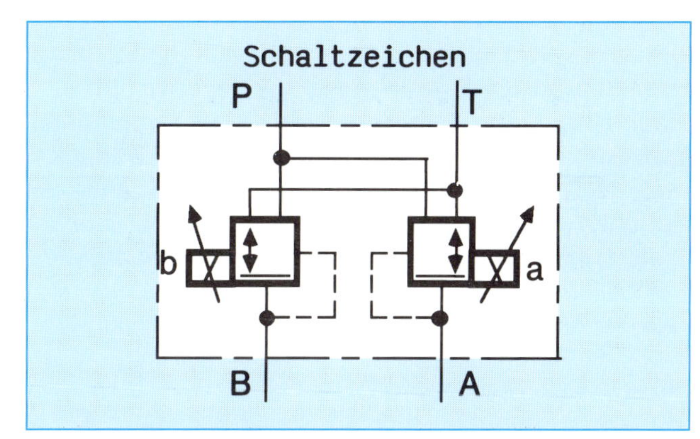

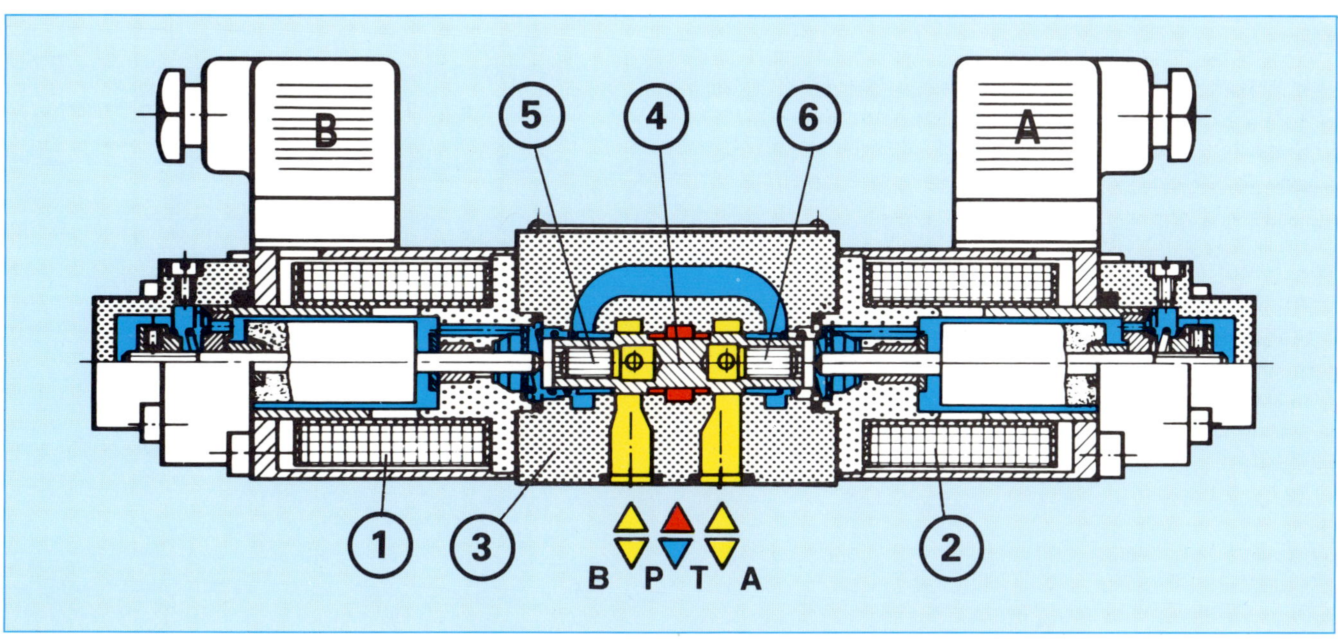

Bild 30 *3 – Wege – Proportional – Druckregelventil Typ 3 DREP 6 eingesetzt als Vorsteuerventil*

Magneten (2) ab.
Die Verbindung von P – > B wird unterbrochen, der Druck im Arbeitsanschluß B konstant gehalten. Eine Verringerung der Magnetkraft führt zu einem Druckkraftüberschuß am Steuerkolben (4). Deshalb verschiebt es diesen nach links.
Über die Verbindung der Anschlüsse B – > T kann Steueröl abfließen und sich der Druck entsprechend senken.
Kräftegleichgewicht bedeutet wiederum Konstanthalten des Druckes, nun auf dem niedrigeren Niveau.
In Ruhestellung – Proportionalmagnet stromlos – sind die Anschlüsse A bzw. B nach T geöffnet, d.h. es kann ungehindert Öl zum Tank abfließen und B bzw. A wird drucklos. Gleichzeitig ist die Verbinbdung P – > A bzw. P – > B unterbrochen.

Mit dem Vorsteuerventil variieren wir also den Druck in den Anschlüssen A oder B, proportional zum elektrischen Eingangssignal.

Sind die Räume (10) und (12) drucklos, d.h. A und B des Vorsteuerventils, wird der Hauptkolben (8) von der Zentrierfeder (9) in Mittelstellung gehalten.

Nun zur Wirkung auf den Hauptkolben.

Wird wieder als Beispiel Magnet B erregt, so gelangt Steueröl entweder intern aus dem Kanal P oder extern über den Anschluß X über das Vorsteuerventil in den Raum (10). Dort baut sich ein Druck auf, proportional zum Eingangssignal. Die daraus resultierende Druckkraft verschiebt den Hauptsteuerkolben (8) gegen die Feder (9) (Bild 33a) so weit, bis Federkraft und Druckkraft im Gleichgewicht sind. Die Höhe des Steuerdrukkes bestimmt damit die Position des Kolbens, hierüber den freigegebenen blendenartigen Querschnitt und somit die Durchflußmenge.

Die Ausführung des Hauptsteuerkolbens ist entsprechend den direktgesteuerten Proportional – Wegeventilen.

Steuert man Magnet A (2) an, stellt sich der dem Signal entsprechende Druck im Raum (12) ein. Dieser verschiebt den Hauptkolben (Bild 33b) wieder gegen die Feder (9) über die mit den Kolben starr verbundene Zugstange (13).

Die Feder (9) ist zwischen den Federtellern vorgespannt und spielfrei zwischen Deckel und Gehäuse eingepaßt.
Der Einsatz **einer** Feder für beide Kolbenrichtungen gewährleistet in Verbindung mit der Einpassung bei gleichem Signal für jede Richtung gleiche Auslenkung. Außerdem ist die Aufhängung der Federtellern besonders hysteresearm.

Wird der Druckraum entlastet, bringt die Feder den Steuerkolben wieder in die Mittellage. Die Möglichkeiten für Steuerölzulauf (intern oder extern) sowie für Steuerölablauf (intern oder extern) sind wie bei den vorgesteuerten "Schalt" – Wegeventilen.

Bild 31 *Vorgesteuertes Proportional – Wegeventil Typ 4 WRZ, Ansteuerelektronik*

Der erforderliche Steuerdruck beträgt $p_{St\,min}$ = 30 bar und $p_{St\,max}$ = 100 bar.

Die Hysterese liegt bei 6%.

Die Wiederholgenauigkeit beträgt 3%.

Die Kennlinie der Übergangsfunktionen bei sprungförmigem elektrischem Eingangssignal zeigt auch hier, daß der Steuerkolben ohne Überschwingen in seine neue Position geht (Bild 32). Dies ist auf die starke Zentrierfeder zurückzuführen. Damit haben auch Strömungskräfte keinen Einfluß auf die Kolbenposition.

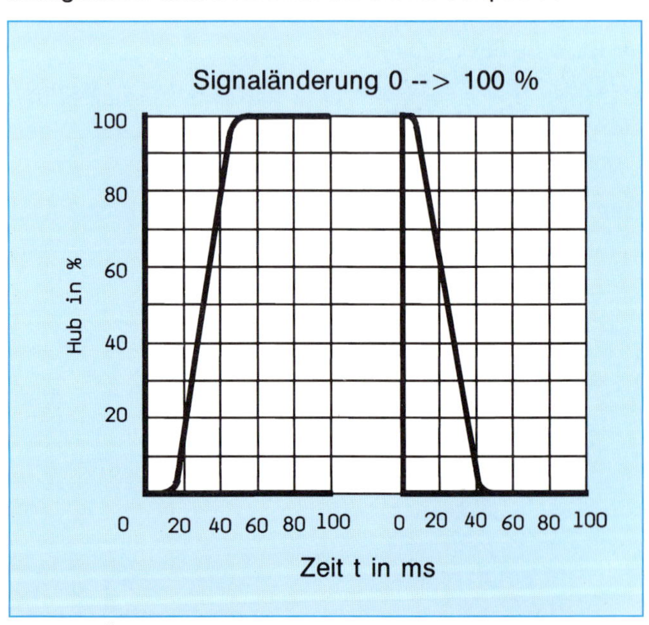

Bild 32 *Übergangsfunktion bei sprungförmigem elektrischen Eingangssignal*

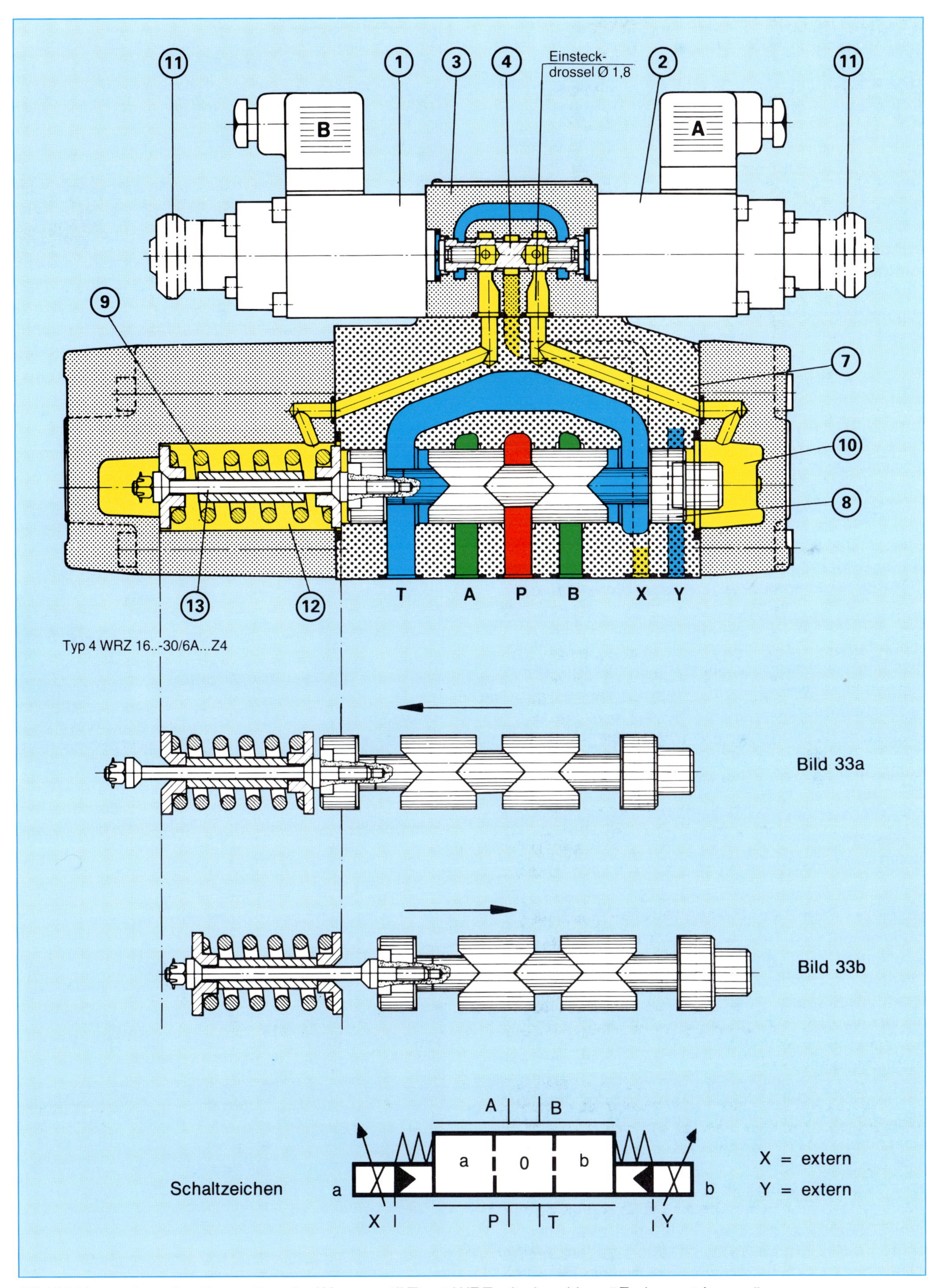

Bild 33 *Vorgesteuertes Proportional – Wegeventil Typ 4 WRZ mit einseitiger "Federzentrierung"*

In diesem Zusammenhang eine Erläuterung zu der immer wieder auftretenden Frage:

"Sind Proportional – Wegeventile mit Kolbenpositions – Rückführung anderen Bauarten vorzuziehen?"

Es ist richtig, daß die Reproduzierbarkeit der Position des Hauptkolbens bei elektrischer Wegrückführung, bei gleicher Öltemperatur, im Bereich von 0,01 mm liegt. Beachtet werden muß jedoch auch, daß unterschiedliche Öl – Temperaturen (20...70° C) die Temperatur – Drift des Weggebers und des Verbindungsgestänges zu Veränderungen der Kolben – Position führt, die in den Labors bei Mannesmann Rexroth mit 0,03...0,04 mm gemessen wurden, bei 4 mm Gesamt – Hub am Kolben eines Proportional – Wegeventiles der Type 4 WRE 10. Die Reproduzierbarkeit der vorgesteuerten Proportional – Wegeventile im Programm von Mannesmann Rexroth, der Typen 4 WRZ, liegt im Bereich von 0,06...0,07 mm. Eine Temperatur – Drift gibt es hier nicht, es besteht eine direkte Feder – Rückführung. Der Ge samthub ist mit 5,5 mm angegeben.

Die gute Wiederholgenauigkeit an den 4 WRZ Ventilen wird durch die hohe Federkonstante der Kraftfeder am Hauptkolben in Verbindung mit der reibungsarmen Federzentrierung (Kugelkalotte) erreicht – große Stellkräfte im Verhältnis zu möglichen Störkräften.

Die elektrische Rückführung bei direktgesteuerten Proportional – Wegeventilen ist sinnvoll, weil das Verhältnis der auftretenden Störkräfte zu der zur Verfügung stehenden Magnetkraft ungünstig ist (relativ kleine Magnetkraft zu den Störkräften).

Großen Anteil an der guten Reproduzierbarkeit des Steuerungs – Vorganges, sowohl bei den direktgesteuerten wie auch bei den vorgesteuerten Proportional – Wegeventilen im Rexroth Programm haben die präzise hergestellten, schlank geformten Dreiecks – Nuten in den Steuerkolben.

Mechanische Reibungen, auch hervorgerufen durch Schmutz – Partikel im Öl, spielen auf die Wiederholgenauigkeit nur dann eine Rolle, wenn der gleiche Sollwert eine längere Zeit gehalten werden soll – Zusetz – Effekt. Bei schnellen Sollwert – Änderungen, wie sie heute als Standard – Forderung an fast alle Anlagen gestellt werden, ist der Reibwert – Einfluß sehr gering. Der Ventil – Kolben wird ständig im Zustand der Gleit – Reibung gehalten.

Bei Regelvorgängen kommt es darauf an, daß das Stellgerät das Proportional – Wegeventil also, neben einer guten Wiederholgenauigkeit und geringer Hysterese auch eine gute Dynamik aufweist. Das läßt sich aber mit einer Proportional – Magnet – Ansteuerung (induktives Magnet – System) nur unvollkommen erreichen. Deshalb ist für diese Fälle auch eine Servo – Ventil – Ansteuerung (Torque – Motor) zu empfehlen (siehe Bild 44). Das Regelverhalten dieser Geräte mit Rückführung ist mit einer Servo – Ansteuerung besser.

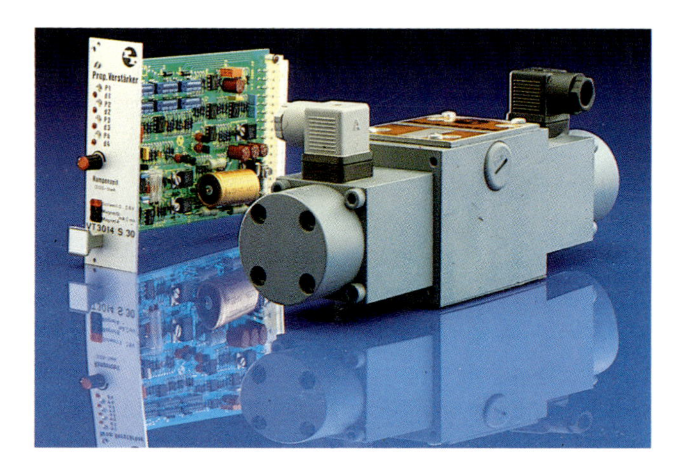

Bild 34 *Direktgesteuertes Proportional – Wegeventil ohne Kolbenpositions – Rückführung Typ 4 WRA 10, Ansteuerelektronik*

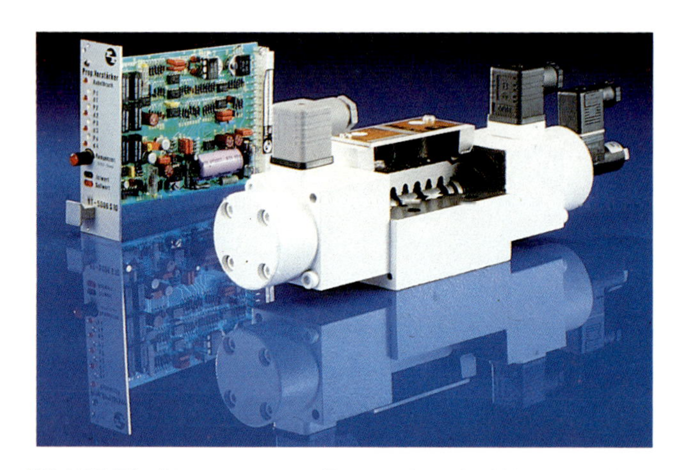

Bild 35 *Direktgesteuertes Proportional – Wegeventil mit Kolbenpositions – Rückführung Typ 4 WRE 10, Ansteuerelektronik*

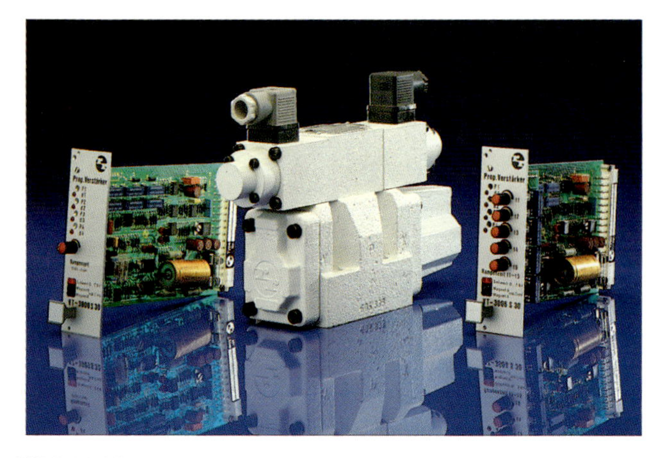

Bild 36 *Vorgesteuertes Proportional – Wegeventil ohne Kolbenpositions – Rückführung Typ 4 WRZ 10, Ansteuerelektronik*

Vorteil vorgesteuerter Proportional – Wegeventile ohne Rückführung ist deren einfacherer Aufbau selbst und der geringere Aufwand in der Elektronik, z.B. entfällt das separat zu verlegende Kabel in geschirmter Aus – führung vom Positionsgeber.

Eine schwarz/weiß – Entscheidung pro oder contra zum Theme "Rückführung der Kolben – Position am Pro – portional – Wegeventil" ist nicht denkbar. Nur in Abhängigkeit vom Einsatzfall und dessen Erfordernissen läßt sich die beste Lösung finden.

Bild 37 *Vorgesteuertes 4 – Wege – Regelventil mit Kolbenpositions – Rückführung Typ 4 WRD 16, Ansteuerelektronik*

Als Abschluß zu den Proportional – Wegeventilen zu – sammengefaßt die wesentlichen Merkmale:

1. Aufbau wie 4/3 – Wegeventile mit federzentrierter Mittellage.

2. Geringe Schmutzempfindlichkeit.

3. Richtungs – und Durchflußsteuerung sind in einem Gerät vereinigt. Für Programmabläufe sind keine zusätzlichen Wegeventile und Drosseln für Eilgang – und Schleichgangbewegung erforderlich. Die Geschwindigkeitsübergänge erfolgen nicht in Sprüngen, sondern stufenlos.

4. Relativ lange Kolbenhübe wie bei vorgesteuerten Wegeventilen.

5. Der Verbraucher ist durch 2 Steuerkanten im Zu – lauf und Rücklauf stets eingespannt.

6. In Verbindung mit der Ansteuerelektronik lassen sich Beschleunigungs – und Verzögerungsvorgänge sehr einfach und sicher realisieren.

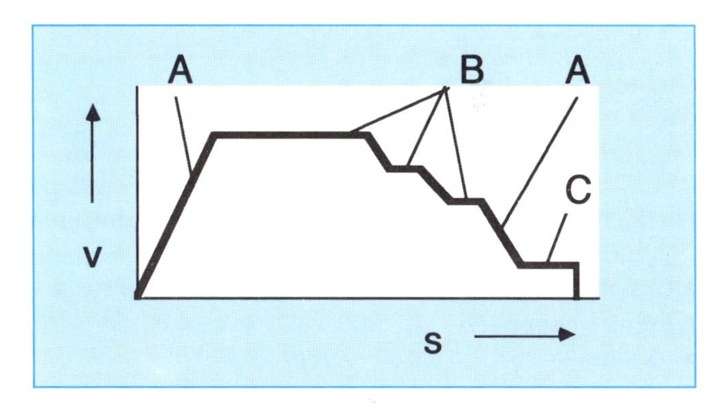

Bild 38 *Geschwindigkeits – Weg – Diagramm*

A = Beschleunigung bzw. Verzögerung
B = verschiedene Geschwindigkeiten
C = Restgeschwindigkeit vor Stop

Beschleunigungs – und Verzögerungszeiten werden von der Elektronik vorgegeben und sind nicht von hyd – raulischen Einflüssen (Ölviskosität) abhängig.

7. Stromaufnahme wie bei Gleichstrommagneten.

Proportional – Druckventile

Sie dienen zur elektrischen Druckferneinstellung, wobei zusätzlich Druckanstieg und Druckabfall zeitlich elektrisch beeinflußt werden können. Der Druck kann so mittels elektrischen Sollwertes entsprechend den Erfordernissen eines Prozesses verändert, d.h. angepaßt werden.

Direktgesteuertes Proportional – Druckbegrenzungsventil

Das Proportional – Druckbegrenzungsventil ist in Sitzbauart ausgeführt. Es besteht aus Gehäuse (1), Proportionalmagnet (2) mit induktivem Weggeber (3), Ventilsitz (4), Ventilkegel (5) sowie Druckfeder (6) (Bild 41).

Der Proportionalmagnet ist ein weggeregelter Magnet. Er ersetzt hier gewissermaßen die Handverstellung mittels Stellspindel.

Die Vorgabe eines Sollwertes über den Verstärker bewirkt einen dem Sollwert proportionalen Hub am Magneten. Dieser spannt über den Federteller (7) die Druckfeder (6) vor und drückt den Kegel auf den Sitz. Die Position des Federtellers (d.h. des Magnetankers) und damit indirekt die Druckeinstellung wird vom induktiven Wegaufnehmer erfaßt und mit der Ansteuerelektronik in einem Lageregelkreis überwacht. Auftretende Regelabweichungen vom Sollwert werden von der Regelung korrigiert. Mit diesem Prinzip wird die Magnetreibung ausgeschaltet. Man erhält eine hochgenaue, reproduzierbare Vorspannkraft der Feder: Hysterese $<1\%$ vom max. Einstelldruck, Wiederholgenauigkeit $<0{,}5\%$ vom max. Einstelldruck.

Der max. Einstelldruck richtet sich nach der Druckstufe (25 bar, 180 bar, 315 bar). Die verschiedenen Druckstufen werden durch unterschiedliche Ventilsitze, d.h. mit anderen Sitzdurchmessern erreicht. Da die Magnetkraft gleich bleibt, hat die höchste Druckstufe den kleinsten Sitzdurchmesser.

Aus den Kennlinien als Beispiel für Druckstufe 25 bar ist zu erkennen, daß der max. Einstelldruck noch vom Durchfluß abhängig ist.

Bei Sollwert 0, Stromausfall für den Proportional – Magneten oder Kabelbruch am Weggeber stellt sich der niedrigste Einstelldruck ein. (Abhängig von der Druckstufe und dem Durchfluß).

In diesem Zusammenhang ist noch die Feder (8) zu erwähnen. Sie sorgt dafür, daß bei Signal 0 die bewegten Teile wie z.B. Anker zurückgeschoben werden, um immer den niedrigsten p_{min} zu erreichen. Wird das Ventil senkrecht eingebaut, dient sie außerdem zur Kompensation des Ankergewichts.

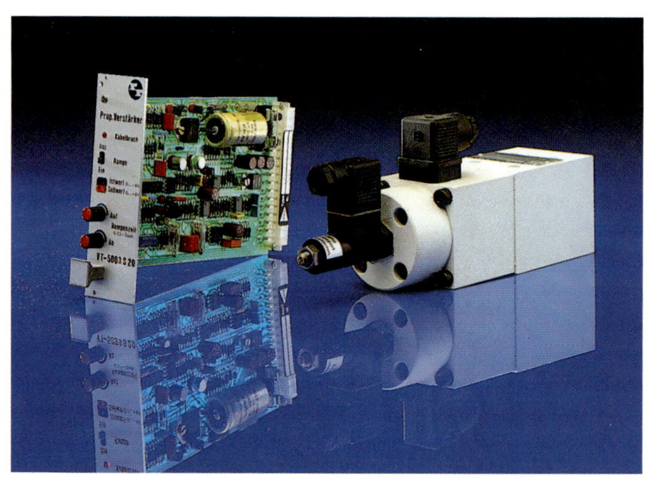

Bild 39 *Direktgesteuertes Proportional – Druckbegrenzungsventil Typ DBETR, Verstärker Typ VT 5003*

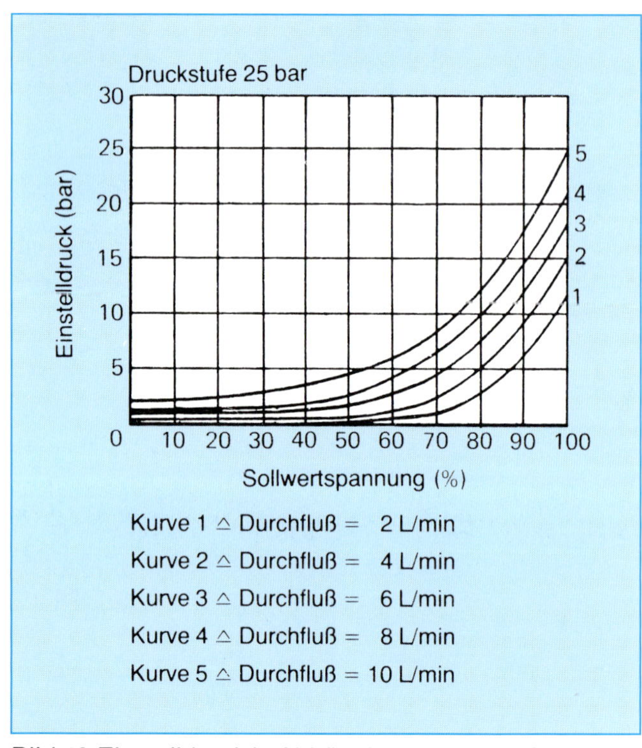

Bild 40 *Einstelldruck in Abhängigkeit von der Sollwertspannung*

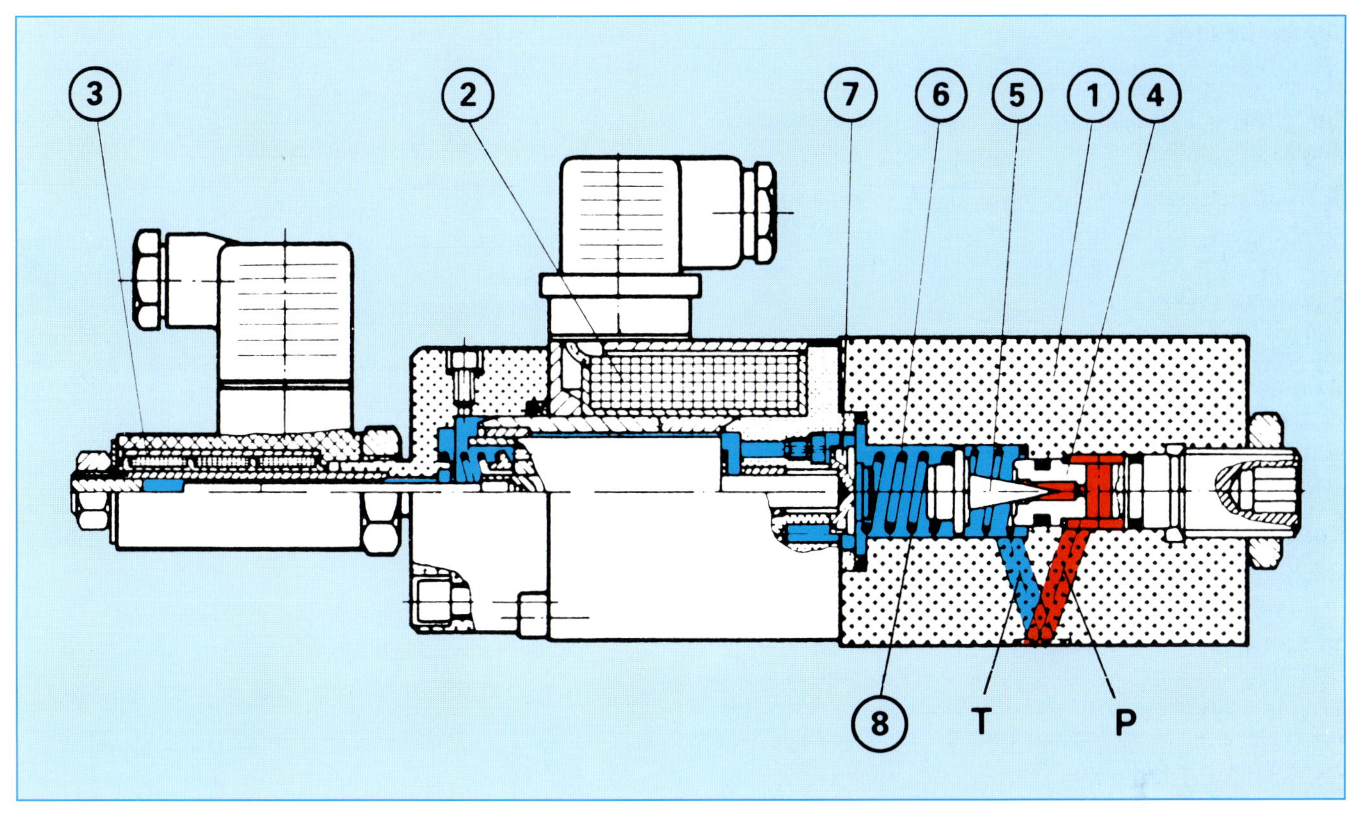

Bild 41 *Direktbetätigtes Proportional – Druckbegrenzungsventil Typ DBETR mit Lageregelung der Federvorspannung*

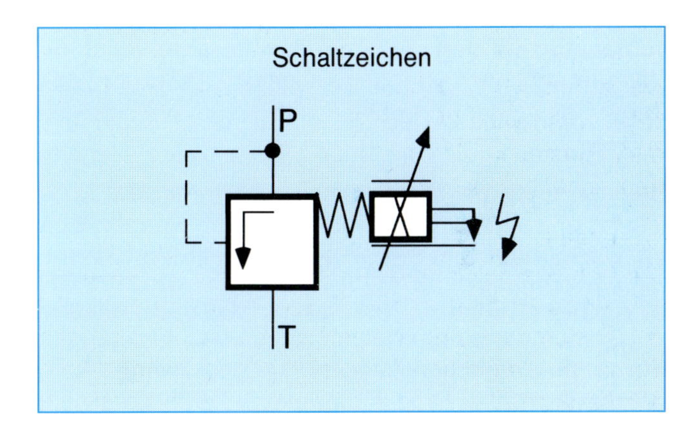

Vorgesteuertes Proportional – Druckbegrenzungsventil

Für größere Durchflußmengen werden vorgesteuerte Ventile eingesetzt.

Das Ventil besteht aus dem Vorsteuerventil (1) mit Proportionalmagnet (2), wahlweise mit integrierter Maximal – Druckabsicherung (3) und Hauptventil (4) mit Hauptkolben (5) (Bild 44).

Die Grundfunktion entspricht dem "normalen" vorgesteuerten Druckbegrenzungsventil. Der Unterschied liegt im Vorsteuerteil. Die Druckfeder ist durch den Proportionalmagneten ersetzt worden. Es ist ein "kraftgeregelter" Proportionalmagnet. Einer bestimmten Stromstärke, vorgegeben über die Ansteuerlektronik, entspricht somit eine proportionale Kraft auf den Vorsteuerkegel (6). Höherer Eingangsstrom bedeutet größere Magnetkraft und damit höhere Druckeinstellung; niedrigerer Eingangsstrom bedeutet niedrigere Druckeinstellung. Der vom System (Anschluß A) anstehende Druck wirkt auf den Hauptkolben (5). Gleichzeitig steht der Systemdruck über die mit Düsen (7,8,9) versehene Steuerleitung (10) auf der federbelasteten Seite des Hauptkolbens (11) an. Über die Düse (12) wirkt dieser Systemdruck auf den Vorsteuerkegel (6) gegen die Kraft des Proportionalmagneten (2). Steigt der Systemdruck über den entsprechend der Magnetkraft vorgegebenen Wert, so öffnet der Vorsteuerkegel (6). Das Steueröl kann über den Anschluß Y (13) zum Tank fließen. Es ist darauf zu achten, daß dies immer drucklos erfolgt.

Bedingt durch die Düsenkombination in der Steuerleitung entsteht nun ein Druckgefälle am Hauptkolben (5). Dieser hebt vom Sitz ab und öffnet die Verbindung A nach B (Pumpe – > Tank).

Zur Absicherung des Systems gegen unzulässig hohe Ströme am Proportionalmagneten (2), die zwangsläufig unzulässig hohe Drücke bewirken, kann zusätzlich wahlweise ein federbelastetes Druckbegrenzungsventil als Maximal – Druckabsicherung (3) eingebaut werden. Dieses Ventil kann gleichzeitig auch die Pumpenabsicherung übernehmen.

Bei der Druckeinstellung an der Maximal – Druckabsicherung muß auf einen Einstellabstand zur max. Druckeinstellung am Proportionalmagneten geachtet werden, damit sie wirklich nur bei Druckspitzen anspricht.
Dieser Abstand sollte als Richtwert ca. 10% des max. Betriebsdruckes betragen.
Zum Beispiel:
max. Betriebsdruck über Ansteuerlektronik = 100 bar,
Einstellung Maximal – Druckabsicherung = 110 bar.

Die verschiedenen Druckstufen (z.B. hier 50, 100, 200, 315 bar) werden wieder durch unterschiedliche Sitzdurchmesser erreicht. Neben den üblichen Kennlinien "Betriebsdruck in Abhängigkeit vom Durchfluß" und "Niedrigster Einstelldruck in Abhängigkeit vom Durchfluß" ist noch der Zusammenhang zwischen Eingangsdruck und Stomaufnahme wichtig.

Als Beispiel ist die Kennlinie für Druckstufe 200 bar dargestellt. Der maximale Druck einer Druckstufe wird immer mit dem max. Strom von 800 mA erreicht. Für die Praxis heißt das, daß man lediglich die notwendige Druckstufe wählt und keine höhere, um die bestmögliche Auflösung zu erhalten.
Die Kennlinie zeigt auch, daß sich eine größere Hysterese ergibt, wenn eine andere elektrische Ansteuerung, z.B. nicht VT 2000 ohne Dither – Strom verwendet wird.

Mit diesem Ventil sind folgende Werte erreichbar:

Linearität Strom – Eingangsdruck:	± 3,5%
Wiederholgenauigkeit:	< ± 2%
Hysterese:	± 1,5 %
empfohlene Filterfeinheit:	≤ 10 μm

(Druckfilter in der Zuleitung).

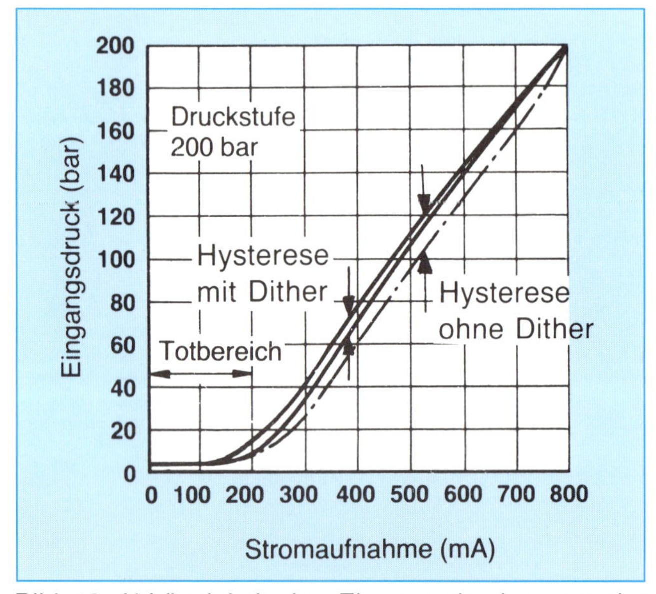

Bild 42 *Abhängigkeit des Eingangsdruckes von der Stromaufnahme*

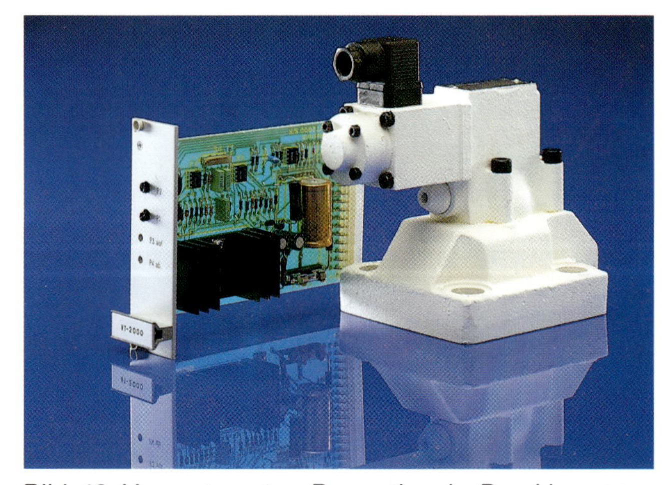

Bild 43 *Vorgesteuertes Proportional – Druckbegrenzungsventil Typ DBE, Ansteuerelektronik*

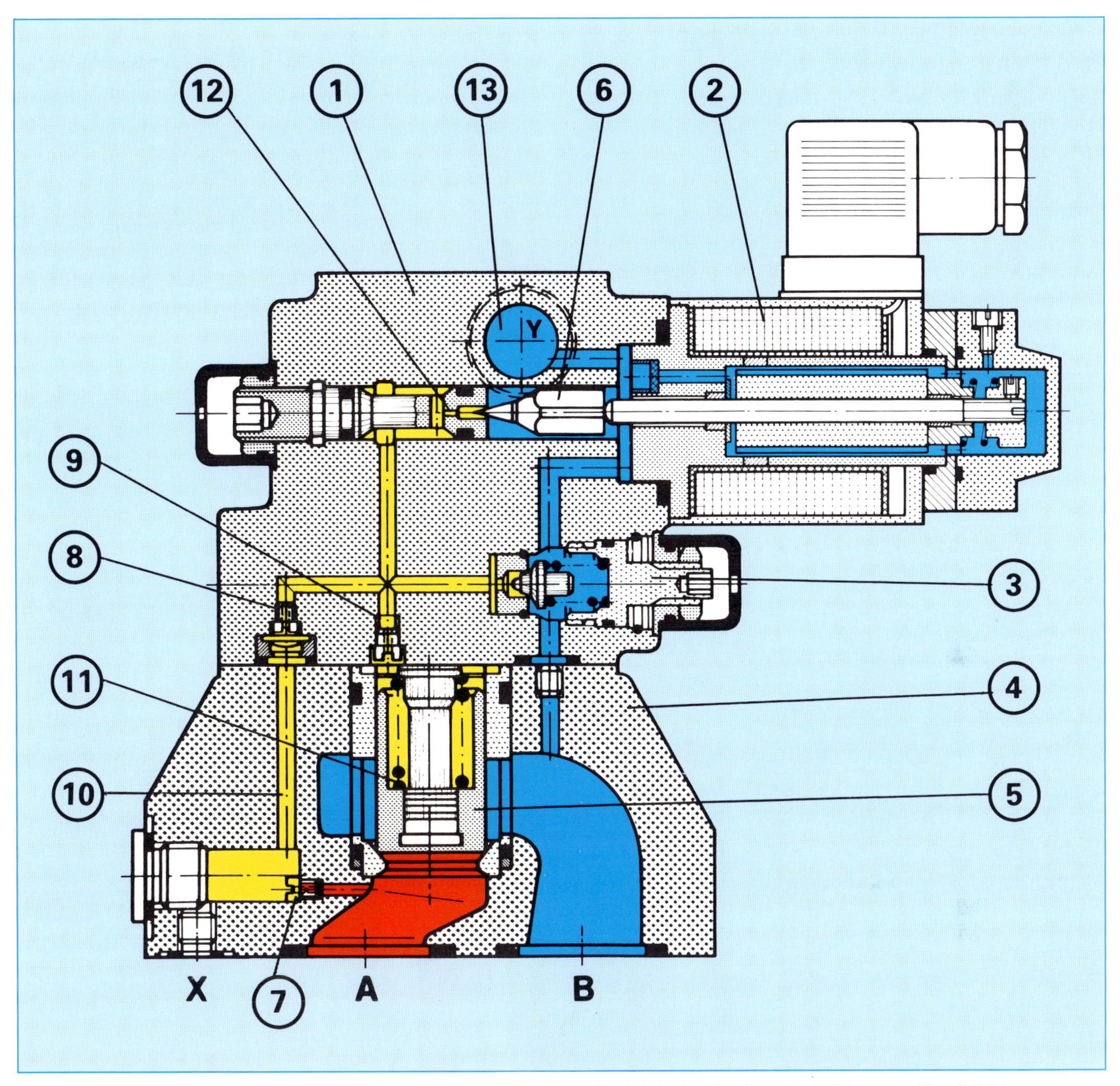

Bild 41 *Vorgesteuertes Proportional – Druckbegrenzungsventil mit Maximal – Druckabsicherung Typ DBEM*

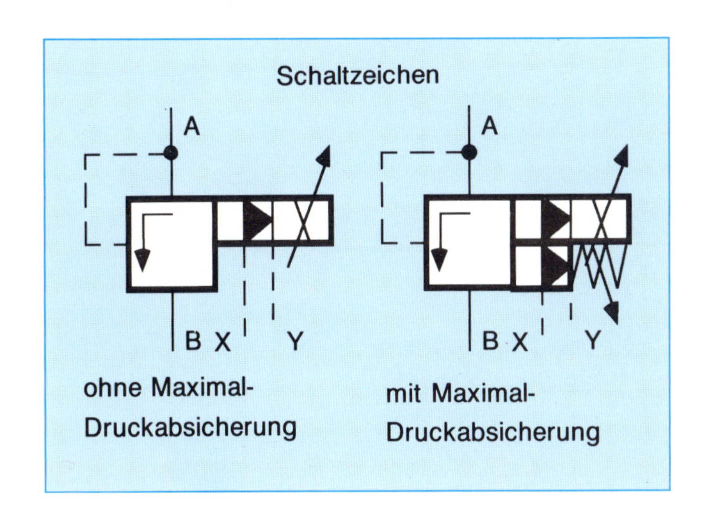

Vorgesteuertes Proportional – Druckreduzierventil Typ DRE 10, 25

Die Kraft des Magneten wirkt , wie bei dem vorher beschriebenen Druckbegrenzungsventil, direkt auf den Vorsteuerkegel.

Die Einstellung des Druckes im Kanal A erfogt stromabhängig über den Proportionalmagneten (2).
In Ruhestellung – Sollwert Null (kein Druck oder Durchfluß an B) – hält die Feder (10) den Hauptkolbeneinsatz in seiner Ausgangsstellung. Die Verbindung von B nach A ist geschlossen. Ein Anfahrsprung ist hiermit unterdrückt.

Der Druck im Kanal A wirkt über die Steuerleitung (6) auf die Fläche (7) des Hauptkolbens. Vom Kanal B führt der Steuerkanal (8) durch den Hauptkolben zum Kleinstromregler (9). Der Kleinstromregler (9) hält den vom Kanal B kommenden Steuerölstrom unabhängig vom Druckgefälle zwischen Kanal A und B konstant.
Vom Kleinstromregler (9) fließt der Steuerölstrom in den Federraum (10) und durch die Bohrungen (11) und (12) über den Ventilsitz (13) in die Y – Leitung (14, 15, 16) zum Tank.

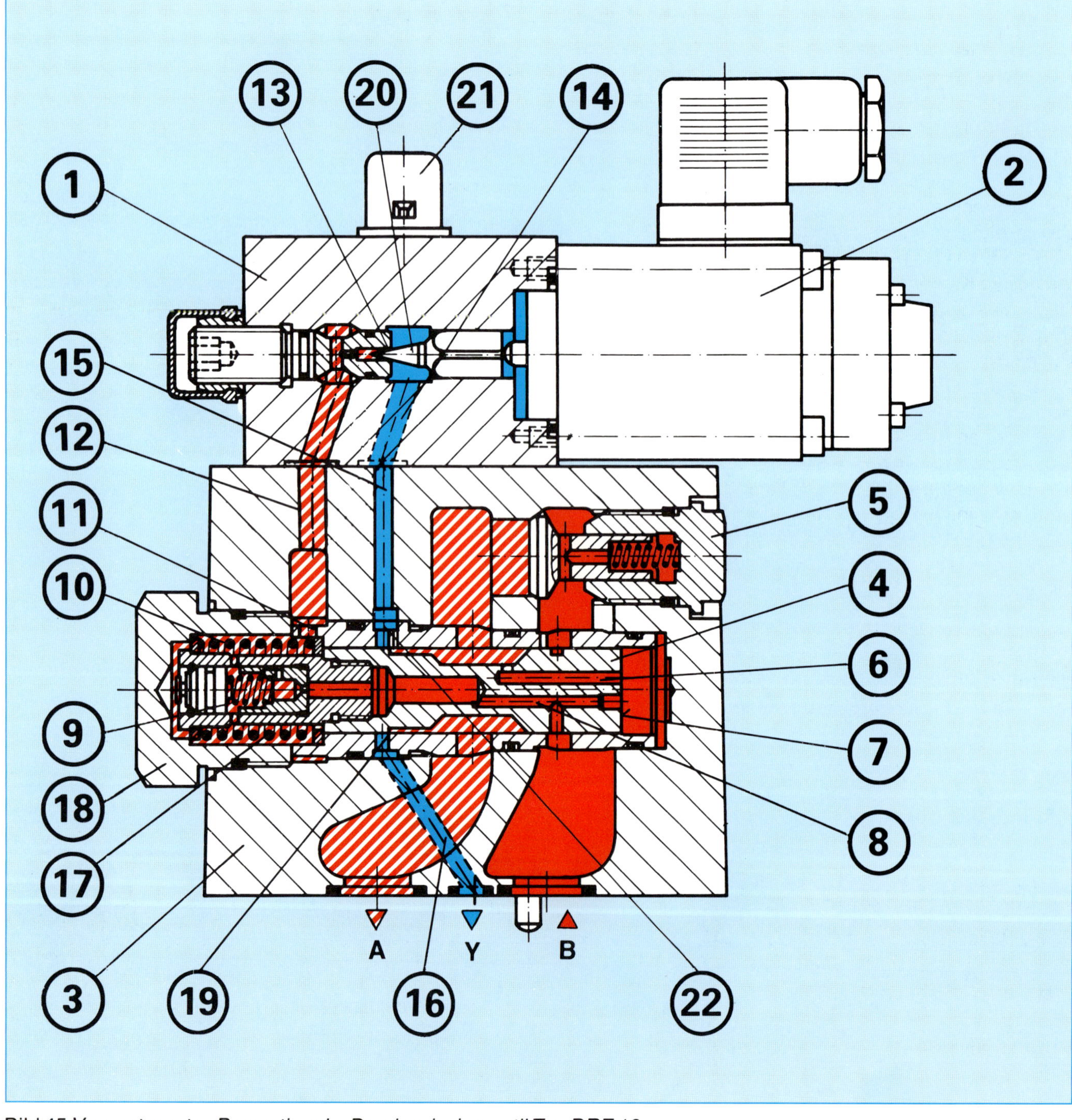

Bild 45 *Vorgesteuertes Proportional – Druckreduzierventil Typ DRE 10*

Der im Kanal A gewünschte Druckwert wird am zugehörigen Verstärker vorgegeben. Der Proportionalmagnet drückt den Ventilkegel (20) gegen den Ventilsitz (13) und begrenzt den Druck im Federraum (10) auf den eingestellten Wert. Ist der Druck im Kanal A niedriger als der vorgegebene Sollwert, so schiebt der höhere Druck im Federraum (10) den Hauptkolben nach rechts. Die Verbindung von B nach A wird geöffnet.
Ist der eingestellte Druck in A erreicht, herrscht am Hauptkolben Kräftegleichgewicht.

Druck in A • Kolbenfläche (7) =

Druck in Federraum (10) • Kolbenfläche + Federkraft (17)

Steigt der Druck in A, so verschiebt sich der Kolben nach links in Schließrichtung B nach A.

Soll in einer stehenden Ölsäule (z.B. Zylinder auf Anschlag) der Druck in A gesenkt werden, wird am Sollwertpotentiometer des zugehörigen Verstärkers ein niedrigerer Druck vorgewählt, der sofort im Federraum (10) ansteht. Der höhere Druck in A auf der Fläche (7) des hauptkolbens drückt den Hauptkolben gegen die Verschlußschraube (18) auf Anschlag.
Die Verbindung A nach B ist gesperrt und A nach Y geöffnet. Die Kraft der Feder (17) wirkt nun gegen die hydraulische Kraft auf der Fläche (7) des Hauptkolbens. In dieser Hauptkolbenstellung kann die Druckflüssigkeit vom Kanal A über die Steuerkante (19) nach Y zum Tank abfließen.
Wenn der Druck in A auf den Druck im Federraum (10) plus Δp aus Feder (17) abgefallen ist, schließt der Hauptkolben an der Steuerkante A nach Y die großen Steuerbohrungen in der Büchse.
Die Restdruckdifferenz von ca. 10 bar zum neuen Sollwertdruck in A wird nur noch über die Feinsteuerbohrung (22) entlastet. Hierdurch wird ein gutes Einschwingverhalten ohne Druckunterschwingungen erreicht.

Zum freien Rückströmen von Kanal A nach B kann wahlweise ein Rückschlagventil (5) eingebaut werden. Ein Teil des Ölstromes aus Kanal A fließt dabei gleichzeitig über die offene Steuerkante (19) des Hauptkolbens von A nach Y zum Tank.

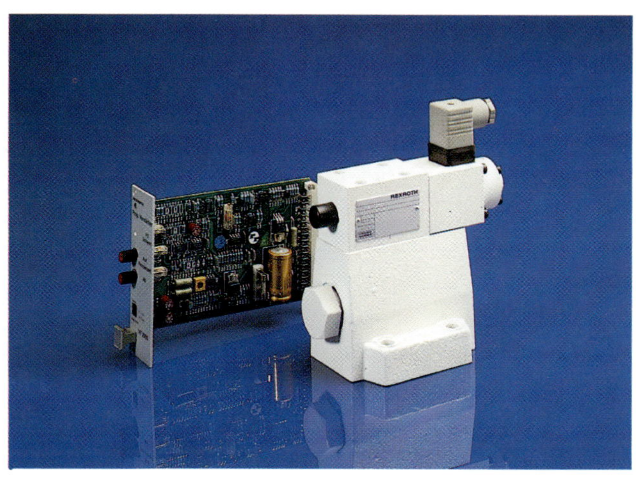

Bild 46 *Vorgesteuertes Proportional – Druckreduzierventil Typ DREM 20, Ansteuerelektronik*

Typ DREM

Zur hydraulischen Absicherung gegen unzulässig hohen elektrischen Steuerstrom am Proportionalmagneten, welcher zwangsläufig im Anschluß A hohe Drücke bewirkt, kann auf Wunsch ein federbelastetes Maximal – Druckbegrenzungsventil (21) eingebaut werden.

Hinweis: Wenn die Druckflüssigkeit über das Rückschlagventil (5) vom Kanal A nach B zurückströmt, beeinflußt der gleichzeitge Parallelstrom über Y zum Tank den Bremsvorgang des Verbrauchers an A, wenn im B – Kanal mit einem Drosselventil (z.B. Proportional – Wegeventil) gebremst wird.
Zur Druckbegrenzung im Kanal A ist der dritte Weg A nach Y nicht geeignet.

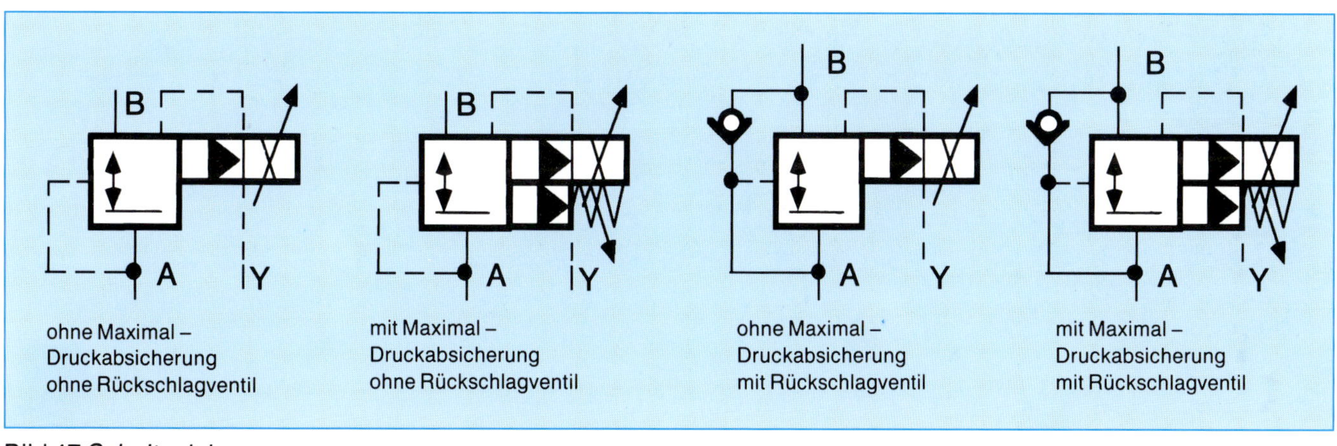

Bild 47 *Schaltzeichen*

Vorgesteuertes Proportional – Druckreduzierventil Typ DRE 30

Die Einstellung des Druckes im Kanal A erfolgt strom-abhängig über einen Proportionalmagneten.

In Ruhestellung – kein Druck in Kanal B – ist der Hauptkolbeneinsatz (4) von Kanal B nach Kanal A geöfffnet.
Der Druck im Kanal A wirkt auf die Unterseite des Hauptkolbens in Schließrichtung und der Druck des Vorsteuerventiis auf die Federseite des Hauptkolbens in Öffnungsrichtung von Kanal B nach A.
Das Steueröl wird aus dem Kanal B entnommen und strömt über die Bohrung (6), Konstant – Stromregler (9), Bohrung (7), Ventilsitz (10) am Ventilkegel (8) vorbei über den Y – Kanal zum Tank.
In Abhängigkeit vom elektrischen Sollwert auf den Proportionalmagnet (2) stellt sich am Vorsteuerventil (1) ein Druck ein, der auf die Federseite des Hauptkolbens wirkt. In Regelstellung des Hauptkolbens (4), strömt die Menge von Kanal B nach A, daß der Druck in Kanal A (Einstellung des Vorsteuerventils plus Hauptkolbenfeder) nicht überschritten wird.
Bewegt sich der Verbraucher am Anschluß A nicht (z.B. Zylinderkolben auf Anschlag) und über den Proportionalmagnet (2) wird ein niedriger Druck für den Kanal A eingestellt, schließt der Hauptkolben (4) die Verbindung von Kanal B nach A und öffnet gleichzeitig die Verbindung vom Kanal A zum Federraum des Hauptkolbens (4). In dieser Stellung kann sich das Kompressionsvolumen im Kanal A über das Vorsteuerventil (1) und den Anschluß Y entspannen.
Zum freien Rückströmen von Kanal A nach B kann wahlweise ein Rückschlagventil (11) eingebaut werden.

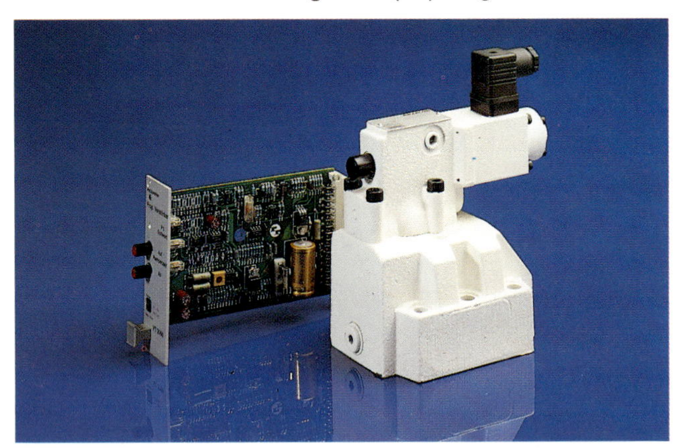

Bild 48 *Vorgesteuertes Proportional – Druckreduzier – ventil Typ DRE 30, Ansteuerelektronik*

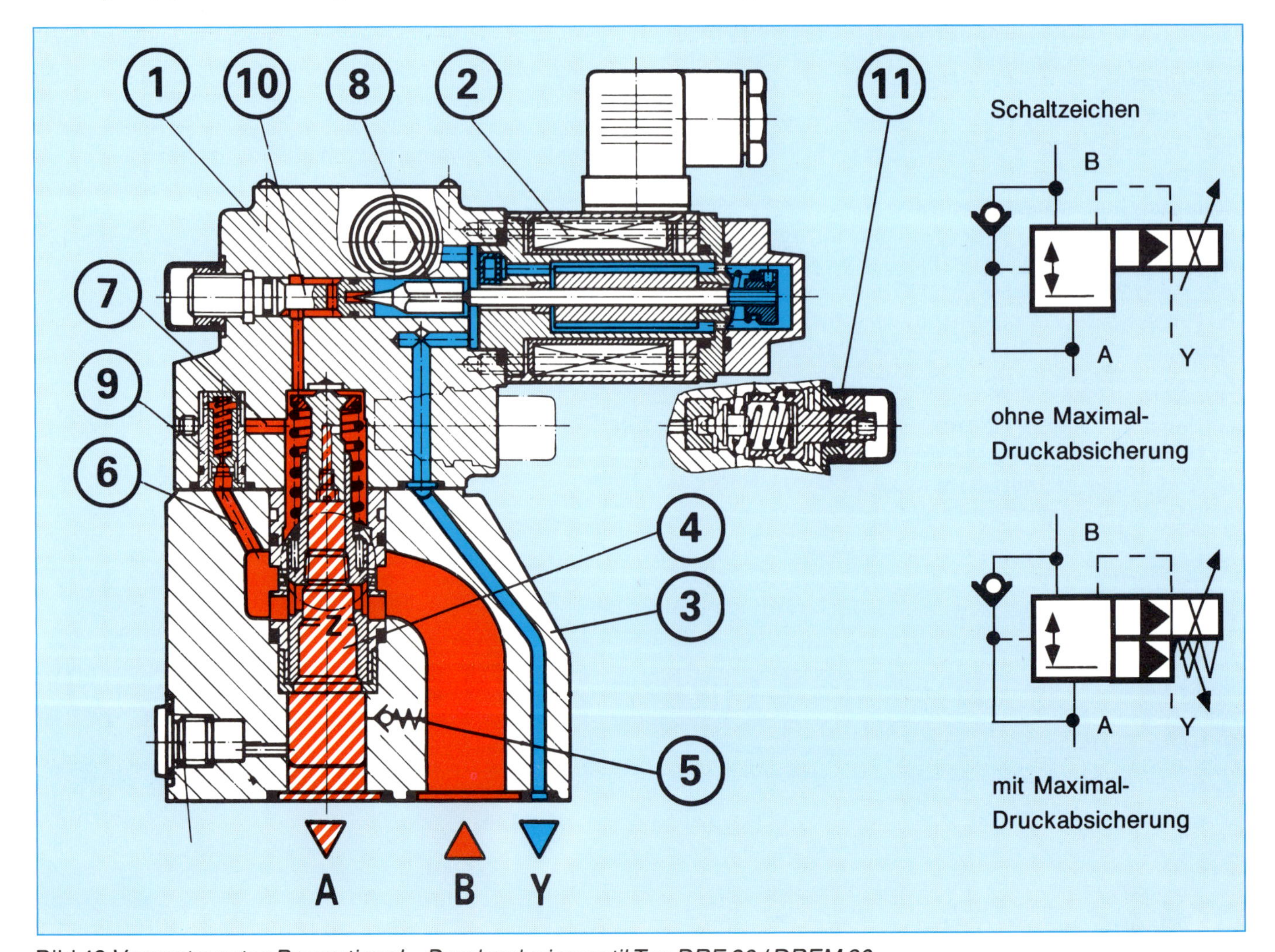

Bild 49 *Vorgesteuertes Proportional – Druckreduzierventil Typ DRE 30 / DREM 30*

Proportional – Stromventile

2 – Wege – Proportional – Stromregelventil mit nachgeschalteter Druckwaage (NG 6)

Das 2 – Wege – Proportional – Stromregelventil kann einen, vom elektrischen Sollwert vorgegebenen Ölstrom weitgehendst druck – und temperaturunabhängig regeln. Die wichtigsten Bauteile sind das Gehäuse (1), der Proportionalmagnet mit induktivem Weggeber (2), die Meßblende (3), die Druckwaage (4) sowie das Rückschlagventil (5), dessen Einbau wahlweise erfolgt.

Die Einstellung des Ölstromes wird durch die Vorgabe eines elektrischen Signales (Sollwert) an einem Potentiometer bestimmt. Dieser vorgegebene Sollwert bewirkt über die Ansteuerelektronik (z.B. Verstärker Typ VT 5010) einen entsprechenden Strom und somit einen proportionalen Hub am Proportionalmagneten (hubgeregelter Magnet). Dementsprechend wird die Meßblende (3) nach unten geschoben und gibt einen Durchflußquerschnitt frei. Die Position der Meßblende wird vom induktiven Wegaufnehmer erfaßt. Vorhandene Abweichungen vom Sollwert werden durch die Regelung korrigiert. Die Druckwaage hält das Druckgefälle an der Meßblende immer auf einem konstanten Wert. Dadurch ist der Ölstrom lastunabhängig. Die günstige Ausbildung der Meßblende ergibt eine geringe Temperaturdrift.

Bei Sollwert 0 % ist die Meßblende geschlossen. Bei Stromausfall oder Kabelbruch am elektrischen Weggeber schließt die Meßblende.

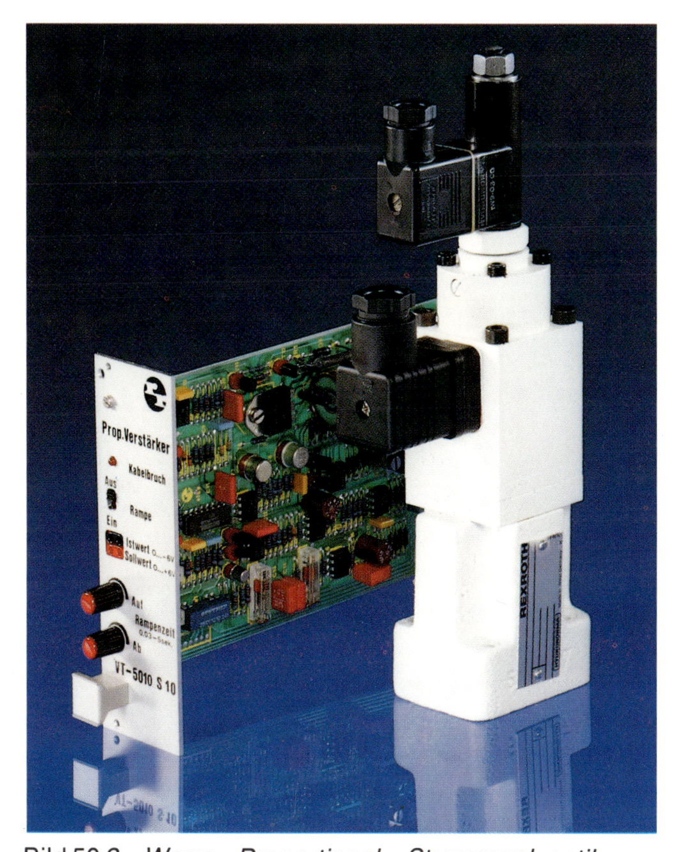

Bild 50 *2 – Wege – Proportional – Stromregelventil Typ 2 FRE 6, Ansteuerelektronik*

Vom Sollwert 0 % aus ist ein sprungfreies Anfahren möglich. Über 2 Rampen im elektrischen Verstärker kann die Meßblende verzögert geöffnet und geschlossen werden.

Über das Rückschlagventil (5) ist freier Rückstrom von B nach A möglich.

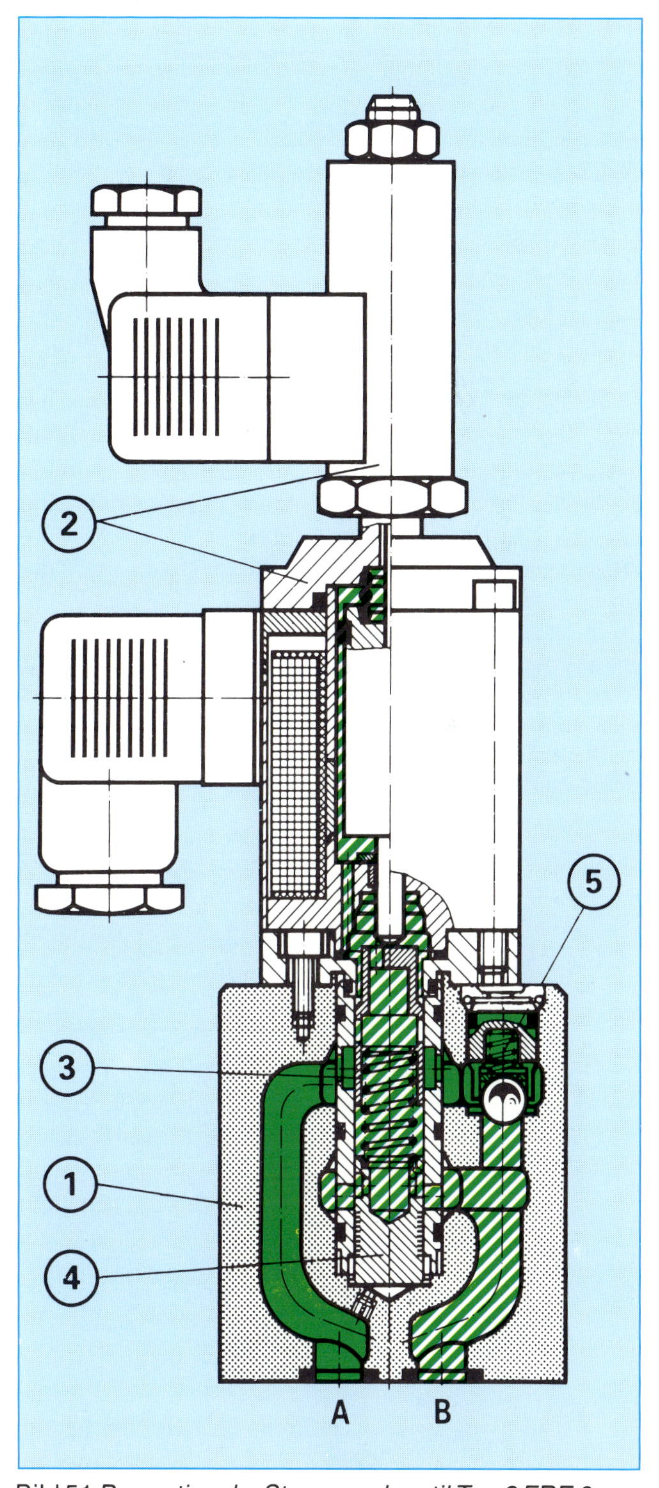

Bild 51 *Proportional – Stromregelventil Typ 2 FRE 6*

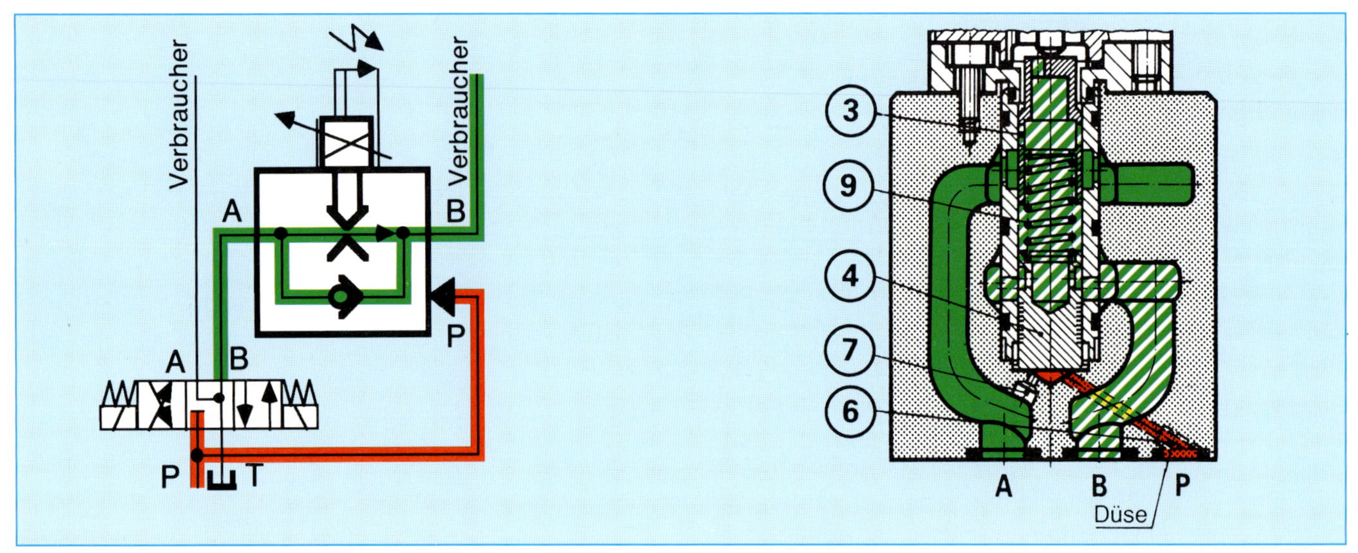

Bild 52 *Externe Zuhaltung der Druckwaage*

Ausführung mit externer Zuhaltung der Druckwaage_

Die Ansteuerung sowie die Grundfunktion entsprechen dem bereits beschriebenen 2 – Wege – Proportional – Stromregelventil. Zusätzlich ist jedoch zur Unterdrük – kung eines Anfahrsprunges bei geöffneter Meßblende (3) (Sollwert > 0) eine Zuhaltung der Druckwaage (4) über den Anschluß P (6) vorgesehen (Bild 52). Die interne Verbindung (7) zwischen Anschluß A und der Wirkfläche der Druckwaage (4) ist verschlossen. Dafür wirkt über den externen Anschluß P (6) der Druck in P vor dem Wegeventil (8) (siehe Schaltungsbeispiel) auf die Druckwage (4) und hält diese gegen die Kraft der Feder (9) in Schließstellung. Wird das Wegeventil (8) in die linke Schaltstellung geschaltet (Verbindung P – > B), dann bewegt sich die Druckwaage (4) von der geschlossenen Position in Regelstellung. Der Anfahrsprung ist somit verhindert.

Durch den Einsatz unterschiedlicher Meßblenden können bei 100 % Sollwert verschiedene max. Durchflüsse erreicht werden. Die Kennlinien Bild 53 verdeutlichen die Varianten.

Bei entsprechender Gestaltung des Blendenquerschnittes erreicht man auch einen Feinregelbereich z.B. bis 2 L/min (Bild 54). Der elektrische Sollwert kann beliebig stufenlos zwischen 0 und Maximum variiert werden. Der Frequenzgang (Erläuterung des Begriffes Frequenzgang siehe "Einstieg in die Servoventil – Technik") zeigt die Schnelligkeit des Ventiles (Bild 55).

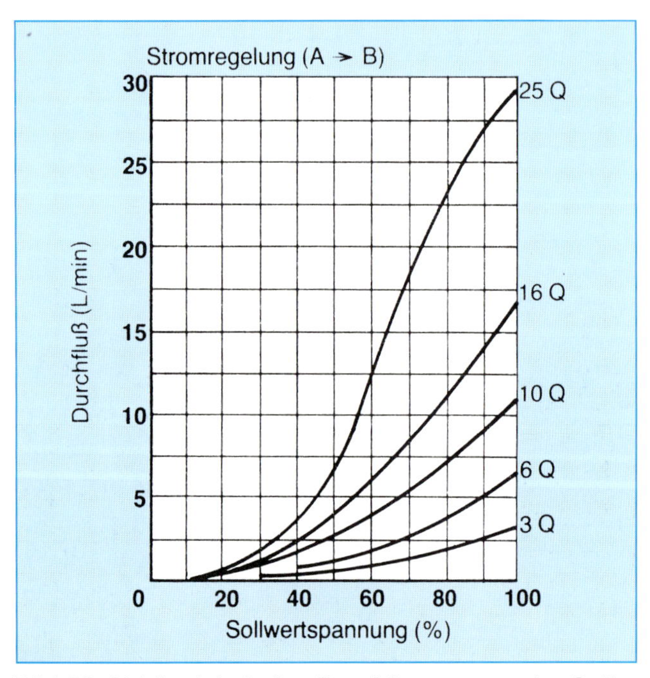

Bild 53 *Abhängigkeit des Durchflusses von der Soll – wertspannung*

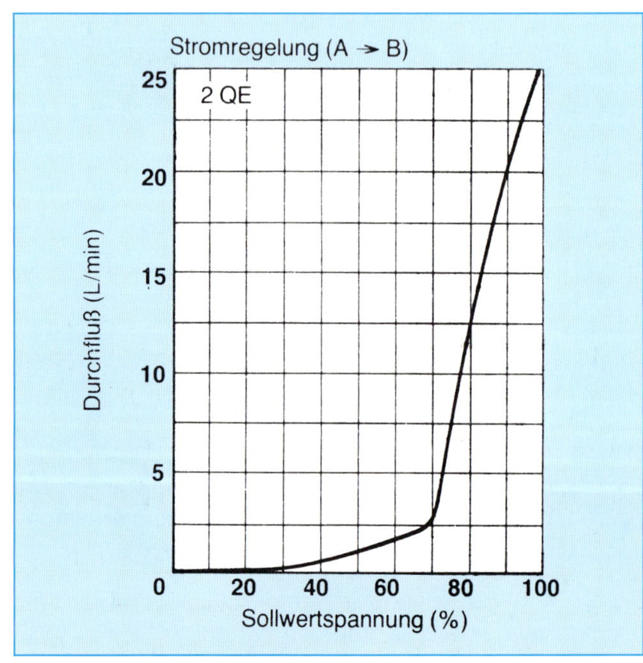

Bild 54 *Abhängigkeit des Durchflusses von der Soll – wertspannung bei Ventilen mit progressiver Charakte – ristik und Eilgangsprung*

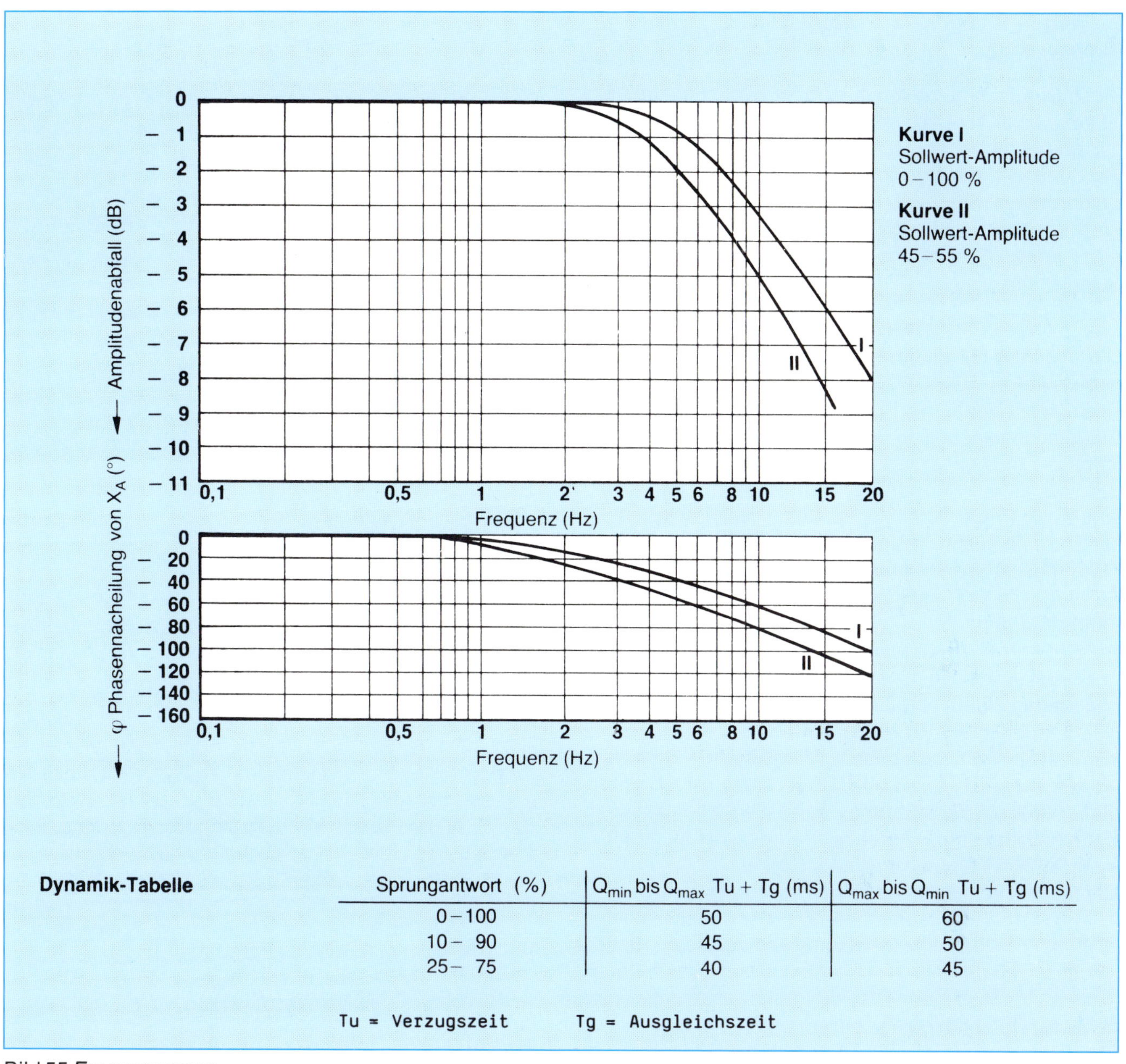

Dynamik-Tabelle

Sprungantwort (%)	Q_{min} bis Q_{max} Tu + Tg (ms)	Q_{max} bis Q_{min} Tu + Tg (ms)
0–100	50	60
10– 90	45	50
25– 75	40	45

Tu = Verzugszeit   Tg = Ausgleichszeit

Bild 55 *Frequenzgang*

2 – Wege – Proportional – Stromregelventil mit vorgeschalteter Druckwaage (NG 10 und 16)

Diese Ventilversion sei der Vollständigkeit wegen noch mit angesprochen. "Nur" der Vollständigkeit wegen nicht, weil es unbedeutend ist, sondern weil die elektrische Signalumsetzung sowie der hydraulische Teil eigentlich bekannt sind. Die Querschnittsänderung erfolgt mittels Hub des hubgeregelten Proportionalmagneten. Durch Zusammenwirken von Drosselblende und Druckwaage erhalten wir die Stromregelfunktion.

Die Durchflußkennlinien können je nach Blendenform linear oder progressiv sein.

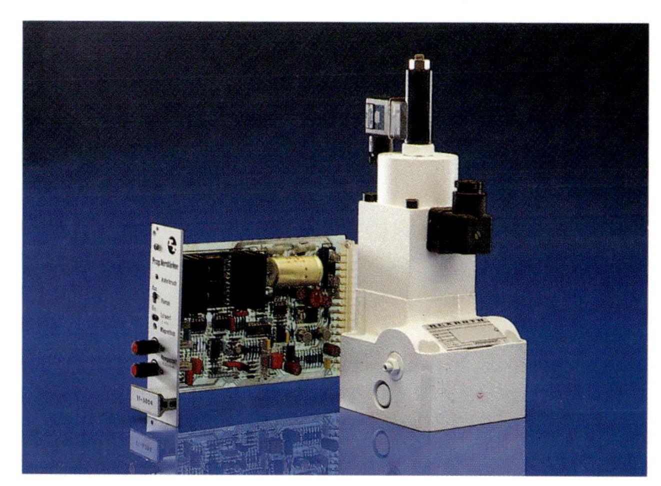

Bild 56 *2 – Wege – Proportional – Stromregelventil Typ 2 FRE 10, Ansteuerelektronik*

2 – Wege – Proportional – Drosselventil (Einbauventil)

Diese Gerätekombination, für größere Volumenströme, ist einsetzbar als Drossel (Blende) oder in Verbindung mit einer Druckwaage zur Volumenstromregelung. Anwendungsgebiete sind z.B. Pressensteuerungen oder Steuerungen für Kunststoffverarbeitungsmaschinen. Trotz der großen Durchgangsmengen besitzt das Gerät eine hohe Gerätedynamik und dadurch geringe Schaltzeiten.

Das 2 – Wege – Drosselventil ist eine Blende, deren Öffnungshub mit einem elektrischen Sollwert vorgegeben wird.
Das Drosselventil wird als einbaufertige Einheit mit Einbaumaßen nach DIN 24 342 geliefert. In dem Deckel (1) ist die Buchse (2) mit dem Blendenkolben (3) sowie der Weggeber (4) und die Vorsteuerung (5) einschließlich Proportionalmagnet (6) eingeschraubt.
Die Durchflußrichtung ist von A nach B. Der Steuerölanschluß X ist mit dem Anschluß A zu verbinden. Der Steuerölablauf Y soll möglichst drucklos zum Tank geführt werden.
Bei Sollwert 0 (Proportionalmagnet (6) stromlos) wirkt der Druck im Anschluß A über die Steuerleitung X und den Steuerkolben (10) zusätzlich zur Feder im Raum (8). Der Blendenkolben (3) ist zugehalten.
Wird ein Sollwert vorgegeben, erfolgt in dem Verstärker (7) ein Vergleich zwischen Sollwert (externes Signal) und Istwert (Rückführung des Weggebersignals). Entsprechend dem Differenzwert wird der Proportionalmagnet (6) mit einem Strom angesteuert.
Der Magnet verschiebt den Kolben (10) gegen die Feder (11). Durch das Zusammenwirken der Drosselstellen (13) und (14) stellt sich der Druck im Federraum (8) so ein, daß der federbelastete Blendenkolben (3) eine Position entsprechend der Sollwertvorgabe einnimmt und damit die Durchflußmenge bestimmt.

Bei Stromausfall bzw. Kabelbruch schließt der Blendenkolben selbsttätig (Sicherheitsschaltung). Die Komponenten des Lageregelkreises sind so aufeinander abgestimmt, daß der Sollwert und der Hub des Blendenkolbens (3) einander direkt proportional sind. Folglich ist für konstante Druckdifferenzen an der Blende der Volumenstrom von A nach B nur vom Hub des Blendenkolbens und der Fenstergeometrie (9) abhängig.

Für das System mit linearem Öffnungsgesetz (FE..C10/L) gilt eine direkte Proportionalität zwischen Sollwert und Volumenstrom. Das quadratische Öffnungsgesetz (Ausführung FE..C10/Q) bedeutet einen mit dem Sollwert quadratisch anwachsenden Volumenstrom.

Die beiden Kennlinien verdeutlichen den Sachverhalt.

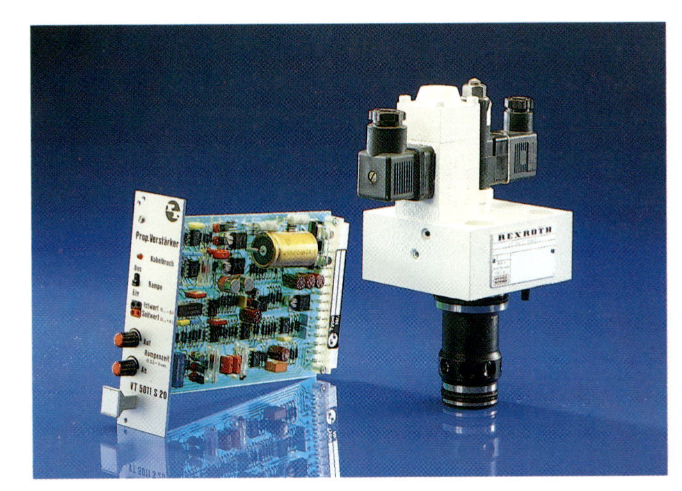

Bild 57 *2 – Wege – Proportional – Drosselventil Typ FE .. C, Ansteuerelektronik*

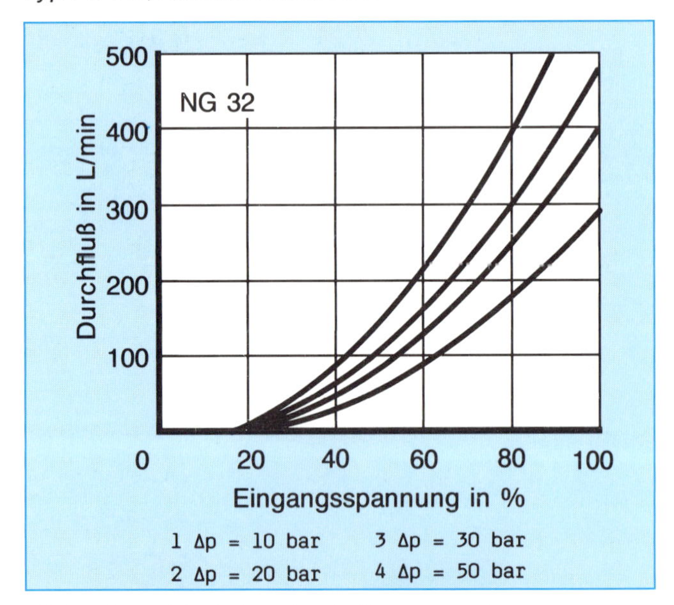

Bild 58 *Durchflußcharakteristik progressiv*

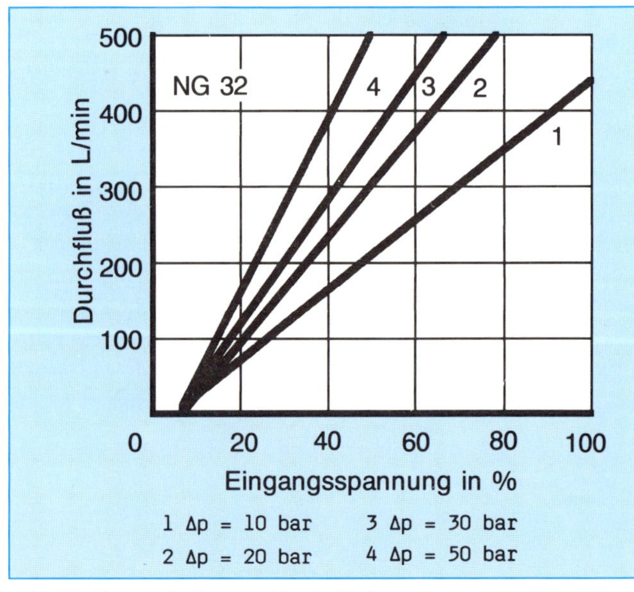

Bild 59 *Durchflußcharakteristik linear*

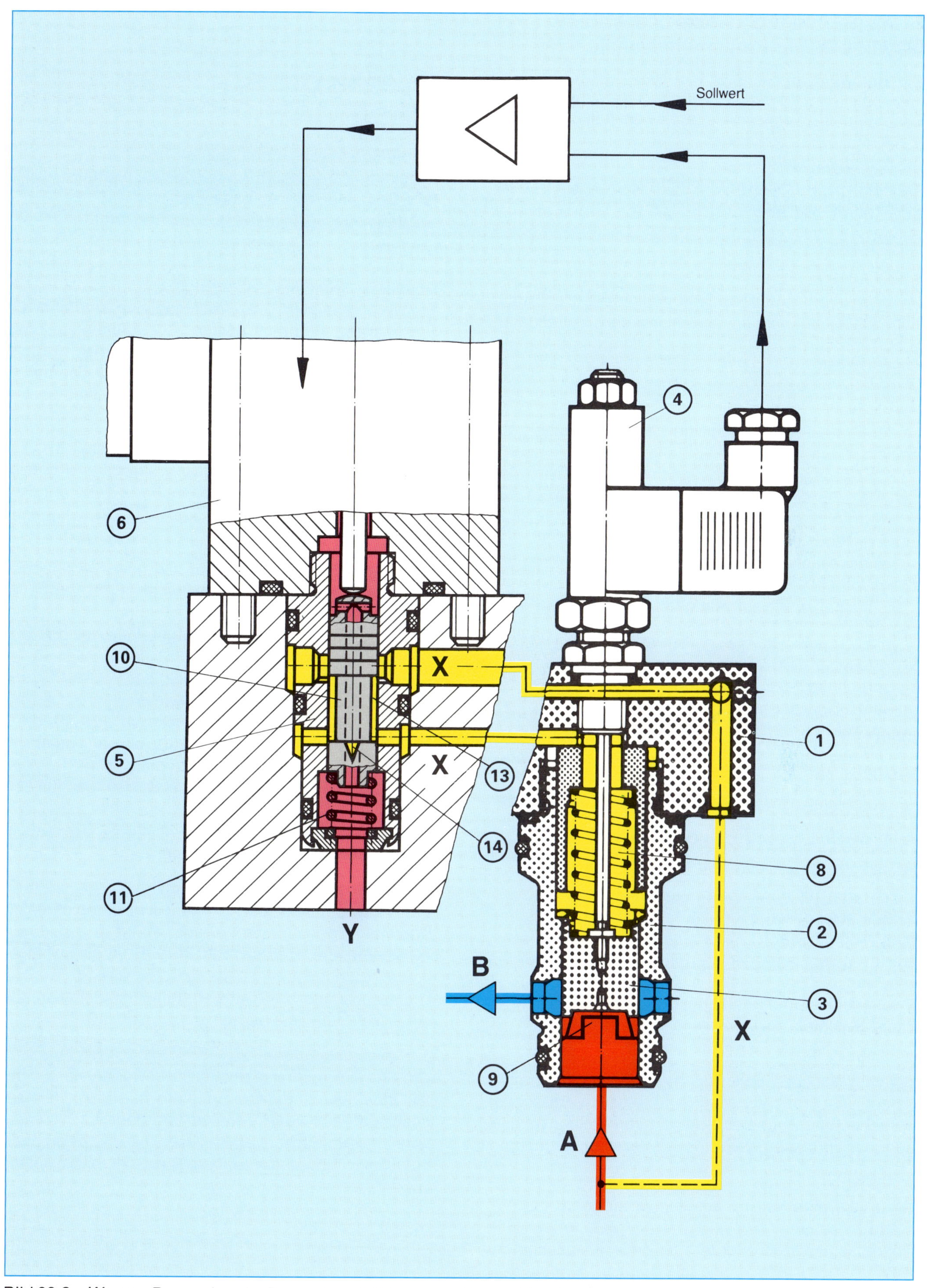

Bild 60 *2 – Wege – Proportional – Drosselventil (Einbauventil) Typ FE .. C*

Montage, Inbetriebnahme und Wartung ölhydraulischer Proportionalventile

1. Allgemeines

Beachten Sie für eine einwandfreie Funktion der Proportionalventile bitte zusätzlich:
- die Katalogblätter
- die VDI – Richtlinien, Inbetriebnahme und Wartung ölhydraulischer Anlagen, VDI(3027)

2. Einbau

2.1 Montageregeln

Bevor das Ventil auf die Anlage montiert wird, sollte die Typenbezeichnung des Ventils mit den Bestelldaten verglichen werden.

1. Sauberkeit:
- bei der Gerätemontage für Umgebung und Proportionalventil
- der Tank muß gegen äußere Verschmutzungen abgedichtet sein
- Rohrleitungen und Tank sind vor dem Einbau von Schmutz, Zunder, Sand, Spänen usw. zu säubern
- warm gebogene oder geschweißte Rohre müssen anschließend gebeizt, gespült u. geölt werden
- bei der Reinigung nur nicht faserndes Gewebe oder Spezialpapier verwenden

2. Dichtmittel, wie Hanf, Kitt oder Dichtband sind unzulässig
3. Im Interesse einer hohen Steifigkeit des Systems sollten Schlauchleitungen zwischen Ventil und Verbraucher vermieden werden
4. Für Rohrleitungen sind nahtlose Präzisionsstahlrohre nach DIN 2391/C zu verwenden
5. Die Verbindungsleitungen zwischen Verbraucher und Ventil sollten so kurz wie möglich sein;
wir empfehlen, das Proportionalventil nahe am Verbraucher zu installieren.
Die Befestigungsfläche muß eine Oberflächengüte von Rt max $\leq 4\ \mu m$ und eine Planizität von $\leq$ 0,01 mm/100 mm Länge haben.
6. Befestigungsschrauben müssen mit den im Katalogblatt angegebenen Abmessungen übereinstimmen, sowie mit dem vorgegebenen Drehmoment angezogen werden.
7. Als Einfüll – und Belüftungsfilter wird ein Ölbadluftfilter empfohlen. Maschenweite $\leq 60\ \mu m$

2.2 Einbaulage

Beliebig, vorzugsweise waagrecht; jedoch sollte man, sofern das Proportionalventil auf einem Verbraucher aufgebaut wird vermeiden, daß der Ventilkolben parallel zur Beschleunigungsrichtung des Verbrauchers liegt.

2.3 Elektroanschluß

Der Elektroanschluß ist aus dem jeweiligen Katalogblatt zu ersehen.
Sonderschutzarten erfordern besondere Maßnahmen, welche im jeweiligen Katalogblatt genannt werden.

3. Inbetriebnahme

3.1 Druckflüssigkeit

Empfehlungen des Katalogblattes beachten!
Druck – und Temperaturbereiche beachten!
Im allgemeinen können verwendet werden:
- Mineralöl H – LP nach DIN 51 525
- Polyglycol – in – Wasser – Lösungen
- Phosphorsäure – Ester

Andere Druckmedien auf Anfrage.
Die vom Hersteller des Druckmediums empfohlenen Maximaltemperaturen sollten zur Schonung des Druckmediums möglichst nicht überschritten werden.
Um ein gleichbleibendes Ansprechverhalten der Anlage zu gewährleisten, empfiehlt es sich die Öltemperatur konstant ($\pm 5°C$) zu halten.

3.2 Stimmt der verwendete Dichtungswerkstoff?

Für schwerentflammbare Druckflüssigkeiten HFD sowie für Temperaturen $> 90°C$ muß die Type mit "V" gekennzeichnet sein.

3.3 Filterung

- Für die Pilotsteuerung aus Gründen verlängerter Lebensdauer 10 μm absolut Zulauf – Filterung verwenden, jedoch kann auch entsprechend der Katalogblatt – Angaben die dort genannte Filterfeinheit verwendet werden.
- Der zulässige Differenzdruck bei Druck – Filtern muß größer als der Betriebsdruck sein.
- Wir empfehlen Filter mit Verschmutzungsanzeige.
- Während des Filterwechselns ist auf peinliche Sauberkeit zu achten. Verunreinigungen an der Auslaufseite des Filters werden in das System gespült und verursachen Störungen.

Verschmutzungen an der Einlaufseite reduzieren die Betriebsdauer des Filterelementes.

3.4 Betriebsdruck für das Pilotventil

Der Vorsteuerdruck darf 30 bar nicht unterschreiten. Übersteigt der Vorsteuerdruck 100 bar, muß ein Zwischenplatten – Druckreduzierventil im Zulauf eingebaut werden.
Druckstöße aus der Tankleitung vermeidet man mit einem Rückschlagventil.

3.5 Magnetentlüftung

Um eine einwandfreie Funktion zu gewährleisten, ist bei der Inbetriebnahme das Entlüften des Magneten am höchsten Punkt des Ventiles erforderlich. Bei entsprechenden Einbauverhältnissen ist das Leerlaufen der Tankleitung durch Einbau eines Vorspannventiles zu verhindern.

4. Wartung

4.1 Ventilrückgabe zur Instandsetzung
Zur Rücksendung eines defekten Ventiles ist es erforderlich, die Grundfläche des Ventiles gegen Verschmutzung zu schützen.
Sorgfältige Verpackung ist ratsam, damit es auf dem Transport zu keiner weiteren Beschädigung kommt.

5. Lagerung

Anforderungen an den Lagerraum:
- trockener, staubfreier Raum, frei von Ätzstoffen und Dämpfen

Bei Lagerung von länger als 3 Monaten:
- Gehäuse mit Konservierungsöl füllen und verschließen.

Notizen

Kapitel C

Lastkompensation durch Druckwaagen

Dieter Kretz

Druckwaagen

Alle bisher vorgestellten Proportionalwegeventile stellen nur Drosselventile dar, bei denen sich mit ändern – den Druckverhältnissen auch der Volumenstrom ändert. Steigt der Lastdruck am Verbraucher, nimmt der Volumenstrom ab, sinkt der Lastdruck, nimmt der Volumenstrom zu. Drosselventile sind als Steuergeräte daher nur sinnvoll, wenn die Belastungen nicht oder nur wenig schwanken.

Eine typische Drosselkennlinie ist im Bild 1 dargestellt. Deutlich sichtbar ist die Volumenstromänderung in Abhängigkeit vom Ventildruckabfall der bei konstantem Pumpen – und Tankdruck unmittelbar vom Lastdruck abhängt.

$$p_V = p_S - \Delta p_L - p_T$$

p_V	= Ventildruckabfall		
p_S	= Systemdruck	= konstant	
p_T	= Tankdruck	= konstant	
Δp_L	= Lastdruck	= variabel	

Durch geeignete Geräte und Einrichtungen müssen die oben beschriebenen Lasteinflüsse kompensiert werden.

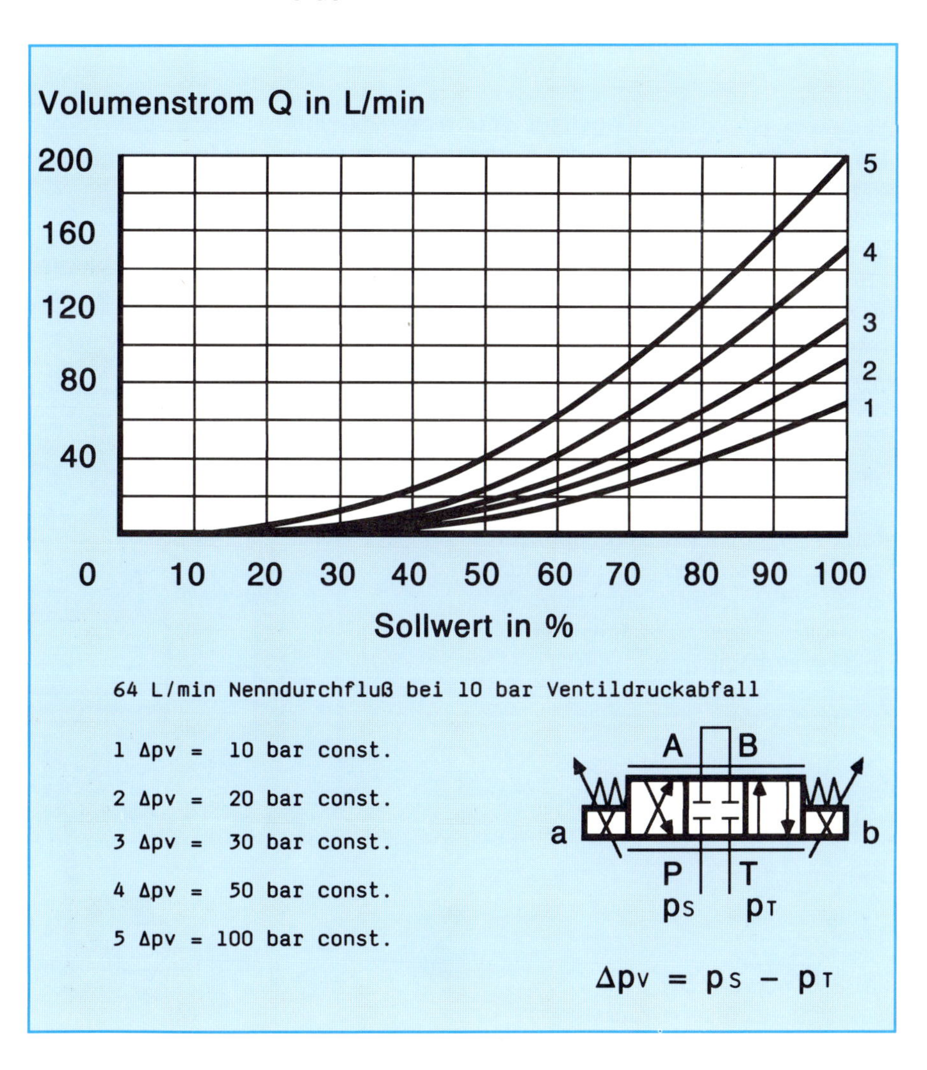

Bild 1 *Drosselkennlinien eines Proportional – Wegeventils*

Lastkompensation durch 2 – Wege – Zulaufdruckwaage

Bei Einsatz einer 2 – Wege – Zulaufdruckwaage – siehe Bild 2 – wird das Druckgefälle an der Zulaufdrosselkante des Proportionalventils konstant gehalten.
Lastdruckschwankungen und Pumpendruckänderungen werden somit kompensiert. D.h. aber auch, daß der Durchfluß durch Erhöhung des Pumpendruckes nicht vergrößert werden kann. Das Ventil muß damit in seinem Nenndurchfluß nach dem Regel – Δp der Druckwaage ausgewählt werden.

Funktion der 2 Wege – Zulaufdruckwaage

Bei der 2 – Wege – Zulaufdruckwaage sind die Regelblende A1 und die Meßblende A2 hintereinandergeschaltet. Für die Gleichgewichtslage des Kolbens soll gezeigt werden, daß das Druckgefälle $\Delta p = p_1 - p_2$ an der Meßblende bei veränderlichem Verbraucherdruck konstant bleibt. Für die Gleichgewichtslage gilt ohne Berücksichtigung der Strömungskraft

$$p_1 \bullet A_K = p_2 \bullet A_K + F_F$$

daraus folgt

$$\Delta p = p_1 - p_2 = F_F / A_K \approx \textbf{konstant}$$

Da eine weiche Feder eingebaut ist und der Regelhub kurz ist, ist die Änderung der Federkraft gering und somit das Druckgefälle annähernd konstant.
Der Regelkolben kann den Querschnitt der Regelblende A1 erst dann verändern, wenn die Federkraft überwunden wird. Die Stromregelfunktion ist somit erst gegeben wenn die äußere Druckdifferenz $p_P - p_2$ größer als F_F/A_K (Regel – Δp) ist.

Steigt mit größerem Durchfluß der Durchflußwiderstand an, so muß die äußere Druckdifferenz ebenfalls ansteigen damit die Stromregelfunktion erreicht wird.

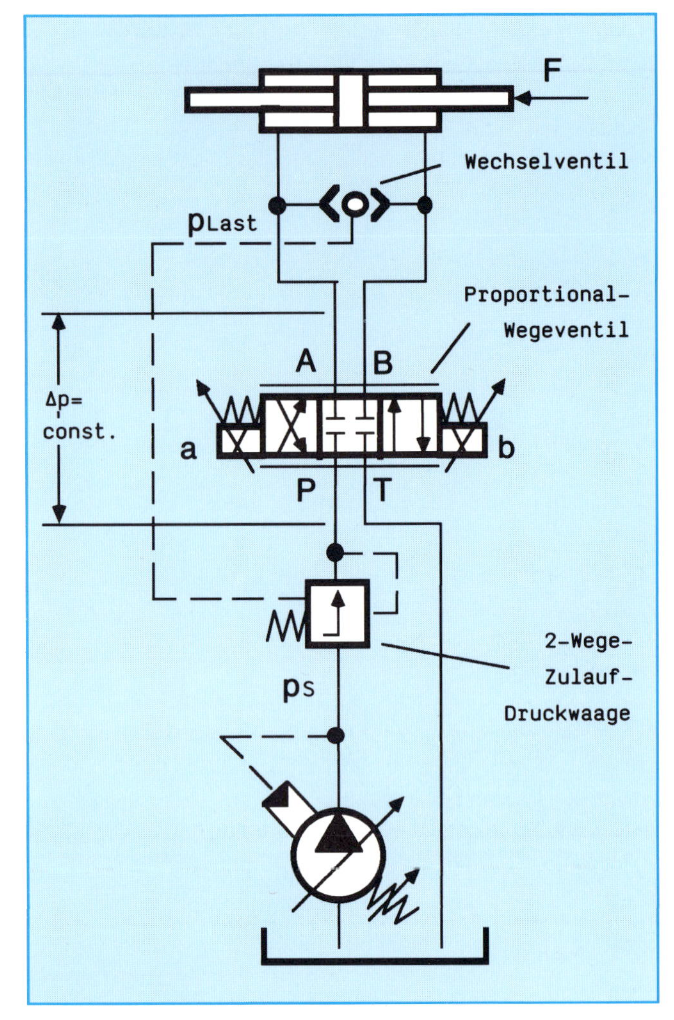

Bild 2 *Schaltungsbeispiel*

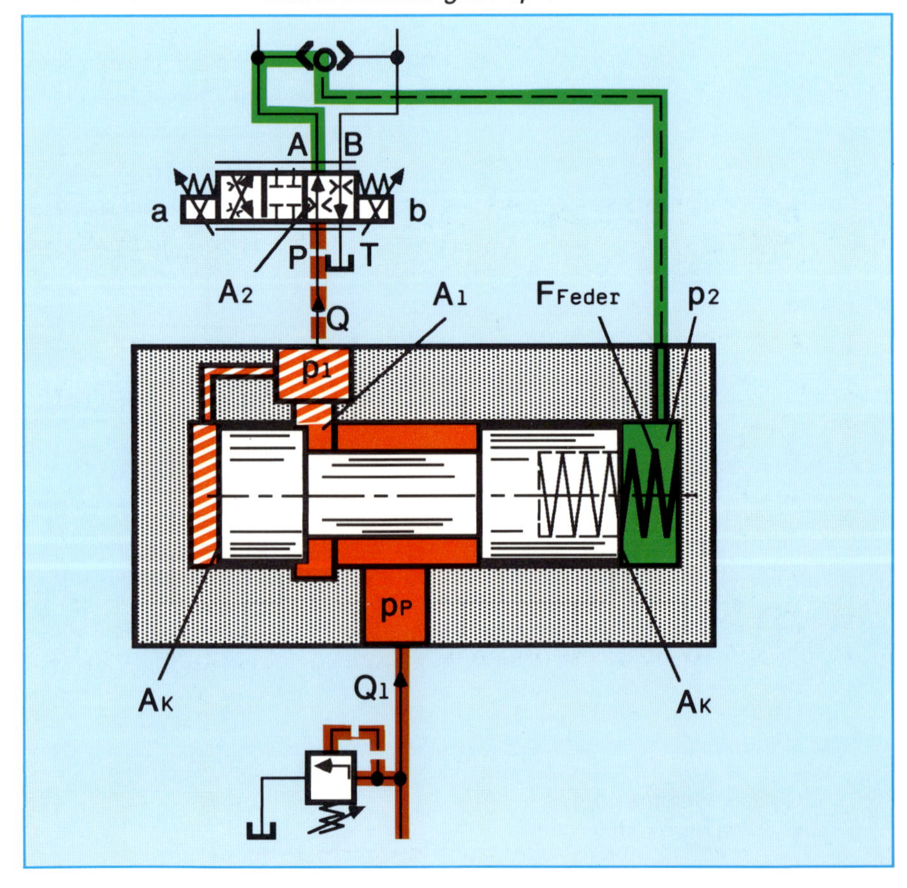

Bild 3 *Prinzipskizze 2 – Wege – Zulauf – Druckwaage*

2 – Wege – Zulauf – Druckwaage im P – Kanal Typ ZDC (Zwischenplattenausführung)

Ventile des Typs ZDC 10 sind direktwirkende Zwischenplatten – Ventile in 2 – bzw. 3 – Wege – Ausführung.

Sie dienen zur Lastkompensation als Zulaufdruckwaage im P – Kanal.

Im wesentlichen bestehen diese Ventile aus dem Gehäuse (1), dem Steuerkolben (2), Druckfeder (3) mit Federteller (4) und dem Deckel (5) mit eingebautem Wechselventil (6).

Die Druckfeder (3) hält den Steuerkolben (2) in geöffneter Stellung von P nach P1, wenn die Druckdifferenz P1 – > A bzw. P1 – > B kleiner ist als 10 bar. Übersteigt die Druckdifferenz 10 bar, wird der Kolben solange nach links verschoben, bis die Druckdifferenz wieder hergestellt ist.

Signal und Steueröl kommen intern über die Steuerleitung (7) aus dem Kanal P1. Das erforderliche Steueröl (X – Kanal) für vorgesteuerte Proportionalventile (4 WRZ) kann wahlweise intern vom P – Kanal entnommen werden.

Die 3 – Wege – Druckwaage unterscheidet sich nur in der Kolbenausführung.

Die 2 – und 3 – Wege – Druckwaage wird in den NG 10, 16 und 25 hergestellt.

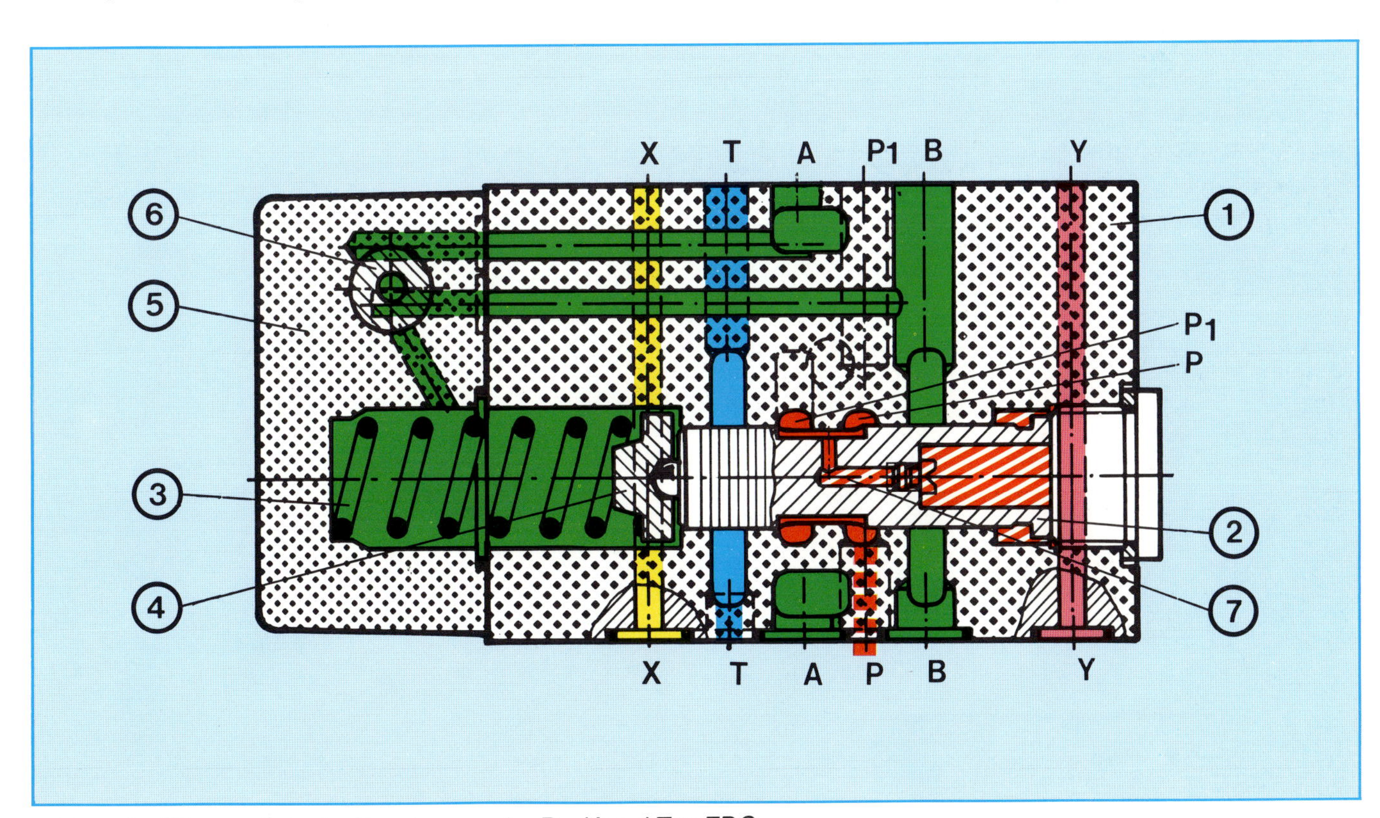

Bild 4 : *2 – Wege – Zulauf – Druckwaage im P – Kanal Typ ZDC*

Wird mit gewöhnlichen Proportionalventilen ohne Druckwaage noch eine Volumenstromauflösung von 1 zu 20 bei Ventilen mit Federrückführung bzw. 1 zu 100 bei elektrisch rückgeführten Ventilen erreicht, so kann bei Verwendung einer Druckwaage dieser Bereich noch erheblich ausgedehnt werden. In (Bild 5) sind Kurven dargestellt, die die Auflösung des Volumenstroms eines typischen Proportionalventils mit Druckwaage zeigen. Im angeführten Fall ist eine Volumenstromauflösung von 1 zu 300 erreicht worden, die Druckmengenabhängigkeit ist für den gesamten Bereich gut.

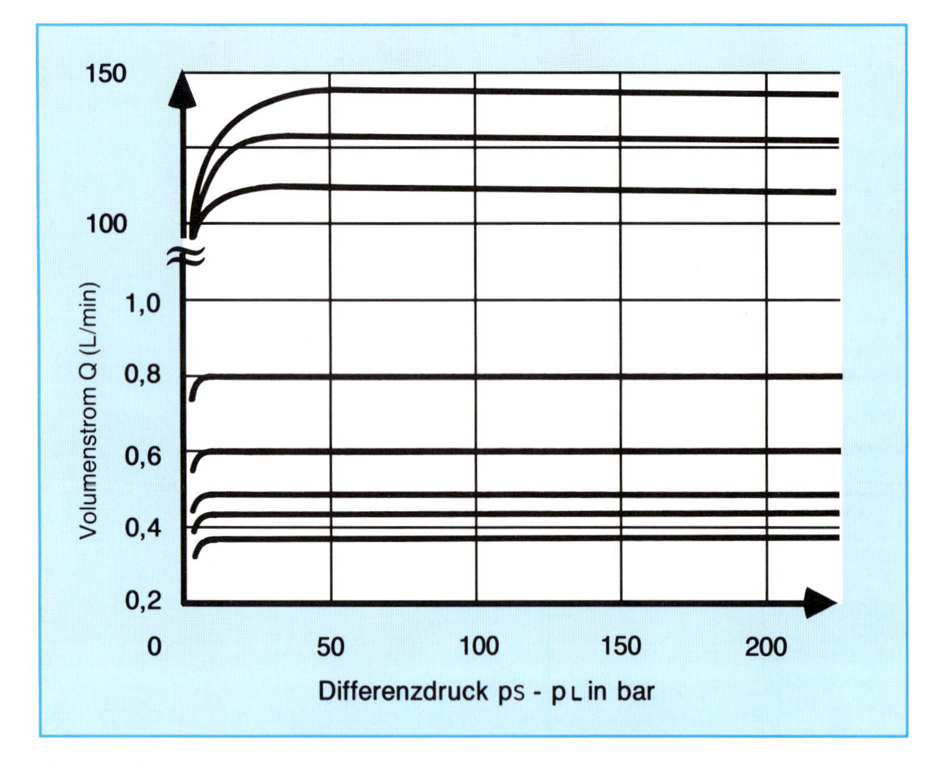

Bild 5
Volumenstromauflösung eines Proportional – Wegeventils mit Zulauf – Druckwaage

Mit zunehmendem Durchfluß muß die äußere Druckdifferenz (p_S – p_L) ebenfalls größer werden, damit die Stromregelfunktion erreicht wird, d.h. der Durchfluß nicht mehr vom Δp abhängig ist.
Die Abhängigkeit dieser äußeren Druckdifferenz vom Durchfluß zeigt Bild 6.

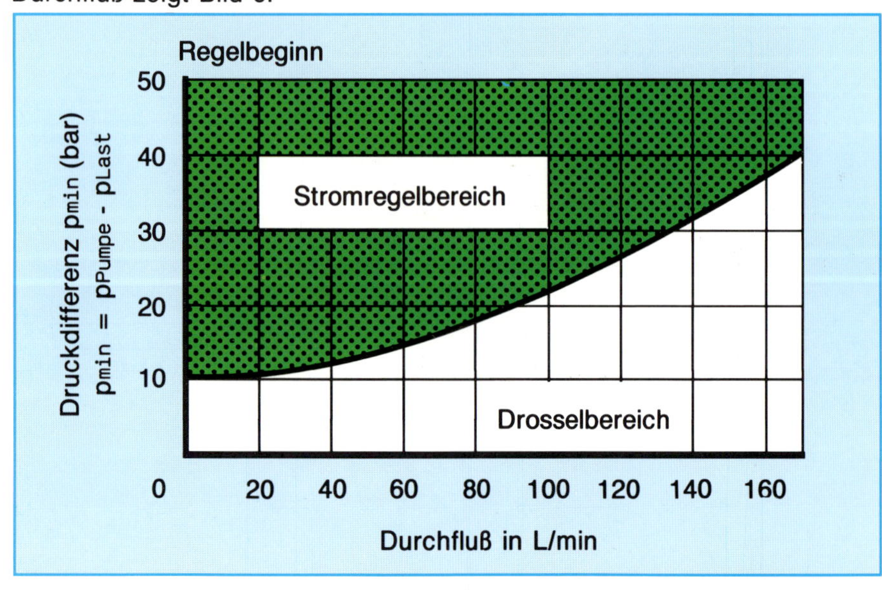

Bild 6 *p_{min} – Q – Kennlinie*

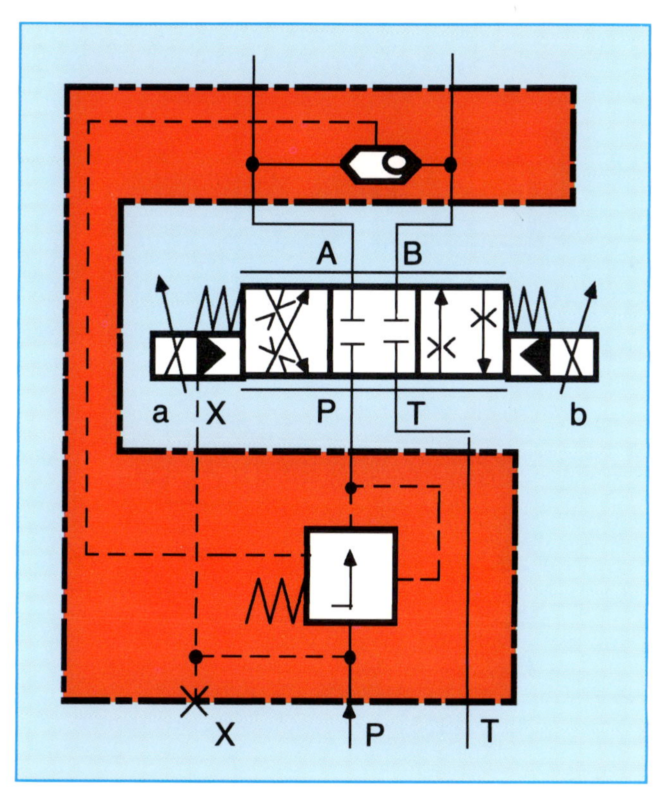

Bild 7
Vorgesteuertes Proportional – Wegeventil 4 WRZ mit Zulaufdruckwaage ZDC – Steuerölzulauf intern – Zwischenplattenausführung

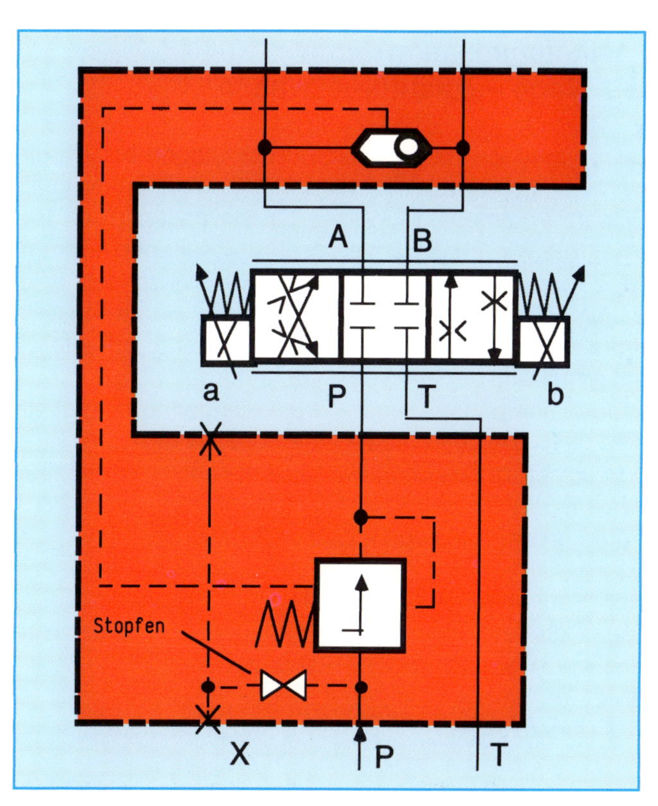

Bild 8
Direktgesteuertes Proportional – Wegeventil 4 WRE mit Zulaufdruckwaage ZDC – Steuerölzulauf extern – Zwischenplattenausführung

Beim Einsatz der Druckwaage in Zwischenplattenbauweise in Verbindung mit vorgesteuerten Proportional – Wegeventilen sollte das Proportionalventil prinzipiell in Ausführung "Steuerölzulauf extern" verwendet werden. Die Druckwaage kann dabei in Ausführung "Steueröl intern oder extern" zum Einsatz kommen. In Verbindung mit direktgesteuerten Proportional – Wegeventilen **muß** die Druckwaage in Ausführung "Steueröl extern" verwendet werden. Es darf kein Öl zum Anschluß X gelangen, da bei den direktgesteuerten Proportional – Wegeventilen an dieser Stelle keine Abdichtung erfolgt.

Lastkompensation durch 3 – Wege – Zulaufdruckwaage

Bisher sind 2 – Wege – Zulaufdruckwaagen behandelt worden, die vornehmlich in stationären Anlagen zum Einsatz kommen. 3 – Wege – Druckwaagen (Bild 10) sind trotz Wirkungsgradverbesserung seltener, können aber in einigen Fällen auf einfache Weise aus den 2 – Wege – Zulaufdruckwaagen durch Auswechseln des Kolbens hergestellt werden. Der Lastabgriff erfolgt entsprechend der 2 – Wege – Zulaufdruckwaage. Auflösungsvermögen und Druckmengenabhängigkeit sind gleich der 2 – Wege – Zulaufdruckwaage. Der Einsatz erfolgt im Zusammenwirken mit Konstantpumpen.

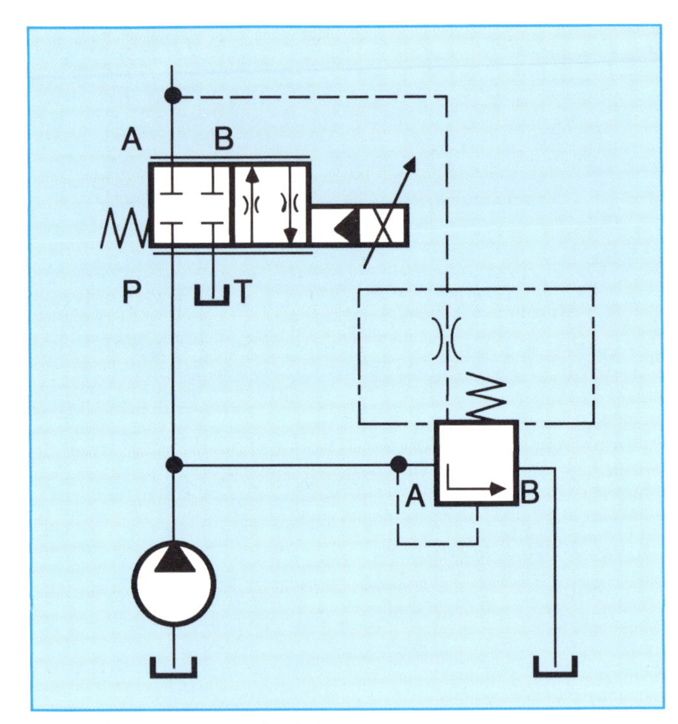

Bild 9 *Schaltungsbeispiel*

Funktion der 3 – Wege – Zulaufdruckwaage

Bei Verwendung der 3 – Wege – Zulaufdruckwaage liegen die fest eingestellte Meßblende A2 und der von der Druckwaage geregelte Blendenquerschnitt A1 parallel.
Die Regelblende A1 gibt hier einen Ablaufquerschnitt frei.
Für die Gleichgewichtslage des Regelkolbens gilt: ohne Berück – sichtigung der Reibungs – und Strömungskräfte.

$$p_1 \cdot A_K = p_2 \cdot A_K + F_F$$

$$\Delta p = p_1 - p_2 = F_F / A_K \approx \text{konstant}$$

Es wird also wieder das Druckgefälle an der Meßblende konstant gehalten und damit ein von Druckänderungen unabhängiger Durchfluß Q erreicht.
Im Gegensatz zur 2 – Wege – Druckwaage bei der die Pumpe stets den Maximaldruck der Druckbegrenzung erzeugen muß, ist der Arbeitsdruck beim Einsatz der 3 – Wege – Druckwaage nur um das Druckgefälle Δp an der Meß – blende größer als der Verbraucherdruck.
Der Leistungsverlust ist damit geringer. Bei Verwendung eines W – Kolbens im Proportionalventil (A und B in Mittelstellung mit Tank verbunden) erfolgt ein Umlauf von Pumpe zum Tank mit Gegenhaltung in Höhe des Regel – Δp.

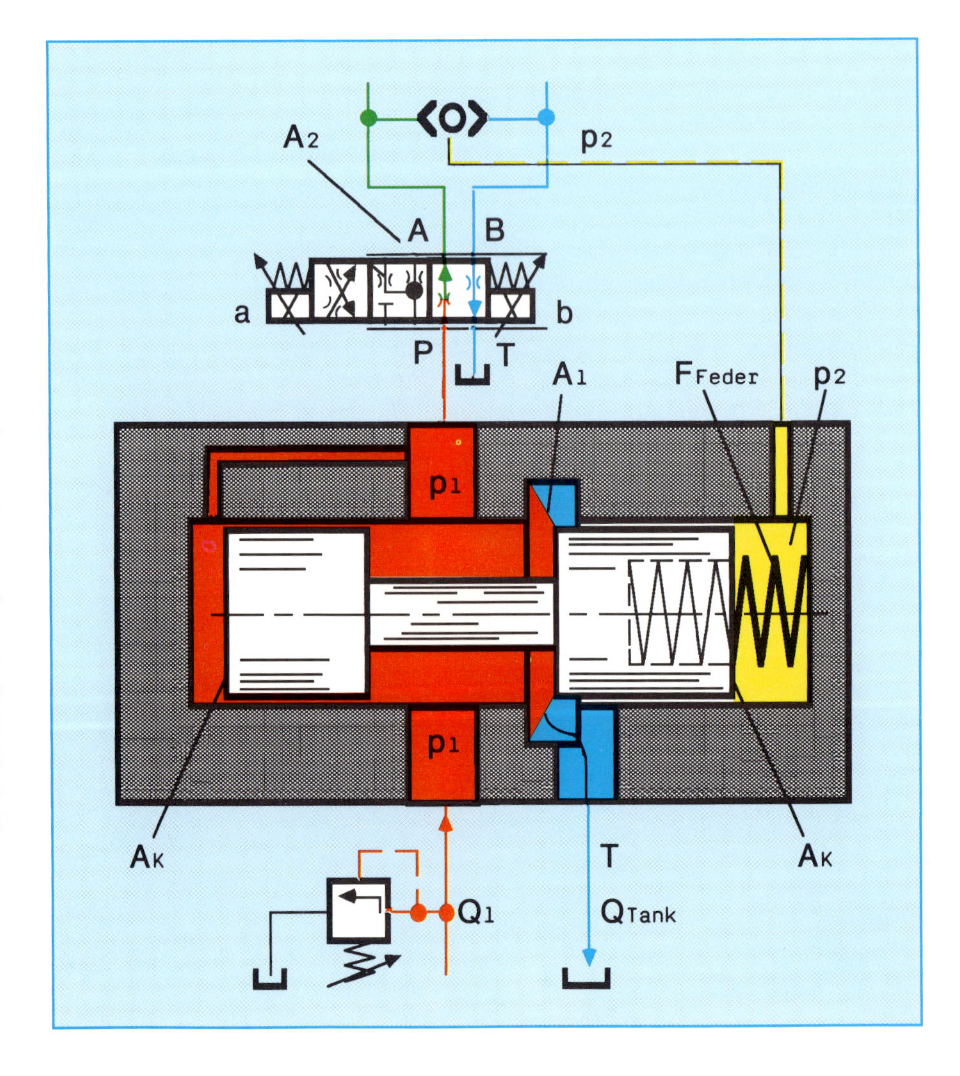

Bild 10 *Prinzipskizze*

Wichtiges zum Einsatz der Zulaufdruckwaage

Im Zulauf angeordnete Druckwaagen haben bekanntlich den Nachteil, daß sie im Verzögerungsfall nicht richtig arbeiten, besonders wenn die Verzögerungsdrücke höher sind als das von der Feder vorgegebene Druckgefälle für die Zulaufdrosselkante.

Mit Wechselventil ausgestattete Schaltungen melden während der Verzögerungsphase nicht mehr den zulaufseitigen (A) sondern den ablaufseitigen Druck (B), (Bild 11), der in diesem Moment höher liegt und bewirken eine Öffnung der Druckwaage. Dadurch erhöht sich der Volumenstrom durch das Proportionalventil.

Der Antrieb möchte beschleunigen. Entgegen wirkt die Schließbewegung des Proportionalventils. Auf der Zulaufseite wird wirksam Kavitation verhindert. Der Antrieb kommt durch einfache Drosselwirkung (nicht stromgeregelt) verzögert zum Stillstand.

Bei Schaltungen ohne Wechselventil kann durch Konstanthalten des Zulaufdruckgefälles im Antrieb Kavitation auftreten, die besonders in Hydromotoren zu erheblichen Schäden führen kann.

Durch den Einbau einer Gegenhaltung wie Bremsventil (Bild 13) bzw. Druckventil (Bild 12), kann der Antrieb geregelt abgebremst werden.

Wenn keine der beiden Gegenhaltungen vorhanden ist, muß der Einsatz der Zulaufdruckwaage auf Antriebe mit eindeutiger positiver Lastrichtung beschränkt werden.

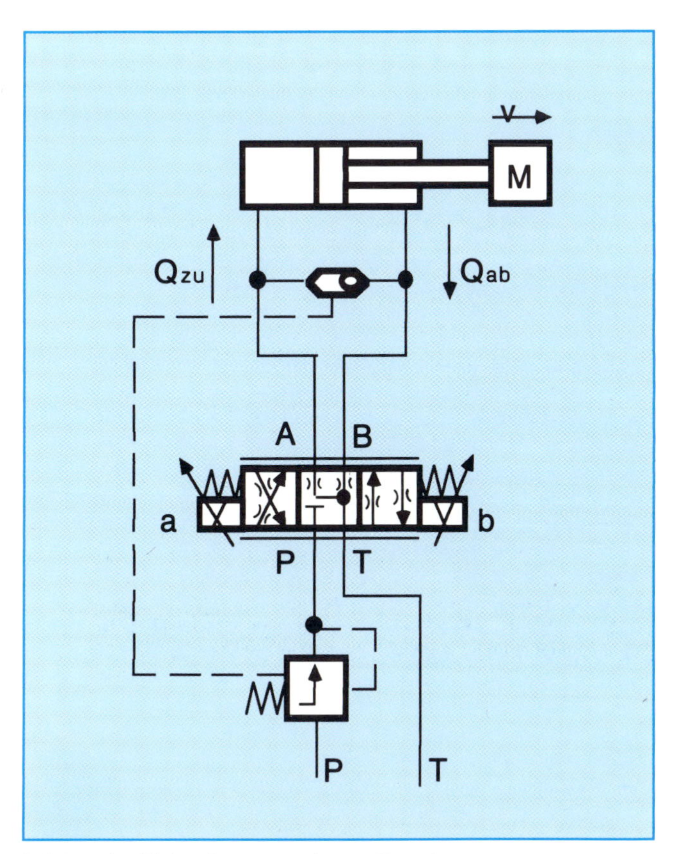

Bild 11 *Im Zulauf angeordnete Druckwaage*

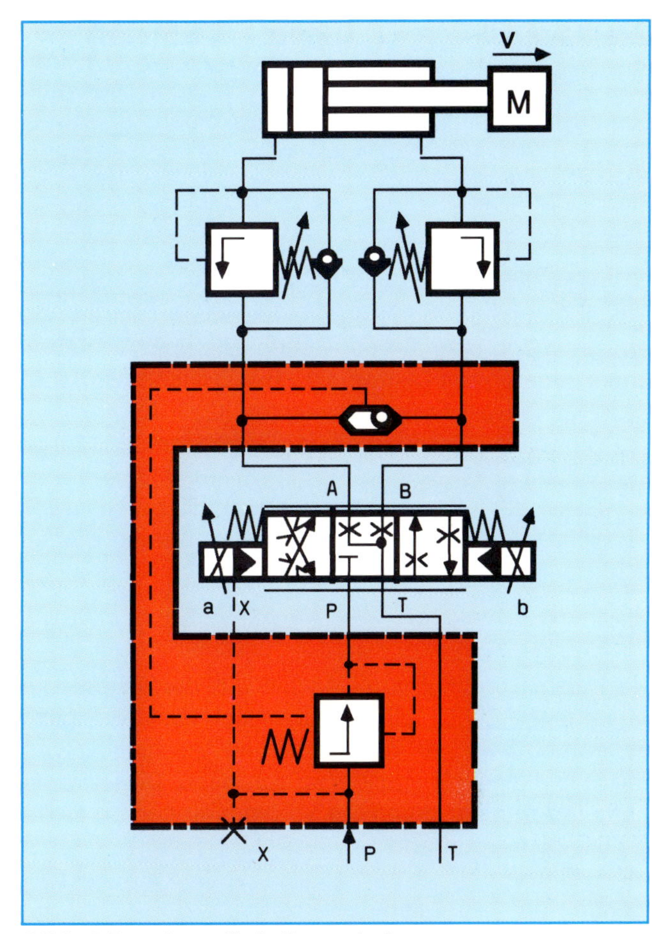

Bild 12 *Druckventil als Gegenhaltung*

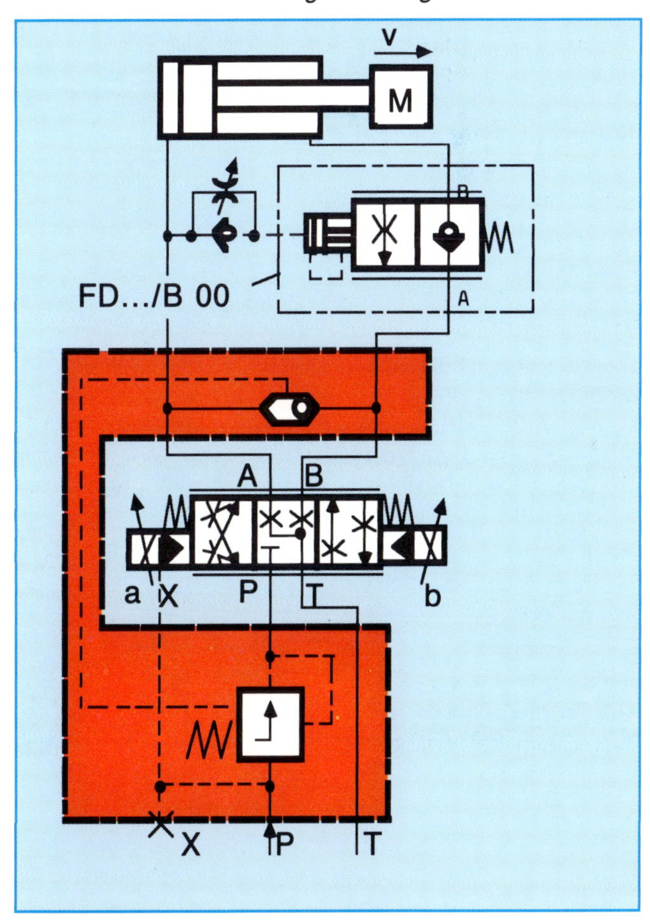

Bild 13 *Bremsventil als Gegenhaltung*

Bremsventil Typ FD (Sperr – Q – Meter)

Das Sperr – Q – Meter besteht im Wesentlichen aus Gehäuse (1), Hauptkegel (2), Hilfskolben (3), Auf – steuerkolben (4), Schleppkolben (5) und Steuer- dämpfung (6).

Seine Funktionen sind:

– gesteuertes Sperrventil, leckölfrei
– Q – Meter; es regelt den abfließenden Ölstrom Q_2 entsprechend dem auf der Gegenseite des Verbrau – chers zugeführten Ölstrom Q_1. Bei Zylindern ist dabei das Flächenverhältnis zu beachten ($Q_2 = Q_1 \bullet \varphi$).
– By – pass Ventil, weil in Gegenrichtung freier Durchfluß
– Sekundär – Druckbegrenzungsventil durch zu – sätzlichen Anbau (nur bei Flanschausführung mög – lich).

Heben der Last

Bei freiem Durchfluß von A nach B wird der Hauptkegel (2) geöffnet. Bei Druckabfall unter den Lastdruck (z.B. Rohrbruch zwischen Wegeventil und Anschluß A) wird der Hauptkegel (2) unmittelbar schließen. Diese Funk- tion wird erreicht durch die Verbindung der Lastseite (7) mit dem Raum (8).

Senken der Last (siehe Bild 14)

Die Durchflußrichtung ist dabei von B nach A. Der Anschluß A des Sperr – Q – Meters ist über das Wegeventil mit dem Tank verbunden. Die Kolbenseite am Zylinder wird mit einer Ölmenge beaufschlagt, die den Arbeitsbedingungen entspricht.

Das Verhältnis Steuerdruck am Anschluß X : Lastdruck am Anschluß B = 1 : 20.
Bei Erreichen des Steuerdruckes am Anschluß X (1/20 vom Lastdruck) erfolgt die Voröffnung des Haupt – kegels; die Kugel im Hauptkegel wird durch den Auf – steuerkolben (4) vom Sitz abgehoben.
Dadurch wird der Raum (8) über die Bohrungen im Hilfskolben (3) druckentlastet über Seite A zum Tank. Gleichzeitig wird durch die Längsbewegung des Hilfskolbens (3) im Hauptkegel die Beaufschlagung des Raumes (8) mit Lastdruck aus Raum B unterbro – chen. Der Hauptkegel (2) ist dadurch druckentlastet.
Die Position des Aufsteuerkolbens (4) ist dabei: Stirn- fläche liegt am hauptkegel (2) an und sein Bund liegt am Schleppkolben (5) an.
Der zur Öffnung B nach A erforderliche Druck am Anschluß X wird jetzt nur noch durch die Feder im Raum (9) beeinflußt. Der Anfangsdruck für die Öffnung der Ver- bindung B nach A beträgt 20 bar; zur vollen Öffnung werd- en 50 bar benötigt.

Der Zusammenhang zwischen Steuerdruck, Öffnungs- querschnitt und dem Δp über die Verbindung B nach A bestimmt die abfließende Ölmenge in direkter Abhängig- keit von der zufließenden Ölmenge an einem Verbrau- cher. Ein unkontrolliertes Voreilen des Verbrauchers ist damit ausgeschlossen.

Das Öffnungs – und Schließverhalten des Bremsven- tiles sollte durch Einsatz eines Drossel – Rückschlagventiles in die X – Leitung – in Ablaufdros- selung – beeinflußt werden können.

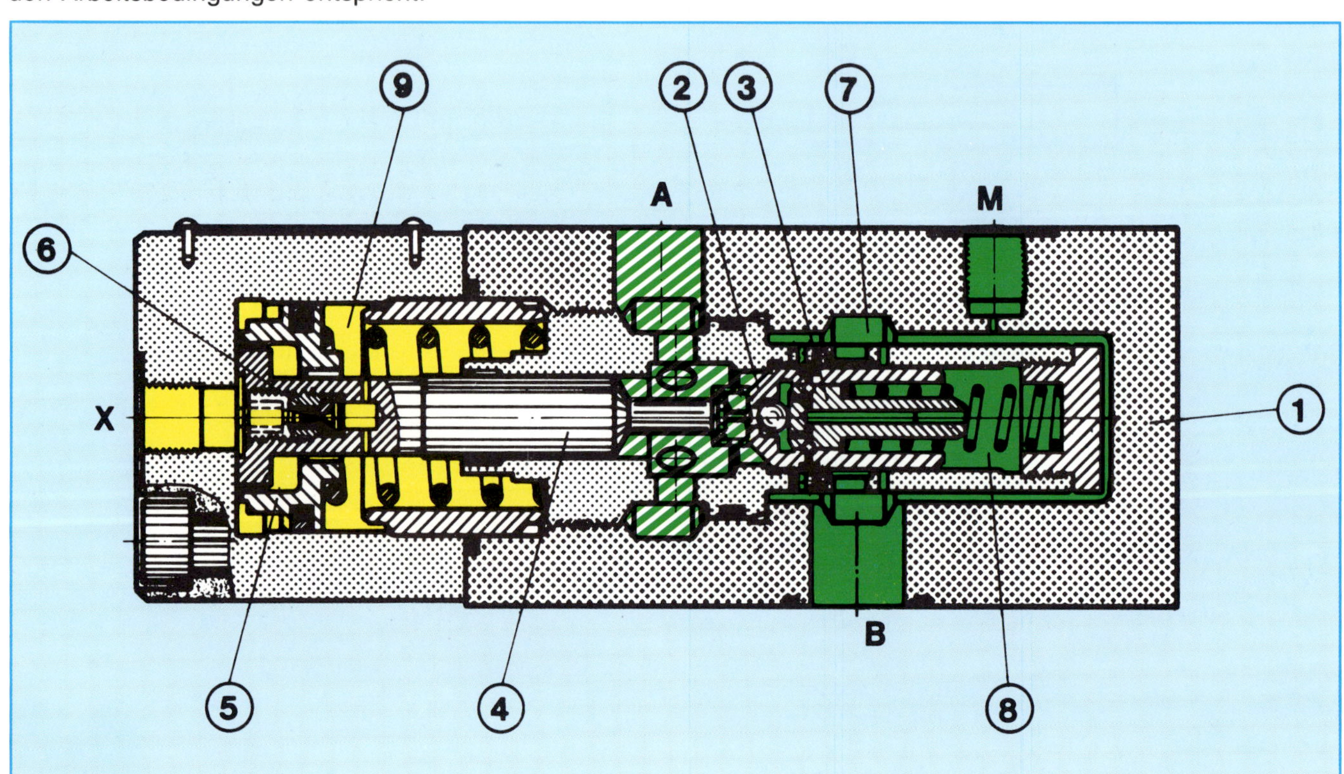

Bild 14 *Sperr – Q – Meter*

Systemergänzungen

1. Maximal – Druckbegrenzung
Wird der Federraum gemäß Bild 15 durch ein Druckbegrenzungsventil abgesichert, so kann eine Maximal – Druckbegrenzung für den Antrieb erreicht werden.

2. Δp einstellbar
Das Druckgefälle für die nachgeschaltete Drossel wird zunächst wie bereits beschrieben durch die Vorspannung der eingebauten Feder bestimmt.
Wird der Lastabgriff gemäß Bild 16 über ein Druckbegrenzungsventil geführt, so kann der Differenzdruck an der Drosselkante stufenlos variiert werden.

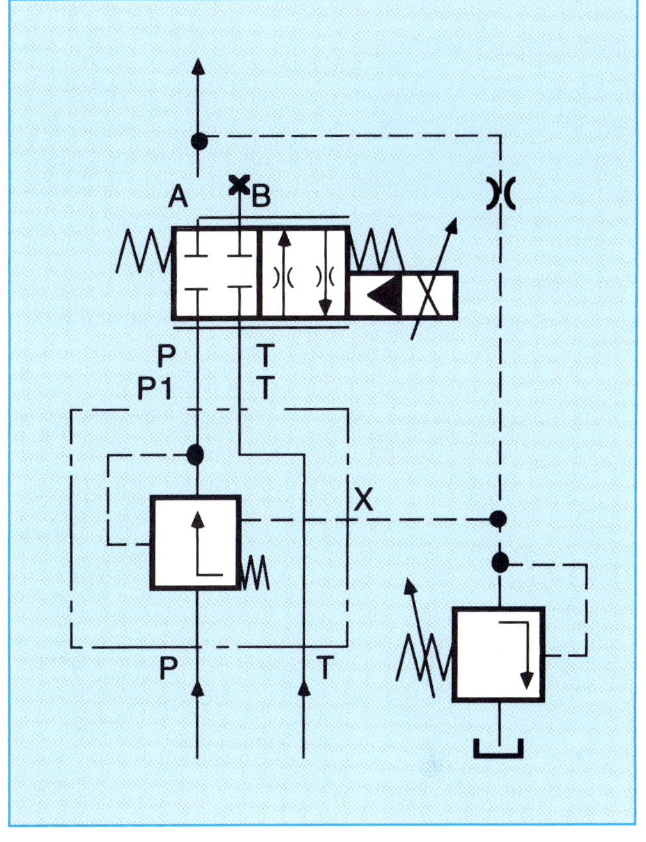

Bild 15
Zulaufdruckwaage mit Maximal – Druckbegrenzung

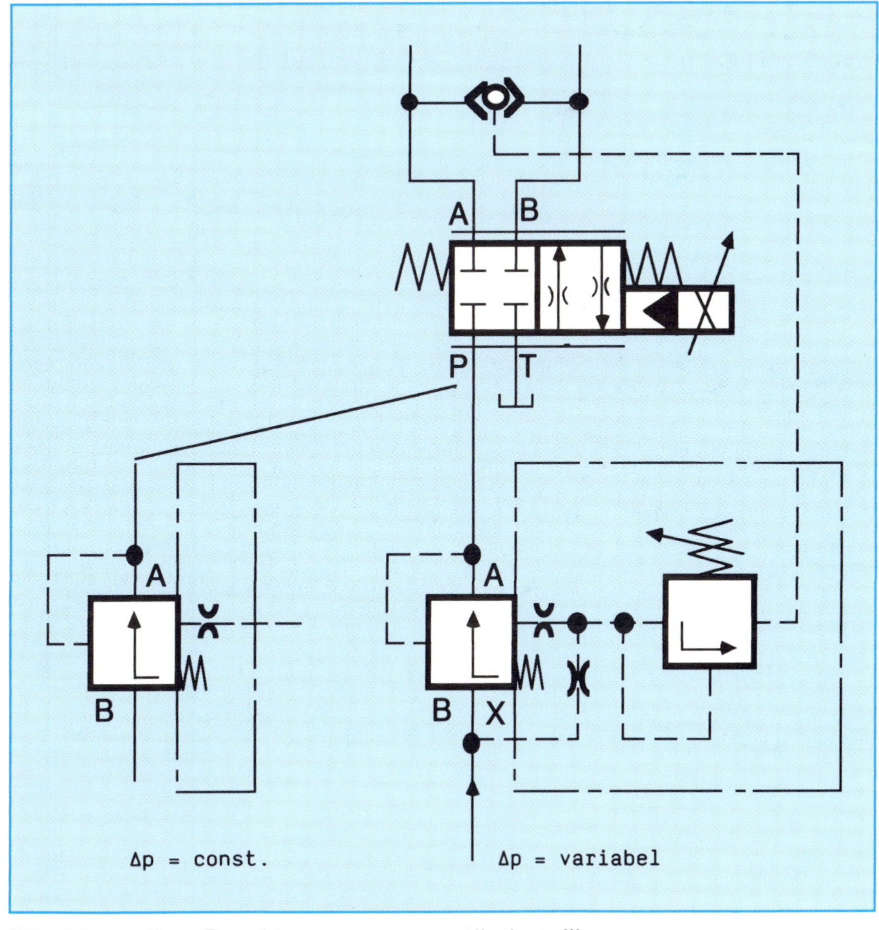

Bild 16 *Δp über Druckbegrenzungsventil einstellbar*

Lastkompensation durch Ablaufdruckwaagen

In Systemen mit Umkehr der Lastrichtung ist der Einsatz von Zulaufdruckwaagen nur bedingt möglich. Man greift in solchen Fällen häufig auf eine Ablaufdruckwaage zurück. Je nach Einsatzfall kann die Anordnung in einem oder in beiden Verbraucheranschlüssen erfolgen.

Die Ablaufdruckwaage liegt immer im Ablauf zwischen Verbraucher und Ventil und hält das Druckgefälle von A oder B zum Tank konstant.

Für die Nenngrößen 16, 25 und 32 existieren Ablaufdruckwaagen die in Sitzbauweise anstelle von allgemein üblichen Schiebern ausgeführt sind. Damit ist gleichzeitig die Funktion der sonst für senkrechte Lasten erforderlichen entsperrbaren Rückschlagventile integriert, da diese Druckwaagen leckölfrei absperren. Außerdem kann auf die Umgehungsrückschlagventile verzichtet werden. Die Sitzkegel heben bei entgegengerichteter Strömung einfach ab und lassen den Volumenstrom in beiden Richtungen zu.

Bild 17 *Schaltungsbeispiel Ablaufdruckwaage in Sitzbauweise*

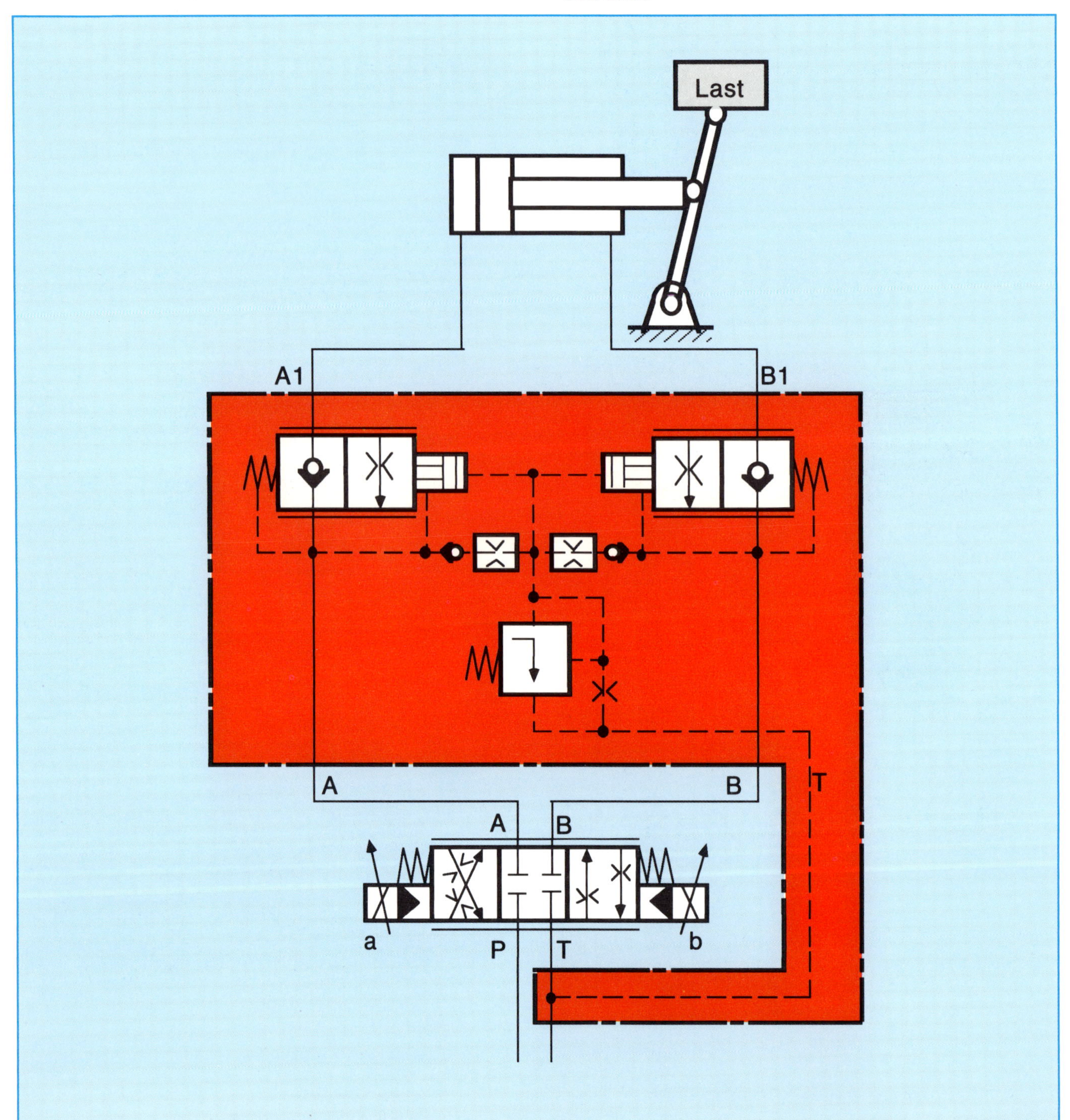

Ablauf – Sperr – Druckwaage

Der Aufbau besteht im Wesentlichen aus dem Gehäuse (1), den Ventileinsätzen (2.1) und (2.2) sowie dem Druckbegrenzungsventil (3).

Die Größe und Richtung des Ölstromes wird am Soll – wert – Potentiometer des Proportional – Wegeventils vorgegeben.

Wird zum Beispiel die Pumpe zum Anschluß A geschaltet, strömt die Druckflüssigkeit über den Ventileinsatz (2.1) zum Verbraucher. Der Ventileinsatz (2.1) funktio – niert hierbei als Rückschlagventil. Gleichzeitig wird aus dem Pumpenstrom ein Steuerölstrom über den als lastkompensierten Stromregler wirkenden Aufsteuerkolben (4.1) in den Raum (5) gelenkt. Dieser Steuerstrom baut vor dem Druckbegrenzungsventil (3) einen Druck auf, der über die Düsen (6) und (7) den Aufsteuerkolben (4.2) B – seitig beaufschlagt.

Zusätzlich ist der Ablauf vom Druckbegrenzungsventil mit dem Kanal T verbunden. Der Aufsteuerkolben (4.2) öffnet den Entlastungskegel (8) gegen den im Federraum (9) stehenden Lastdruck (max. 315 bar). Dabei sperrt der Entlastungskegel (8) die Verbindung zum Lastdruck. Im Federraum (9) steht über die Druckabnahme bei Entlastungskegel (8) der Druck vor dem Proportional – Wegeventil im Kanal B an. Ebenso wirkt dieser Druck auf die Ringseite und die Stirnfläche des Aufsteuerkolben (4.2).

Das Druckgefälle von B nach T über das Proportional – Wegeventil ist somit konstant. Dieses Druckgefälle wird von der Steuerkante (10) geregelt und ist die Druckdifferenz im Raum (11) minus Federkraft (12). Die Kraft der Feder (13) ist unbedeutend.

Wird vom Proportional – Wegeventil die Pumpe nach B geschaltet, funktioniert der Ventileinsatz (2.1) in A wie vorher beschrieben.

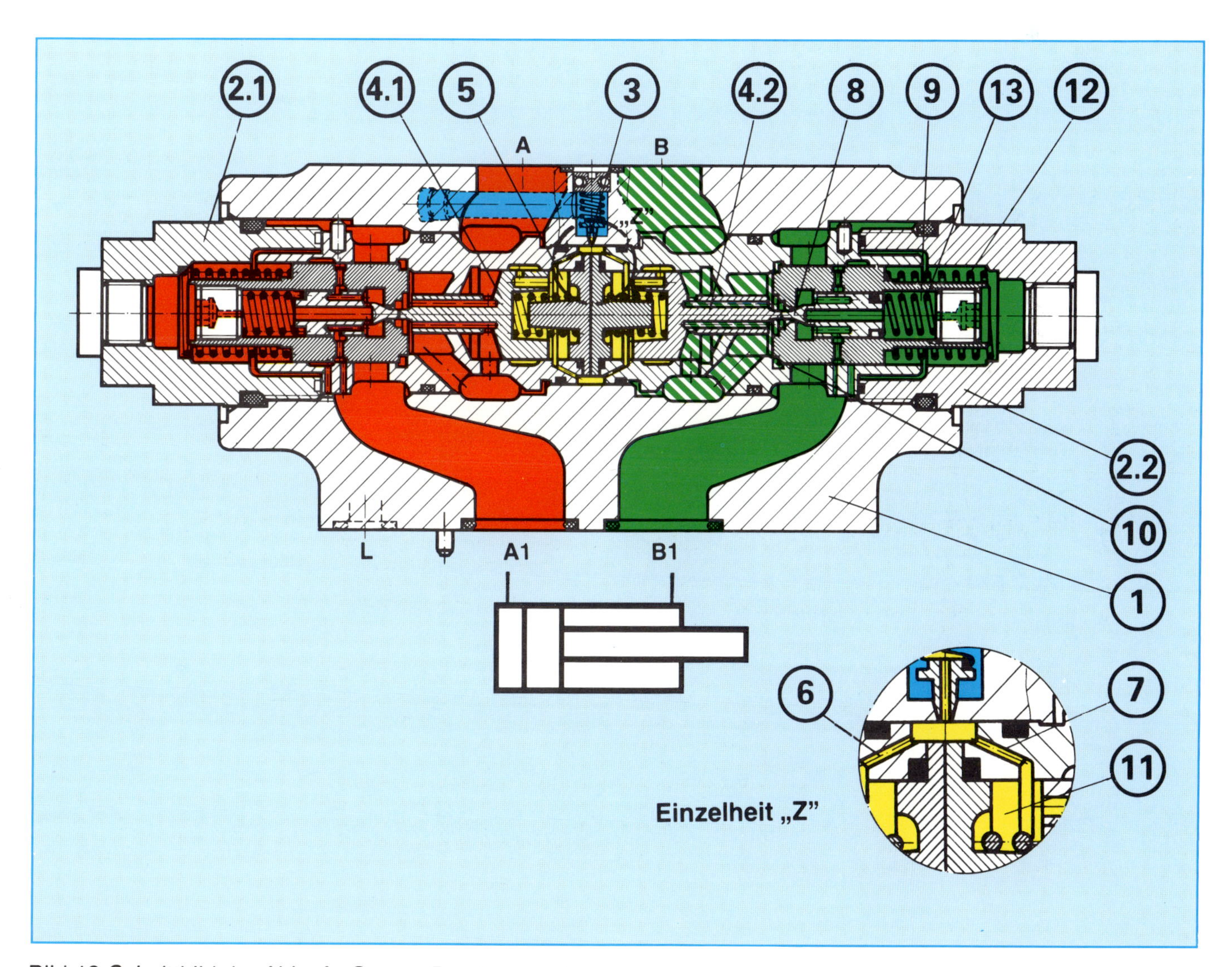

Bild 18 *Schnittbild der Ablauf – Sperr – Druckwaage in Sitzbauweise*

Achtung

Bei Einsatz der Ablauf – Sperr – Druckwaage an Zylindern mit unterschiedlichem Flächenverhältnis besteht die Gefahr der Druckübersetzung (vgl. Stromregler im Ablauf) auf der Stangenseite des Zylinders.

Soll diese Druckübersetzung vermieden werden empfiehlt sich die bereits genannte Kombination Zulaufdruckwaage mit Bremsventil.

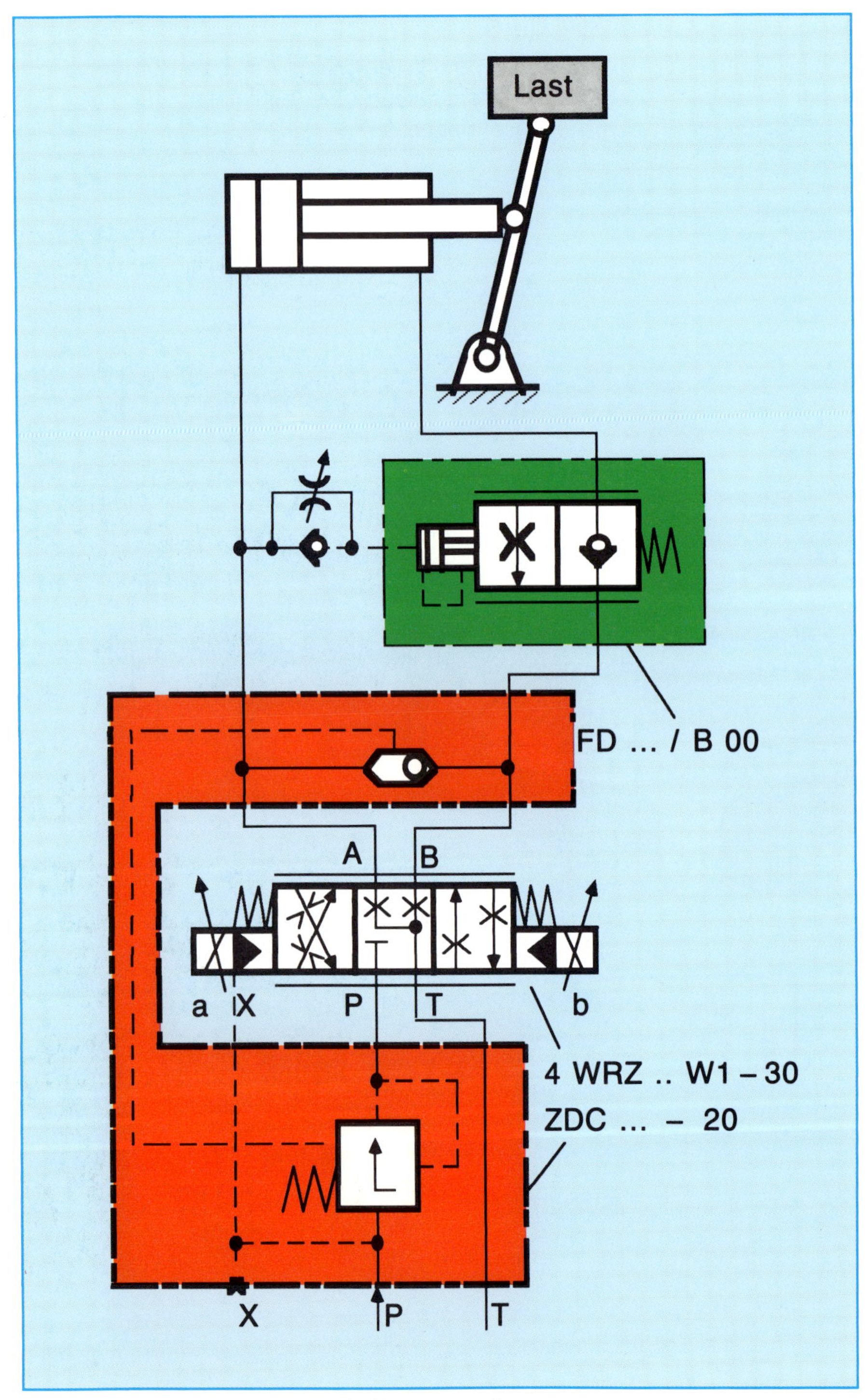

Bild 19 *Zulaufdruckwaage mit Bremsventil*

Einsatzgrenzen und Schaltungsmöglichkeiten

Welche Steuerungen lassen sich mit der Ablauf – Sperr – Druckwaage realisieren?

Sämtliche Steuerungen für Ölmotore, Zylinder mit durchgehender Kolbenstange oder Zylinder mit einseitiger Kolbenstange, solange die Druckübersetzung auf der Zylinderringseite, die durch die Ablauf – Sperr – Druckwaage gegeben ist, akzeptiert wird.

Welche Steuerungen sind mit der Ablauf – Sperr – Druckwaage nicht möglich?

Soll die Druckübersetzung auf der Ringseite vermieden werden, muß eine Zulaufdruckwaage vorgesehen werden. Das Sperr – Q – Meter auf der B – Seite wirkt als Bremsventil (siehe Bild 19).

Die Differential – Schaltung (Bild 20) läßt sich mit der Ablauf – Sperr – Druckwaage nicht realisieren. Hierfür ist eine Zulauf – Druckwaage erforderlich.

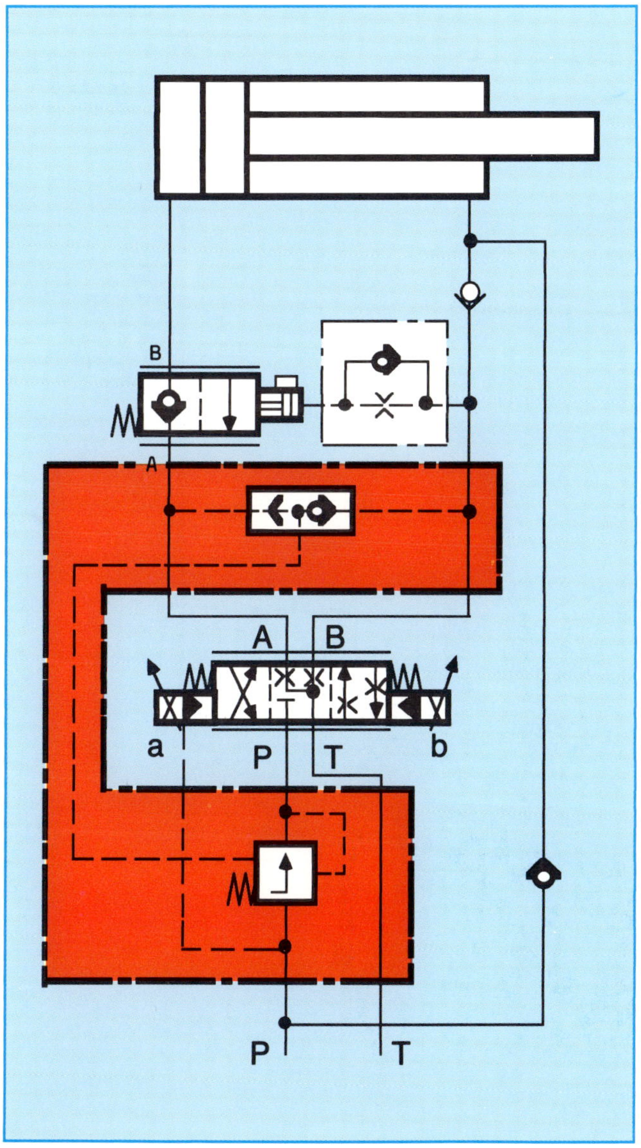

Bild 20

Bei Zylinder ausfahren entspricht der maximale Bremsdruck dem Pumpendruck und ist in der Regel ausreichend.

Bei Steuerung eines Plungerzylinders (Bild 21) ist für die Aufwärtsbewegung eine Zulauf – Druckwaage und für die Abwärtsbewegung eine Ablauf – Sperr – Druckwaage erforderlich.

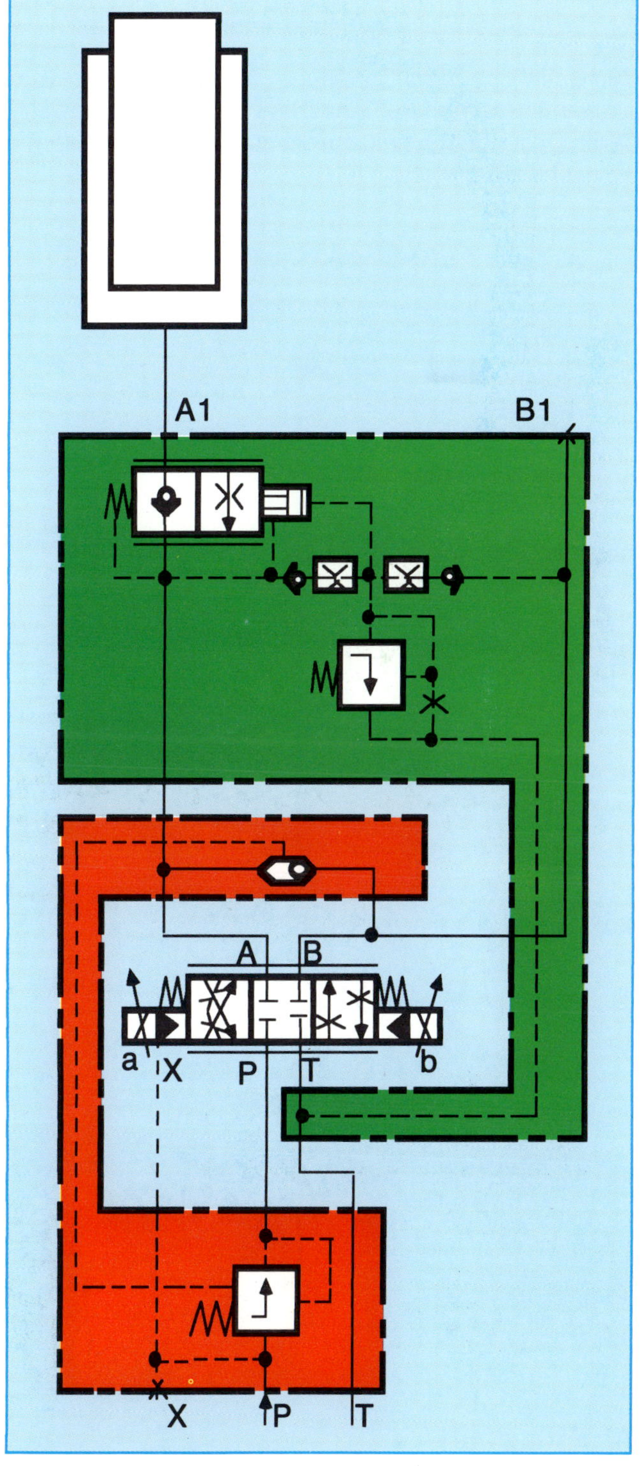

Bild 21

Für große Durchflußmengen kann die Lastkompensation durch 2 – Wege – Einbauventile mit Druckreduzierfunktion (DR) bzw. Druckbegrenzungsfunktion (DB) realisiert werden.

2 – Wege – Druckwaage in Druckreduzier – Funktion

Das 2 – Wege – Einbauventil mit DR – Funktion ist immer in Flußrichtung vor der Drosselstelle anzuordnen, um die Funktion eines konstanten Druckgefälles an der Drossel zu erhalten.

Die Steuerkanten der 2 – Wege – Einbauventile wurden für den Einsatz als Lastkompensierung modifiziert.

Zur ausreichenden Dämpfung des 2 – Wege – Einbauventiles ist generell eine Düse im Deckel eingebaut, deren Düsenquerschnitt auf die entsprechende Nenn – weite abgestimmt ist.

Bei verschiedenen Einsatzfällen ist es von Vorteil, daß das 2 – Wege – Einbauventil ungedämpft öffnen kann und über eine Düse kontrolliert schließt. Deshalb gibt es eine Deckelausführung mit Drossel – Rückschlagventil in der Steuerleitung.

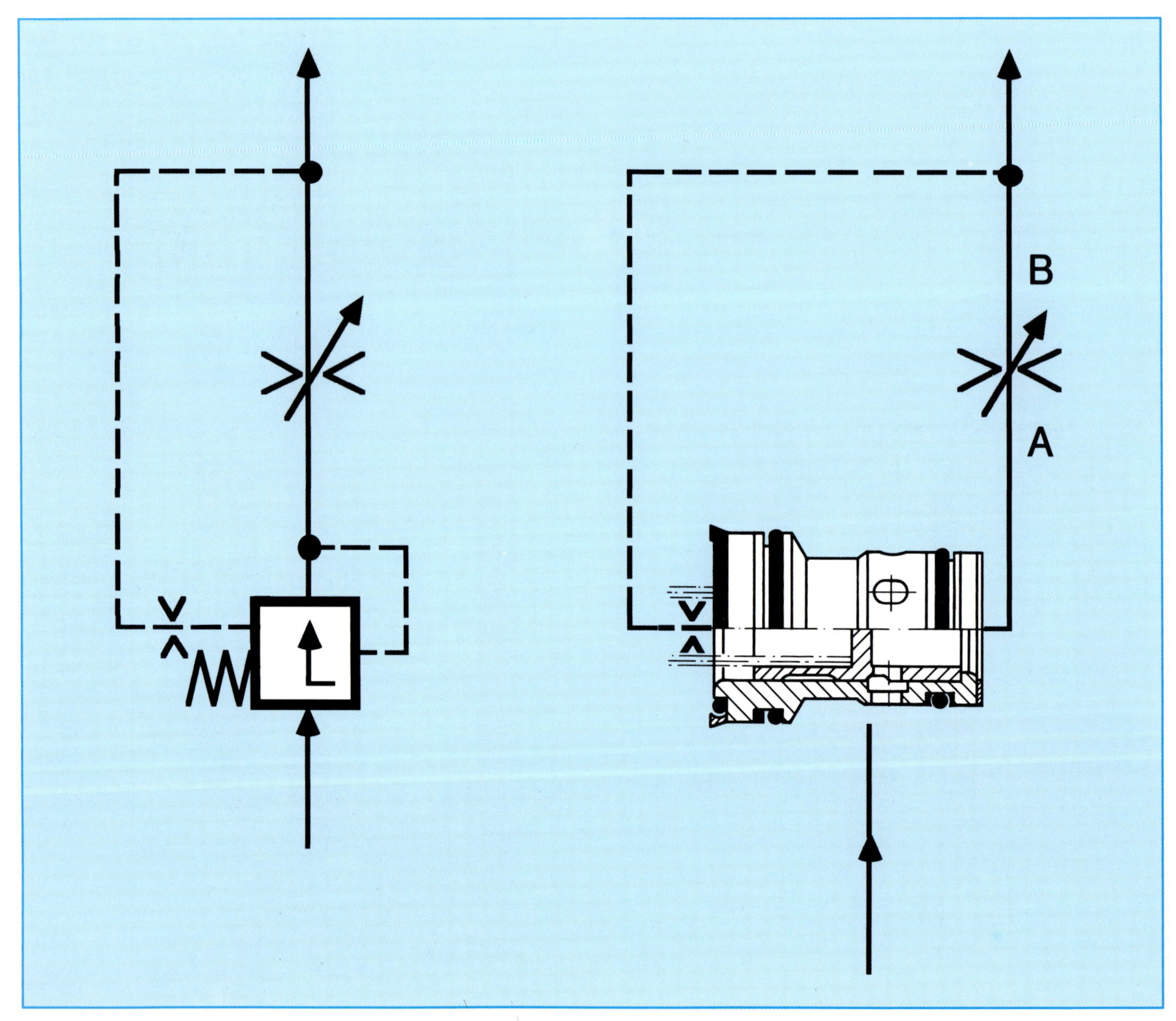

Bild 22 : *2 – Wege – Einbauventil für Lastkompensation*

Projektierungsrichtlinien

Schaltungsbeispiele

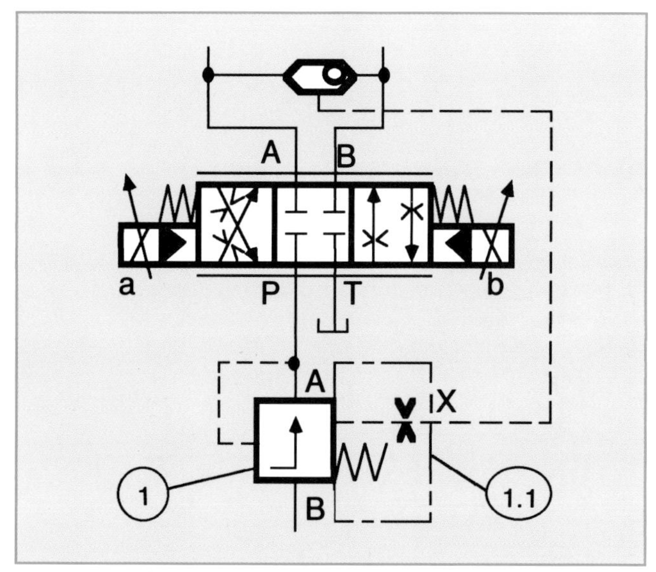

Bild 21: *2 – Wege – Druckwaage im Zuauf Δp = 8 bar*

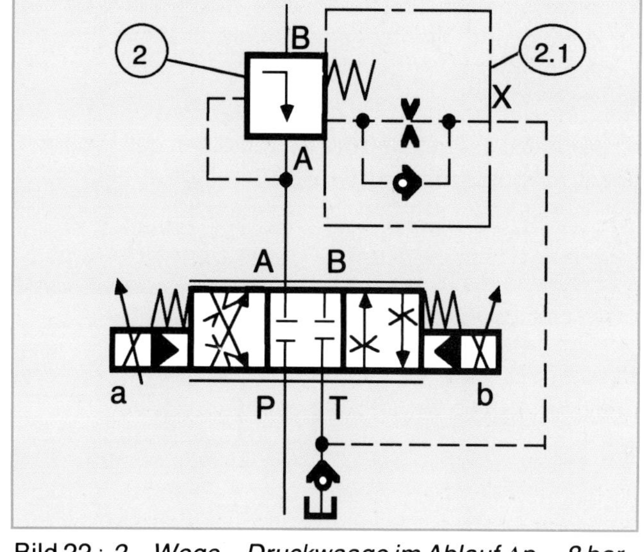

Bild 22: *2 – Wege – Druckwaage im Ablauf Δp = 8 bar*

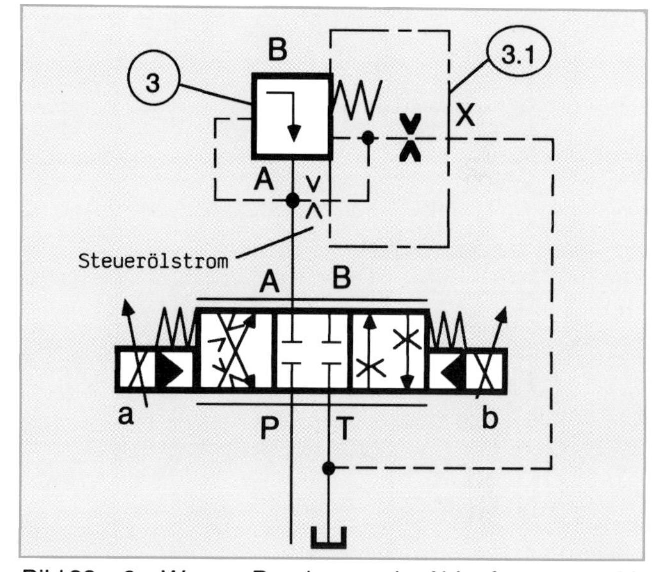

Bild 23: *2 – Wege – Druckwaage im Ablauf Δp ≈ 15..18 bar*

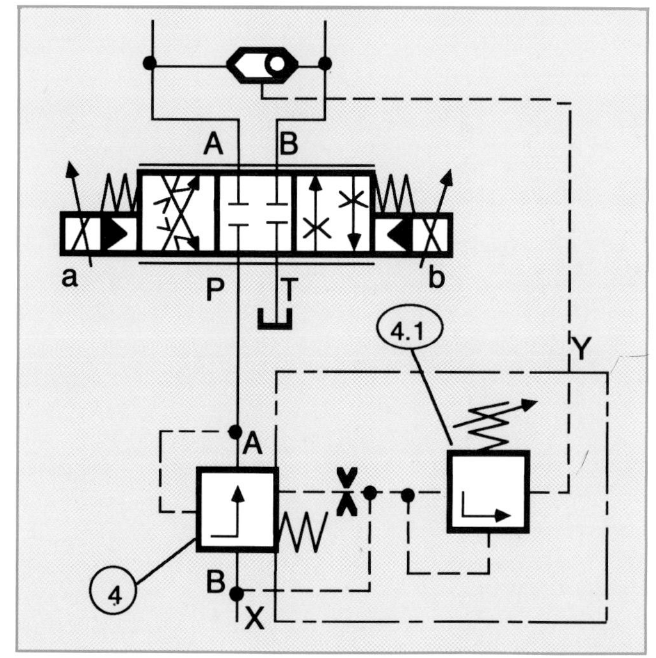

Bild 24: *2 – Wege – Druckwaage im Zulauf Δp einstellbar*

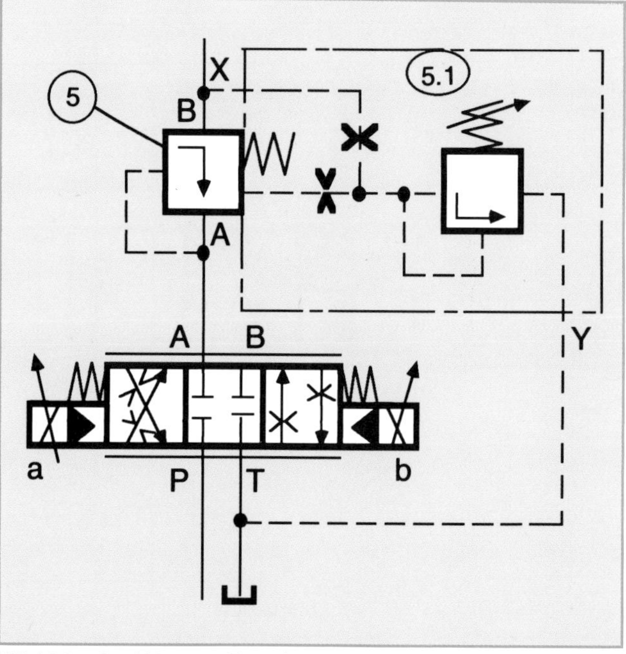

Bild 25: *2 – Wege – Druckwaage im Ablauf Δp einstellbar*

1) Lastkompensierung für positive und negative Lasten für Zylinder und Ölmotore ohne Differentilaschaltung mit Logikelementen.

Achtung bei Zylindern mit dem Flächenverhältnis ≈ 2:1 ist darauf zu achten, daß der Hauptkolben des Proportional – Wegeventils das Drosselöffnungsverhältnis 2:1 hat.

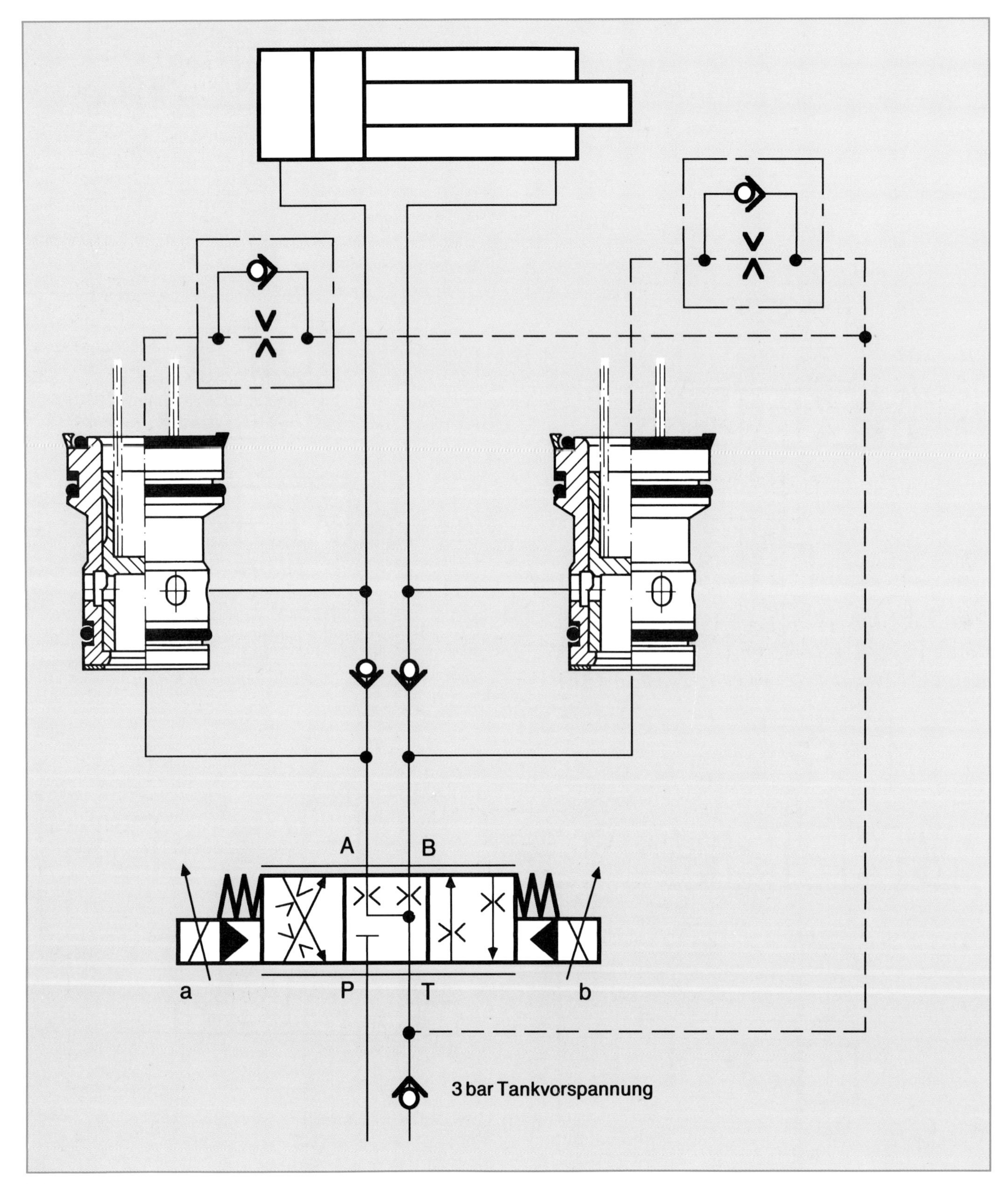

Bild 28

2) Lastkompensierung für positive und negative Lasten für Zylinder mit dem Flächenverhältnis 2:1 mit Logikelementen Differentialschaltung.

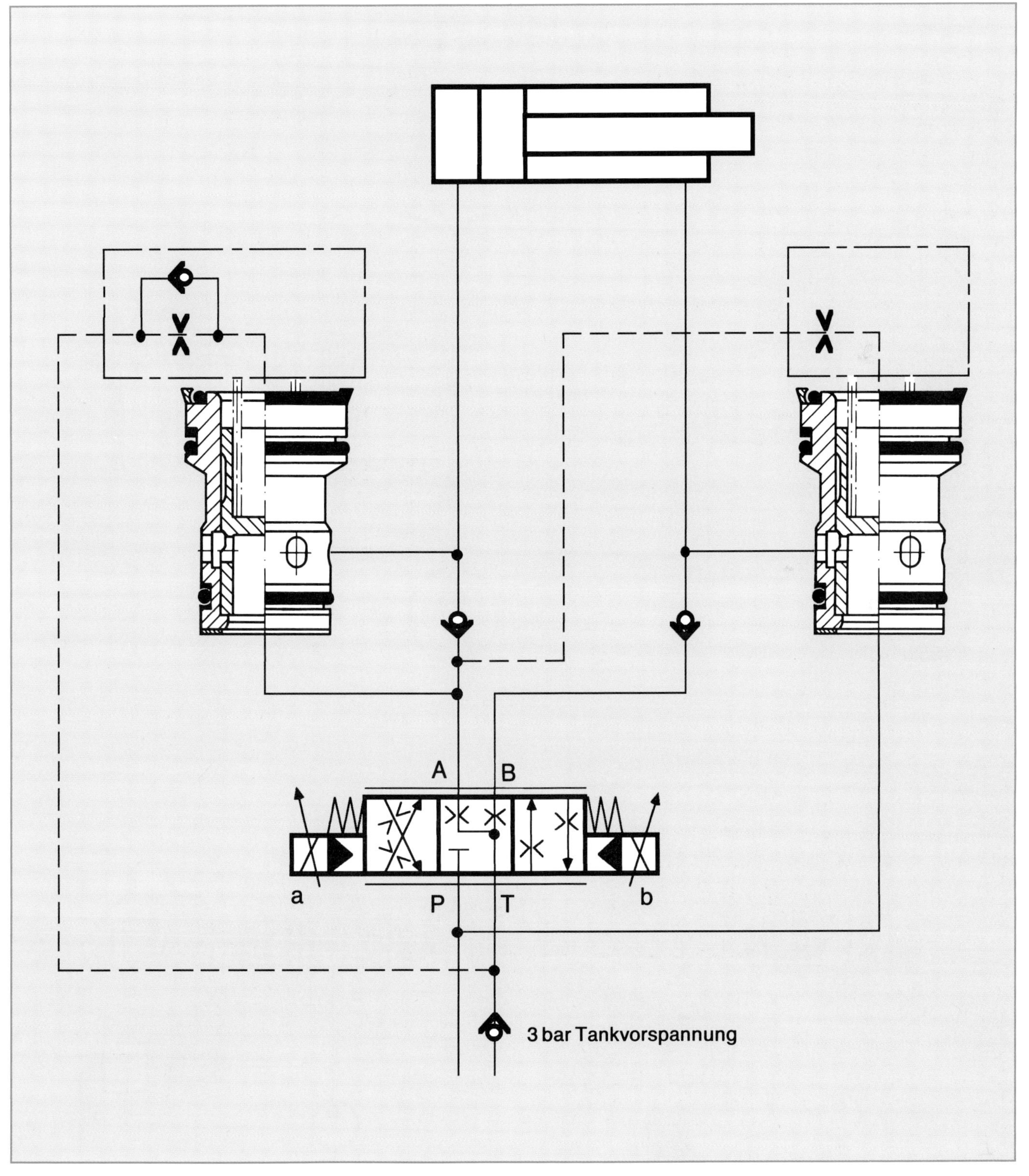

Bild 29

3 – Wege – Druckwaage in Druckbegrenzungs – Funktion

Das Einbauventil für die Druckbegrenzungsfunktion ist als Schieber – Sitz – Ventil ohne Flächendifferenz (keine Wirkfläche am Anschluß B) ausgeführt. Es liegt immer parallel zur Drosselstelle.

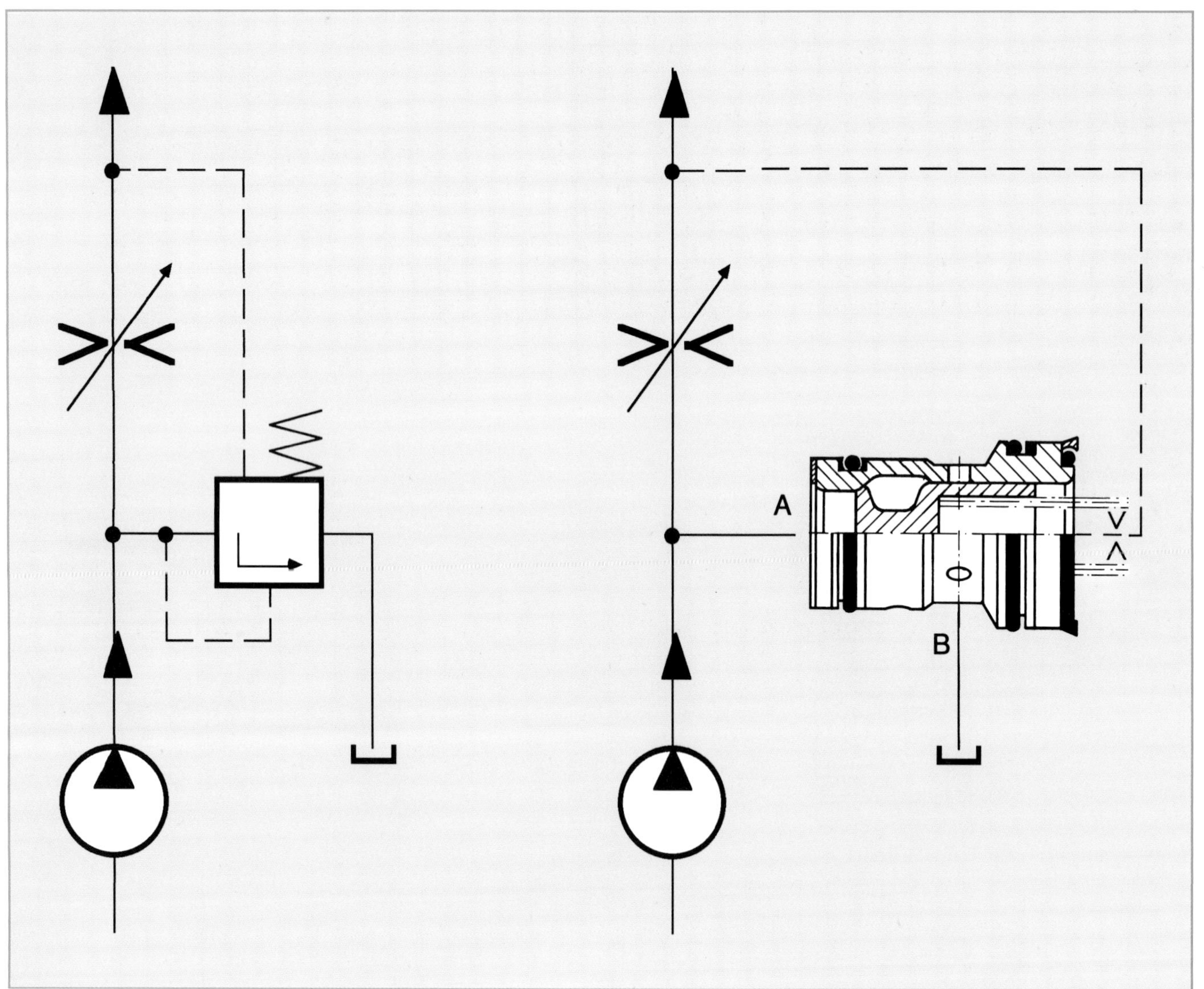

Bild 30

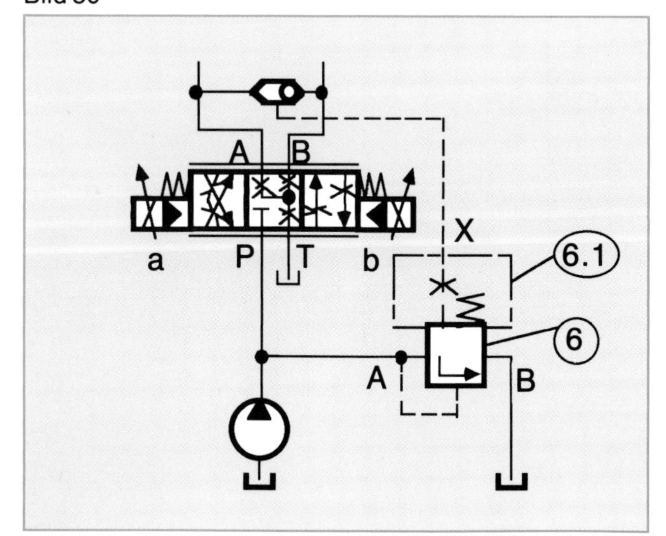

Bild 31 : *3 – Wege – Druckwaage* Δp *= 8 bar*

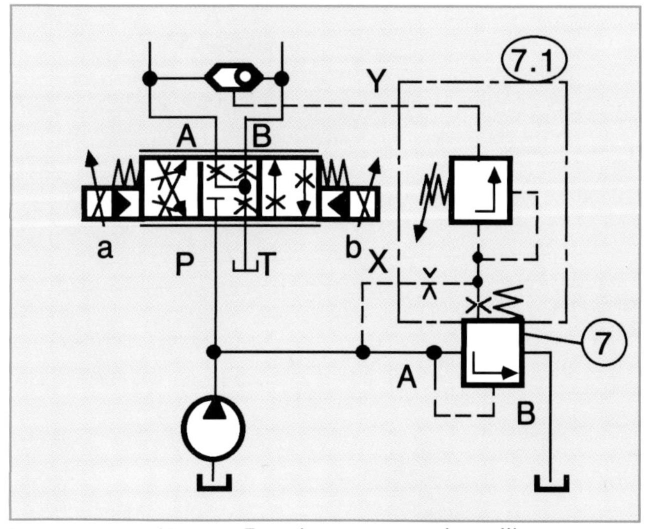

Bild 32 : *3 – Wege – Druckwaage* Δp *einstellbar*

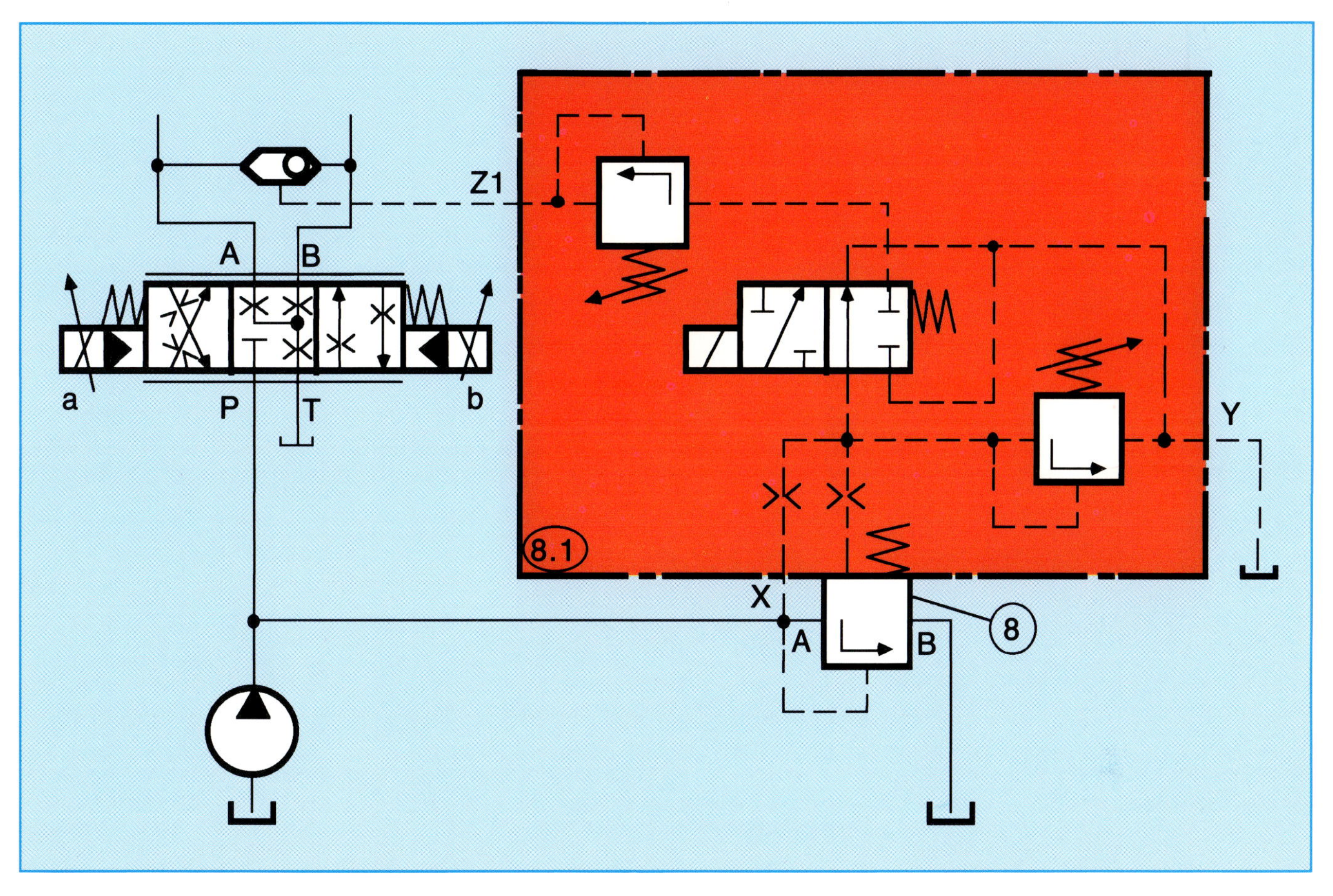

Bild 33 : *3 – Wege – Druckwaage Δp einstellbar mit Maximal – Druckbegrenzung und elektrischer Entlastung*

Bild	NG / Pos.	16	25	32	40	50	63
21	1	LC16DR80D60	LC25DR80D60	LC32DR80D60	LC40DR80D60	LC50DR80D60	LC63DR80D60
	1.1	LFA16D8-60	LFA25D8-60	LFA32D8-60	LFA40D8-60	LFA50D8-60	LFA63D8-60
22	2	LC16DR80D60	LC25DR80D60	LC32DR80D60	LC40DR80D60	LC50DR80D60	LC63DR80D60
	2.1	LFA16D17-60	LFA25D17-60	LFA32D17-60	LFA40D17-60	LFA50D17-60	LFA63D17-60
23	3	LC16DR80D60/A07	LC25DR80D60/A08	LC32DR80D60/A08	LC40DR80D60/A10	LC50DR80D60/A12	LC63DR80D60/A15
	3.1	LFA16D8-60	LFA25D8-60	LFA32D8-60	LFA40D8-60	LFA50D8-60	LFA63D8-60
24	4	LC16DR40D60	LC25DR40D60	LC32DR40D60	LC40DR40D60	LC50DR40D60	LC63DR40D60
	4.1	LFA16DB2-60/050	LFA25DB2-60/050	LFA32DB2-60/050	LFA40DB2-60/050	LFA50DB2-60/050	LFA63DB2-60/050
25	5	LC16DR40D60	LC25DR40D60	LC32DR40D60	LC40DR40D60	LC50DR40D60	LC63DR40D60
	5.1	LFA16DB2-60/050	LFA25DB2-60/050	LFA32DB2-60/050	LFA40DB2-60/050	LFA50DB2-60/050	LFA63DB2-60/050
29	6	LC16DB80D60	LC25DB80D60	LC32DB80D60	LC40DB80D60	LC50DB80D60	LC63DB80D60
	6,1	LFA16D8-60	LFA25D8-60	LFA32D8-60	LFA400D8-60	LFA50D8-60	LFA63D8-60
30	7	LC16DB40D60	LC25DB40D60	LC32DB40D60	LC400DB40D60	LC50DB40D60	LC63DB40D60
	7.1	LFA16DB2-60/050	LFA25DB2-60/050	LFA32DB2-60/050	LFA400DB2-60/050	LFA50DB2-60/050	LFA63DB2-60/050
31	8	LC16DB40D60	LC25DB40D60	LC32DB40D60	LC40DB40D60	LC50DB40D60	LC63DB40D60
	8.1	LFA16DBU2K...-60/..	LFA25DBU2K...-60/..	LFA32DBU2K...-60/..	LFA40DBU2K...-60/..	LFA50DBU2K...-60/..	LFA63DBU2K...-60/..
Q_{max}	8 bar Feder	75 L/min für Δp = 5 bar	150 L/min für Δp = 5 bar	250 L/min für Δp = 5 bar	500 L/min für Δp = 5 bar	550 L/min für Δp = 5 bar	850 L/min für Δp = 5 bar

Bild 34 *Geräteliste*

Lastkompensation mit 2 – Wege – Einbauventilen

Projektierungshilfe zur richtigen Auswahl der Logikelemente – Nenngröße

Werden die DR – Logiks als Druckwaage zur Mengenregelung eingesetzt , können nicht die im Katalog angegebenen Kennlinien für die DR – Funktion zur Auswahl herangezogen werden. Die nachfolgende Betrachtung gibt die für diesen Einsatzfall gültigen Auswahlkriterien und deren Herleitung an.

Leistungsgrenze bei Druckregelung

Bei der DR – Funktion wird der Steuerdruck für die Federseite unmittelbar am Ausgang des Einsatzes entnommen (siehe Bild 36).
Die Leistungsgrenze ist dann erreicht, wenn die Federkraft durch die Impulskräfte der Strömung kompensiert wird. Unter Vernachlässigung des instationären Anteils ergibt sich die axiale Komponente dieser Impulskraft für das in Bild 35 dargestellte Kontrollvolumen aus der Beziehung

$$F_{ax} = \varrho \bullet Q(\omega_E \bullet \cos\alpha + \omega_A)$$

mit

F_{ax}	= Kraft in axialer Richtung
ϱ	= Dichte des strömenden Mediums
Q	= Volumenstrom
ω_E, ω_A	= Ein – bzw. Austrittsgeschwindigkeit
α	= Einströmwinkel

Eine Berechnung von F_{ax} ist in diesem Fall sehr prob – lematisch, da der Winkel @ wegen der relativ kompli – zierten Geometrie der Steuerkante (Bohrungen plus Feinsteuernuten) und die Austrittsgeschwindigkeit W_A wegen des geringen Abstandes zwischen Umlenkung und Austritt aus dem Kontrollvolumen kaum mit ausreichender Genauigkeit zu bestimmen sind.

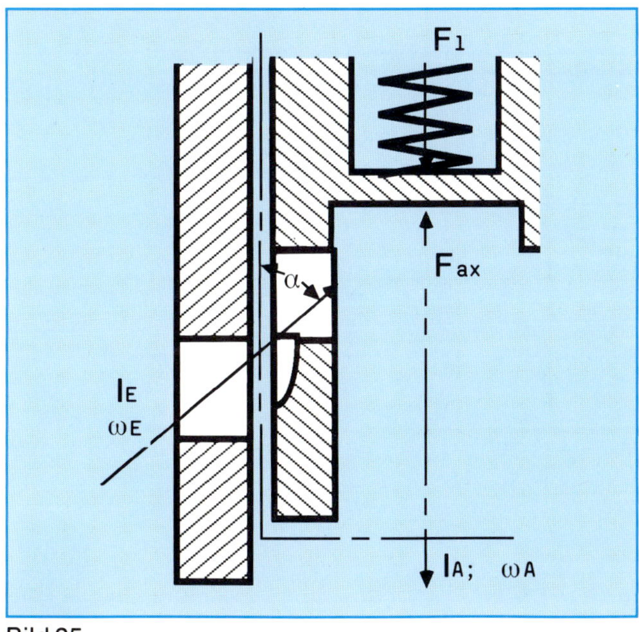

Bild 35

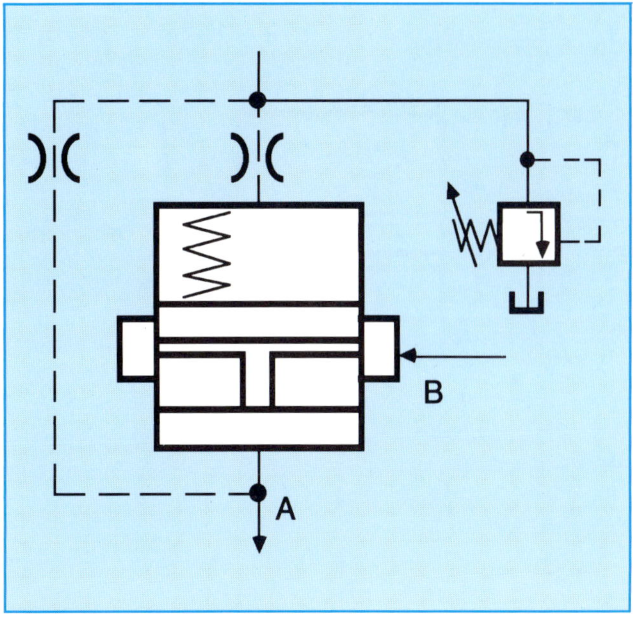

Bild 36

Experimentell ist die Ermittlung von F_{ax} jedoch recht einfach.
Die Federvorspannung F_1 ist bekannt.
Wird $F_{ax} > F_1$, bewegt sich der Kolben in Schließrichtung. Dieser Punkt, der beim DR dadurch angezeigt wird, daß sich der Mengenstrom nicht weiter steigern läßt, kann abhängig vom Δp ermittelt werden.

Leistungsgrenze bei Mengenregelung

Werden die Logiks als Druckwaage zur Mengenregelung eingesetzt geschieht die Druckentnahme für den Federraum nach der Regelblende (Proportionalventil) (Bild 37). Die Leistungsgrenze bei der Mengenregelung ist erreicht, wenn die Summe aus den vorher beschriebenen Im – pulskräften F_{ax}, dem Δp_{Bl} der Blende und dem eventuellen Δp_L der Verbindungsleitung die Federkraft F_1 kompensiert.

$$F_1 = F_{ax} + \Delta p_{Bl} \bullet A_K + \Delta p_L \bullet A_K$$

A_K = Kolbenfläche

Die vorgenannten Zusammenhänge sind in den Diagrammen (Bild 38 und 40) für die NG 32 und 40 dargestellt. Die waagrechten Linien stellen die vom Mengenstrom unabhängigen Federvorspannungen F_1 bezogen auf die jeweilige Kolbenfläche A_K als Δp dar.
F_1 / A_K = konstant
Diese Linien enden bei den aus den DR – Messungen ermittelten max. Mengenströmen, bei denen die Federkräfte von den Strömungskräften kompensiert werden. Die Verbindungslinien dieser Endpunkte stellt die Funktion

$$F_{ax} / A_K = f(Q)$$

dar.

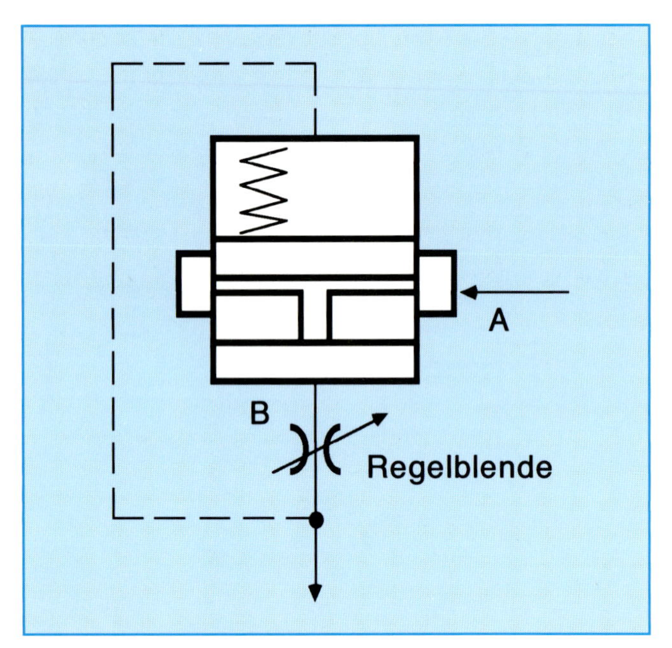

Bild 37

Für jede Feder läßt sich die an Blende und Leitungen zur Verfügung stehende Druckdifferenz

$\Delta p_{BL} + \Delta p_L = (F_1 - F_{ax}) / A_K$

für einen bestimmten Mengenstrom als Abstand der beiden Kurven

F_1 / A_K = konstant und $F_{ax} / A_K = f(Q)$

ablesen.

Beispiel

Eine Steuerung für Q = 340 l/min soll mit Hilfe eines DR – Logiks lastkompensiert werden.

Ausgewählt wurde ein Ventil Typ 4 WRZ 32 E 360 d.h. 360 l/min bei 10 bar Gesamtventildruckabfall also 5 bar Δp pro Steuerkante für 340 l/min ist somit folgendes Δp an der Steuerkante erforderlich

$$Q = Q_N \cdot \sqrt{\Delta p / \Delta p_N}$$

$$\Delta p = (Q / Q_N)^2 \cdot \Delta p_N$$

$$\Delta p = (340 / 360)^2 \cdot 5 = 4{,}45 \text{ bar} \approx 5 \text{ [bar]}$$

Q_N = Nenndurchfluß des Ventiles

Δp_N = Nenn – Δp des Ventiles

Δp = erforderliches Δp

Anhand der Kennlinien kann nun das richtige Logikelement ausgewählt werden. Bei einem Logik LC32 DR 80 würde für das Ventil bei 340 l/min nur ein Δp von ca. 3 bar zur Verfügung stehen, d.h. das Δp am Ventil wäre zu gering um den geforderten Durchfluß zu gewährleisten.

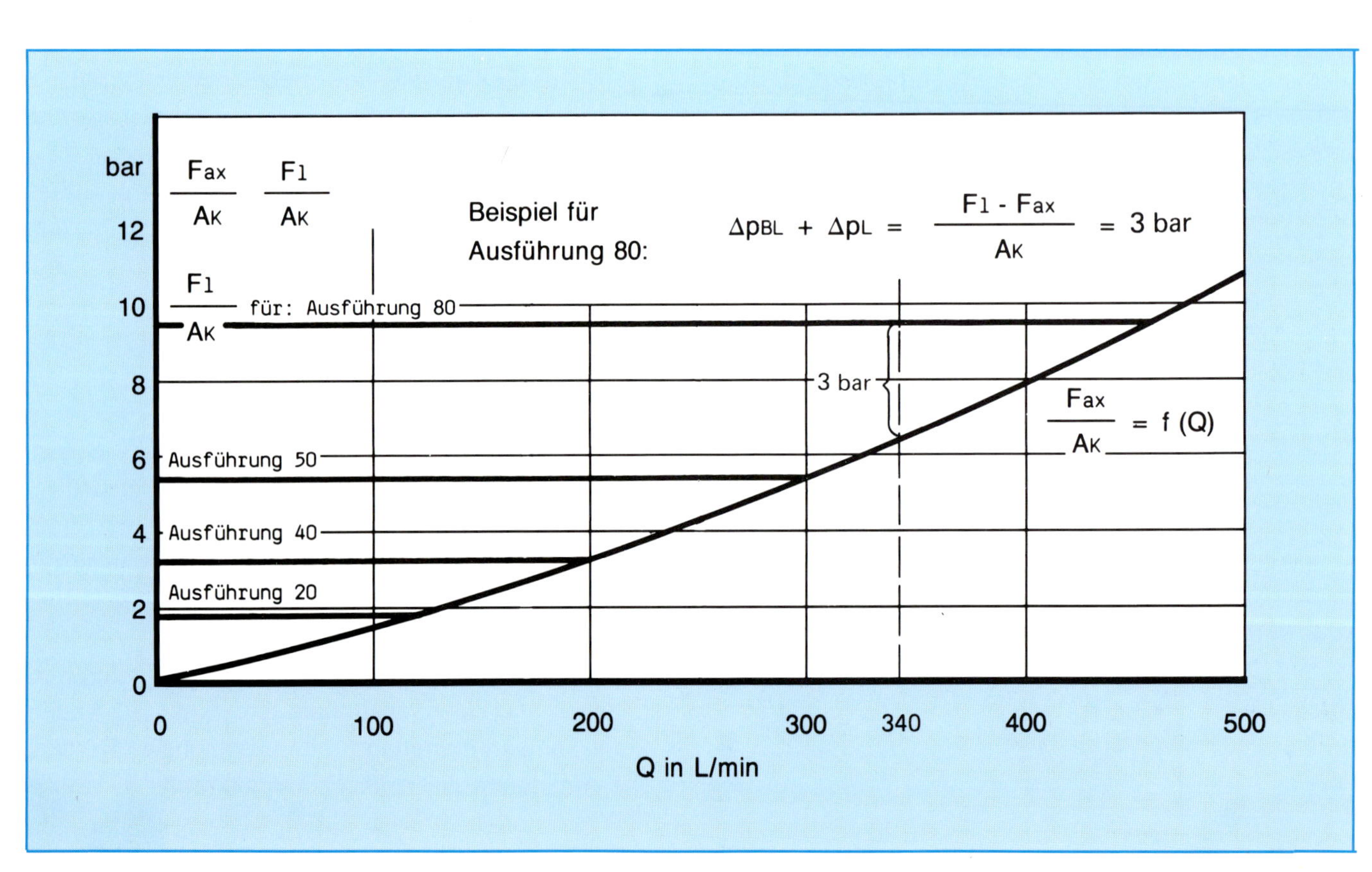

Bild 38 *Leistungsgrenze bei 2 – Wege – Einbauventil der NG 32*

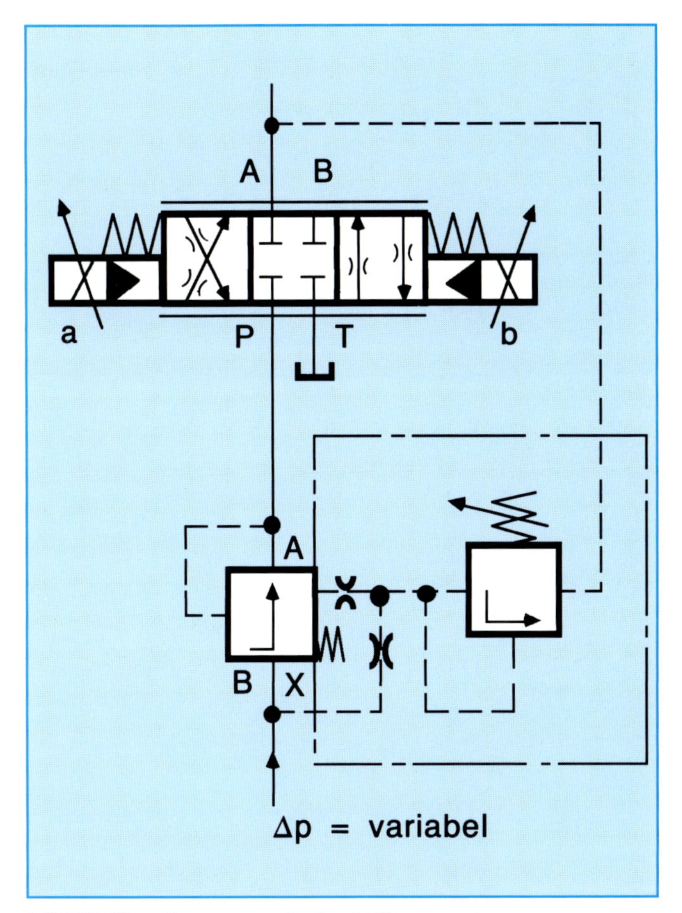

Bild 39 *Druckwaage mit einstellbarem Δp*

Es besteht nun die Möglichkeit das Δp durch entsprechende Beschaltungsmaßnahmen anzuheben (siehe Bild 39). Hier sollte dann allerdings die Ausführung LC 32 DR 40 (mit 4 bar Feder) eingesetzt werden.

Die andere Alternative ist die Wahl eines größeren Logiks LC 40 DR 80. Dieses läßt bei Q = 340 l/min an der Ventildrosselkante ein Δp von 7 bar zu.

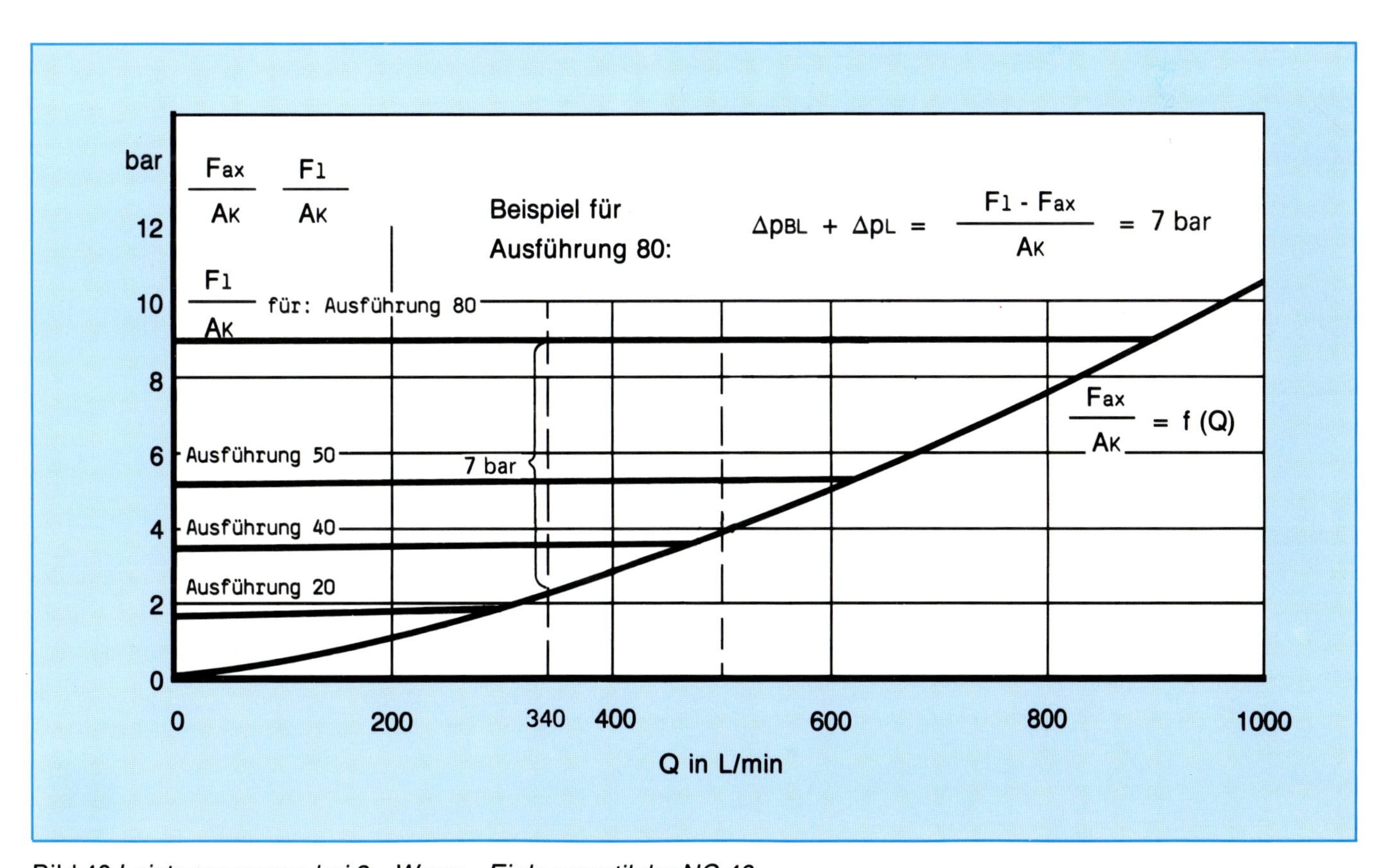

Bild 40 *Leistungsgrenze bei 2 – Wege – Einbauventil der NG 40*

Notizen

Kapitel D

Ansteuerelektronik für Proportionalventile

Heribert Dörr

Begriffserklärungen und Erläuterungen

In diesem Kapitel werden zunächst die wichtigsten Bauteile der Ansteuerelektronik für Proportionalventile mit Begriffen, Funktion und Blockschaltbild erläutert.

Dies soll eine Hilfe sein für diejenigen, die bisher nichts oder wenig mit dieser Materie zu tun hatten.

Rampenbildner

Der Rampenbildner bildet aus einem Sollwertsprung als Eingangssignal ein langsam steigendes oder fallendes Ausgangssignal. Die zeitliche Änderung des Ausgangssignals ist über ein Potentiometer einstellbar.

Die Wirkungsweise des Rampenbildners beruht darauf, daß der Kondensator C verzögert aufgeladen wird, wodurch sich die Ausgangsspannung bei einem Eingangs – Sprungsignal langsam stetig ändert.

Die Steigung der Ausgangsspannung kann über den veränderlichen Widerstand R beeinflußt und somit die Ladegeschwindigkeit des Kondensators bestimmt werden.

Die eingestellte Rampenzeit bezieht sich immer auf 100% Sollwert (Eingangs – Sprungsignal).

Beispiel
Eingestellte Rampenzeit von max. 5 sek bei 100% Sollwert: wird z.B. ein Sollwert von 60% eingestellt, so ist der Sollwert bereits nach ca. 3 Sek. erreicht.

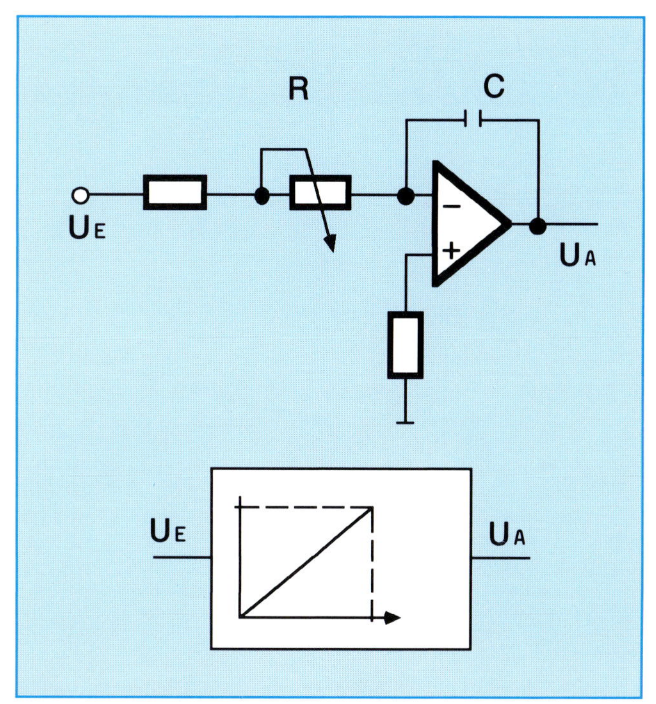

Bild 1 *Rampenbildner*

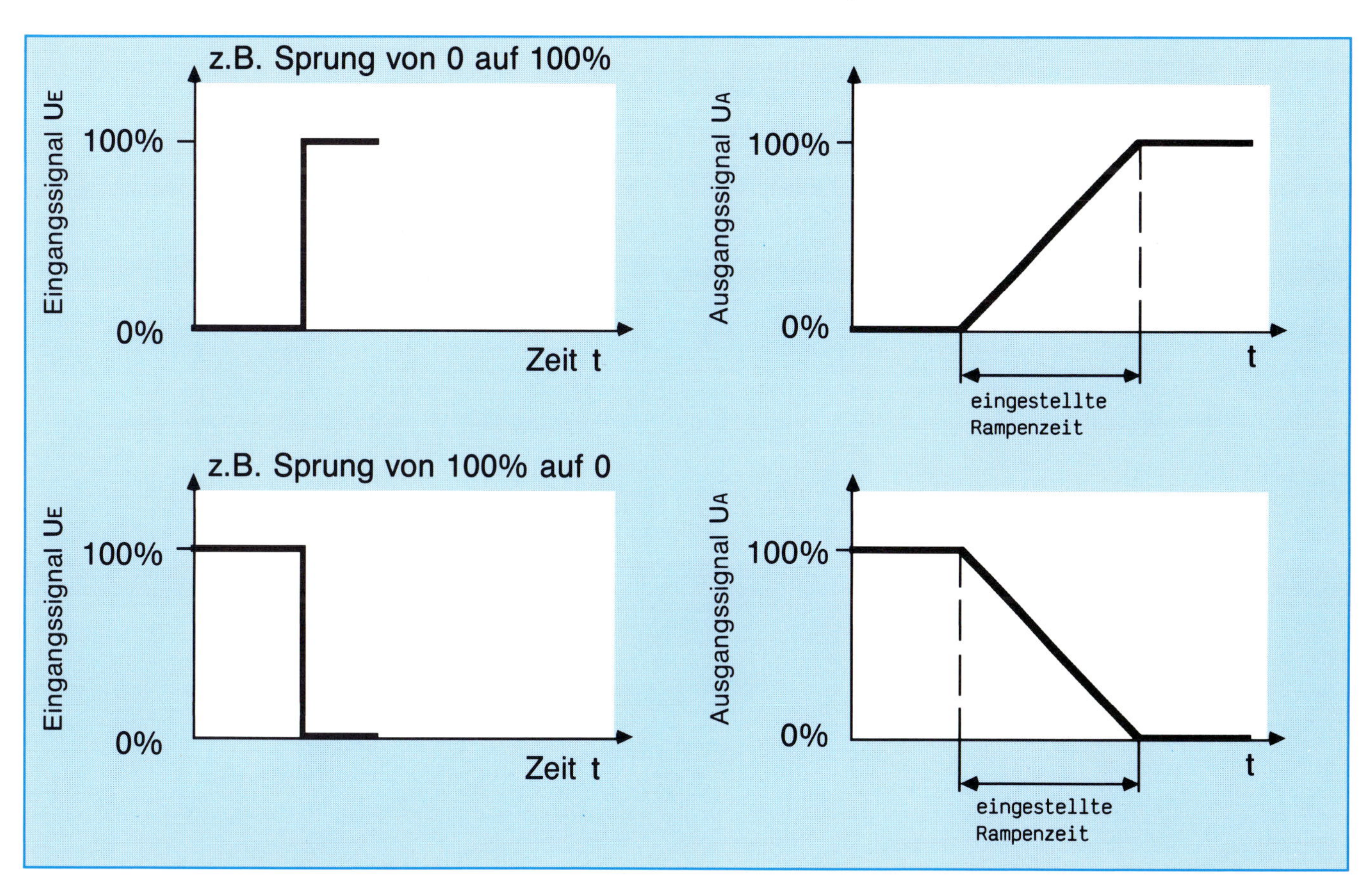

Bild 2 *Sprungsignal, Rampenzeit*

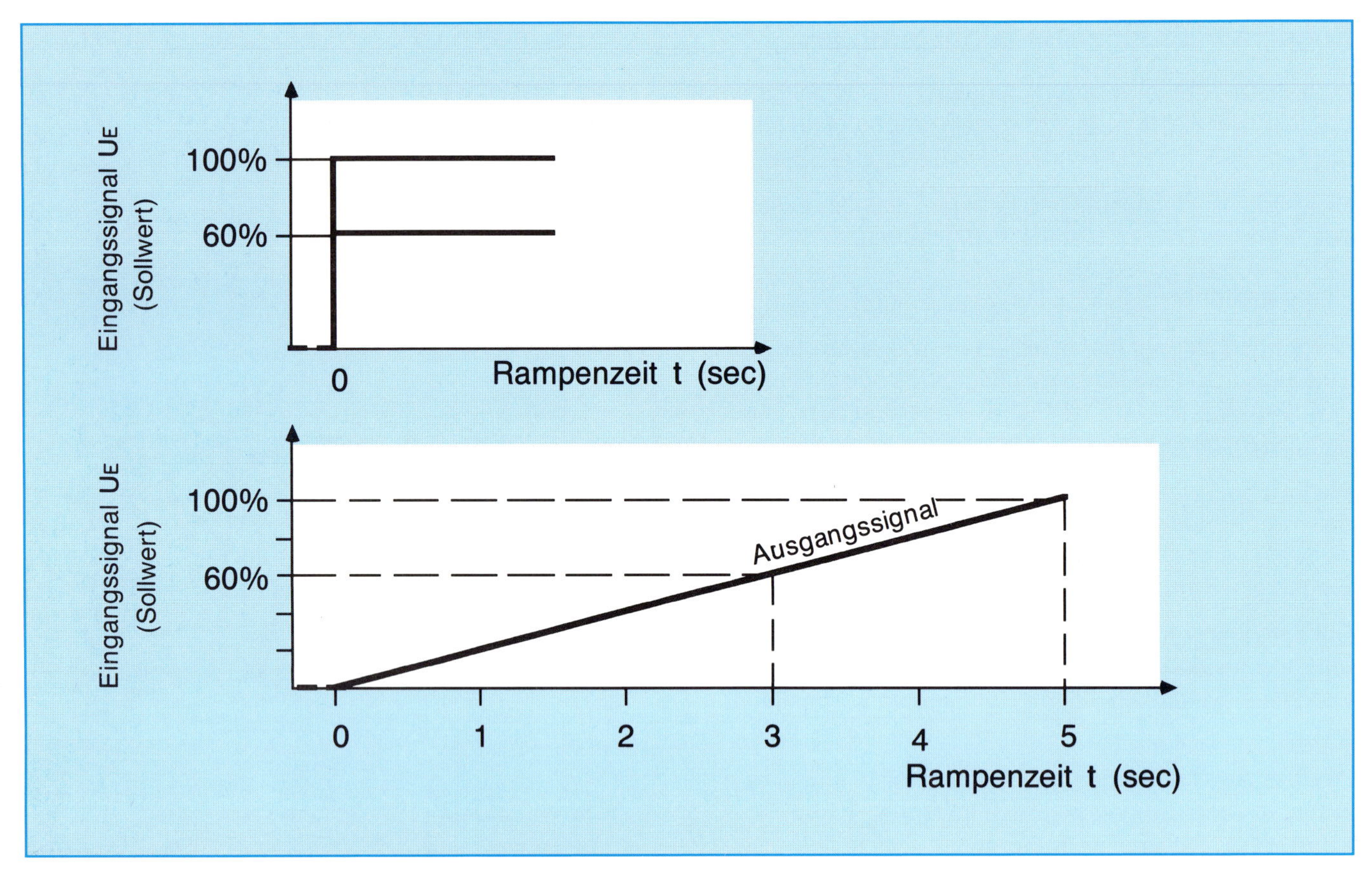

Bild 3 Rampenzeit in Abhängigkeit vom Eingangssignal

Getaktete Endstufe

In der Endstufe erfolgt die Umwandlung der Sollwertspannung in einen Magnetstrom.
Um die Verlustleistung der Endstufe und damit die thermische Belastung der Leiterkarte möglichst gering zu halten, wird der Magnetstrom getaktet.

Über den Taktgenerator wird die Taktfrequenz in Abhängigkeit zur Ventiltype festgelegt.
Je nach Verhältnis von Ein – und Ausschaltdauer des Leistungs – Endtransistors wird die Stromzufuhr zum Magneten verändert.

Beispiel

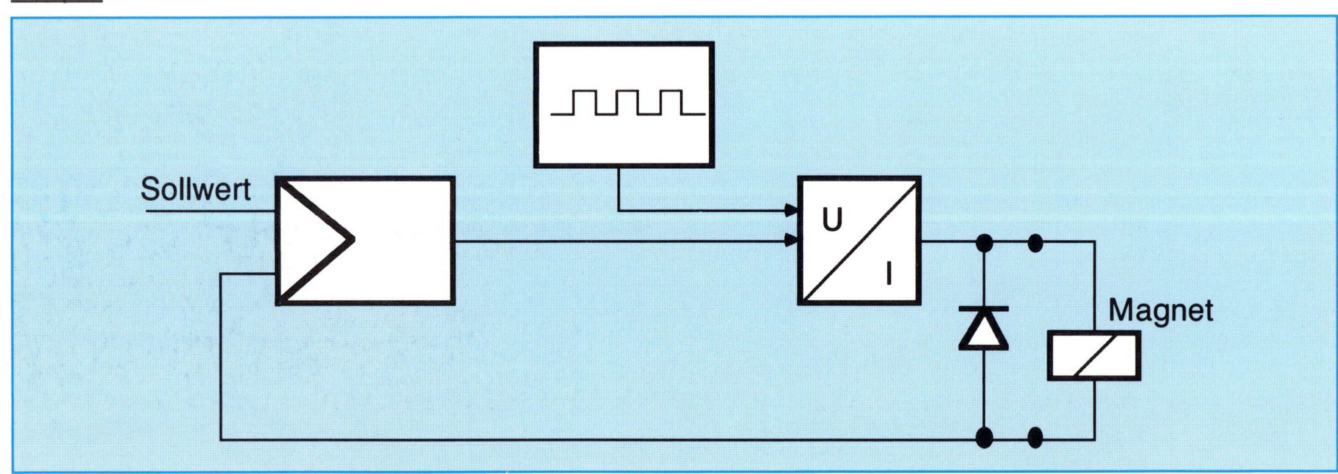

Bild 4 *Getaktete Endstufe*

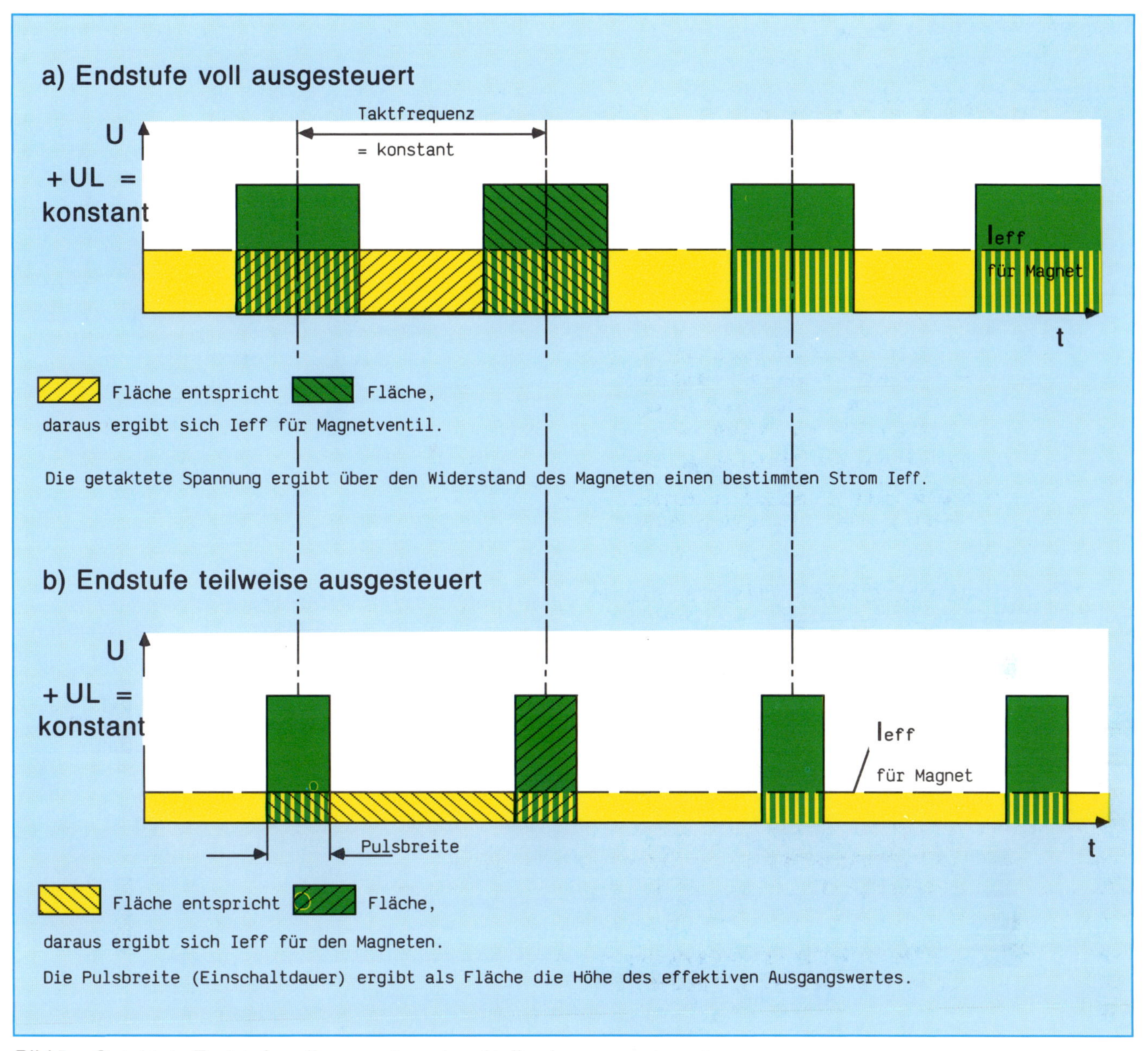

Bild 5 *Getaktete Endstufe voll ausgesteuert und teilweise ausgesteuert*

Spannungsversorgung

Die Spannungsversorgung für alle Proportional-Verstärkerkarten kann entsprechend Bild 6 sein.

Für die Spannungsversorgung werden zur Erhöhung der Kontaktsicherheit jeweils 2 Klemmen verwendet (Bild 7).

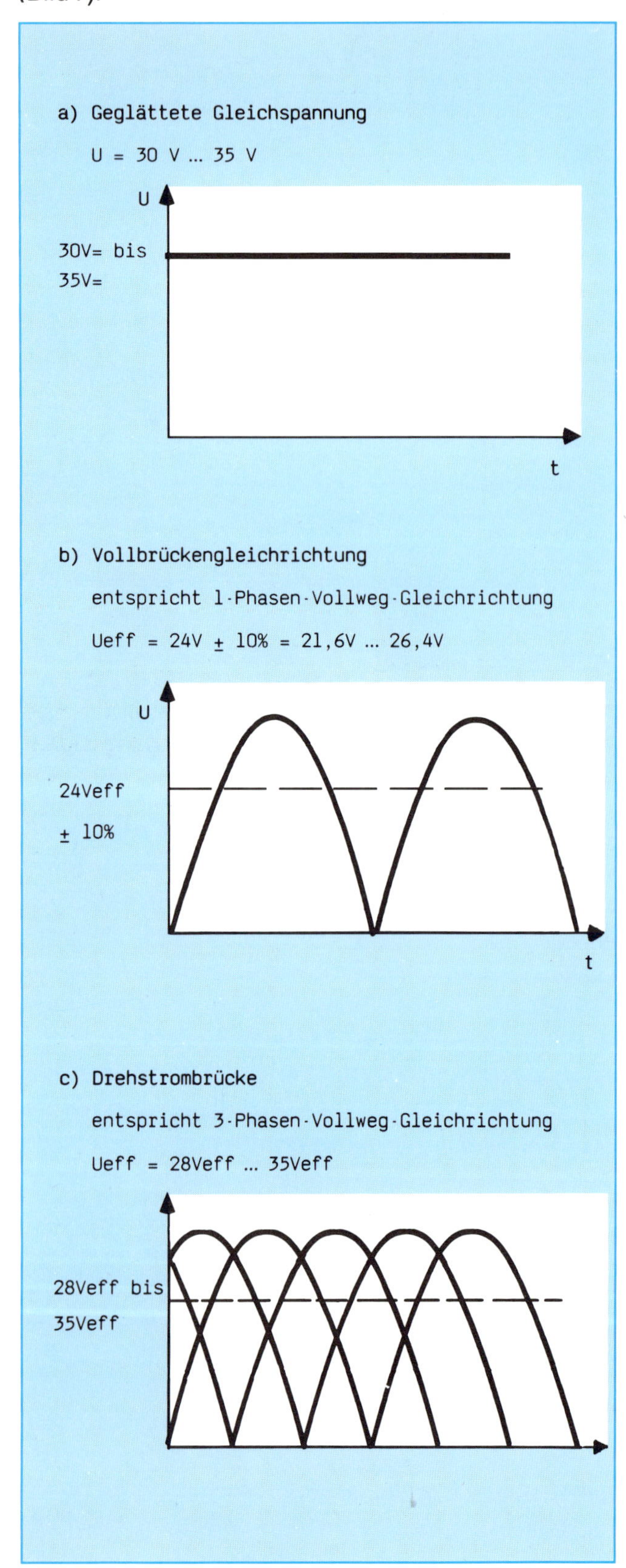

Bild 6 *Spannungsversorgung*

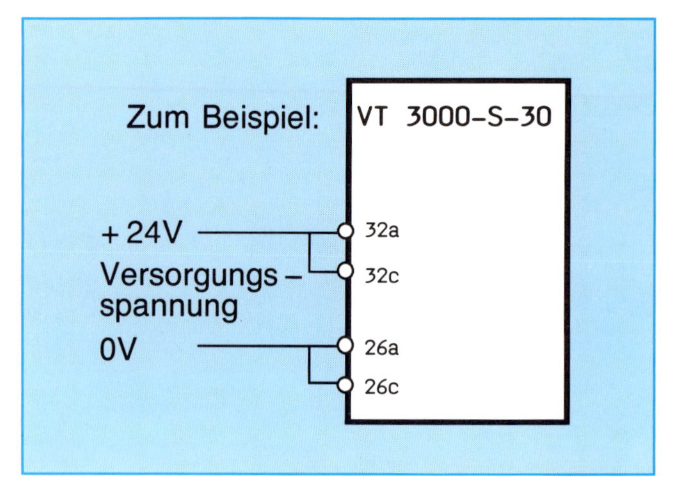

Bild 7

Beispiel

Aufbau der Spannungsverteilung auf den Verstärkerkarten am Beispiel der 1-Phasen-Vollweg-Gleichrichtung (Bild 8).

Im 1. Abschnitt erfolgt die Umwandlung der aus dem Verbrauchernetz zur Verfügung stehenden Spannung von 220 V in 24 V. Sie wird der Verstärkerkarte zugeführt.

Im 2. Abschnitt erfolgt die Glättung der Eingangsspannung.

Im 3. Abschnitt erfolgt die Umwandlung der geglätteten Spannung in die stabilisierte Spannung von 18 V. Durch die Wahl eines neuen Bezugspunktes M0 erhalten wir bezogen auf diesen Punkt M0 die stabilisierte Spannung von ± 9 V.

Bei allen Verstärkerkarten ist zu beachten

- Der Verstärker darf nur im spannungslosen Zustand gezogen werden.
- Messungen in Stellung Gleichspannung.
- Meßnull (M0) ist um + 9 V gegenüber 0 V Versorgungsspannung angehoben.
- M0 nicht mit 0 V Versorgungsspannung verbinden.
- Erdzeichen am induktiven Wegaufnehmer nicht mit 0 V Versorgungsspannung verbinden
- Abstand von Funkgeräten sollte mindestens 1 Meter betragen.
- Schalten von Sollwerten nur mit Kontakten, geeignet für Ströme < 1 mA.
- Sollwertleitungen und Leitungen des induktiven Wegaufnehmers abschirmen. Schirmung auf einer Seite offen; kartenseitig auf 0V Versorgungsspannung legen.
- Magnetleitungen nicht in der Nähe von leistungsführenden Leitungen verlegen.

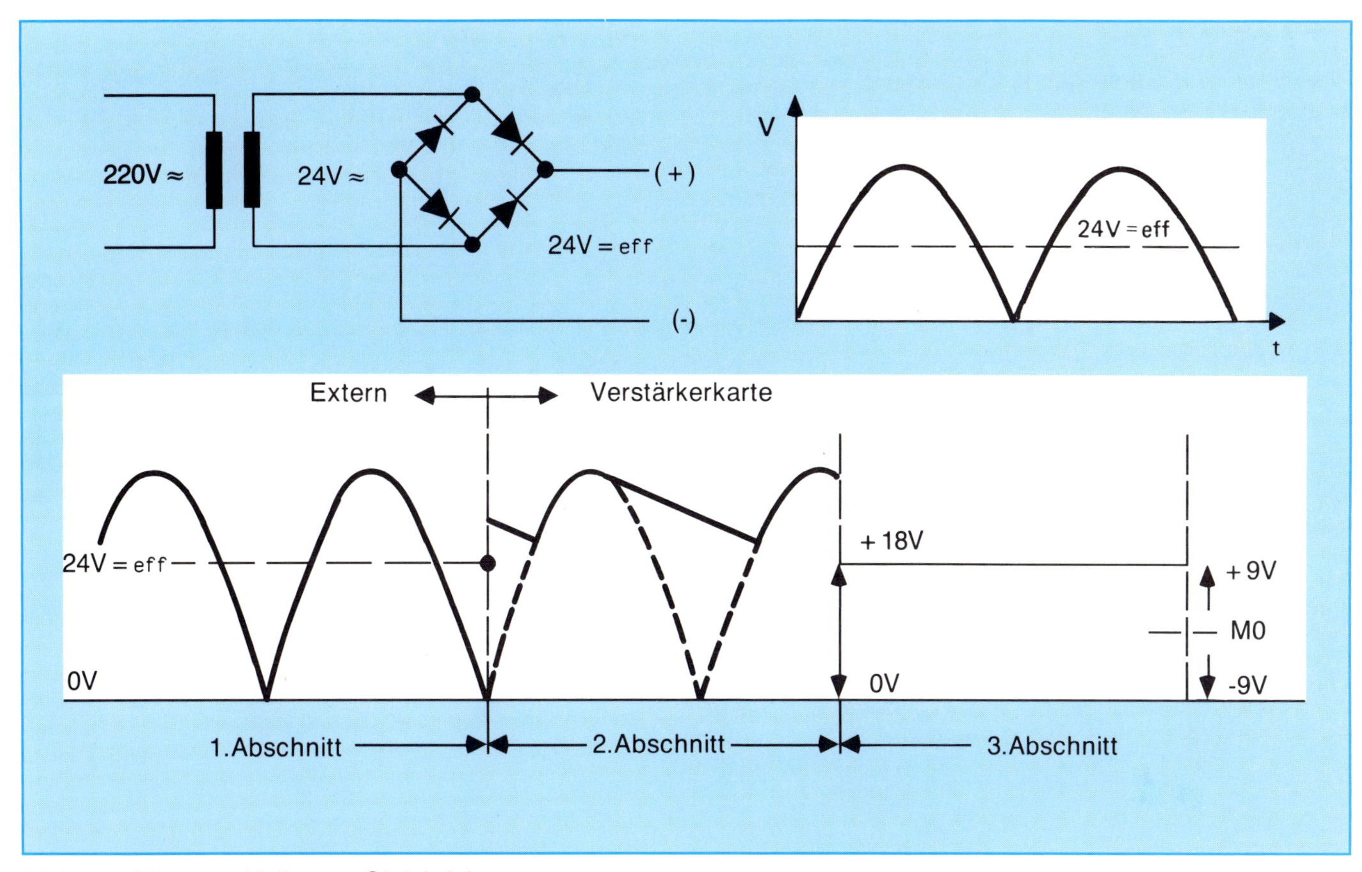

Bild 8 *1 – Phasen – Vollweg – Gleichrichtung*

Kabelbrucherkennung

Die Kabelbrucherkennung überwacht die Zuleitung zum Weggeber. Im Fehlerfalle d.h. bei Bruch einer der drei Adern des Verbindungskabels für den Wegaufnehmer werden die beiden Magnete A und B stromlos. Das Ventil geht bei Kabelbruch in seine Mittellage.

Sprungfunktionsbildner

Der Sprungfunktionsbildner erzeugt bei Sollwertspannungen größer 100 mV ein konstantes Ausgangssignal. Bei Sollwertspannungen kleiner 100 mV beträgt das Ausgangssignal 0 V.

Das Ausgangssignal des Funktionsbildner bewirkt an den Magneten einen Stromsprung. Dieser Stromsprung dient zur schnellen Überwindung der positiven Überdeckung der Proportionalventile.

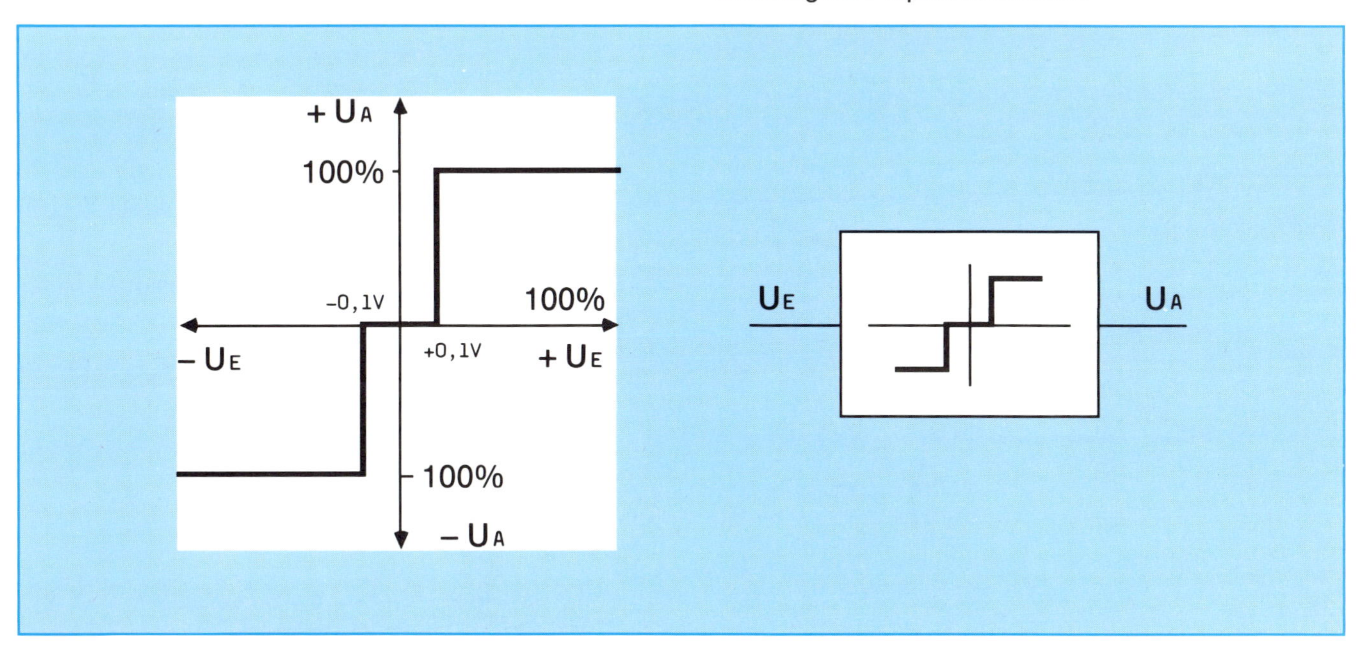

Bild 9 *Sprungfunktionsbildner*

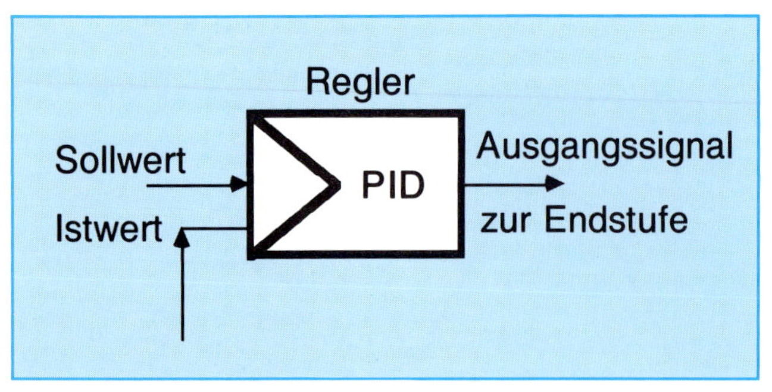

Bild 10 *PID – Regler*

Regler auf Proportional – Verstärkerkarten

Die Regler der Proportional – Verstärkerkarten sind speziell auf die Ventiltypen optimiert. Der Regler gibt in Abhängigkeit von der Differenz Sollwert – Istwert ein Ausgangssignal ab, das die getaktete Endstufe steuert.

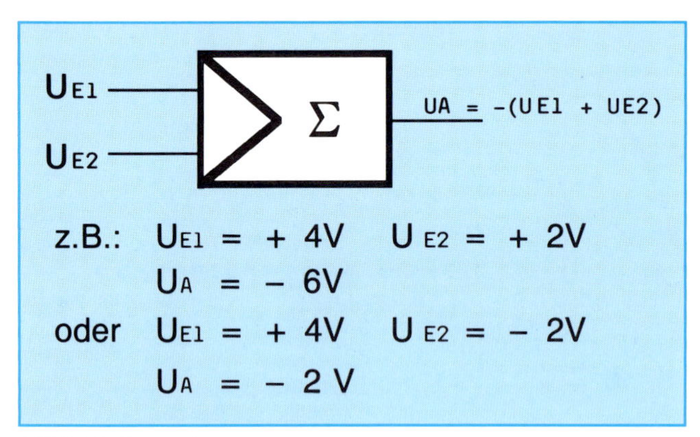

Bild 11 *Summierer*

Summierer

Die Summierer auf den Proportional – Verstärkerkarten bewirken eine Addition zweier Spannungen, wobei das Additionssignal invertiert wird.

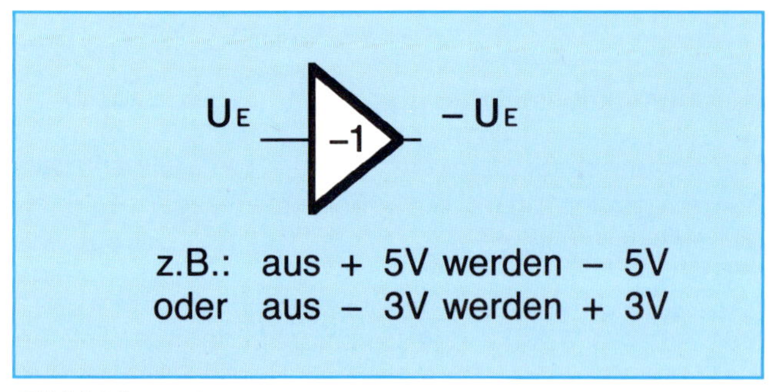

Bild 12 *Invertierer*

Invertierer

Die Invertierer auf den Proportional – Verstärkerkarten bewirken eine Polaritätsumkehr der eingegebenen Spannung.

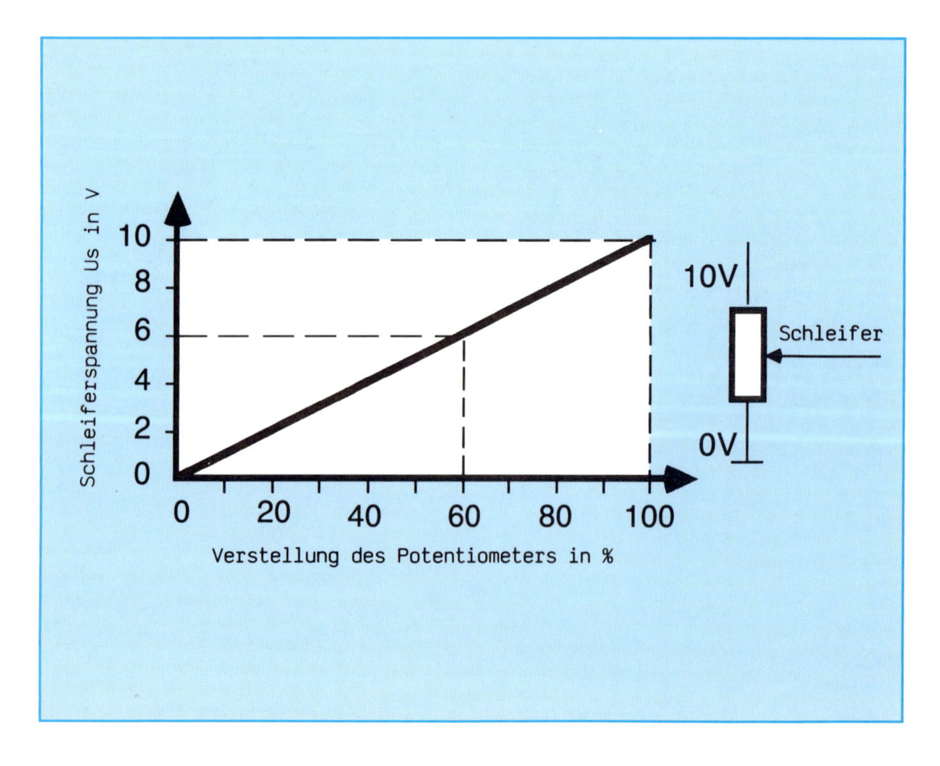

Potentiometer

Das Potentiometer ist ein ohmscher Widerstand mit einem veränderlichen Abgriff (Schleifer).

Legt man das Potentiometer an seinen Enden an 0 V und 10 V, so kann am Schleifer jeder beliebige Zwischenwert von 0 ... 10 V abgegriffen werden.

Beispiel
Bei einer Verstellung von 60% kann am Schleifer die Spannung von 6 V abgegriffen werden.

Bild 13 *Potentiometer*

Vorstrom

Der Vorstrom ist ein Magnetstrom. Sobald die Verstärkerkarte an der Versorgungsspannung anliegt und das Ventil am Verstärker angeschlossen ist, steht der Vorstrom des Magneten an. Er dient zur Aufrechterhaltung der Taktfrequenz, zur Vormagnetisierung des Magneten und bewirkt, daß der Magnet des Ventiles bei einem Sollwertabruf schnell aus seiner Grundposition startet.

Induktive Wegaufnehmer an den Ventilen

Der induktive Wegaufnehmer dient zur berührungslosen Messung des Kolbenhubes.

Der induktive Wegaufnehmer besteht aus einem zylindrischen Aufnehmerkörper in dem ein Meßanker mit einem ferromagnetischen Kern eintaucht.

Der Aufnehmer besteht aus zwei Spulen, die zu einer induktiven Halbbrücke zusammengeschaltet sind.

Der induktive Wegaufnehmer wird mit einer Trägerfrequenz von 2,5 kHz gespeist. Die Amplitude dieser Trägerfrequenz ist am Ausgang je nach Stellung des Meßankers unterschiedlich. Durch verschieben des Meßankers verändert sich die Induktivität der Spulen.

$$Z_\omega = R + j\omega_L$$

($j\omega_L$ = Blindwiderstand)

Mit der Induktivität verändert sich auch der Wechselstromwiderstand Z_W und dadurch die Ausgangsamplitude der Frequenz.

Ist der Meßanker in Mittelstellung, so beträgt die Ausgangsamplitude U_S. Wird der Meßanker ausgelenkt so verschiebt sich die Ausgangsamplitude (Bild 15) in Richtung U_{S1} bzw. U_{S2}.

Der Demodulator wandelt die Höhe der Ausgangsamplitude in ein entsprechendes Gleichspannungssignal um.

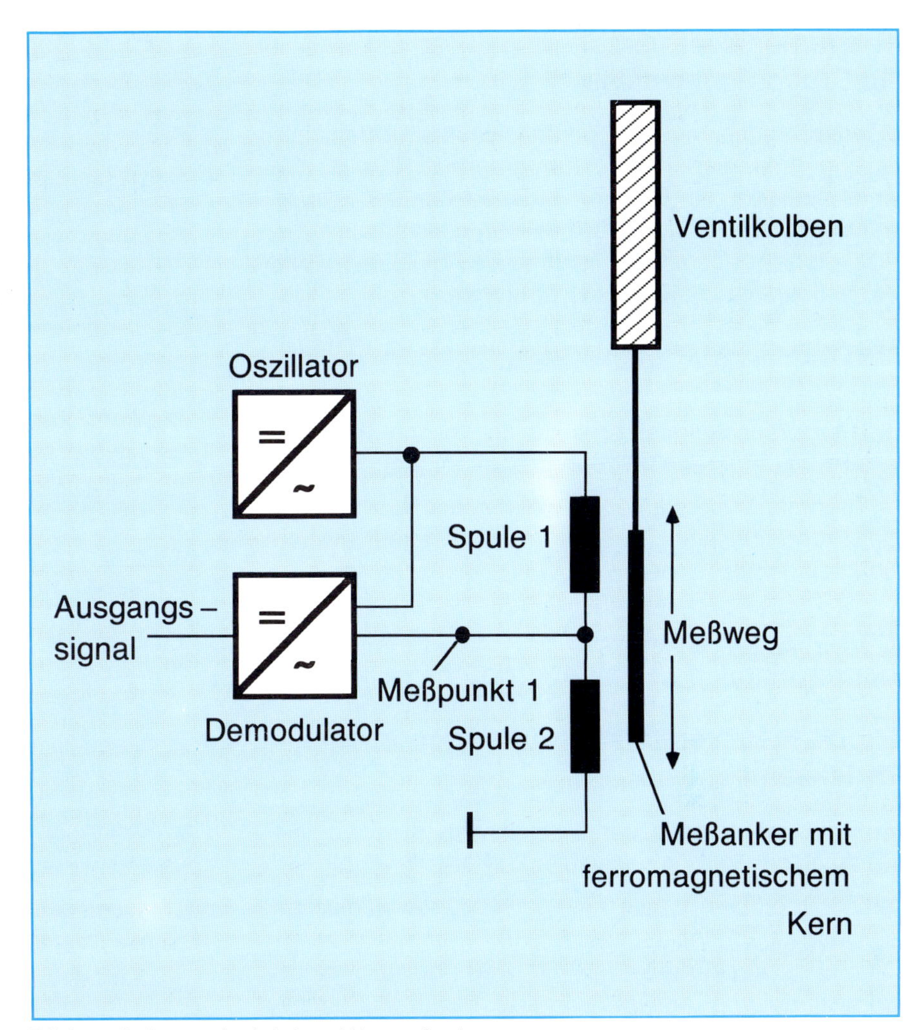

Bild 14 *Schema Induktiver Wegaufnehmer*

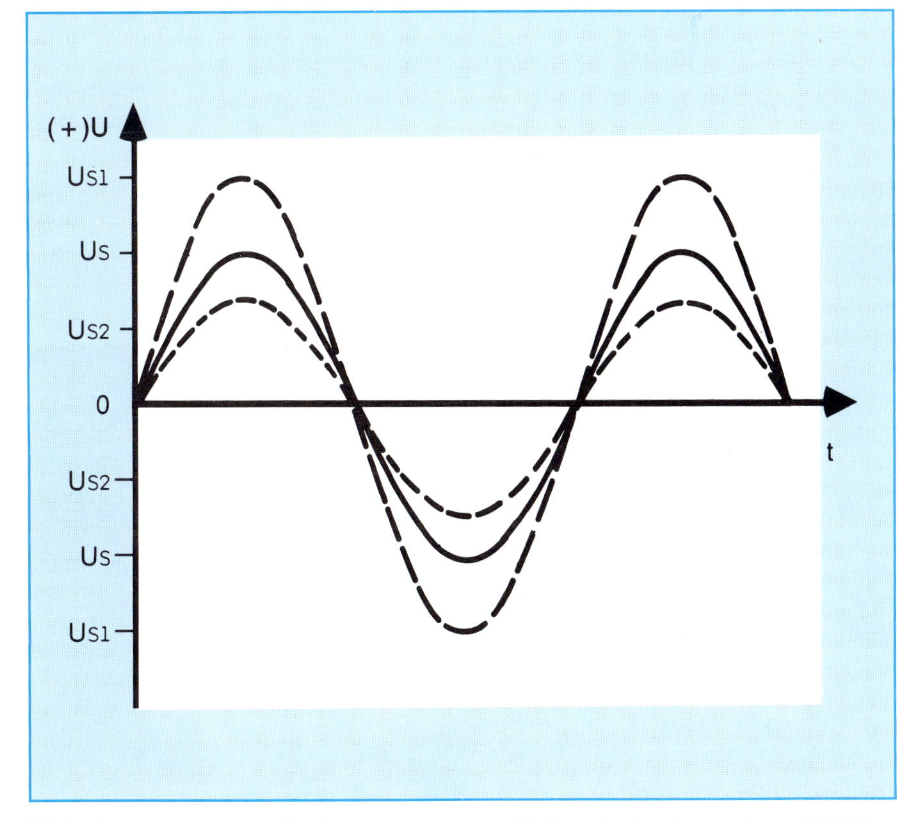

Bild 15 *Ausgangsamplitude gemessen am Meßpunkt 1 entsprechend Bild 14*

Proportionalverstärker für Proportionalventile

Für die verschiedenen Proportionalventile wurden elektrische Verstärkerkarten im Europaformat 100x160 mm entwickelt und standardisiert. Einer bestimmten Proportionalgeräteart ist auch eine bestimmte elektrische Verstärkerkarte zugeordnet, um optimale Abstimmung und damit optimale Ergebnisse zu erreichen.

Die Proportionalverstärker werden hier in zwei Gruppierungen aufgeteilt:

- Proportionalverstärker ohne elektrische Rückführung (für kraftgeregelte Proportionalmagnete)
- Proportionalverstärker mit elektrischer Rückführung des Proportionalventilkolbens (für hubgeregelte Proportionalmagnete).

Proportionalverstärker ohne elektrische Rückführung

Proportionalverstärker für Proportional-Druckventile

Anhand des dargestellten Blockschaltbildes wird die Funktion des Proportionalverstärkers beschrieben.

An den Klemmen 24ac (+) und 18ac (0V) wird die Versorgungsspanunng angelegt.
Auf der Verstärkerkarte (1) wird diese Versorgungsspannung geglättet und aus dieser eine stabilisierte Spannung von ±9 V gebildet.

Die stabilisierte Spannung von ±9 V dient:

a) Für die Versorgung der externen bzw. internen Potentiometer.
+ 9 V werden an 10 ac
– 9 V werden an 16 ac abgegriffen

b) Für die Versorgung der internen Operationsverstärker.

Auf der Verstärkerkarte sitzt ein Potentiometer R2 zur Sollwerteinstellung. Um eine Sollwertspannung an R2 einzustellen muß auf dem Sollwerteingang 12ac die stabilisierte Spannung von +9 V aufgelegt werden.
Die am Potentiometer R2 abgegriffene Sollwertspannung wird dem Rampenbildner (2) zugeführt.

Der Rampenbildner (2) bildet aus einem Sprungsignal ein langsam steigendes oder fallendes Ausgangssignal. Die Steilheit des Anstieges des Ausgangssignals, d.h. die zeitliche Änderung, ist über die Potentiometer R3 (für Aufwärtsrampe) und R4 (für Abwärtsrampe) einstellbar.

Die angegebene Rampenzeit von maximal 5 sec. kann nur über den vollen Spannungsbereich (von 0 V bis + 6 V, gemessen an den Sollwert-Meßbuchsen) erreicht werden. Eine Sollwertspannung von + 9 V am Eingang ergibt eine Spannung von + 6 V an den Sollwert-Meßbuchsen.

Das Ausgangssignal des Rampenbildners wird der getakteten Endstufe (3) zugeführt, ebenso das Spannungssignal des Potentiometer R1.
Am Potentiometer R1 kann der Vorstrom für den Proportionalmagneten eingestellt werden.

Die Endstufe (3) steuert den Proportionalmagneten mit maximal 800 mA an. Der Strom durch den Proportionalmagneten kann an der Meßbuche X2 als Gleichspannung gemessen werden (1V = 1A).

Meßpunkte am Proportionalverstärker

Achtung
Gemessen wird in Stellung Gleichspannung.

1) Messen der Versorgungsspannung von + 24V an den Klemmen 24ac gegen 18ac

2) Messen der stabilisierten Spannung ±9V
+ 9 V an 10ac gegen 14ac
– 9 V an 16ac gegen 14ac

3) Messen der Sollwertspannung von 0 bis + 6 V an der Sollwertmeßbuchse X1

4) Messen des Magnetstromes von 0 bis 800 mA an der Buchse X2 (1V = 1 A)

Ansteuerbeispiel

Folgende Anschlußbelegung bleibt konstant:
- Ventilanschluß an 22ac und 20ac
- Versorgungsspannung 24V an 24ac (+) und 18ac (–)

Funktion
- Fernverstellung über Potentiometer mit Abruf über Relais
- Fernverstellung über Differenzeingang
- Extern Rampe Auf und Ab ausschalten

Bild 16 *Proportionalverstärker Typ VT 2000 S 40*

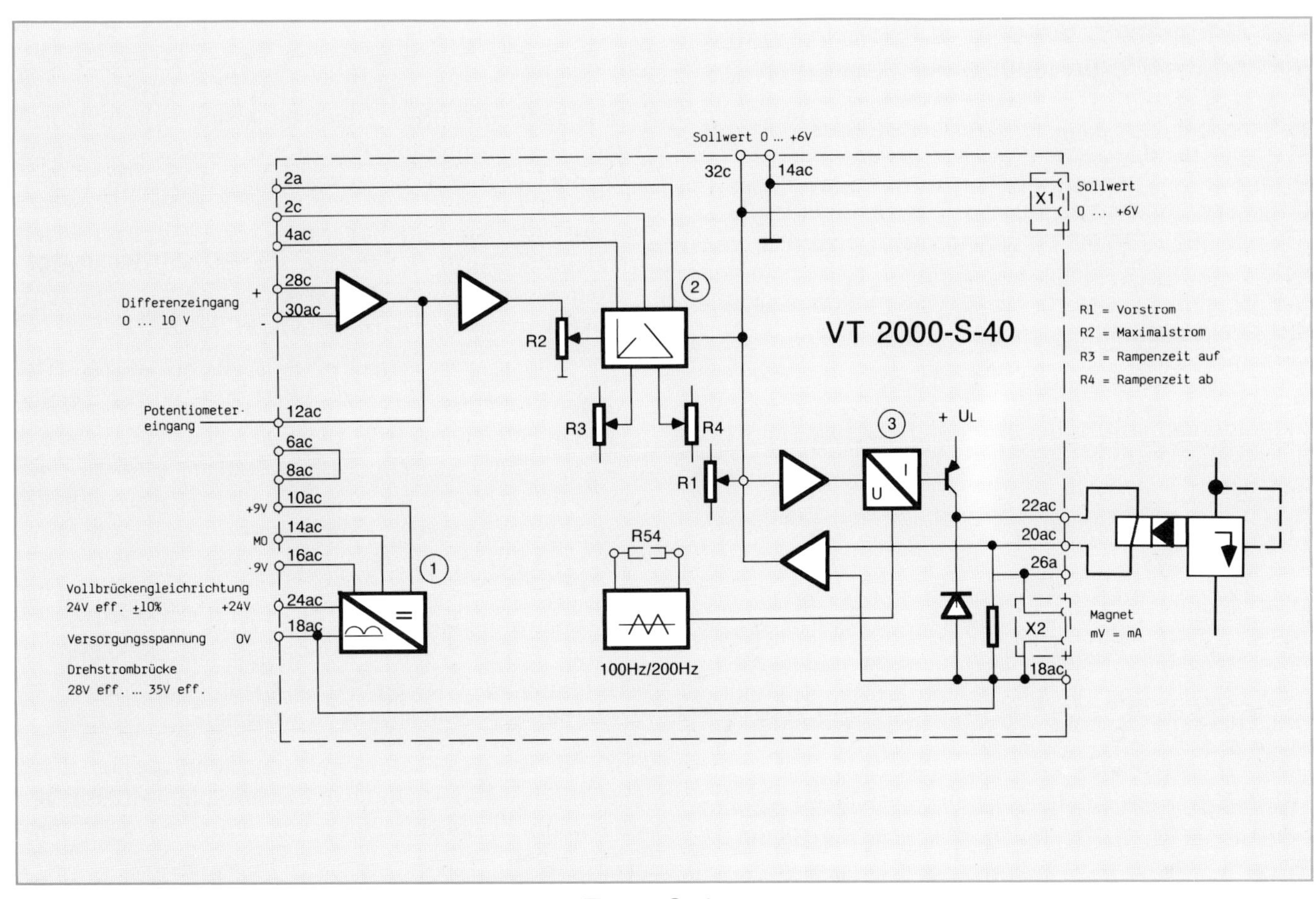

Bild 17 *Anschlußbelegung Proportionalverstärker VT 2000 S 40*

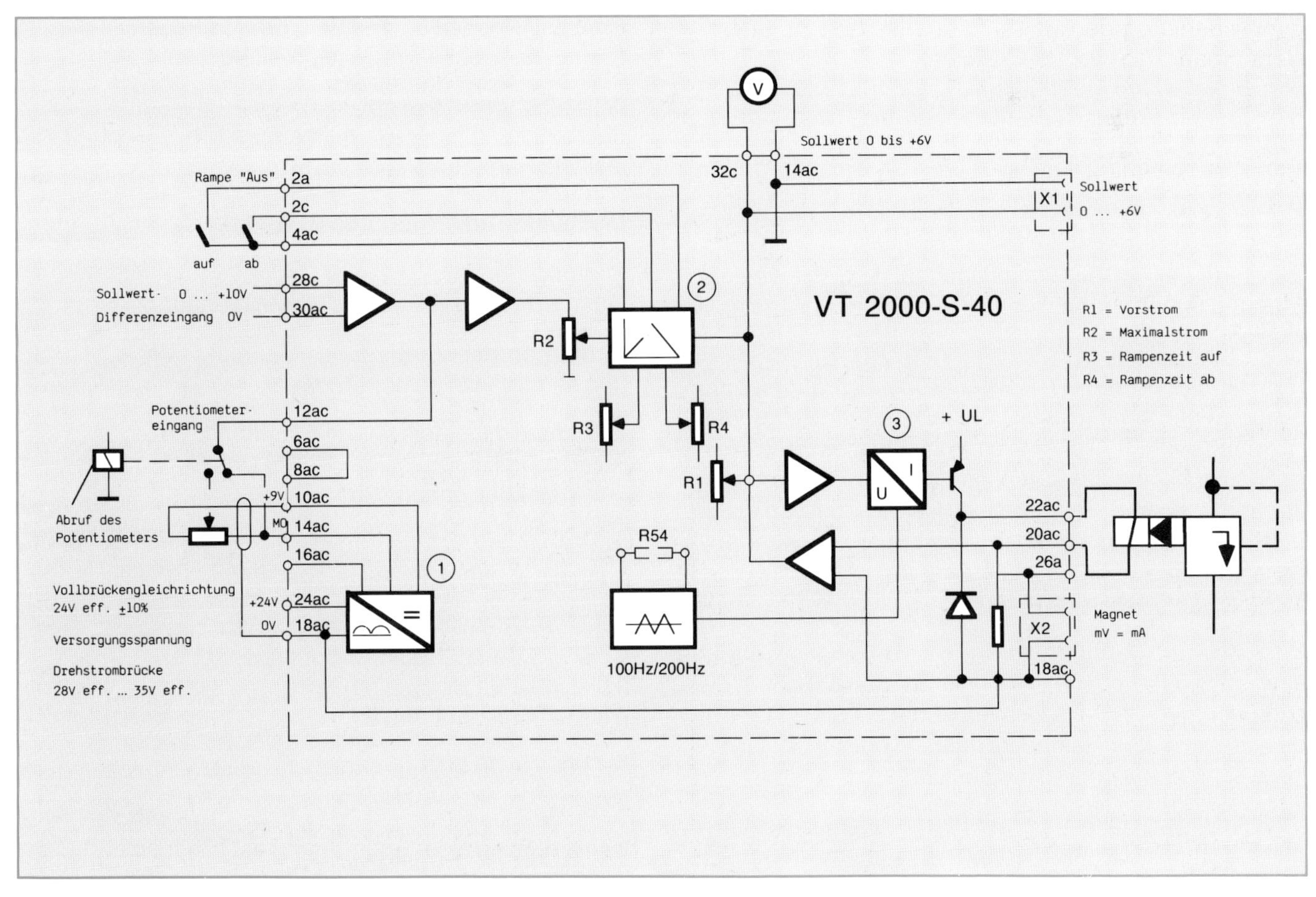

Bild 18 *Ansteuerbeispiel mit Proportionalverstärker Typ VT 2000 S 40*

Proportionalverstärker für vorgesteuerte Proportional – Wegeventile ohne Rückführung

Anhand des dargestellten Blockschaltbildes wird die Funktion des Proportionalverstärkers beschrieben.

Der Proportionalverstärker wird über die Klemmen 32ac (+) und 26ac (0V) mit Spannung versorgt. Auf der Verstärkerkarte (7) erfolgt die Glättung dieser Versorgungsspannung und gleichzeitig wird aus dieser eine stabilisierte Spannung von ± 9 V gebildet.

Die stabilisierte Spannung ± 9 V dient

a) für die Versorgung der externen Potentiometer bzw. der internen Potentiometer abgreifbar an 20 c (+ 9 V) und an 26ac (– 9 V).
b) für die Versorgung der internen Operationsverstärker.

Auf der Verstärkerkarte sitzen 4 Potentiometer zur Sollwerteinstellung R1 bis R4 (8). Um eine Sollwertspannung einzustellen müssen die 4 Sollwerteingänge Klemmen 12a, 8a, 10a, 10c mit der stabilisierten Spannung + 9 V Klemme 20c oder – 9 V Klemme 26ac verbunden werden.

Werden die Sollwerteingänge auf + 9 V gelegt, so wird der Magnet B aktiv. Der Magnet B liegt an den Klemmen 22a und 28a.

Werden die Sollwerteingänge auf – 9 V gelegt, so wird der Magnet A aktiv. Magnet A liegt an den Klemmen 30a und 24a.

Die eingestellten Sollwertspannungen R1 bis R4 werden über die Relais K1 bis K4 abgerufen.

Die Abrufspannung der Relais kann an 28c abgegriffen werden und über potentialfreie Kontakte auf die Relaiseingänge 8c, 4a, 6a, 6c gelegt werden.

Bei Abruf der Sollwertpotentiometer R1 ... R4 wird am Eingang des Rampenbildners (1) ein Spannungssignal erzeugt.

Der Rampenbildner (1) bildet aus einem sprunghaft ansteigenden Eingangssignal ein langsam ansteigendes Ausgangssignal. Die Anstiegszeit (Steilheit) des Ausgangssignals ist über das Potentiometer R8 (Rampenzeit) einstellbar. Die angegebene Rampenzeit von maximal 5 sec. kann nur über den vollen Spannungsbereich (von 0 V bis ±6 V, gemessen an den Sollwert – Meßbuchsen) erreicht werden.

Eine Sollwertspannung von ±9 V am Eingang ergibt eine Spannung von ±6 V an den Sollwert – Meßbuchsen. Wird ein kleinerer Sollwert als ±9 V auf den Eingang des Rampenbildners (1) geschaltet, verkürzt sich die maximale Rampenzeit.

Das Ausgangssignal des Rampenbildners (1) geht auf den Summierer (3) und den Sprungfunktionsbildner (2). Der Sprungfunktionsbildner (2) erzeugt an seinem Ausgang eine Sprungfunktion, die im Summierer (3) auf das Ausgangssignal des Rampenbildners (1) aufaddiert wird. Die Sprungfunktion wird zum schnellen Durchfahren der Nullüberdeckung des Ventiles benötigt.

Dieser Sprung wird bei kleinen Sollwertspannungen (kleiner 100 mV) an wirksam. Steigt die Sollwertspannung auf einen höheren Wert an, gibt der Sprungfunktionsbildner (2) ein konstantes Signal ab.

Das Ausgangssignal des Summierers (3) wirkt auf die beiden Endstufen mit Stromregler (4), Taktgeber (5) und Leistungsverstärker (6). Bei einer positiven Sollwertspannung am Eingang des Verstärkers wird die Endstufe für Magnet B mit negativer Sollwertspannung die Endstufe für Magnet A angesteuert.

Folgendes ist noch zu ergänzen:

a) Sollwertdifferenzeingang von 0 bis ±10 V
Dieser Eingang wird benötigt um eine hochohmige Trennung zwischen der Ventilverstärkerkarte und einer externen Steuerelektronik zu erreichen.

b) Für eine Oszillationsbewegung kann das Relais K6 verwendet werden. Durch den Relaiskontakt K6 wird am Ausgang 2a die Spannung von –9 V auf +9 V umgeschaltet.

Wenn der Ausgang 2a mit einem der Sollwerteingänge verbunden wird, kann durch Abruf des dazugehörigen Relais und des Relais K6 (Kontakt 4c) ein Richtungswechsel vorgenommen werden.

c) Durch Abruf des Relais d5 wird der Rampenbildner überbrückt, d.h. er ist außer Funktion. Damit ist die kleinste Rampenzeit von ca. 50 ms wirksam.

Meßpunkte am Proportionalverstärker:

Achtung
Gemessen wird in Stellung Gleichspannung.

1) Messen der Versorgungsspannung von +24 V an den Klemmen 32ac gegen 26ac

2) Messen der stabilisierten Spannung ±9 V
+ 9 V an 20c gegen 20a
– 9 V an 26ac gegen 20a

3) Messen der Relaisabrufspannung (geglättete Versorgungsspannung) an 28a gegen 26ac

4) Messen der Sollwertspannung von
0 bis ±6 V an der Sollwertbuchse BU1
0 bis +6 V für Magnet A
0 bis –6 V für Magnet B

5) Messen der Magnetströme an den Meßbuchsen BU 3 (Magnet A und an BU 2 (Magnetstrom B)

Gemessen wird der Spannungsabfall über einen 1 Ohm Widerstand, d.h. eine Spannung von 1 V entspricht 1 A.

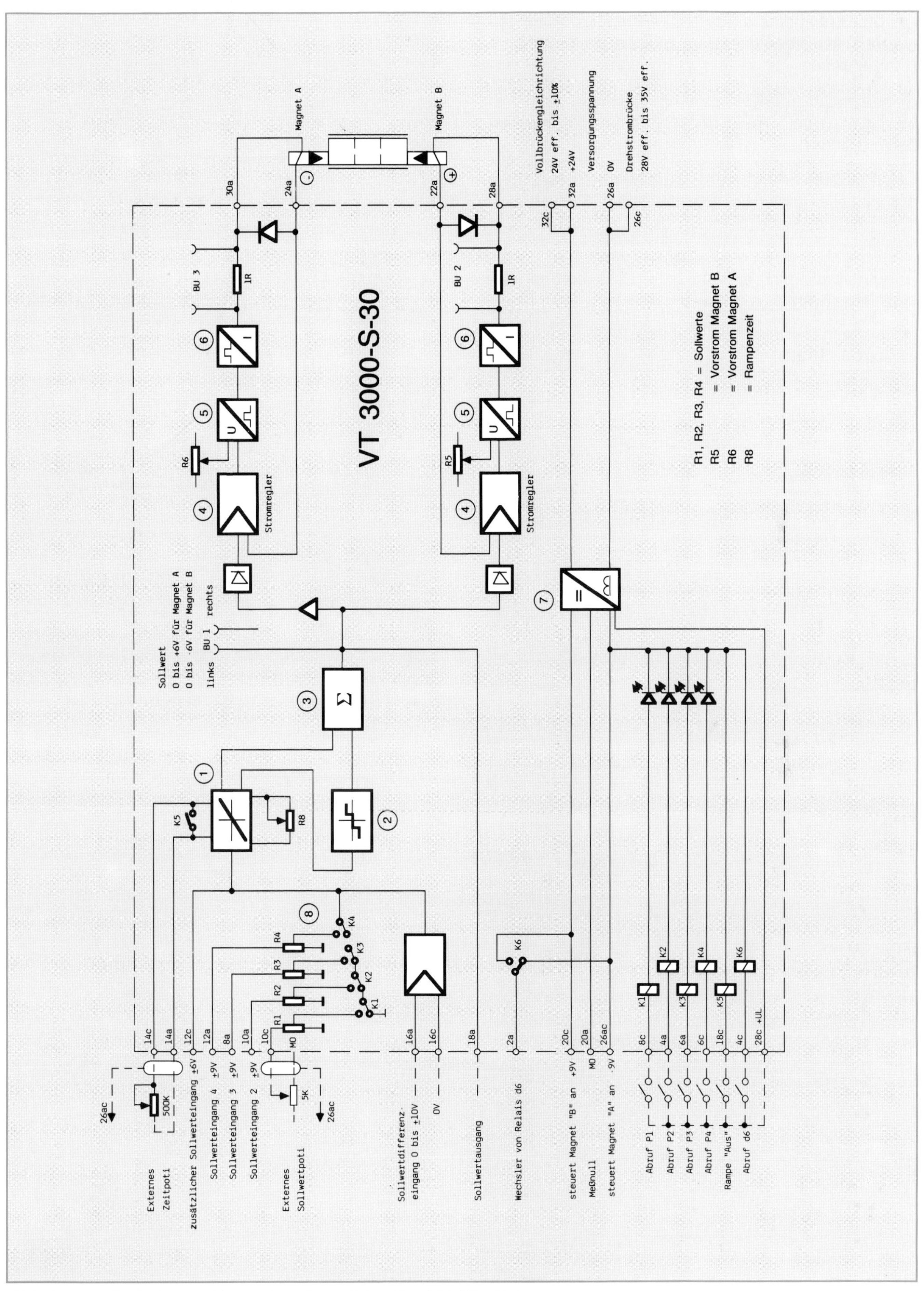

Bild 19 *Anschlußbelegung Proportionalverstärker Typ VT 3000 S 30*

Als Ergänzung zum dargestellten Proportionalverstärker dient der Proportionalverstärker mit 5 einstellbaren Rampenzeiten.

Er entspricht grundsätzlich dem Verstärker mit 1 einstellbaren Rampenzeit und hat auch dessen Einsatzmöglichkeiten.

Diese Verstärkerkarte wurde durch eine Zusatzplatine ergänzt. Hierdurch ist es möglich, jedem Sollwertabruf eine Rampenzeit zuzuordnen, die getrennt einstellbar ist.

Sollwertabruf R1 ist der Rampenzeit t 1 zugeordnet (einstellbar an R 11)

Sollwertabruf R2 ist der Rampenzeit t 2 zugeordnet (einstellbar an R 12)

Sollwertabruf R3 ist der Rampenzeit t 3 zugeordnet (einstellbar an R 13)

Sollwertabruf R4 ist der Rampenzeit t 4 zugeordnet (einstellbar an R14)

Sind alle Sollwerte abgefallen, so ist die Rampenzeit t 5 wirksam, einstellbar an R10.

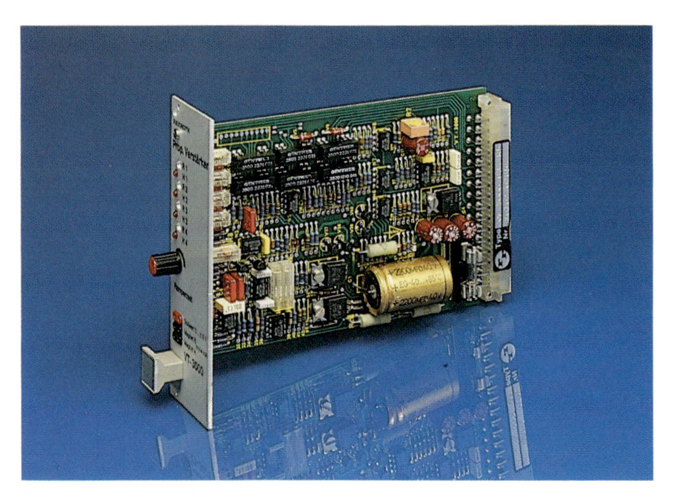

Bild 20 *Proportionalverstärker Typ VT 3000 S 30*

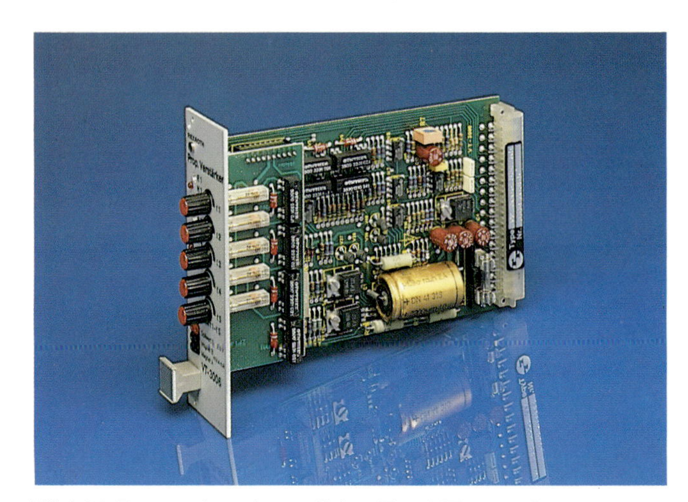

Bild 21 *Proportionalverstärker Typ VT 3006 S 30*

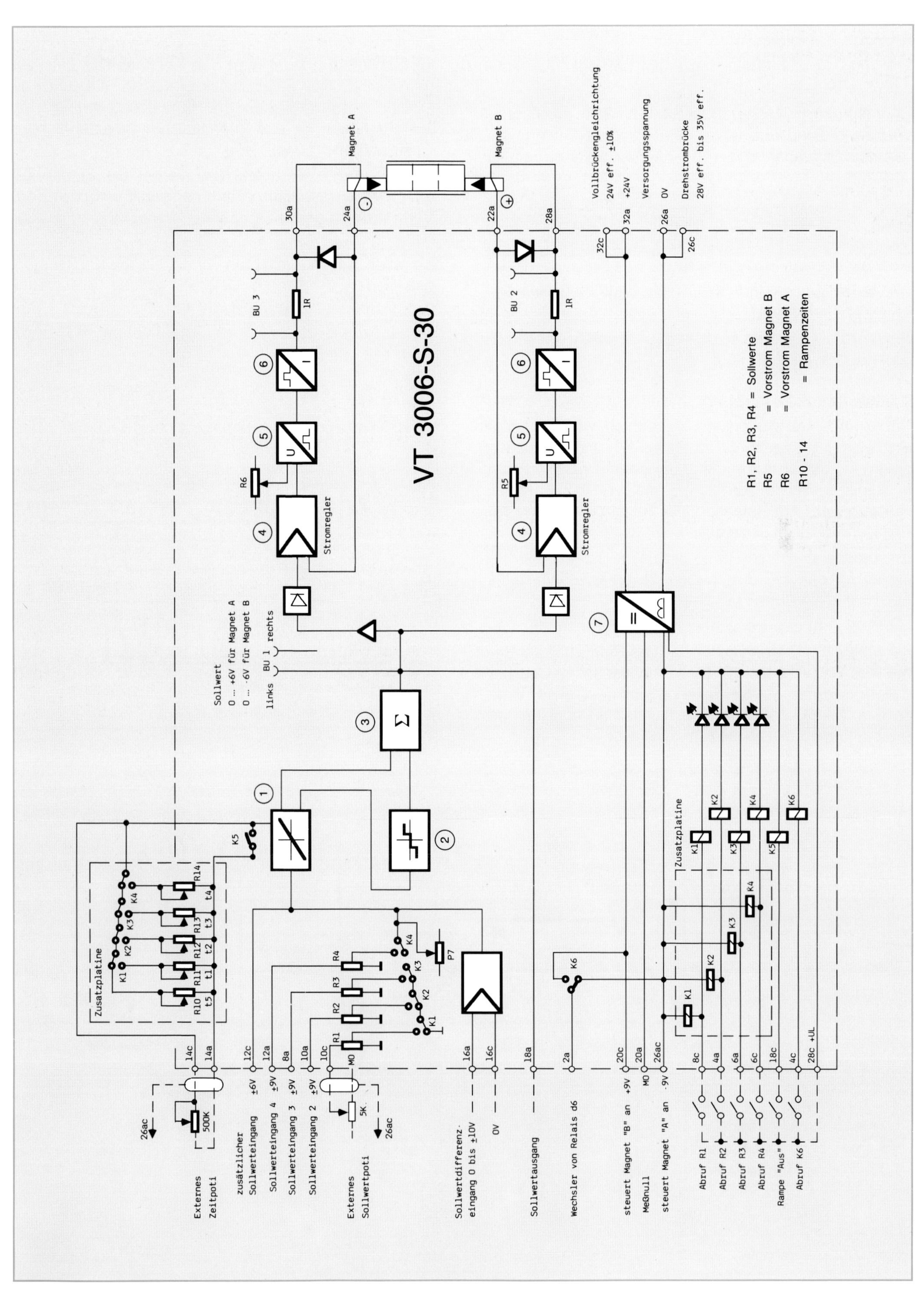

Bild 22 *Anschlußbelegung Proportionalverstärker Typ VT 3006 S 30*

Ansteuerbeispiele

Folgende Anschlußbelegung bleibt bei jeder Ansteuerung des Verstärkers gleich.

- Anschluß des Magneten an 24a und 30a des Magneten B an 28a und 22a.
- Versorgungsspannung von +24 V zwischen 32ac (+) und 26ac (0 V)

1.) Wie läßt sich ein Zylinder (oder Ölmotor) mit Hilfe eines Proportionalventils und eines Proportionalverstärkers weich anfahren, weich abbremsen und an einer bestimmten Stelle anhalten?

Der Bewegungsablauf soll nach dem Geschwindigkeits-Zeit-Diagramm (Bild 23) erfolgen.

Die Verdrahtung des Verstärkers ist nach Anschlußplan (Bild 24) auszuführen.

Schaltungsbeschreibung

Der Startbefehl für Zylinder Ausfahren wird mit dem Schließer (1) gegeben. Die Relais K1 und K2 ziehen beide an, wobei durch die Verknüpfung der Kontakte in Serie ausschließlich das Signal von R2 über K2 wirksam wird. Am Potentiometer R2 ist demzufolge die Eilgeschwindigkeit einzustellen.

Entsprechend der an R8 eingestellten Rampenzeit beschleunigt der Zylinder, bis er die an R2 eingestellte Geschwindigkeit erreicht hat.

Mit Erreichen des Endschalters (2) unterbricht der Öffner (2) die Versorgung zu K2 und das Relais fällt ab. Damit wird R1 wirksam (K1 bleibt eingeschaltet) und der Zylinder bremst ab auf Schleichgeschwindigkeit. Endschalter (3) läßt schließlich auch Relais K1 abfallen und der Zylinder bremst ab bis zum Stillstand.

Mit Schließer(4) leitet man den Rückhub des Zylinders ein, wobei die Eilgeschwindigkeit an R4 und die Schleichgeschwindigkeit an R3 einzustellen ist. Der weitere Ablauf für das Zurückfahren ist entsprechend dem Ausfahrvorgang.

Wichtig und zu Beachten ist hierbei die Signalfolge, um beim Umschalten einen ungewollten Sprung des Verbrauchers durch Signalunterschneidung zu vermeiden.

Bei allen Beschleunigungs- und Verzögerungsvorgängen liegen in diesem Beispiel gleiche Beschleunigungs- und Verzögerungswerte vor.

Diese Rampenzeit wird an Potentiometer R8 eingestellt.

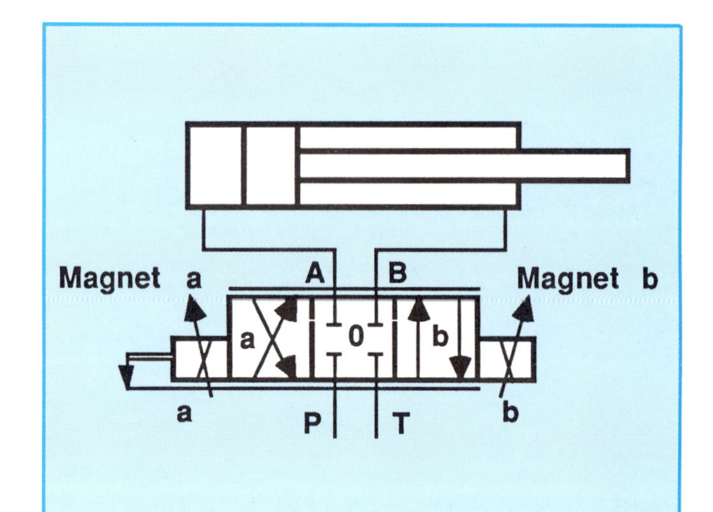

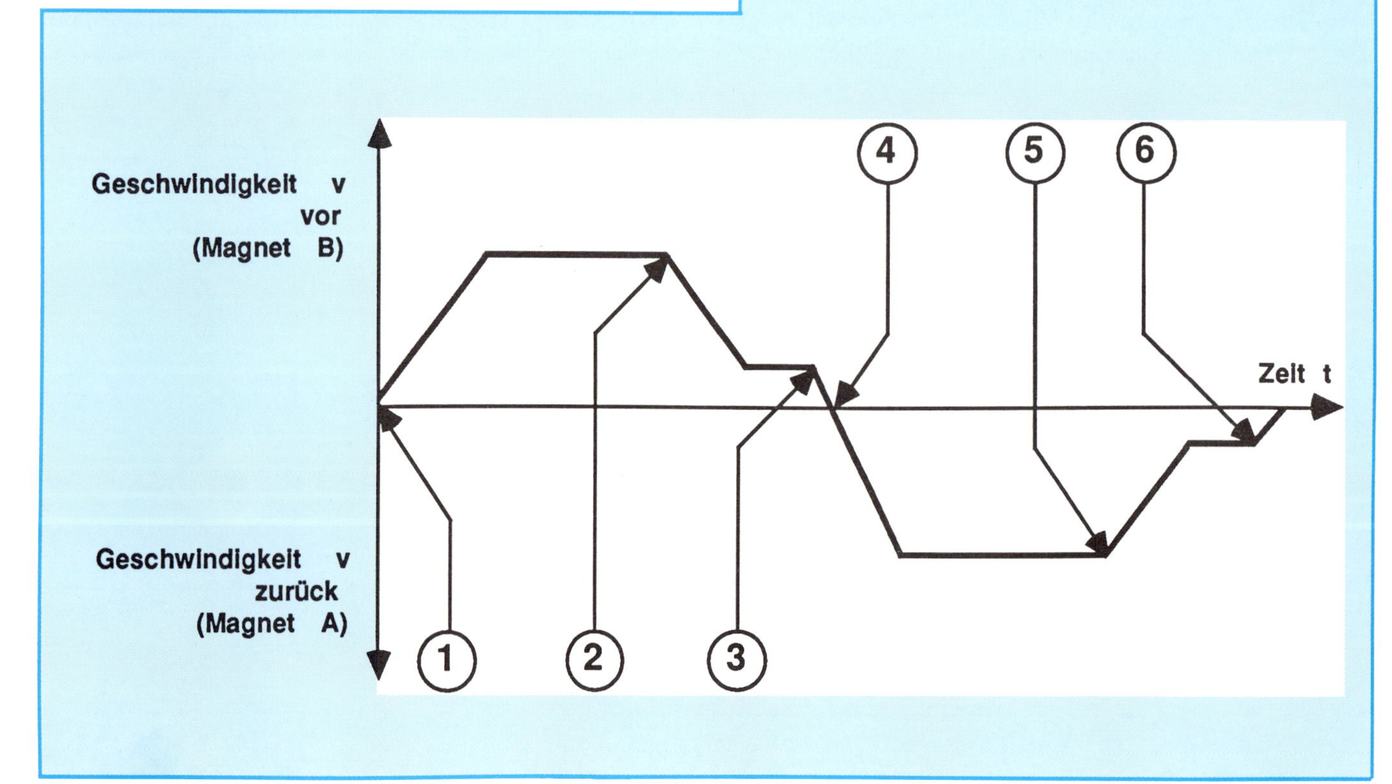

Bild 23 *Geschwindigkeits-Zeit-Diagramm*

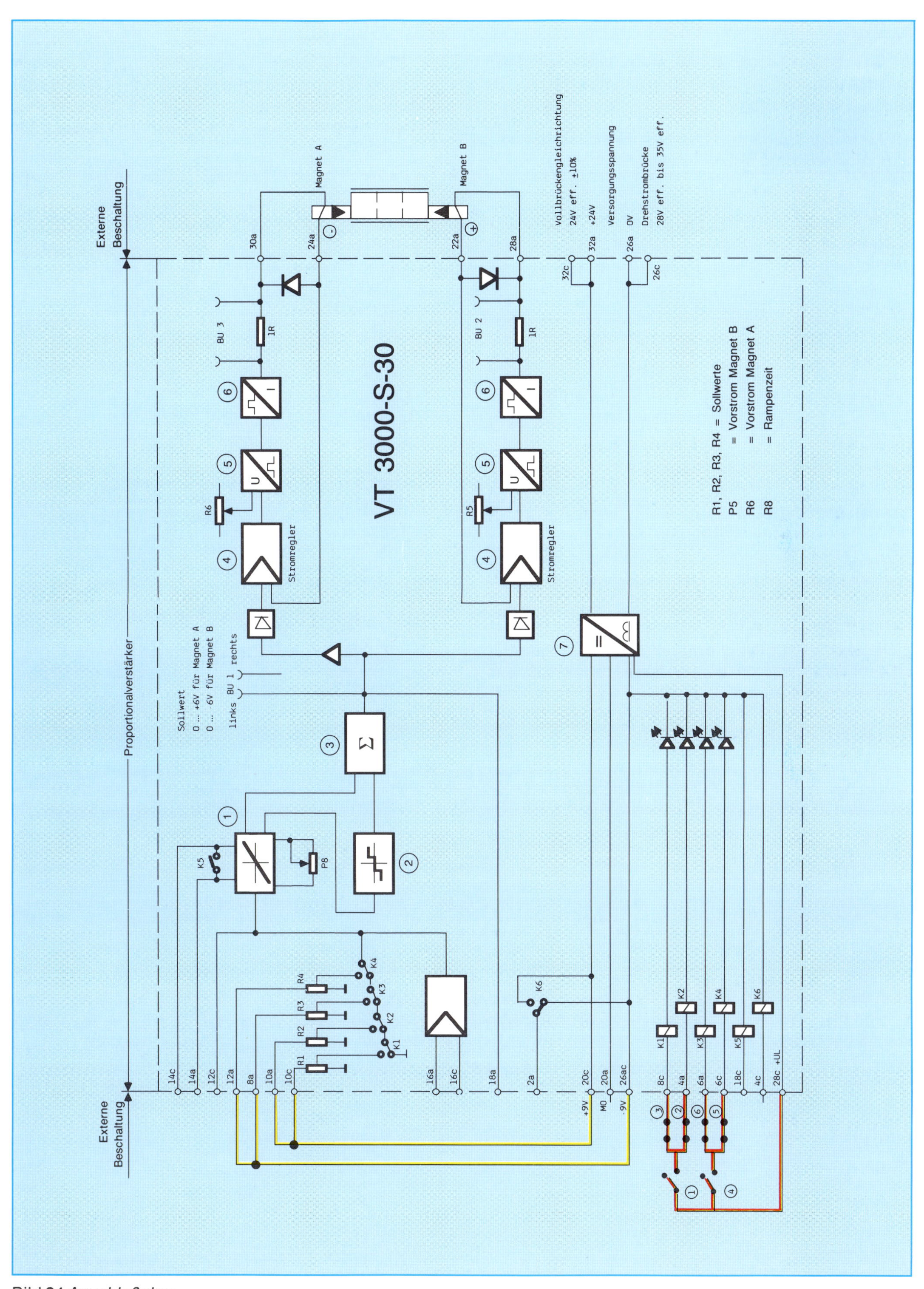

Bild 24 *Anschlußplan*

2.) Aufgabenstellung wie unter Beispiel 1 aber

– Sollwerteinstellung erfolgt über externe Potentiometer, d.h. die internen Potentiometer R1 bis R4 wirken als Begrenzung

– Abruf der Sollwerte über eine Speicherprogrammierbare Steuerung SPS

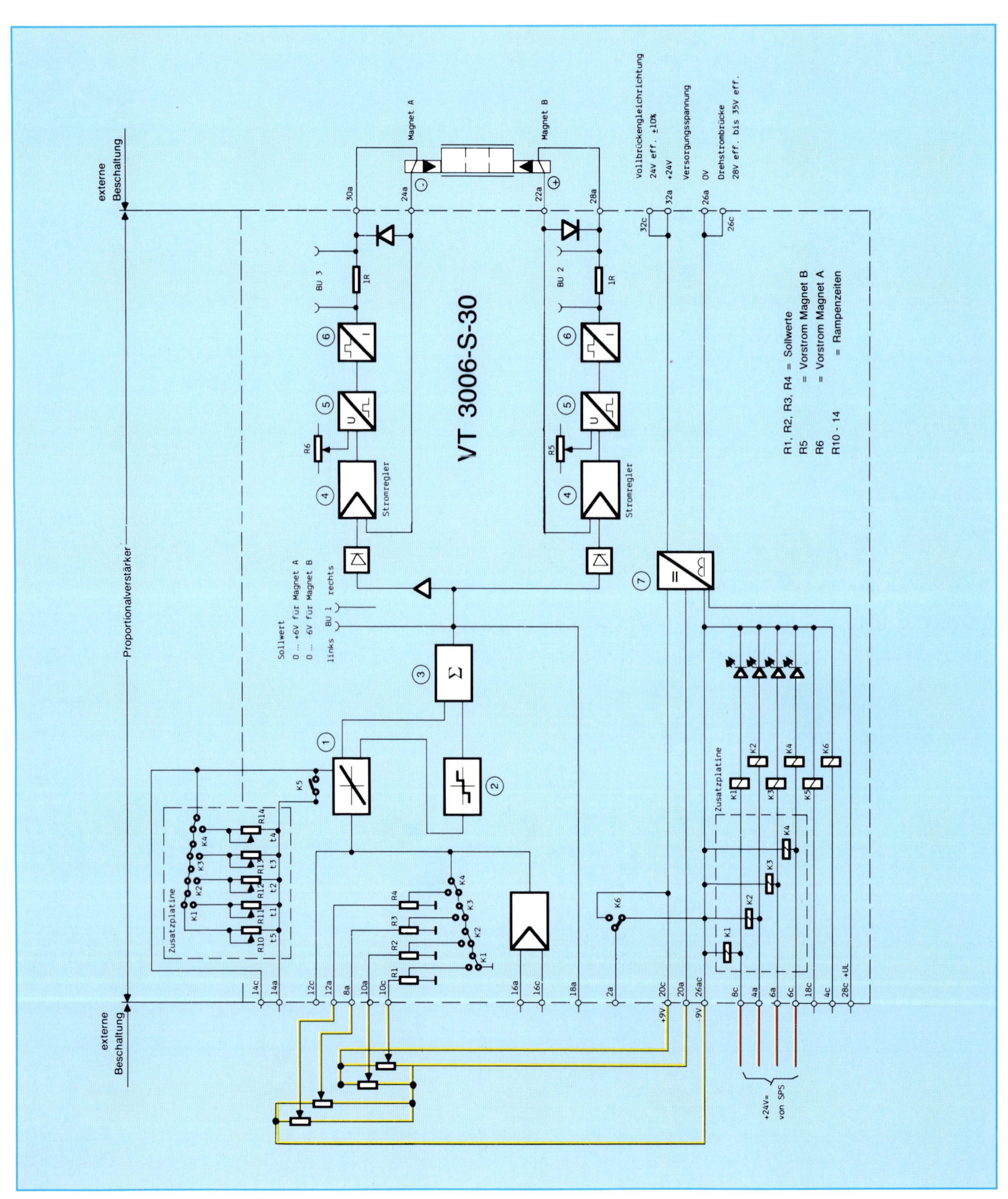

Bild 25 *Anschlußplan*

3.) Hier werden mit einem externen Potentiometer die beiden Magnete A und B angesteuert. Das Potentiometer wird an seinen beiden Enden mit der stabilisierten Spannung von ± 9 V gespeist. Der Abgriff des externen Potentiometers geht auf den Eingang 12a. Das interne Potentiometer R4 wirkt als Begrenzung des externen Potentiometers.

<u>Beispiel</u>

Bei 100 % Sollwerteingang an 12a durch das externe Potentiometer, kann durch das interne Potentiometer R4 die Wertigkeit von bis 100 % verändert werden.

Durch Abruf des Relais K4 wird der eingestellte Sollwert aufgeschaltet, d.h. Magnet A oder Magnet B werden aktiv.

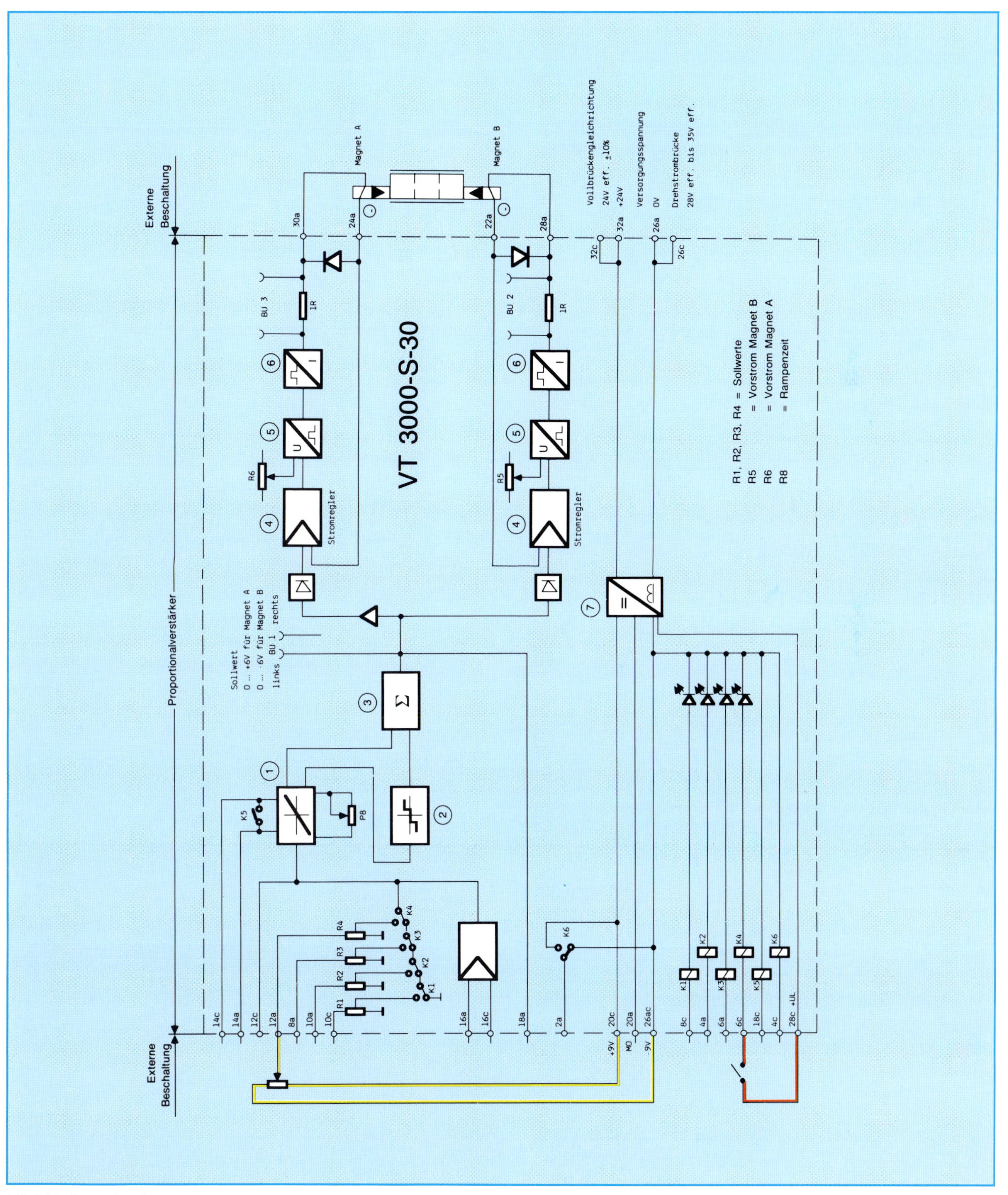

Bild 26 *Anschlußplan*

Proportionalverstärker mit elektrischer Rückführung

Proportionalverstärker für direktgesteuerte Proportional – Wegeventile mit Rückführung

Anhand des dargestellten Blockschaltbildes wird die Funktion des Proportionalverstärkers beschrieben.

Aus dem Verbrauchernetz mit 220 V/380 V wird über Transformatoren mit Gleichrichter die Versorgungsspannung der Proportionalverstärkerkarte erzeugt.

An den Klemmen 22ac (+) und 28ac (0V) wird die Versorgungsspannung angelegt. Auf der Verstärkerkarte (9) wird diese Versorgungsspannung geglättet und aus dieser eine stabilisierte Spannung von ± 9 V gebildet.

Die stabilisierte Spannung ± 9 V dient

a) für die Versorgung der externen Potentiometer bzw. der internen Potentiometer abgreifbar an 26a + 9 V und an 24a – 9 V.

b) für die Versorgung der internen Operationsverstärker

Auf der Verstärkerkarte sitzen 4 Potentiometer zur Sollwerteinstellung R1 bis R4 (13).

Um eine Sollwertspannung einzustellen müssen die 4 Sollwerteingänge Klemme 20c, 20a, 14a, 14c mit der stabilisierten Spannung + 9 V Klemme 26a oder – 9 V Klemme 24a verbunden werden.

Werden die Sollwerteingänge auf + 9 V gelegt, so wird der Magnet A aktiv. Der Magnet A liegt an den Klemmen 2a und 32a.

Werden die Sollwerteingänge auf – 9 V gelegt, so wird der Magnet B aktiv. Der Magnet B liegt auf den Klemmen 2c und 32c.

Die eingestellten Sollwertspannungen R1 ... R4 werden über die Relais (12) K1 ... K4 abgerufen. Sie liegen an den Klemmen 12c, 12a, 16a, 16c an.

Die Abrufspannung der Relais kann an 24c abgegriffen werden und über potentialfreie Kontakte auf die Relaiseingänge 12c, 12a, 16a, 16c gelegt werden.

Bei Abruf der Sollwertpotentiometer R1 bis R4 wird am Eingang des Rampenbildners (1) ein Sprungsignal erzeugt.

Der Rampenbildner (1) bildet aus einem sprunghaft ansteigenden Eingangssignal ein langsam ansteigendes Ausgangssignal. Die Anstiegszeit (Steilheit) des Ausgangssignals ist über das Potentiometer P5 (Rampenzeit) einstellbar.

Die angegebene Rampenzeit von maximal 5 sek. kann nur über den vollen Spannungsbereich (von 0 V bis ± 6 V, gemessen an den Sollwert – Meßbuchsen) erreicht werden. Eine Sollwertspannung von ± 9 V am Eingang ergibt eine Spannung von ± 6 V an den Sollwert – Meßbuchsen.

Wird ein kleinerer Sollwert als ± 9 V auf den Eingang des Rampenbildners (1) geschaltet, so verkürzt sich die Rampenzeit.

Das Ausgangssignal des Rampenbildners (1) geht auf den Summierer (3) und auf den Sprungfunktionsbildner (2). Der Sprungfunktionsbildner (2) erzeugt an seinem Ausgang eine Sprungfunktion, die im Summierer (3) auf das Aufgangssignal des Rampenbildners (1) aufaddiert wird. Die Sprungfunktion wird zum schnellen Durchfahren der Nullüberdeckung des Ventils benötigt.

Dieser Sprung wird bei kleinen Sollwertspannungen (kleiner 100 mV) unwirksam. Steigt die Sollwertspannung auf einen höheren Wert an, gibt der Sprungfunktionsbildner (2) ein konstantes Signal ab.

Das Ausgangssignal des Summierers wird als Sollwert dem PID – Regler (4) zugeführt.

Der Oszillator (6) wandelt ein Gleichspannungssignal in eine Wechselspannung (Frequenz 2,5 kHz) um. Dieses Signal wirkt auf den induktiven Weggeber (11).

Der Weggeber (11) verändert in Abhängigkeit von der Stellung des Ventilkolbens die Wechselspannung. Das Wechselspannungssignal wird vom Demodulator (7) in ein Gleichspannungssignal zurückgeführt.

Der Anpaßverstärker (8) verstärkt die Gleichspannung auf eine maximale Spannung von ± 6 V (max. Kolbenhub). Das Ausgangssignal des Anpaßverstärkers (8) wird als Istwert dem PID – Regler (4) zugeführt.

Der PID – Regler (4) ist speziell auf den Ventiltyp optimiert. Er gibt in Abhängigkeit von dem Unterschied zwischen Soll – und Istwert ein Signal ab. Dieses Ausgangssignal steuert die Endstufe (5) des Vertärkers.

Die Kabelbrucherkennung (10) überwacht die Zuleitung zum Weggeber (11) und schaltet im Fehlerfall beide Magnete (A und B) stromlos.

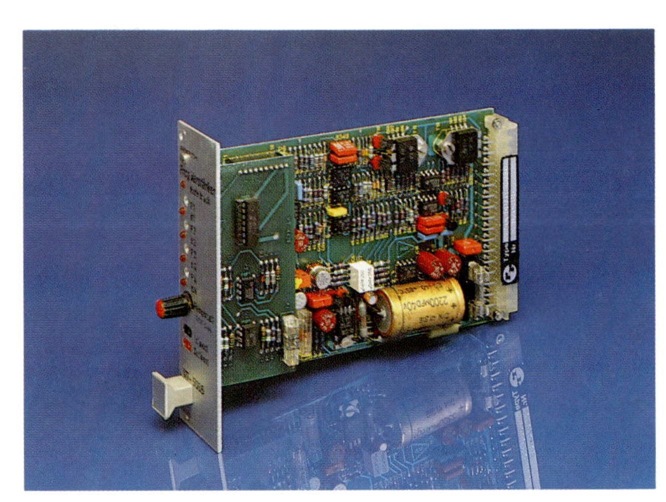

Bild 27 *Proportionalverstärker Typ VT 5005 S 10*

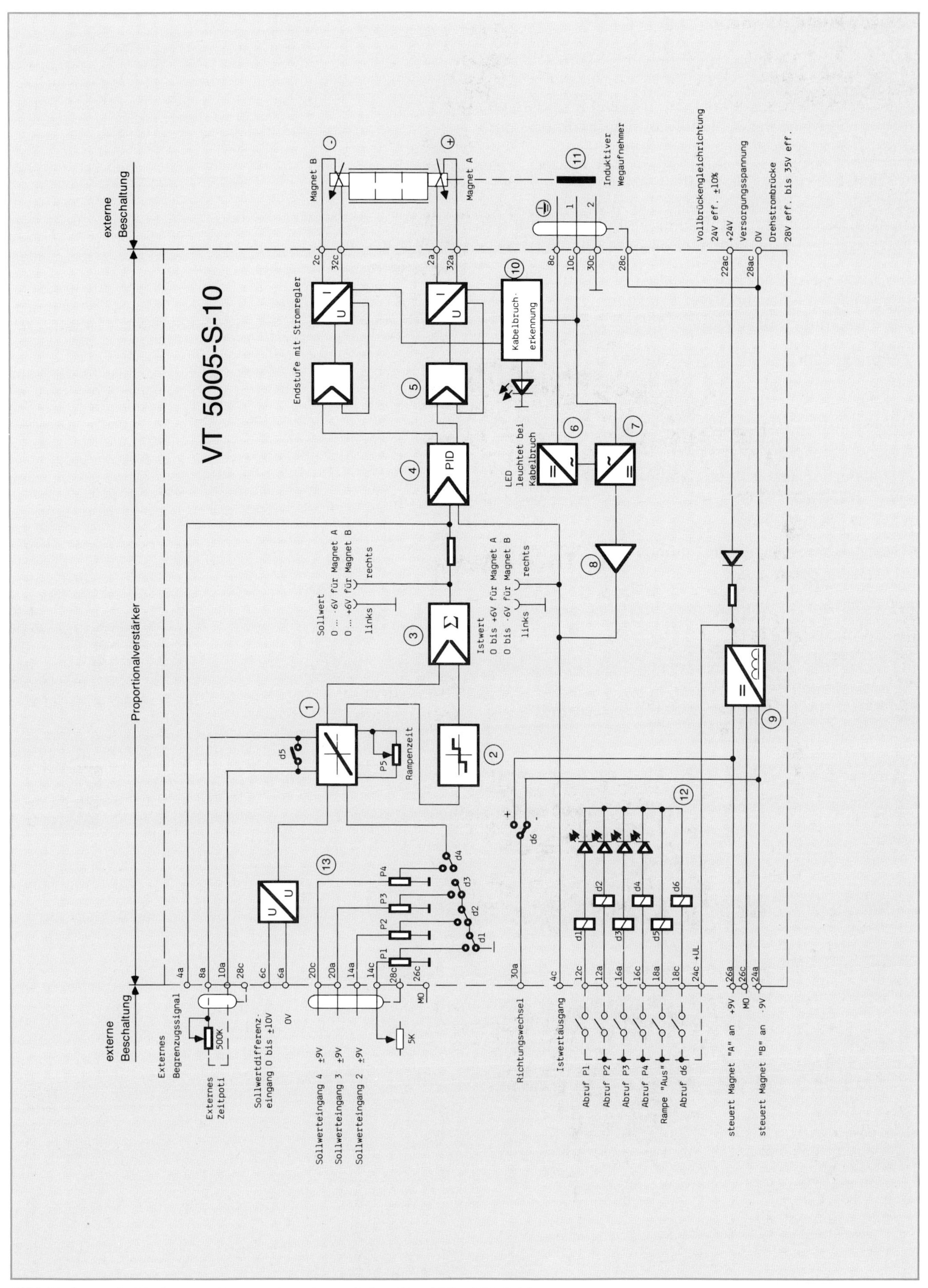

Bild 28 *Anschlußbelegung Proportionalverstärker Typ VT 5005 S 10*

Folgendes ist noch zu ergänzen

a) Sollwertdifferenzeingang von 0 bis ±10 V an 6c und 6a.
Diesen Eingang verwendet man um eine hochohmige Trennung zwischen der Ventilverstärkerkarte und der externen Steuerelektronik zu erreichen.

b) Durch Abruf des Relais d6 schaltet man den Ausgang 30a von −9 V auf +9 V um.
Damit erreicht man bei Anschluß der Potentiometer an 30a eine Polaritätsumkehr der Sollwerte.

c) Durch Abruf des Relais d5 wird der Rampenbildner überbrückt, d.h. er ist außer Funktion. Damit ist die kleinste Rampenzeit von 50 ms wirksam.

Meßpunkte am Proportionalverstärker

Achtung

1) Messen der Versorgungsspannung
+24 V an den Klemmen 22ac gegen 28ac

2) Messen der stabilisierten Spannung ± 9 V
+9 V an 26a gegen 26c
−9 V an 24a gegen 26c

3) Messen der Relaiabrufspannung
+UL an 24c gegen 28ac

4) Messen der Sollwertspannung von 0 bis ±6 V an der Sollwertmeßbuchse

5) Messen der Istwertspannung von 0 bis ±6 V an der Istwertmeßbuchse
Der Betrag des Istwertes entspricht dem Kolbenhub.

Notizen

Notizen

Kapitel E

Kriterien für die Auslegung der Steuerung mit Proportionalventilen

Roland Ewald

Vorwort

Für die Berechnung zur Auslegung einer Hydrauliksteuerung sollten eindeutige Begriffe festgelegt werden. Dazu gehört auch die klare Festlegung von Kraftrichtungen, Geschwindigkeiten, Kurzzeichen etc. Dies erleichtert die Berechnung durch Computerprogramme und dient dem besseren Verständnis untereinander.

Nachstehend Begriffsfestlegungen für Zylinder– und Motorenberechnung.

Zylinderantriebe

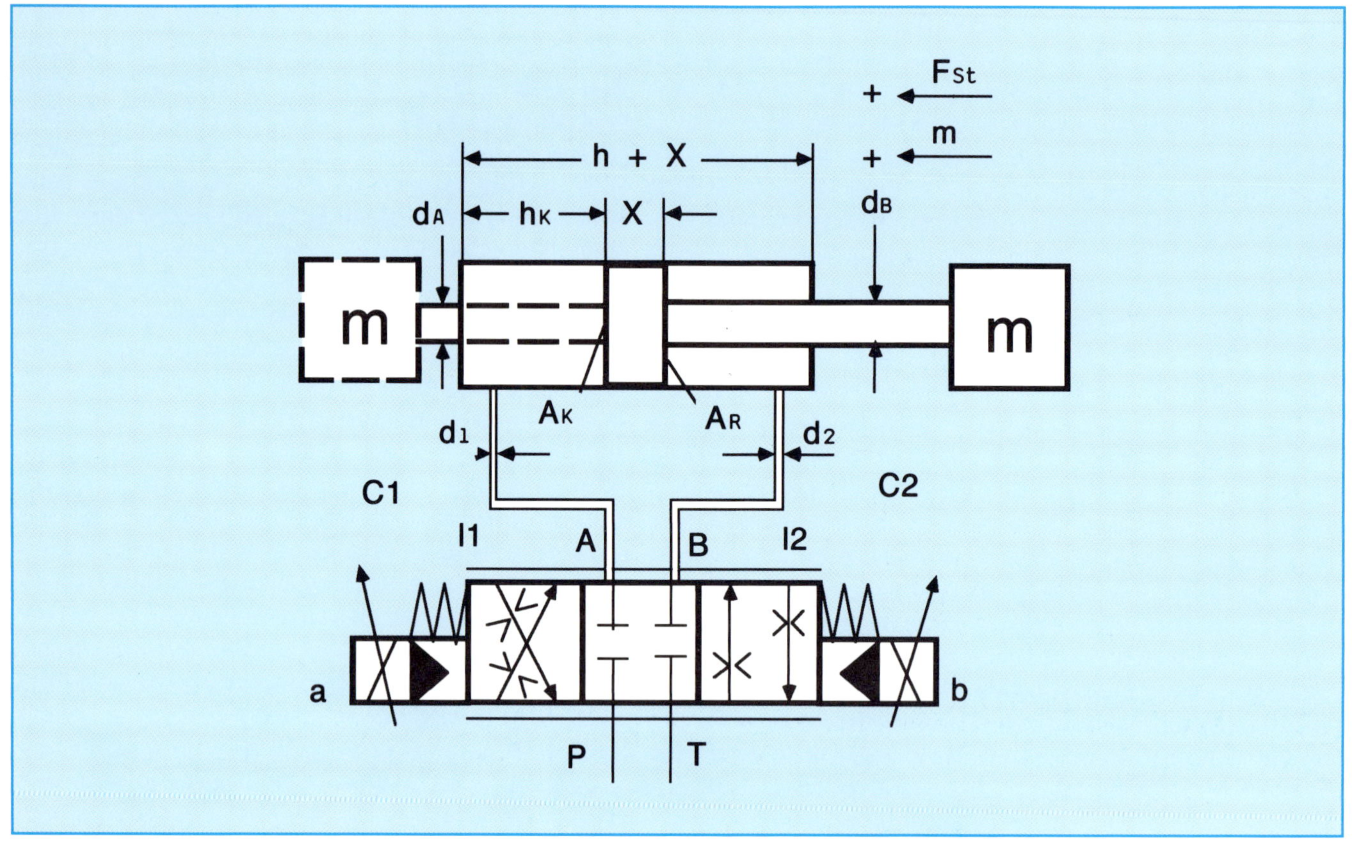

Bild 1

Verwendete Formelzeichen und Dimensionen

D_K	=	Kolbendurchmesser	[mm]
d_A	=	Stangendurchmesser 1 auf Seite A	[mm]
d_B	=	Stangendurchmesser 2 auf Seite B	[mm]
d_1	=	Rohrdurchmesser auf Seite A	[mm]
d_2	=	Rohrdurchmesser auf Seite B	[mm]
h	=	Zylinderhub	[mm]
s	=	Fahrweg	[mm]
h_K	=	Kolbenstellung mit niedrigster Eigenfrequenz	[mm]
A_K	=	Kolbenfläche auf Seite A oder B	[cm²]
A_R	=	Ringfläche auf Seite A oder B	[cm²]
A_A	=	Ringfläche auf Seite A	[cm²]
A_B	=	Ringfläche auf Seite B	[cm²]
K_A	=	Flächenverhältnis A_K/A_A	
K_B	=	Flächenverhältnis A_K/A_B	
A_W	=	Wirkfläche	[cm²]
V_A	=	Zylindervolumen bei Kolbenstellung mit minimaler Eigenfrequenz für Ringfläche A_A Seite A	[cm³]
V_B	=	Zylindervolumen bei Kolbenstellung mit minimaler Eigenfrequenz für Ringfläche A_B Seite B	[cm³]
l_1	=	Rohrleitungslänge Seite A	[mm]
l_2	=	Rohrleitungslänge Seite B	[mm]
V_{L1}	=	Rohrleitungsvolumen Seite A	[cm³]
V_{L2}	=	Rohrleitungsvolumen Seite B	[cm³]
V_3	=	Gesamtvolumen Seite A	[cm³]
V_4	=	Gesamtvolumen Seite B	[cm³]
v	=	Zylinder – Geschwindigkeit	[m/s]
v_A	=	Ölgeschwindigkeit in Rohrleitung Seite A	[m/s]
v_B	=	Ölgeschwindigkeit in Rohrleitung Seite B	[m/s]
m	=	bewegte Masse am Zylinder	[kg]
a	=	Beschleunigung	[m/s²]
F_{St}	=	statische Last (aus dem Anteil der Masse)	[N]
F_k	=	statische Kraft (Bearbeitungs – oder Preßkraft)	[N]
F_r	=	Reibungskraft	[N]
F_a	=	Beschleunigungskraft	[N]
F_G	=	Gesamtkraft	[N]
p_p	=	Pumpendruck	[daN/cm²]
Δp_v	=	Druckverluste in Rohrleitung	[daN/cm²]
p_a	=	Beschleunigungsdruck $F_a/(10 \bullet A_W)$	[daN/cm²]
p_D	=	dynamischer Druck $p_a + (F_S + F_R)/(10 \bullet A_W)$	[daN/cm²]
p_s	=	statischer Druck $F_G/(10 \bullet A_W)$	[daN/cm²]
Δp_1	=	Druckabfall an Steuerkante P – A oder A – T	[daN/cm²]
Δp_2	=	Druckabfall an Steuerkante P – B oder B – T	[daN/cm²]

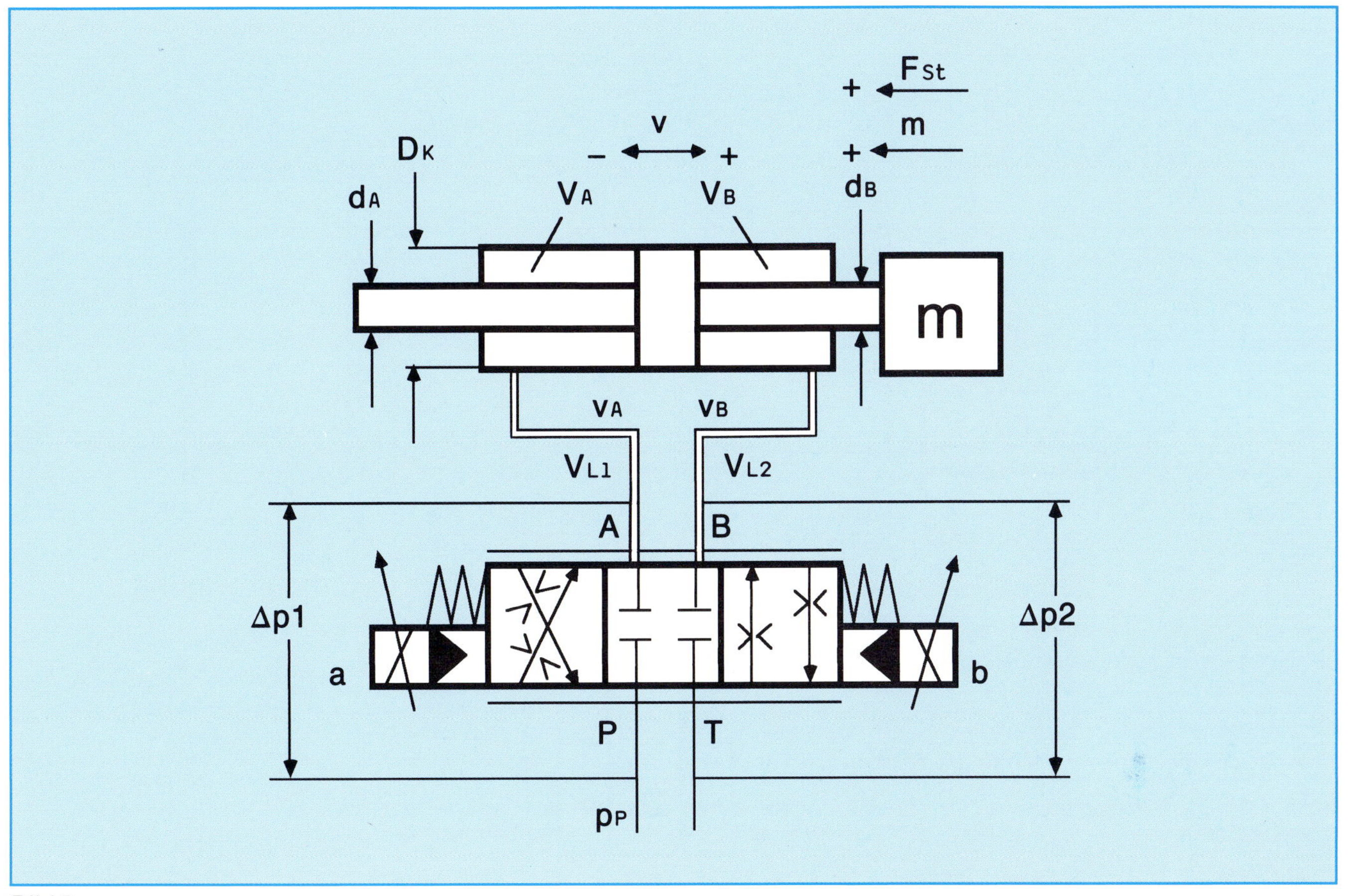

Bild 2

p_V	=	Gesamtventildruckabfall	[daN/cm²]
Q_K	=	Förderstrom für Kolbenfläche A_K	[dm³/min]
Q_R	=	Förderstrom für Ringfläche A_R	[dm³/min]
Q_A	=	Förderstrom für Ringfläche A_A	[dm³/min]
Q_B	=	Förderstrom für Ringfläche A_B	[dm³/min]
Q_P	=	Förderstrom am Pumpenanschluß des Proportionalventils	[dm³/min]
$E_{Öl}$	=	Elastizitätsmodul des Öles	
	=	$1{,}4 \cdot 10^7$	[kg/cm • sec²]
C_1	=	Federkonstante auf Seite A	[N/m]
C_2	=	Federkonstante auf Seite B	[N/m]
ω_0	=	ungedämpfte Eigenfrequenz des Systems	[1/s]
Hz	=	ungedämpfte Eigenfrequenz des Systems in Hertz	[Hz]
f_{Ventil}	=	kritische Frequenz des Ventiles in Hertz (Eckfrequenz bei 90° Phasennacheilung)	[Hz]
ω_v	=	kritische Frequenz des Ventiles in [Rad/s] (Eckfrequenz bei 90° Phasennacheilung)	[1/s]
V	=	Gesamtverstärkung	[1/s]
Δs_v	=	Nachlauffehler	[mm]
ΔS_P	=	Positionsfehler	[mm]
s_B	=	Beschleunigungsweg	[mm]
s_V	=	Weg für konstante Geschwindigkeit	[mm]
s_s	=	Schleichweg	[mm]
v_s	=	Schleichgeschwindigkeit	[mm/s]
t_B	=	Beschleunigungszeit	[s]
t_v	=	Zeit für Weg mit konst. Geschwindigkeit	[s]
t_s	=	Zeit für Schleichweg	[s]
t_G	=	Gesamtfahrzeit	[s]

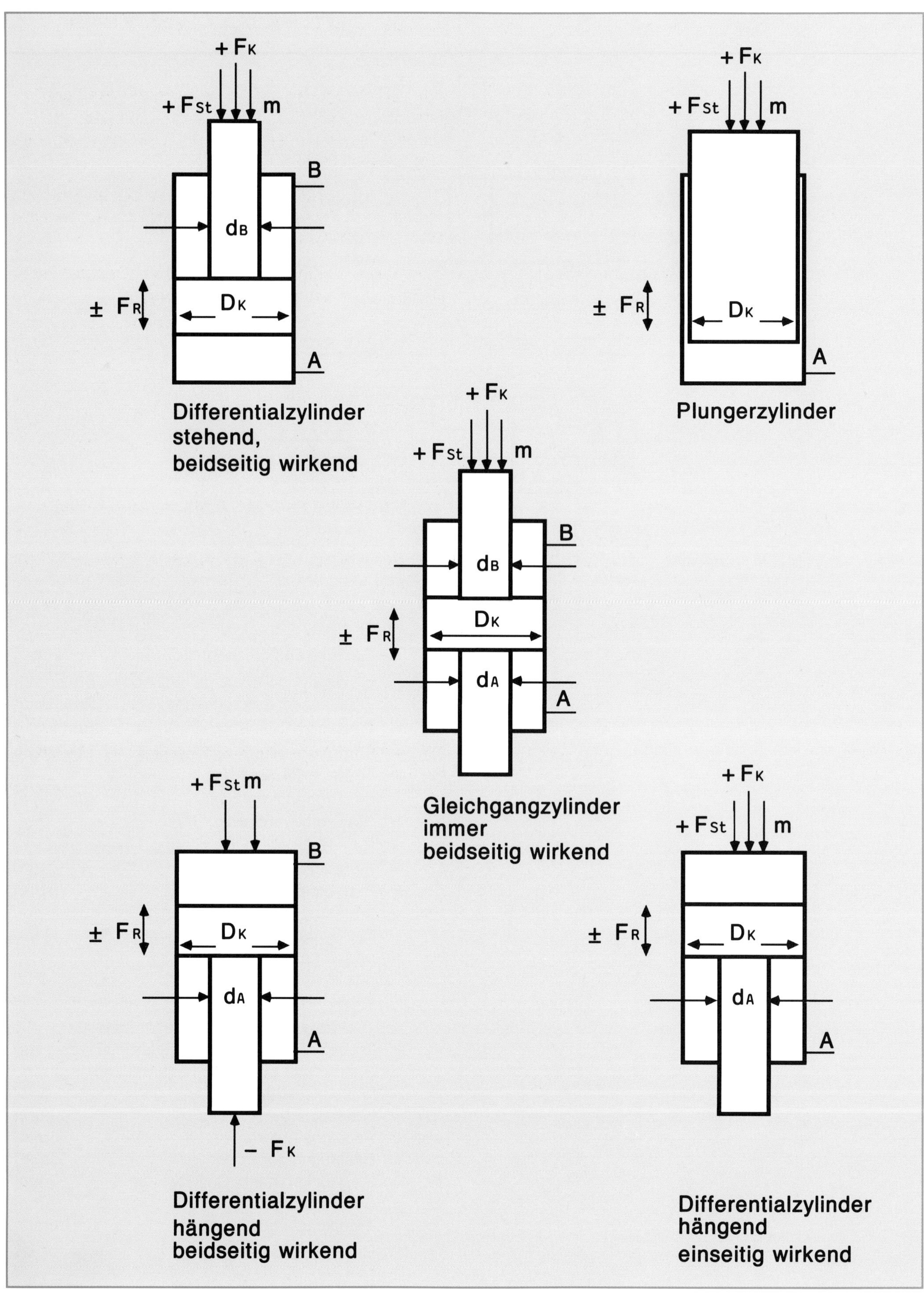
+ FK
+ FSt
m
B
dB
± FR
DK
A
Differentialzylinder
stehend,
beidseitig wirkend
+ FK
+ FSt
m
± FR
DK
A
Plungerzylinder
+ FK
+ FSt
m
B
dB
± FR
DK
dA
A
Gleichgangzylinder
immer
beidseitig wirkend
+ FSt m
B
± FR
DK
dA
A
− FK
Differentialzylinder
hängend
beidseitig wirkend
+ FK
+ FSt
m
± FR
DK
dA
A
Differentialzylinder
hängend
einseitig wirkend

Bild 3

Erläuterung zu Massen, Lasten, Kräften

a) Masse **m**

Für die Berechnung der Beschleunigungskraft und zur Berechnung der Eigenfrequenz muß die gesamte bewegte Masse unabhängig von der Bewegungsrichtung eingesetzt werden.

Befindet sich zwischen der bewegten Masse und dem Antrieb eine Übersetzung muß die reduzierte Ersatz – Masse ermittelt werden.

Die Masse verändert sich mit dem Quadrat einer Hebel – oder Getriebe – Übersetzung

$$m_{red} = m/i^2 \qquad [kg]$$

b) Statische Last F_{St}

Bei Heben und Senken einer Masse muß die Masse als Last gehoben oder gesenkt werden.

Bei waagrechter Bewegung einer Masse ist die Last $F_{St} = 0$.

Die Last verändert sich linear mit einer Hebel – oder Getriebeübersetzung.

$$F_{St\,red} = F_{St}/i \qquad [N]$$

c) Statische Kraft F_K

Zur Erzeugung einer Anpreßkraft, Verformungskraft oder Zerspanungskraft muß vom Antrieb eine statische Kraft F_K aufgebracht werden.

Motorenantriebe translatorisch und rotatorisch

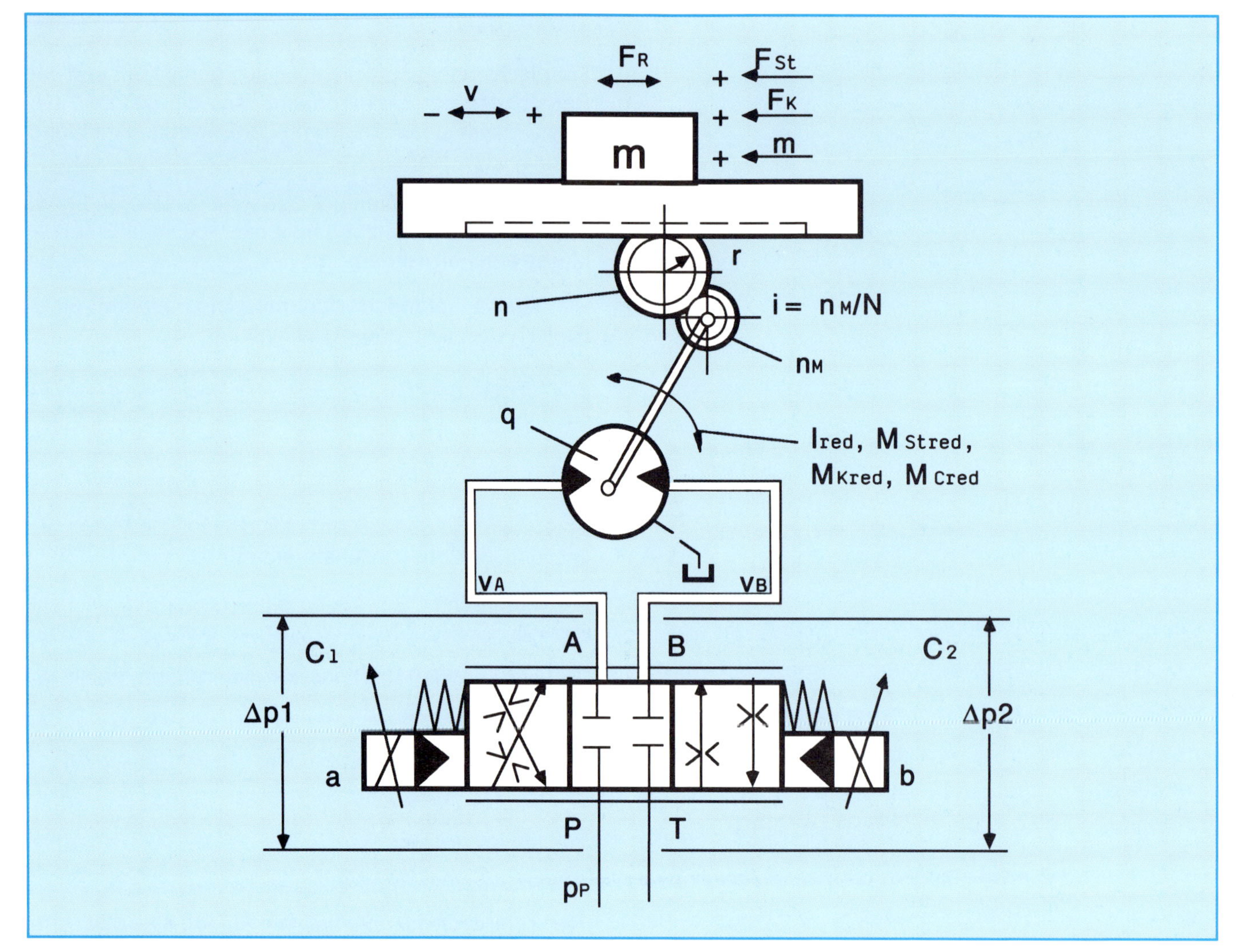

Bild 4 *Motorenantriebe translatorisch – rotatorisch*

Verwendete Formelzeichen und Dimensionen

q	=	Schluckvolumen	[cm³/U]
d_1	=	Rohrdurchmesser auf Seite A	[mm]
d_2	=	Rohrdurchmesser auf Seite B	[mm]
l_1	=	Rohrleitungslänge Seite A	[mm]
l_2	=	Rohrleitungslänge Seite B	[mm]
V_{L1}	=	Rohrleitungsvolumen Seite A	[cm³]
V_{L2}	=	Rohrleitungsvolumen SeiteB	[cm³]
V_1	=	Gesamtvolumen Seite A	[cm³]
V_2	=	Gesamtvolumen Seite B	[cm³]
v	=	Geschwindigkeit Last	[m/s]
v_A	=	Ölgeschwindigkeit in Rohrleitung Seite A	[m/s]
v_B	=	Ölgeschwindigkeit in Rohrleitung Seite B	[m/s]
ε	=	Winkelbeschleunigung	[1/s²]
n	=	Drehzahl an der Abtriebswelle	[1/min]
n_M	=	Drehzahl an der Antriebswelle	[1/min]
m	=	bewegte Masse	[kg]
F_{St}	=	statische Last	[N]
F_K	=	statische Kraft	[N]
F_R	=	Reibungskraft	[N]
J	=	Massenträgheitsmoment am Abtrieb	[kgm²]
J_M	=	Motor – und Getriebeträgheitsmoment	[kgm²]
J_G	=	Gesamt – Massenträgheitsmoment am Abtrieb ($J + J_M \bullet i^2$)	[kgm²]
J_R	=	reduziertes Massenträgheitsmoment am Antrieb (J_G / i^2)	[kgm²]
M_{St}	=	statisches Moment, am Abtrieb	[Nm]
M_K	=	Kraft – Moment, am Abtrieb	[Nm]
M_C	=	Reibkraft – Moment, am Abtrieb	[Nm]
p_p	=	Pumpendruck	[daN/cm²]
Δp_V	=	Druckverluste in Rohrleitung	[daN/cm²]
p_a	=	Beschleunigungsdruck	[daN/cm²]
p_S	=	statischer Druck	[daN/cm²]
Δp_1	=	Druckabfall an Steuerkante P – A oder A – T	[daN/cm²]
Δp_2	=	Druckabfall an Steuerkante P – B oder B – T	[daN/cm²]
$p_{vGesamt}$	=	Gesamtventildruckabfall	[daN/cm²]
Q_p	=	Förderstrom am Pumpenanschluß des Proportionalventils	[L/min]
$E_{Öl}$	=	Elastizitätsmodul des Öles = $1{,}4 \bullet 10^7$	[kg/cm • sec²]

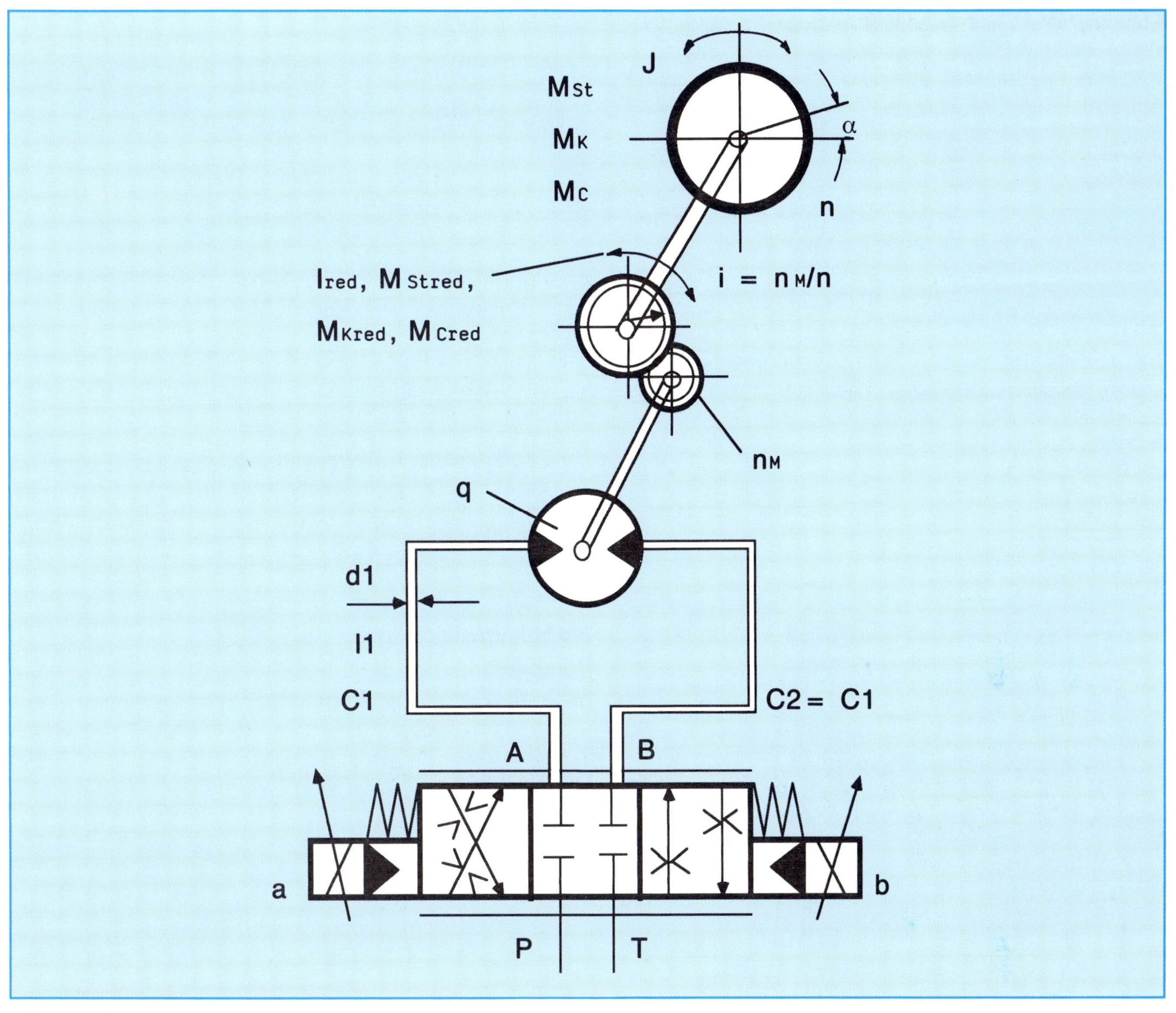

Bild 5 *Motorenantriebe rotatorisch*

C_1	=	Federkonstante auf Seite A	[N/m]
C_2	=	Federkonstante auf Seite B	[N/m]
ω_0	=	ungedämpfte Eigenfrequenz des Systems	[1/s]
h_z	=	ungedämpfte Eigenfrequenz des Systems in Hertz	[Hz]
f_{ventil}	=	kritische Frequenz des Ventils in Hertz (Eckfrequenz bei 90° Phasennacheilung)	[Hz]
ω_v	=	kritische Frequenz des Ventils in [Rad/s] (Eckfrequenz bei 90° Phasennacheilung)	[1/s]
V	=	Gesamtverstärkung	[1/s]
Δs_v	=	Nachlauffehler (Längsbewegung)	[mm]
$\Delta ß_x$	=	Nachlauffehler am Antriebsmotor	[mm]
$\Delta \alpha_x$	=	Nachlauffehler an der Abtriebswelle	[mm]
ΔX_p	=	Positionsfehler (Längsbewegung)	[mm]
P_M	=	Positionsfehler am Antriebsmotor	[°]
P_W	=	Positionsfehler an der Abtriebswelle	[°]
s	=	Fahrweg	[mm]
s_B	=	Beschleunigungsweg	[mm]
s_V	=	Weg für konstante Geschwindigkeit	[mm]
s_S	=	Schleichweg	[mm]

α	=	Fahrwinkel am Abtrieb	[°]
α_B	=	Beschleunigungswinkel am Abtrieb	[°]
α_V	=	Fahrwinkel für n = konstant am Abtrieb	[°]
v_s	=	Schleichgeschwindigkeit (Längsbewegung)	[mm/s]
n_s	=	Schleichdrehzahl am Abtrieb	[1/min]
t_B	=	Beschleunigungszeit	[s]
t_v	=	Zeit für Weg mit konstanter Geschwindigkeit	[s]
t_s	=	Zeit für Schleichweg	[s]
t_G	=	Gesamtfahrzeit	[s]

Entsprechend dem Haupteinsatz der Proportional-Wegeventile, nämlich Beschleunigen, Verfahren und Verzögern hydraulisch bewegter Massen, muß bei der Auslegung der Steuerung die gewünschte Beschleunigung bzw. Verzögerung festgelegt werden.

Hier kann jedoch nicht willkürlich gewählt werden.

Der mögliche Wert der Beschleunigung oder Verzögerung hängt von verschiedenen Faktoren ab:

1) Verzögerungs- und Beschleunigungszeit für gleichförmige Beschleunigung

Bild 6 zeigt den physikalischen Zusammenhang zwischen Beschleunigungszeit, Beschleunigung und der zu erreichenden Geschwindigkeit.

Beschleunigungszeit

$t_B = v/a$		[s]
$a = v/t_B$		[m/sec²]

v = Geschwindigkeit [m/s]
a = Beschleunigung [m/s²]
t_B = Beschleunigungszeit [s]

Aus den sich ergebenden Kurven ist die noch sinnvolle Beschleunigungszeit, für eine bestimmte Endgeschwindigkeit, gut zu erkennen.
Es ist nicht sinnvoll die Beschleunigung zu hoch zu wählen (untere Grenzlinie), da der Zeitgewinn sehr gering wird.

Eine zu niedrige Beschleunigung (linke Grenzlinie) ergibt eine sehr lange Beschleunigungszeit.

Das Diagramm zeigt deutlich, daß die einstellbare Rampenzeit zwischen 0,1 s und 5 s mehr als ausreichend ist.

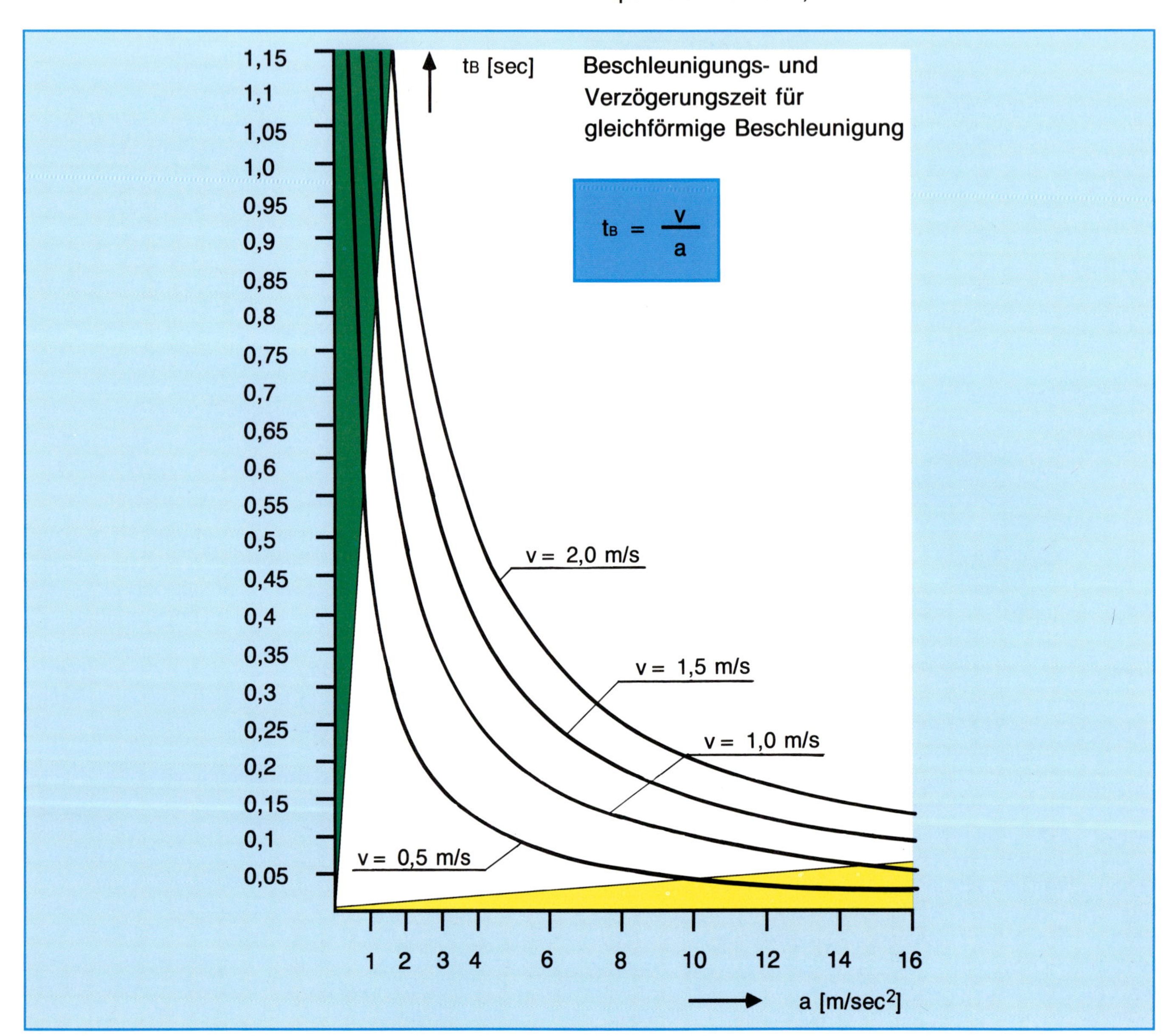

Bild 6 *Beschleunigungs- und Verzögerungszeit für gleichförmige Beschleunigung*

2) Verzögerungs – und Beschleunigungsweg für gleichförmige Beschleunigung

Der physikalische Zusammenhang zwischen Beschleunigungs – bzw. Bremsweg, Beschleunigung und gefahrene Geschwindigkeit wird im Bild 7 deutlich.

Beschleunigungs – bzw. Verzögerungsweg

$$s_B = (v^2/2a) \bullet 10^3 \quad [mm]$$

oder

$$s_B = 1/2 \bullet a \bullet t_B^2 \bullet 10^3 \quad [mm]$$

Um z.B. aus einer bestimmten Geschwindigkeit auf einen kleineren Geschwindigkeitswert zu verzögern, ist ein entsprechender Weg erforderlich, der in der Praxis rein gefühlsmäßig vorgegeben, jedoch oft zu kurz gewählt wird.

Hier ist zu beachten, daß sich der Beschleunigungs – oder Verzögerungsweg quadratisch mit der Geschwindigkeit ändert.

Doppelte Fahrgeschwindigkeit erfordert den 4 – fachen Weg für die Beschleunigung oder Verzögerung.

Auch bezogen auf den Weg läßt sich erkennen, daß eine Steigerung der Beschleunigung auf zu große Werte nicht sinnvoll ist.

Außerdem muß bei der Wahl der Beschleunigung auch die dafür zu installierende Energie betrachtet werden:

Beschleunigungskraft

$$F_a = m \bullet a \quad [N]$$

Beschleunigungsdruck

$$p_a = F_a/10/A_W \quad [daN/cm^2]$$

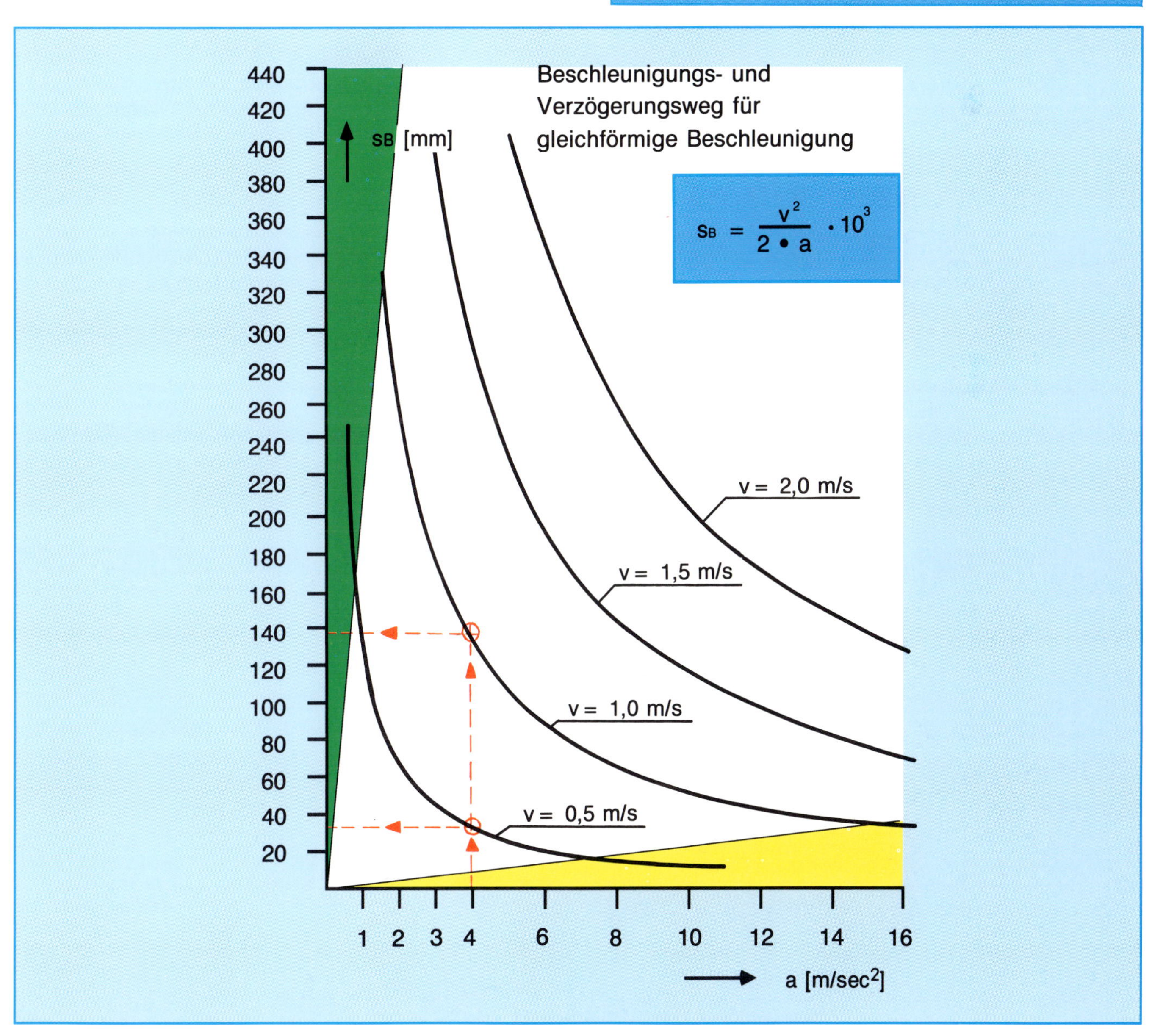

Bild 7 *Beschleunigungs – und Verzögerungsweg für gleichförmige Beschleunigung*

3) Eigenfrequenz

Ein weiterer wichtiger Betrachtungspunkt für die Wahl der Beschleunigung ist die Eigenfrequenz. Sie ist ein Maß für die Stabilität, die Steifigkeit eines Systems.

Wird die Beschleunigung ungeachtet der Eigenfrequenz zu hoch gewählt, bzw. liegt die Eigenfrequenz zu niedrig, dann schwingt das System.

Für den Verbraucher, Zylinder oder Motor, bedeutet das ungleichmäßige Bewegungen.

Die Eigenfrequenz eines hydraulischen Verbrauchers läßt sich ähnlich wie bei einem mechanischen Feder–Masse–System aus Federkonstante C und bewegter Masse m nach der Formel

$$\omega_0 = \sqrt{C/m} \quad [1/s]$$

C	=	Federkonstante	[N/m]
m	=	Masse	[kg]

berechnen.

Entsprechend errechnet sich die Eigenfrequenz bei der Drehbewegung nach der Formel

$$\omega_0 = \sqrt{C/J} \quad [1/s]$$

C	=	Federkonstante	[N/rad]
J	=	Massenträgheitsmoment	[kgm²]

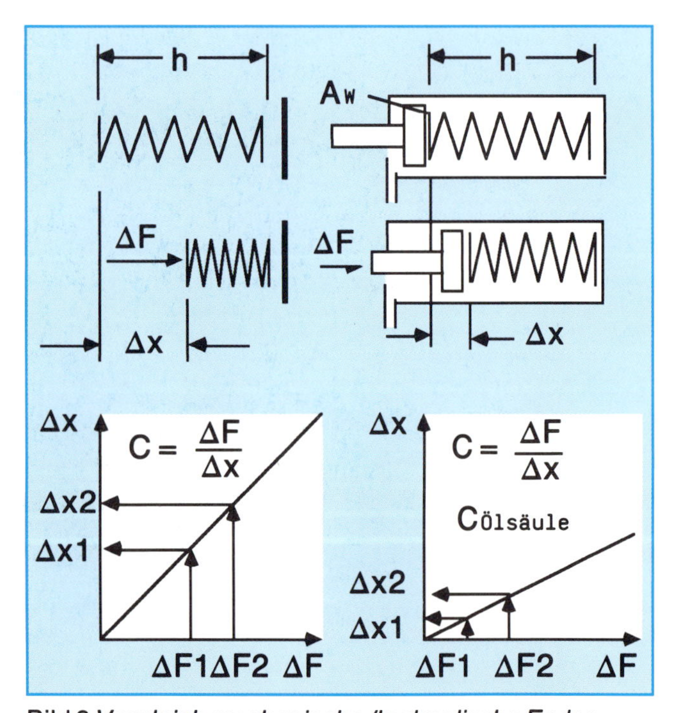

Bild 8 *Vergleich mechanische /hydraulische Feder*

Systemsteife:

Vergleich mechanische/hydraulische Feder für Zylinder

$$C = \Delta F/\Delta X = E_{Öl} \cdot A_W/(h/10) \quad [kg/s^2] = [N/m]$$

Analog berechnet sich die Federkonstante für die Drehbewegung

$$C = [V_G/(2 \cdot \pi)]^2 \cdot E_{Öl} / [(V_G/2) \cdot 10^4] = V_G \cdot E_{Öl}/2 \cdot \pi^2 \cdot 10^4 \quad [kg \cdot m^2/s^2 \cdot Rad]$$

Rad = 1

$$= [Nm/Rad]$$

Aus dem Diagramm und der Formel zur Berechnung der Federkonstante kann abgelesen werden, daß die Kolbenfläche A möglichst groß und die Ölsäulenlänge h möglichst klein sein müssen, um eine hohe Federkonstante C zu erzielen.

Das sind zunächst die theoretischen Zusammenhänge. In der Praxis sind jedoch die Arbeitswege – und damit auch der jeweils erforderliche Zylinderhub konstruktiv festgelegt. Die wirksame Kolbenfläche A_W kann aber relativ leicht variiert werden.
Die Rohrleitungen zwischen Zylinder und Durchfluß – "Steuergerät" sollten möglichst kurz ausgeführt werden.

Die Rohrleitungslänge zwischen Pumpe und Ventil spielt dabei keine Rolle, solange keine Druckeinbrüche bei plötzlicher Ölentnahme auftreten.

Druckverhältnisse an den Drosselkanten in der Beschleunigungs – und Abbremsphase sowie bei konstanter Geschwindigkeit

Für die einzelnen Bewegungsphasen sind unterschiedliche Kräfte am Zylinder oder Ölmotor erforderlich.

Bei konstantem Pumpendruck wird deshalb der Druckabfall an den Steuerkanten des Proportionalventils entsprechend unterschiedlich sein.

An einem Beispiel soll dies gezeigt werden.

Gegeben:

$m = 700$ [kg]
$F \approx 7000$ [N]
$F_{St} = F \cdot \sin 30° = 7000 \cdot 0{,}5$
$= 3500$ [N]
$v = 2{,}0$ [m/s]
$s_B = 250$ [mm]
$F_R = 0$ [N]
(F_R wird bei dieser Rechnung nicht berücksichtigt.)

Beschleunigung

$a = v^2 / (2 \cdot s_B \cdot 10^{-3})$ [m / s²]
$a = 2^2 / (2 \cdot 250 \cdot 10^{-3}) = 8$ [m / s²]

Beschleunigungszeit

$t_B = v / a = 2 / 8 = 0{,}25$ [s]

<u>Hinweis:</u>
Bei Drosselsteuerung ist die Beschleunigung a eine <u>mittlere</u> Beschleunigung.

<u>Erforderliche Kräfte bei der Aufwärtsfahrt:</u>

$F_{St} = 3500$ [N]
$F_A = m \cdot a = 700 \cdot 8 = 5600$ [N]

Beschleunigung
$F_G = F_{St} + F_A = 3500 + 5600 = 9100$ [N]

Konstante Geschwindigkeit
$F_G = F_{St} = 3500$ [N]

Verzögerung
$F_G = F_{St} - F_A = 3500 - 5600 = -2100$ [N]

<u>Erforderliche Kräfte bei der Abwärtsfahrt:</u>

Beschleunigung
$F_G = -F_{St} + F_A = -3500 + 5600 = 2100$ [N]

Konstante Geschwindigkeit
$F_G = -F_{St} = -3500$ [N]

Verzögerung
$F_G = -F_{St} - F_A = -3500 - 5600 = -9100$ [N]

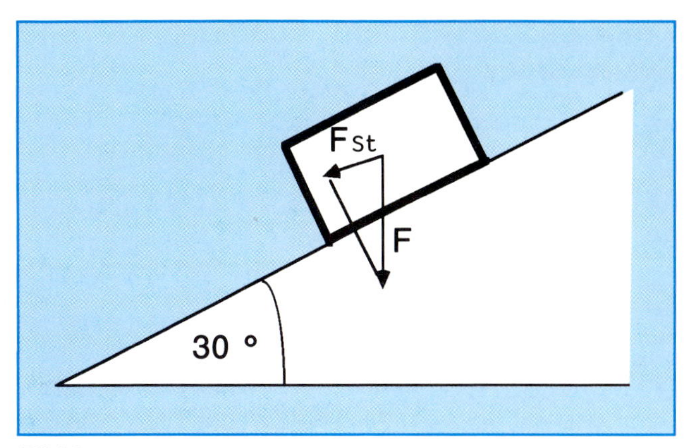

Bild 9

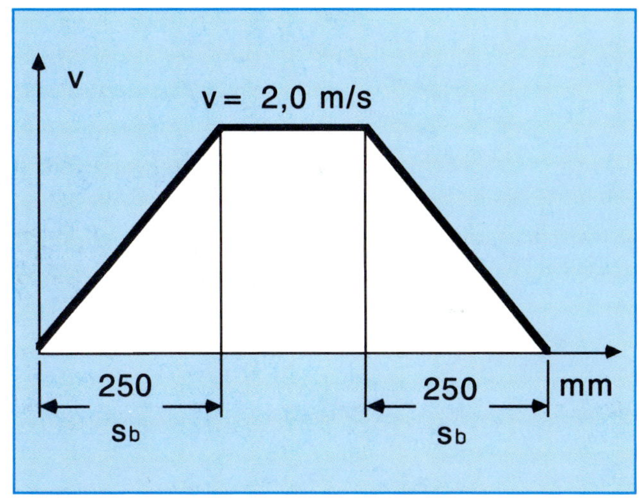

Bild 10

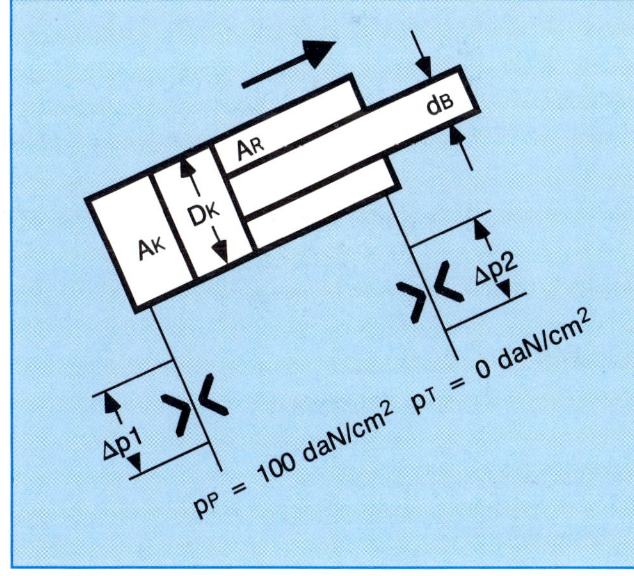

Bild 11

Zylinderabmessungen, Fördermenge und Systemdruck

D_K	=	50	mm
d_B	=	36	mm
A_K	=	19,64	cm^2
A_R	=	9,45	cm^2
h	=	700	mm
$Q_{max,AK}$	=	235,6	dm^3/min
$Q_{max,AR}$	=	113,4	dm^3/min
p_P	=	100	daN/cm^2

Der Pumpendruck von p_P = 100 [daN/cm^2] ist für diesen Einsatzfall fest vorgegeben (Speicheranlage).

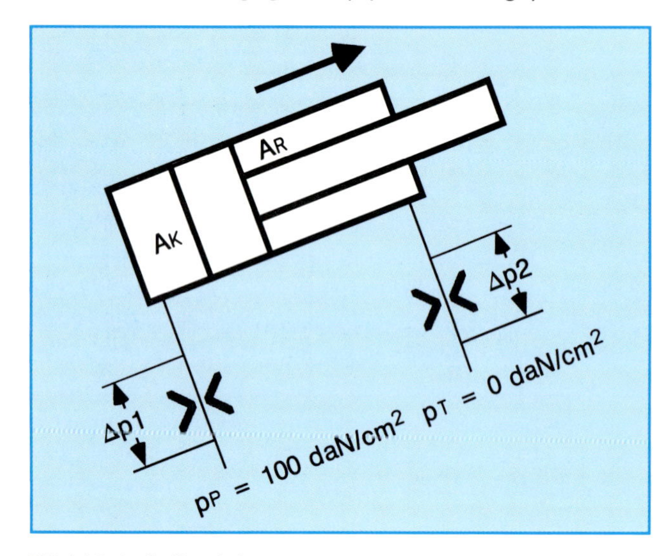

Bild 12 *Aufwärtsfahrt*

Welche Drücke stellen sich bei den einzelnen Bewe – gungsphasen ein?

a) Aufwärtsfahrt

für $\Delta p1 = \Delta p2$ – – >

$F_G/10 = A_K \bullet (p_P - \Delta p1) - A_R \bullet \Delta p2$

$F_G/10 = A_K \bullet p_P - A_K \bullet \Delta p1 - A_R \bullet \Delta p1$

$\Delta p1 = (A_K \bullet p_P - F_G/10)/(A_K + A_R)$

Beschleunigung

$\Delta p1 = (19,64 \bullet 100 - 9100/10)/(19,64 + 9,45)$
≈ 36 [daN/cm^2]

$p_V = 2 \bullet \Delta p1 \approx 72$ [daN/cm^2]

Konstante Geschwindigkeit

$\Delta p1 = (19,64 \bullet 100 - 3500/10)/(19,64 + 9,45)$
≈ 55 [daN/cm^2]

$p_V = 2 \bullet \Delta p1 \approx 110$ [daN/cm^2]

Verzögerung

$\Delta p1 = (19,64 \bullet 100 + 2100/10)/(19,64 + 9,45)$
≈ 75 [daN/cm^2]

$p_V = 2 \bullet \Delta p1 \approx 150$ [daN/cm^2]

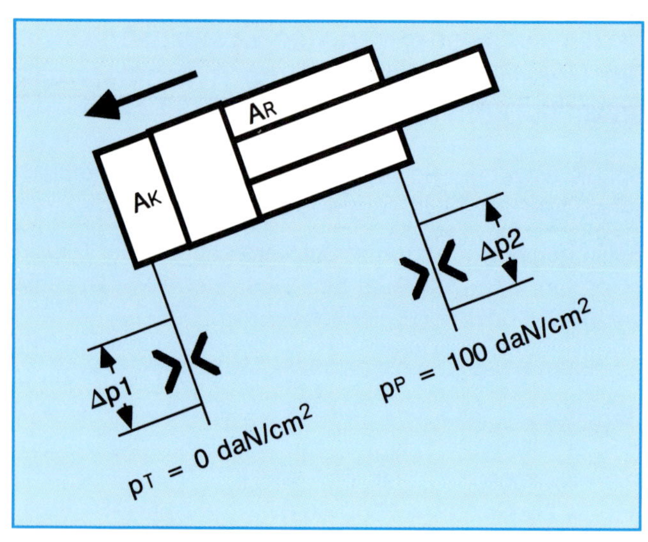

Bild 13 *Abwärtsfahrt*

b) Abwärtsfahrt

für $\Delta p1 = \Delta p2$ – – >

$F_G/10 = A_R \bullet (p_P - \Delta p2) - A_K \bullet \Delta p1$

$F_G/10 = A_R \bullet p_P - A_R \bullet \Delta p1 - A_K \bullet \Delta p1$

$\Delta p1 = (A_R \bullet p_P - F_G/10)/(A_K + A_R)$

Beschleunigung

$\Delta p1 = (9,45 \bullet 100 - 2100/10)/(19,64 + 9,45)$
≈ 25 [daN/cm^2]

$p_V = 2 \bullet \Delta p1 \approx 50$ [daN/cm^2]

Konstante Geschwindigkeit

$\Delta p1 = (9,45 \bullet 100 + 3100/10)/(19,64 + 9,45)$
≈ 43 [daN/cm^2]

$p_V = 2 \bullet \Delta p1 \approx 86$ [daN/cm^2]

Verzögerung

$\Delta p1 = (9,45 \bullet 100 + 9100/10)/(19,64 + 9,45)$
≈ 64 [daN/cm^2]

$p_V = 2 \bullet \Delta p1 \approx 128$ [daN/cm^2]

Bei der Inbetriebnahme der Steuerung hat sich gezeigt, daß das Proportional – Wegeventil

Typ 4 WRZ 16 E1 – 100 ...

(Q = 100 dm^3/min bei Δp = 10 daN/cm^2
mit Steuerkantenverhältnis 2 : 1)

am besten geeignet ist.

Die Nachrechnung der Druckabfälle an den Steuerkanten des Proportionalventils und die dazugehörenden prozentualen Öffnungen belegen dies auch.

Entsprechend den Druckabfällen an den Steuerkanten des Proportionalventiles gehören dazu bei Aufwärtsfahrt die prozentualen Nennströme.

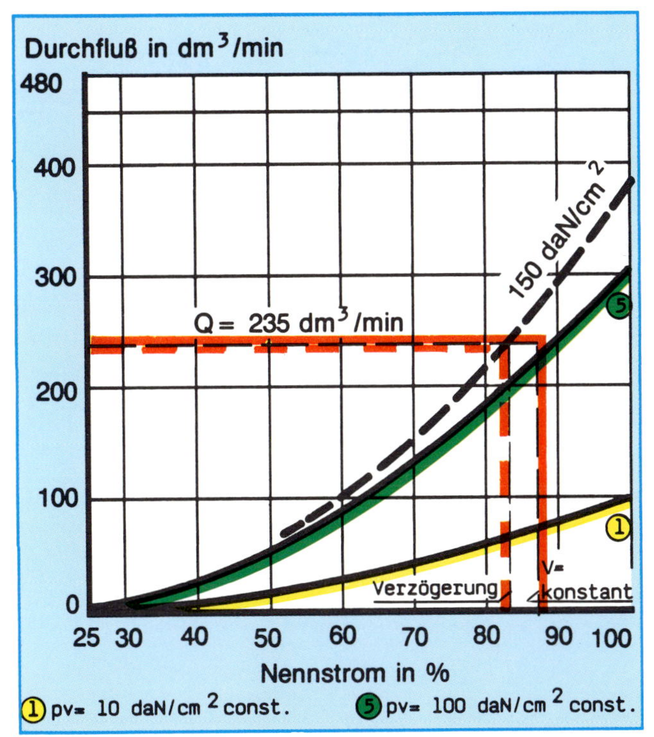

Bild 14 *Q – I – Kennlinie für 100 dm³/min Nenndurchfluß bei 10 daN/cm² Ventildruckabfall*

Der Vergleich mit dem Proportionalventil
Typ 4 WRZ 16 E1 – 150 ...
(Q = 150 dm³/min bei Δp = 10 daN/cm² mit Steuerkantenverhältnis 2:1) zeigt, daß der Kolben zu groß ist und sich deshalb eine schlechte Durchflußauflösung ergibt.

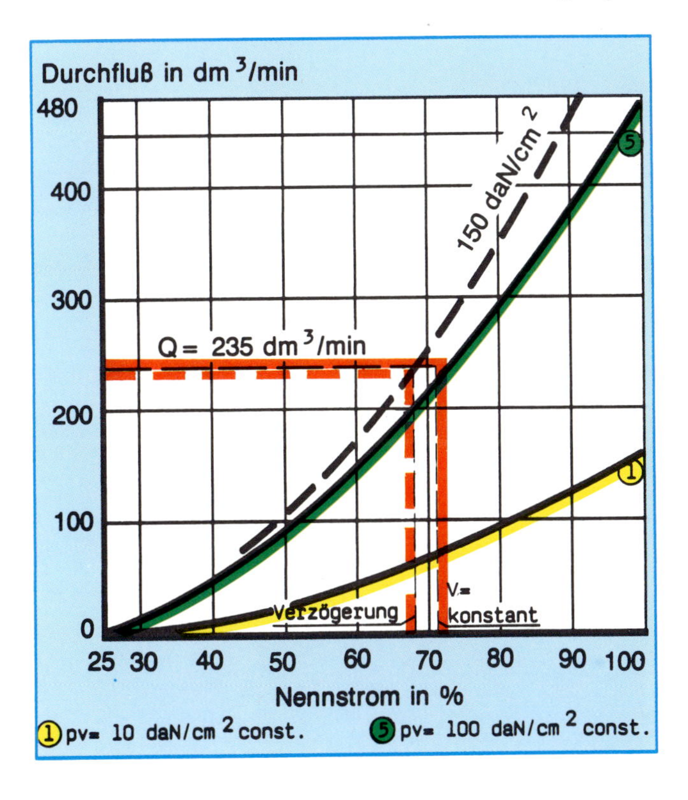

Auch die Reduzierung des Pumpendruckes im Interesse eines höheren hydraulischen Wirkungsgrades ist für die vorliegende Steuerungsaufgabe nicht zu empfehlen.

Der minimal erforderliche Druck läßt sich aus der maximalen Gesamtkraft bei der Beschleunigung und dem minimalen Gesamt – Druckabfall ($\geq$ 10 daN/cm²) an den Steuerkanten des Drosselorgans berechnen.

Berechnung des erforderlichen Pumpendruckes bei:

Aufwärtsfahrt

für $\Delta p1 = \Delta p2 = 5$ daN/cm² – – >

$F_G/10 = A_K \bullet (p_P - \Delta p1) - A_R \bullet \Delta p2$

$F_G/10 = A_K \bullet p_P - A_K \bullet \Delta p1 - A_R \bullet \Delta p1$

$p_P = [F_G + \Delta p1 \bullet (A_K + A_R)] / A_K$

$= [9100/10 + 5 \bullet (19{,}64 + 9{,}45)] / 19{,}64$

$\approx$ **54 daN/cm²**

Abwärtsfahrt

für $\Delta p1 = \Delta p2 = 5$ daN/cm²

$F_G = A_R \bullet (p_P - \Delta p2) - A_K \bullet \Delta p1$

$F_G = A_R \bullet p_P - A_R \bullet \Delta p1 - A_K \bullet \Delta p1$

$p_P = [F_G + \Delta p1 \bullet (A_K + A_R)] / A_R$

$= [2100 + 5 \bullet (19{,}64 + 9{,}45)] / 9{,}45$

$\approx$ **38 daN/cm²**

Pumpendruck gewählt: p_P = 55 daN/cm²

Aufwärtsfahrt

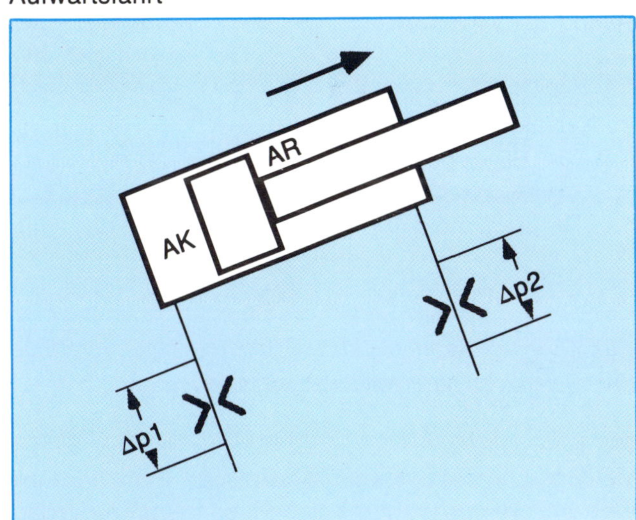

Bild 16 *Aufwärtsfahrt*

Bild 15 *Q – I – Kennlinie für 150 dm³/min Nenndurchfluß bei 10 daN/cm² Ventildruckabfall*

Bei der Aufwärtsfahrt stellen sich ein

Beschleunigung

$\Delta p1 = (19{,}64 \bullet 55 - 9100/10)/(19{,}64 + 9{,}45) \approx 6\ \text{daN/cm}^2$

$pv = 2 \bullet \Delta p1 \approx 12\ \text{daN/cm}^2$

Konstante Geschwindigkeit

$\Delta p1 = (19{,}64 \bullet 55 - 3500/10)/(19{,}64 + 9{,}45) \approx 25\ \text{daN/cm}^2$

$pv = 2 \bullet \Delta p1 \approx 50\ \text{daN/cm}^2$

Verzögerung

$\Delta p1 = (19{,}64 \bullet 55 + 2100/10)/(19{,}64 + 9{,}45) \approx 45\ \text{daN/cm}^2$

$pv = 2 \bullet \Delta p1 \approx 90\ \text{daN/cm}^2$

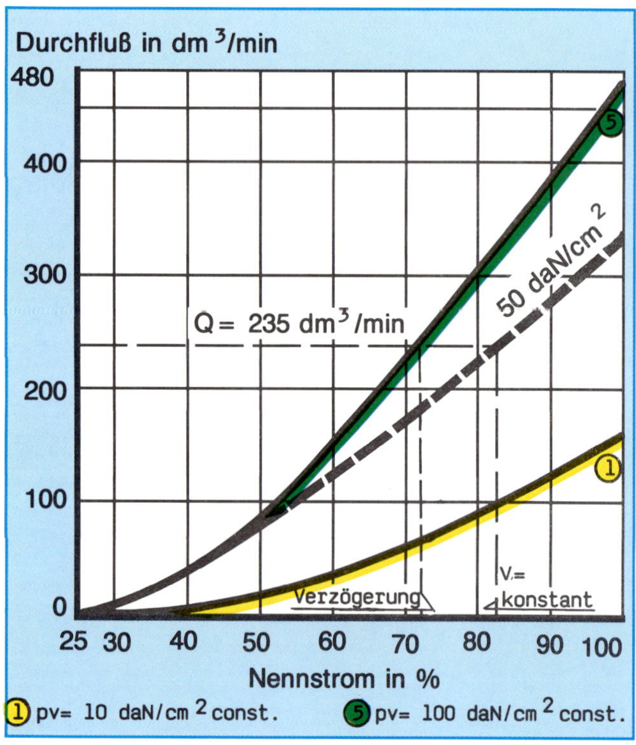

Bild 17 *Q – I – Kennlinie für 150 dm³/min Nenndurchfluß bei 10 daN/cm² Ventildruckabfall*

Bei Übergang von konstanter Geschwindigkeit in die Verzögerung des Systems ist bei diesem Pumpendruck eine größere prozentuale Kolbenhubänderung erforderlich als bei $p_P = 100\ \text{daN/cm}^2$.

Diese proportionale Kolbenhubänderung am Proportionalventil erfordert eine entsprechende längere Stellzeit. Während dieser Phase ist nur ein geringer Anstieg der Verzögerung gegeben.

Berechnung des Druckabfalls an den Drosselkanten von 4 – Wege – Proportionalventilen unter Berücksichtigung des Zylinderflächenverhältnisses und des Steuerkanten – Öffnungsverhältnisses am Ventil.

Proportional – Wegeventile werden serienmäßig mit dem Steuerkantenverhältnis F = 1:1 und F = 2:1 geliefert.

Bei der Berechnung des Druckabfalls an den Steuerkanten muß F entsprechend der Zylinderflächenverhältnisse berücksichtigt werden.

Je nachdem, ob die Fläche A_A größer ist als A_B oder umgekehrt wird in den folgenden Berechnungen
$A_A > A_B$ – – > X = F
$A_B > A_A$ – – > X = 1/F eingesetzt.

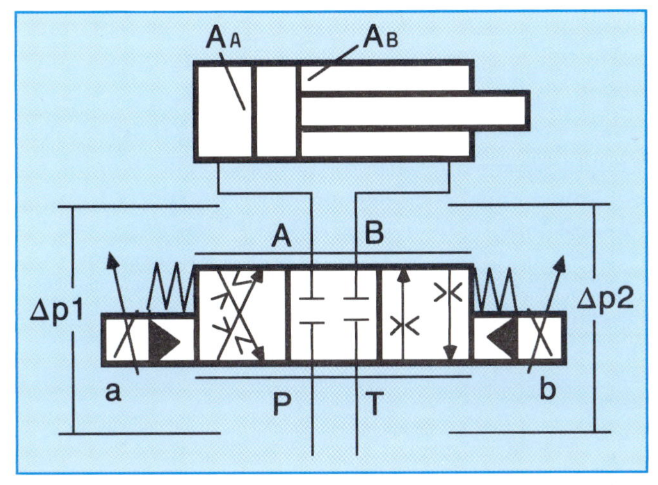

Bild 18

Für Zylinder ausfahren (Antriebsseite A) gilt

Durchflußmenge P – – > A

$Q_A = \alpha \bullet A_{SA} \bullet \sqrt{\Delta p1}$

A_{SA} = freier Drosselquerschnitt an der Steuer – kante des Proportionalventiles von P – – > A

– – > $A_{SA} = Q_A / (\alpha \bullet \sqrt{\Delta p1})$

Steuerkantenverhältnis am Proportionalventil

$A_{SA} / A_{SB} = X$

A_{SB} = freier Drosselquerschnitt an der Steuer kante des Proportionalventiles B – – > T

– – > $A_{SB} = A_{SA} / X$

für A_{SA} wird eingesetzt $Q_A / (\alpha \bullet \sqrt{\Delta p1})$

– – > $A_{SB} = Q_A / (\alpha \bullet \sqrt{\Delta p1} \bullet X)$

Durchflußmenge B – – > T

$Q_B = \alpha \bullet A_{SB} \bullet \sqrt{\Delta p2}$

– – > $\sqrt{\Delta p2} = Q_B / (\alpha \bullet A_{SB})$

für A_{SB} wird eingesetzt $Q_A / (\alpha \bullet \sqrt{\Delta p1} \bullet X)$

– – > $\sqrt{\Delta p2} = Q_B \bullet \alpha \bullet \sqrt{\Delta p1} \bullet X / (\alpha \bullet Q_A)$

$\Delta p2 = Q_B^2 / Q_A^2 \bullet \Delta p1 \bullet X^2$

Die Durchflußmengen verhalten sich zu den Zylinderflächen wie

$Q_B / Q_A = A_B / A_A$

eingesetzt in Δp2

– – > $\Delta p2 = A_B^2 / A_A^2 \bullet \Delta p1 \bullet X^2$

Kräftegleichgewicht bei Zylinderausfahren

$F_G/10 = A_A \bullet [(p_P - \Delta p_V) - \Delta p1] - A_B \bullet \Delta p2$

für Δp2 wird eingesetzt $A_B^2 / A_A^2 \bullet \Delta p1 \bullet X^2$

$F_G/10 = A_A \bullet (p_P - \Delta p_V) - A_A \bullet \Delta p1 - A_B \bullet \Delta p1 \bullet X^2 \bullet A_B^2 / A_A^2$

Die Gleichung mit A_A^2 multipliziert

$A_A^2 \bullet F_G/10 = A_A^3 \bullet (p_P - \Delta p_V) - A_A^3 \bullet \Delta p1 - \Delta p1 \bullet X^2 \bullet A_B^3$

$$\Delta p1 = A_A^2 \bullet [A_A \bullet (p_P - \Delta p_V) - F_G/10] / (A_A^3 + A_B^3 \bullet X^2)$$

Für Zylinder einfahren (Antriebsseite B)

$-F_G/10 = A_B \bullet [(p_P - \Delta p_V) - \Delta p2] - A_A \bullet \Delta p1$

$-F_G/10 = A_B \bullet [(p_P - \Delta p_V) - A_B^2 / A_A^2 \bullet \Delta p1 \bullet X^2] - A_A \bullet \Delta p1$

Die Gleichung mit A_A^2 multipliziert

$-A_A^2 \bullet F_G/10 = A_A^2 \bullet A_B \bullet (p_P - \Delta p_V) - A_B^3 \bullet X^2 \bullet \Delta p1 - A_A^3 \bullet \Delta p1$

$$\Delta p1 = A_A^2 \bullet [A_B \bullet (p_P - \Delta p_V) + F_G/10] / (A_A^3 + A_B^3 \bullet X^2)$$

$$\Delta p2 = \Delta p1 = \bullet A_B^2 \bullet X^2 / A_A^2$$

Aus den Druckabfällen für die einzelnen Steuerkanten, für Zylinder aus – und einfahren, kann der Gesamtventildruckabfall und die zugehörige Durchflußmenge ermi telt werden.

Es ist stets das kleinste Δp für die größte Durchflußmenge zu wählen.

Zum Beispiel:
Gesamtventil – Δp = p_V = 2 • Δp1 für Q = ... [dm^3/min].

Genauigkeit des Verzögerungsweges bei zeitabhängiger Verzögerung

Der Trend geht zu immer höheren Fahrgeschwindigkeiten um Nebenzeiten einzusparen. Dies ist aber nur sinnvoll, wenn der Verzögerungsweg bei allen Betriebszuständen konstant ist.

Veränderungen im Verzögerungsweg müssen in einem längeren Weg für die Schleichgeschwindigkeit berücksichtigt werden.

Dies kostet Zeit!

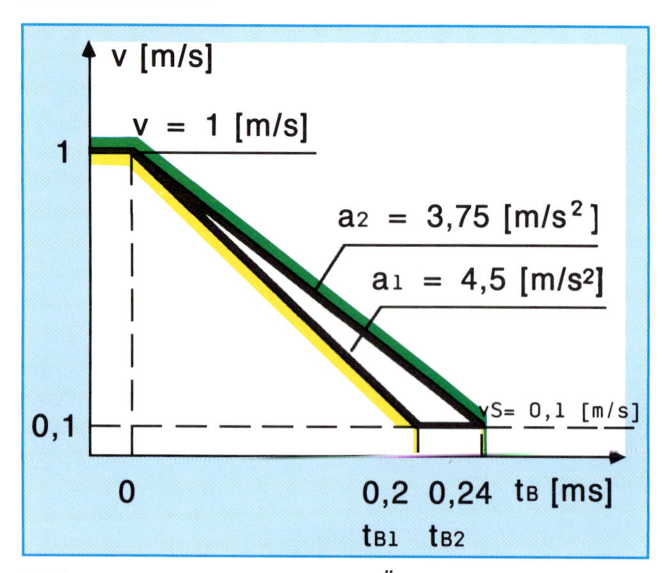

Bild 19 *Verzögerungsweg bei Änderung der Verzögerungszeit*

Welche Faktoren können den Verzögerungsweg verändern?

a) Veränderung der Verzögerungszeit (Rampe)

Hier ist die Proportionalhydraulik mit der elektronischen Rampe gegenüber der hydraulischen Schaltzeit eindeutig im Vorteil. Eine gut ausgeführte elektronische Rampe unterliegt keinen wesentlichen Veränderungen durch Temperatureinflüsse.

Um diesen Vorteil auch nutzen zu können, muß beachtet werden, daß die Rampenzeit nicht zu kurz gewählt wird, d.h. genügend Abstand zu der hydraulischen Eigenschaltzeit des Proportionalgerätes gehalten wird.

Faustregel
Min. Rampenzeit > 2 x hydr. Eigenschaltzeit

Die hydraulische Eigenschaltzeit kann aus den Katalogblättern der Proportionalgeräte abgelesen werden (Sprungantwort).

Der Einfluß der Rampenzeitveränderung ist aus dem Diagramm Bild 19 zu ersehen.

Die Berechnung zeigt, daß sich hier bei Verzögerung von v = 1 m/s auf Schleichgeschwindigkeit v_S = 0,1 m/s der Schleichweg s_S um 22 mm ändern kann. Die dafür erforderliche Zeit beträgt t_S = 220 ms.

s_{B1} = $(v + v_S)/2 \bullet t_{B1}$
= $(1 + 0{,}1)/2 \bullet 0{,}2 = 0{,}11$ [m] = 110 [mm]

s_{B2} = $(v + v_S)/2 \bullet t_{B2}$
= $(1 + 0{,}1)/2 \bullet 0{,}24 = 0{,}132$ [m] = 132 [mm]

Δs_B = 22 [mm]

t_S für s_S = 22 [mm] bei v_S = 0,1 [m/s]

$t_S = s_S/v_S = (22 \bullet 10^{-3})/0{,}1 = 0{,}22$ [s] = 220 [ms]

b) Unterschiedliche Totzeiten im elektrischen Signal

Die Verarbeitung der elektrischen Signale vom Endschalter bis zum Sollwerteingang auf der Elektronikkarte sollte kurz sein und keinen Zeitänderungen unterliegen.

Eine Totzeitänderung von 10 (ms) hat bei 1(m/s) eine Wegänderung von 10 (mm) zur Folge. Dafür werden bei der Schleichgeschwindigkeit von 0,1 [m/s] t_S = 100 [ms] Zeit benötigt.

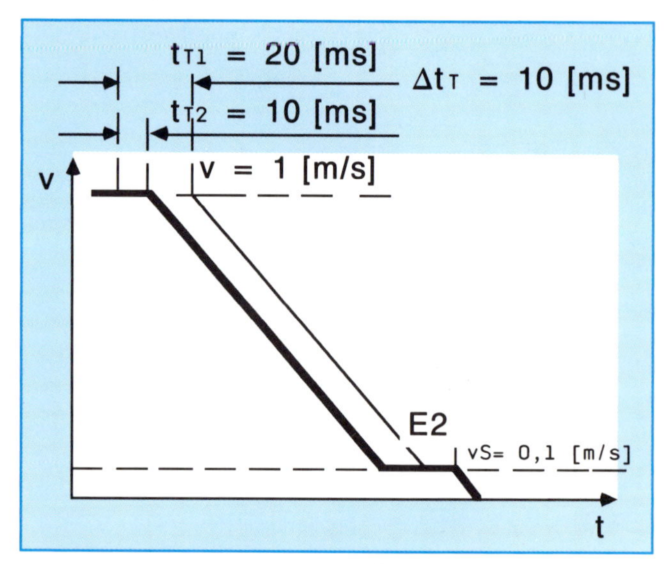

Bild 20 *Verzögerungsweg bei Änderung der Totzeit*

Weg in 10 [ms] bei v = 1 [m/s] = 10 [mm]
Zeit für 10 [mm] bei vS = 0,1 [m/s] = 100 [ms]

c) Veränderung der Geschwindigkeit v durch unterschiedliches Δp an den Steuerkanten des Proportionalventiles

Viskositätseinflüsse verändern den Durchfluß und damit die Geschwindigkeit am Verbraucher.

Die Steuerkanten an den Proportionalgeräten werden blendenartig ausgebildet, um hier einen geringen Viskositätseinfluß zu erhalten.

Messungen in Hydraulikanlagen zeigen, daß bei Temperaturänderung die Δp – Veränderungen in Rohrleitungen, Verschraubungen, Steuerblöcken prozentual

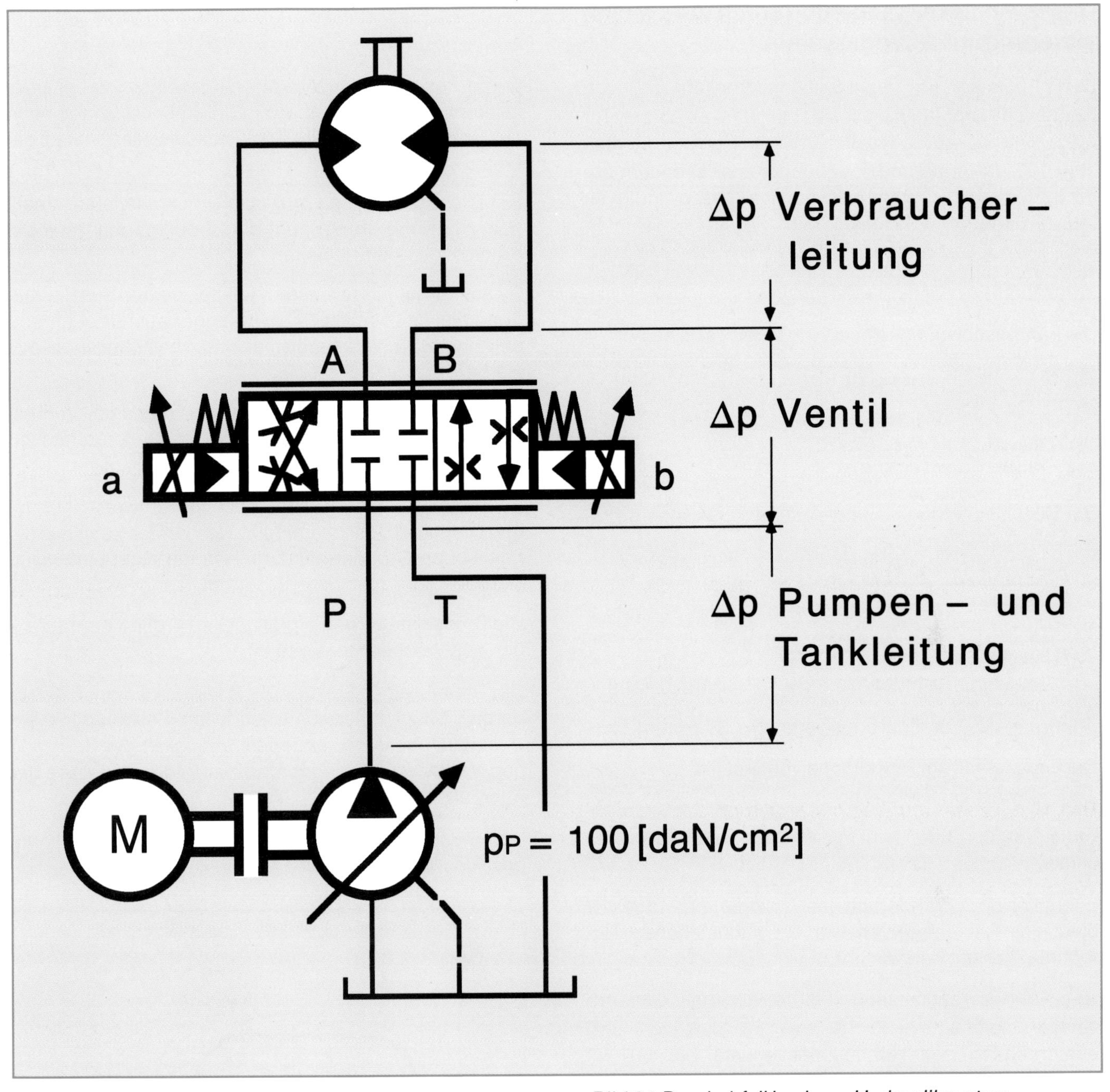

Bild 21 *Druckabfall in einem Hydrauliksystem*

wesentlich größer sind, als die Δp – Veränderungen am Durchfluß – Steuergerät selbst.

Diese Δp – Veränderungen führen selbstverständlich zu einer Durchflußänderung.

Der Einfluß auf den Verzögerungsweg soll an einem Beispiel erläutert werden.

Δp Verbraucherleitung = 4 [daN/cm^2] bei 50 °C

Δp Verbraucherleitung = 6 [daN/cm^2] bei 20 °C

Δp Pumpenleitung = 5 [daN/cm^2] bei 50 °C

Δp Pumpenleitung = 8 [daN/cm^2] bei 20 °C

Δp Veränderung am Proportionalventil = 5 [daN/cm^2]

Geschwindigkeitsänderung durch Viskositätsänderung im Leitungssystem

Der gemessene Gesamtventildruckabfall von 55 daN/cm² am Ventil stellt sich bei 50 °C Öltemperatur auf Grund des installierten Pumpendruckes p_P = 100 [daN/cm²] und des abgenommen Drehmomentes am Motor ein. Die gemessene max. Geschwindigkeit beträgt dabei v = 1,3 [m/s].

Bei niedriger Öltemperatur beträgt der Gesamtventildruckabfall nur noch $\Delta p = 50$ [daN/cm²].

Die Fahrgeschwindigkeit bei 20 °C ergibt sich aus

$$20\,°C \dashrightarrow v = v \bullet \sqrt{\Delta p1/\Delta p2}$$
$$= 1{,}3 \bullet \sqrt{50/55} = 1{,}24\,[m/s]$$

Δp1 = Druckabfall am Ventil bei 20 °C
Δp2 = Druckabfall am Ventil bei 50 °C

Die Beschleunigungs – und Verzögerungswege betragen bei

$$50\,°C \dashrightarrow s_B = v^2/(2 \bullet a) \bullet 10^3$$
$$= 1{,}3^2/(2 \bullet 2) \bullet 10^3 = 422{,}5\,[mm]$$

$$20\,°C \dashrightarrow s_B = v^2/(2 \bullet a) \bullet 10^3$$
$$= 1{,}24^2/(2 \bullet 2) \bullet 10^3 = 384{,}0\,[mm]$$

Änderung des Verzögerungsweges ≈ 38,5 [mm]

Der Druckabfall am Proportionalventil ist mit $\Delta p = 50$ (daN/cm²) relativ hoch.

Aus Energiegründen liegt es nahe den Systemdruck zu senken.

Bezüglich der Veränderung des Verzögerungsweges ist dies nicht zu empfehlen wie die nachstehende Berechnung zeigt.

Unter der Vorraussetzung, daß der minimale Gesamtventildruckabfall bis 20 °C $\Delta p = 10$ [daN/cm²] und entsprechend der Rohrleitungsverluste bei 50 °C $\Delta p = 15$ [daN/cm²] beträgt, ergibt sich

$$50\,°C \dashrightarrow v = 1{,}3\,[m/s]$$

$$20\,°C \dashrightarrow v = v \bullet \sqrt{\Delta p1/\Delta p2}$$
$$= 1{,}3 \bullet \sqrt{10/15} = 1{,}06\,[m/s]$$

Δp1 = Druckabfall am Ventil bei 20 °C
Δp2 = Druckabfall am Ventil bei 50 °C

Die Beschleunigungs – und Verzögerungswege betragen bei

$$50\,°C \dashrightarrow s_B = v^2/(2 \bullet a) \bullet 10^3$$
$$= 1{,}3^2/(2 \bullet 2) \bullet 10^3 = 422{,}5\,[mm]$$

$$20\,°C \dashrightarrow s_B = v^2/(2 \bullet a) \bullet 10^3$$
$$= 1{,}06^2/(2 \bullet 2) \bullet 10^3 = 281{,}6\,[mm]$$

Änderung des Verzögerungsweges ≈ 140 [mm]

Diese Änderung des Verzögerungsweges tritt bei einer lastkompensierten Steuerung durch Druckwaage nicht auf, da das Druckgefälle an der Drosselstelle konstant gehalten wird.

Bei Drosselsteuerung muß das Druckgefälle am Ventil höher gewählt werden, um die Streuung des Verzögerungsweges klein zu halten.

Es sei darauf hingewiesen, daß bei kleiner Beschleunigung dieses zusätzliche Δp niedriger ausfällt, während bei hoher Beschleunigung dieser Betrag höher angesetzt werden muß.

Diese auf den ersten Blick hoch erscheinende Verlustenergie durch Drosselung tritt in Folge der schnellen Bewegung am Verbraucher nur kurzzeitig auf.

Bei hohen Fahrgeschwindigkeiten (Richtwert > 1 m/s) und schnellen Beschleunigungsvorgängen kann aus dynamischen Gründen die Druckwaage nicht eingesetzt werden.

Die Drosselsteuerung ergibt aber zu große Veränderungen des Verzögerungsweges.

Der Einsatz einer Elektronik mit wegabhängiger Verzögerung bringt bei diesen schnellen Bewegungen ein wesentlich besseres Ergebnis bezüglich der Konstanz des Verzögerungsweges und damit der Konstanz der Fahrzeit *(Bild 22)*.

Das Proportionalventil wird stufenlos wegabhängig geschlossen. Der Fahrweg wird analog oder digital erfaßt.

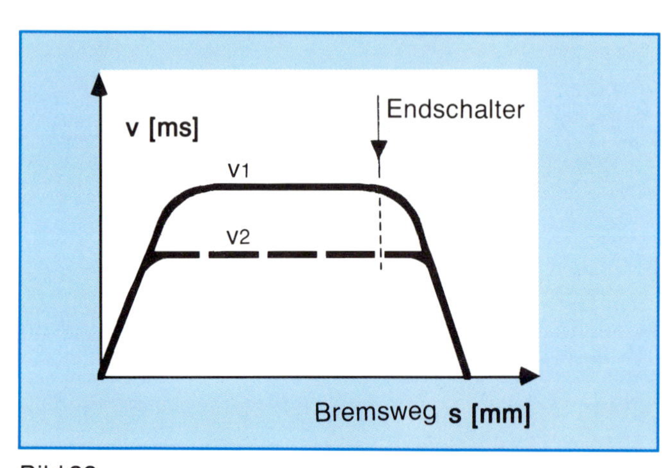

Bild 22

Berechnung von Zylinder – und Motorenabmessungen für Steuerung mit 4 – Wege – Proportionalventil

Bei der Berechnung wird von einem gegebenen Pumpendruck ausgegangen

a) Längsbewegung durch Zylinderantrieb

Als Angaben sind erforderlich:

Bewegte Masse pro Zylinder	m	[kg]
Statische Last pro Zylinder	F_{St}	[N]
Statische Kraft pro Zylinder	F_K	[N]
Reibkraft pro Zylinder	F_R	[N]
Zylindergeschwindigkeit	v	[m/s]
gewünschte Beschleunigungszeit	t_B	[s]
Pumpendruck	p_P	[daN/cm²]
Δp – Verluste in Rohrleitung	Δp_V	[daN/cm²]

b) Drehbewegung durch Ölmotorantrieb

Als Angaben sind erforderlich:

Massenträgheitsmoment am Abtrieb	J	[kgm²]
Statisches Last – Moment am Abtrieb	M_{St}	[Nm]
Statisches Kraft – Moment am Abtrieb	M_K	[Nm]
Reib – Moment am Abtrieb	M_C	[Nm]
Motor – und Getriebe – Trägheitsmoment	J_M	[kgm²]
Getriebeübersetzung	i	
Motordrehzahl / Abtriebsdrehzahl = n_M/n		
Drehzahl am Motor	n_M	[1/min]
Drehzahl am Abtrieb	n	[1/min]
gewünschte Beschleunigungszeit	t_B	[s]
Pumpendruck	p_P	[daN/cm²]
Δp – Verluste in Rohrleitung	Δp_V	[daN/cm²]

Ermittlung der erforderlichen Zylinderwirkfläche (bzw. Schluckvolumen bei Ölmotor) für Drosselsteuerung (ohne Lastkompensation)

Die Erfahrung hat gezeigt, daß ein Zylinder oder Ölmotor gut dimensioniert ist, wenn die Verteilung der Anteile des zur Verfügung stehenden Druckes

$$[p_P - \Delta p_V]$$

1/3 für die Last

1/3 für die Beschleunigung

1/3 für die Geschwindigkeit beträgt.

Das heißt bei 1/3 Last soll nur 1/2 von $[(p_P - \Delta p_V) - p_S]$ für die Verzögerung der Masse oder des Massenträgheitsmomentes verwendet werden, sonst muß das Proportionalventil zu große Querschnittsveränderungen bei Übergang von konstanter Geschwindigkeit in Verzögerung ausführen. Der Anteil der Last wird selten genau 1/3 betragen. Deshalb ist es sinnvoll immer von dem zur Verfügung stehenden Druck den tatsächlichen Lastdruck zu subtrahieren und nach obenstehender Formel die Zylinder – oder Motorenabmessungen zu bestimmen.

Bei Zylinderantrieb berechnet sich die Wirkfläche für die Beschleunigung bzw. Verzögerung:

$1/10 \cdot a \cdot m = \Delta p \cdot A_W$ — A_W = Wirkfläche [cm²]

$\Delta p = 1/2 \cdot [(p_P - \Delta p_V) - p_S]$ — a = Beschleunigung [m/s²]

$p_S = (F_{St} + F_R) / (A_W \cdot 10)$ — Δp = Wirkdruck [daN/cm²]

$a = v/t_B$

$$\text{-->}\; v/t_B \cdot m/10 = 1/2 \cdot [(p_P - \Delta p_V) - (F_{St} + F_R)/(A_W \cdot 10)] \cdot A_W$$

$$A_W \geq 2/[10 \cdot (p_P - \Delta p_V)] \cdot [m \cdot v/t_B + 1/2 \cdot (F_{St} + F_R)] \quad [\text{cm}^2]$$

Während der Beschleunigungs – bzw. Verzögerungsphase wird die Bearbeitungs – bzw. Preßkraft F_K nicht wirken.

Hinweis:
Sollte in der Beschleunigungsphase ein Kraftanteil wirken, muß dieser zu der statischen Kraft F_K addiert werden.

Die Wirkfläche für konstante Fahrgeschwindigkeit und max. Kraft F_K berechnet sich

$$A_W = (F_{St} + F_K + F_R) / [10 \cdot (p_P - \Delta p_V - 10)] \quad [\text{cm}^2]$$

"10" – – > Mindestdruckabfall am Proportionalventil

Die größte Wirkfläche aus den beiden Rechnungen bestimmt die Zylinderabmessungen.

Ist die Wirkfläche und die Beschleunigungszeit bekannt, kann entsprechend der erforderliche Pumpendruck berechnet werden.

Für die Beschleunigung

$$p_P = 2 \bullet m \bullet v / (t_B \bullet 10 \bullet A_W) + \Delta p_V + (F_{St} + F_R) / (10 \bullet A_W) \quad [daN/cm^2]$$

Bei konstanter Geschwindigkeit und max. Kraft

$$p_P = (F_{St} + F_K + F_R)/(10 \bullet A_W) + \Delta p_V + 10 \quad [daN/cm^2]$$

"10" - - > Mindestdruckabfall am Proportionalventil

Ist die Wirkfläche und der Pumpendruck bekannt, errechnet sich die Beschleunigungszeit

$$t_B = (2 \bullet m \bullet v) / [10 \bullet A_W \bullet (p_P - \Delta p_V) - (F_{St} + F_R)] \quad [s]$$

Bei Ölmotorantrieb berechnet sich das Schluckvolumen bei Drosselsteuerung für Beschleunigung und Verzögerung

$$J_G / i^2 \bullet \varepsilon = (V_G \bullet \Delta p) / (20 \bullet \Pi)$$

$$\Delta p = 1/2 \bullet [(p_P - \Delta p_V) - p_S]$$

$$\varepsilon = \omega / t_B$$

$$\omega = \Pi \bullet n \bullet i / 30$$

$$p_S = [(M_S + M_C) \bullet 20 \bullet \Pi] / (i \bullet V_G)$$

$$J_G / i^2 \bullet \Pi \bullet n \bullet i / (30 \bullet t_B) = V_G / (20 \bullet \Pi) \bullet 1/2 \{ (p_P - \Delta p_V) - [(M_S + M_C) \bullet 20 \bullet \Pi] / (i \bullet V_G) \}$$

$$V_G = 4 \bullet \Pi / [(p_P - \Delta p_V) \bullet i] \bullet [J_G \bullet n \bullet \Pi / (3 \bullet T_B) + 5 \bullet (M_S + M_C)] \quad [cm^3/U]$$

Δp	= erforderliche Druckdifferenz für die Beschleunigung	[daN/cm²]
J_G	= Gesamtträgheitsmoment am Abtrieb	[kgm²]
i	= Motor – n/Abtrieb – n	
V_G	= Schluckvolumen Motor	[cm³/U]
ω	= Winkelgeschwindigkeit	[1/s]
ε	= Winkelbeschleunigung	[1/s²]

Hinweis:
Wirkt während der Beschleunigungsphase ein Kraftmoment M_K, muß dieses zu dem Lastmoment M_S addiert werden.

für konstante Drehzahl und max. Kraftmoment MK

$$V_G = (M_S + M_K + M_C) \bullet 20 \bullet \Pi / [i \bullet (p_P - \Delta p_V - 10)] \quad [cm^3/U]$$

"10" - - > Mindestdruckabfall am Proportionalventil

Das größere Schluckvolumen bestimmt die Auswahl des Ölmotors.

Ist das Schluckvolumen und die Beschleunigungszeit bekannt, kann der erforderliche Pumpendruck berechnet werden,

für die Beschleunigung

$$p_P = J_G \bullet \Pi^2 \bullet n \bullet 4 / (3 \bullet i \bullet V_G \bullet t_B) + \Delta p_V + [(M_S + M_C) \bullet 20 \bullet \Pi] / (i \bullet V_G) \quad [daN/cm^2]$$

für konstante Drehzahl und max. Moment M_K

$$p_P = [(M_S + M_K + M_C) \bullet 20 \bullet \Pi] / (i \bullet V_G) + \Delta p_V + 10 \quad [daN/cm^2]$$

"10" - - > Mindestdruckabfall am Proportionalventil

Ist das Schluckvolumen und der Pumpendruck bekannt, errechnet sich die Beschleunigungszeit

$$t_B = 4/3 \bullet J_G \bullet n \bullet \Pi^2 / [i \bullet V_G \bullet (p_P - \Delta p_V) - 20 \bullet \Pi \bullet (M_S + M_C)] \quad [s]$$

Ermittlung der erforderlichen Zylinderwirkfläche für lastkompensierte Steuerungen

Bei lastkompensierter Steuerung steht der volle Druck (p_P – Δp_V) abzüglich Δp der Druckwaage (8 daN/cm^2) und abzüglich Druckabfall an der Drosselkante Verbraucher nach Tank (8 daN/cm^2) zur Verfügung.

Die Wirkfläche berechnet sich für die Beschleunigung bzw. Verzögerung

$$A_W \geq 1/10 \bullet [(F_{St} + F_R) + v \bullet m/t_B] / / (p_P - \Delta p_V - 16) \quad [\text{cm}^2]$$

für konstante Geschwindigkeit und max. Kraft F_K

$$A_W \geq (F_{St} + F_K + F_R) / / [10 \bullet (p_P - \Delta p_V - 16)] \quad [\text{cm}^2]$$

"16" – – > Mindestdruckabfall am Proportionalventil
+ an der Druckwaage

Die größere Wirkfläche A_W bestimmt die Zylinderabmessungen.

Ist die Wirkfläche und die Beschleunigungszeit bekannt, kann der erforderliche Pumpendruck berechnet werden,

für die Beschleunigung

$$p_P = m \bullet v/(t_B \bullet 10 \bullet A_W) + \Delta p_V + 16 + (F_{St} + F_R)/(10 \bullet A_W) \quad [\text{daN/cm}^2]$$

für konstante Geschwindigkeit und max. Kraft F_K

$$p_P = (F_{St} + F_K + F_R)/(10 \bullet A_W) + + \Delta p_V + 16 \quad [\text{daN/cm}^2]$$

"16" – – > Mindestdruckabfall am Proportionalventil
+ an der Druckwaage

Ist die Wirkfläche und der Pumpendruck bekannt, errechnet sich die Beschleunigungszeit

$$t_B = m \bullet v/[A_W \bullet 10 \bullet (p_P - \Delta p_V - 16) - - (F_{St} + F_R)] \quad [\text{s}]$$

Bei Ölmotorantrieb berechnet sich das Schluckvolumen für lastkompensierte Steuerung für Beschleunigung und Verzögerung

$$V_G = 2 \bullet \Pi / [(p_P - 16 - \Delta p_V) \bullet i] \bullet \bullet [J_G \bullet n \bullet \Pi / (3 \bullet t_B) + + 10 \bullet (M_S + M_C)] \quad [\text{cm}^3/\text{U}]$$

für konstante Geschwindigkeit und max. Kraftmoment M_K

$$V_G = (M_S + M_K + M_C) \bullet 20 \bullet \Pi / / [(p_P - \Delta p_V - 16) \bullet i] \quad [\text{cm}^3/\text{U}]$$

"16" – – > Mindestdruckabfall am Proportionalventil
+ an der Druckwaage

Ist das Schluckvolumen und die Beschleunigungszeit bekannt, kann der erforderliche Pumpendruck für die Beschleunigung berechnet werden

$$p_P = J_G \bullet \Pi^2 \bullet n \bullet 2 / (3 \bullet i \bullet V_G \bullet t_B) + \Delta p_V + 16 + [(M_S + M_C) \bullet 20 \bullet \Pi] / (i \bullet V_G) \quad [\text{daN/cm}^2]$$

$$p_P = [(M_S + M_K + M_C) \bullet 20 \bullet \Pi] / (i \bullet V_G) + + \Delta p_V + 16 \quad [\text{daN/cm}^2]$$

"16" – – > Mindestdruckabfall am Proportionalventil
+ an der Druckwaage

Ist die Wirkfläche und der Pumpendruck bekannt, errechnet sich die Beschleunigungszeit

$$t_B = (2/3 \bullet J_G \bullet n \bullet \Pi^2) / / [i \bullet V_G \bullet (p_P - \Delta p_V - 16) - - 20 \bullet \Pi \bullet (M_S + M_C)] \quad [\text{s}]$$

Berechnung und Einfluß der Eigenfrequenz von Hydrauliksystemen

Es wurde bereits darauf hingewiesen, daß die Eigenfrequenz ein Maß für die Güte des Antriebes und die minimal mögliche Beschleunigungszeit ist.

Zur Berechnung der genauen System – Eigenfrequenz müssen verschiedene Parameter wie mechanische Reibung und Ölviskosität bekannt sein.

Diese sind in der Projektierungsphase oft nicht bekannt. Es genügt aber in der Praxis, wenn die ungedämpfte Eigenfrequenz berechnet wird und daraus "Erfahrungswerte" abgeleitet werden.

Um die Berechnung der ungedämpften Eigenfrequenz eines Hydrauliksystems besser verständlich zu machen, wird der Vergleich mit der Eigenfrequenz eines mechanischen Feder – Masse – Systems herangezogen.

Eigenfrequenz ohne Dämpfung für Gleichgangzylinder

A_W = Wirksame Kolbenfläche
h = Zylinderhub
V_{L1} = V_1 = Rohrleitungsvolumen
V_{L2} = V_2 = Rohrleitungsvolumen
V_A = V_B = Zylindervolumen
V_3, V_4 = Ölvolumina zwischen Regelventil und Zylinder ($V_1 + V_A$)
$E_{Öl}$ = Elastizitätsmodul Öl

Gesamtfederkonstante

$$C_{ges.} = C_1 + C_2$$
$$= 2 \cdot [A_W^2 \cdot E_{ÖL} / (V_1 + h/2/10 \cdot A_W)]$$
$$= 2 \cdot [A_W^2 \cdot E_{ÖL} / (V_1 + V_A)]$$
$$= 2 \cdot (A_W^2 \cdot E_{ÖL} / V_3)$$

Ersatzbild des obigen Feder – Masse – Systems

F = Kraft der Feder
T = Schwingungsdauer für 1 Vollschwingung
s = Federweg

Schwingung des obigen Feder – Masse – Systems ohne Dämpfung

Kreisfrequenz des Feder – Masse – Systems

$$\omega_0 = \sqrt{C_{ges}/m} \quad [1/s]$$

Eigenfrequenz

$$f = 1/(2 \cdot \pi) \cdot \sqrt{C_{ges}/m} \quad [\text{Hertz}]$$

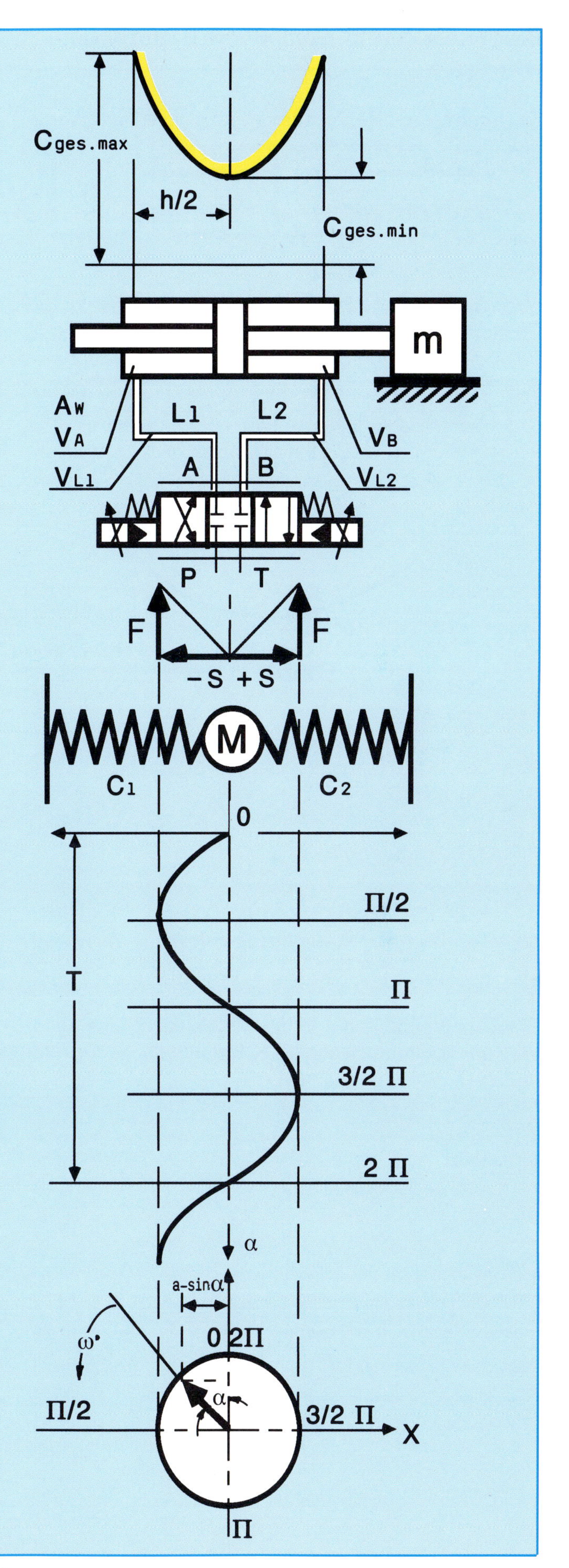

Bild 23 *Eigenfrequenz ohne Dämpfung für Gleichgangzylinder*

Bestimmung der Eigenfrequenz mit Hydrozylinder

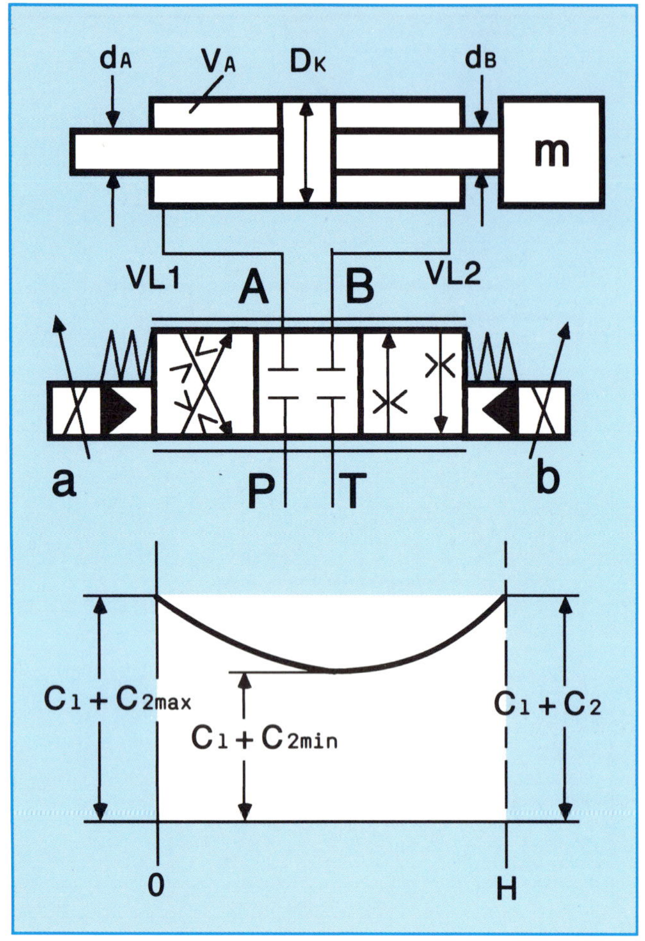

Bild 24 *Gleichgangzylinder*

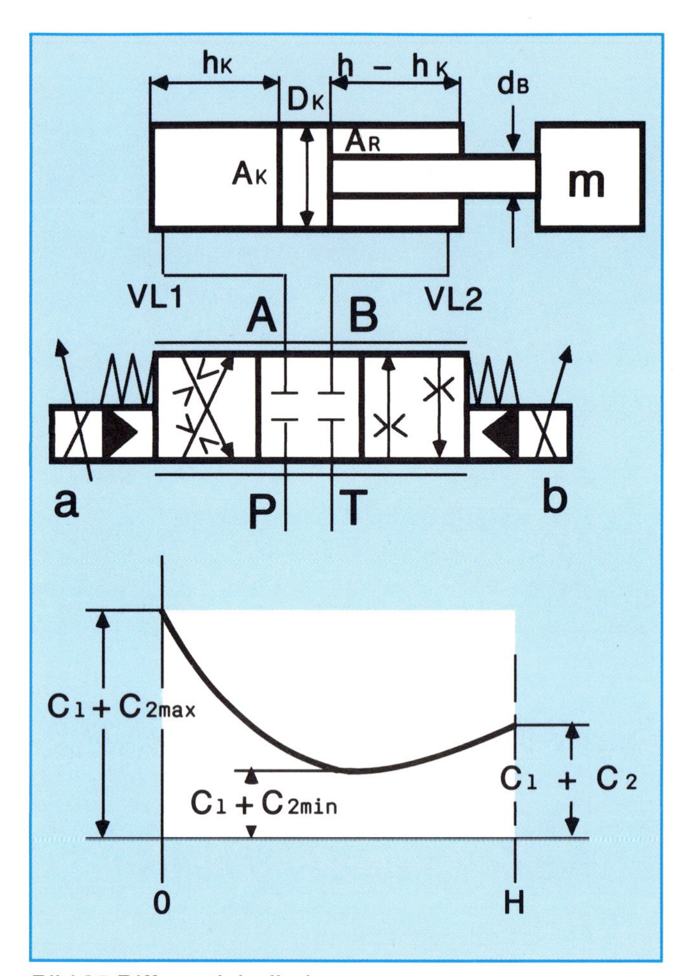

Bild 25 *Differentialzylinder*

$C_1 = A_A^2 \bullet E_{Öl} / [(A_A \bullet h/2/10) + V_{L1}]$ [N/m]

$C_2 = A_B^2 \bullet E_{Öl} / [(A_B \bullet h/2/10) + V_{L2}]$ [N/m]

$\omega 0 = \sqrt{(C_1 + C_2)/m}$ [1/s]

Die Eigenfrequenz hat in der Mittelstellung des Zylinders das Minimum, wenn die Kolbenringfläche $A_A = A_B$ und $V_{L1} = V_{L2}$ ist.

Masse	m	[kg]
Zylinderhub	h	[mm]
Zylinderhub bei min. Eigenfrequenz	h_K	[mm]
Kolbenfläche	A_K	[cm²]
Ringfläche	A_R	[cm²]
Leitungsvolumen auf der Kolbenseite	V_{L1}	[cm³]
Leitungsvolumen auf der Ringeseite	V_{L2}	[cm³]
Elastizitätsmodul = $1{,}4 \bullet 10^7$	$E_{Öl}$	[kg/cm•sec²]
Federkonstante auf der Kolbenseite	C_1	[N/m]
Federkonstante auf der Ringseite	C_2	[N/m]

$C_1 = A_K^2 \bullet E_{Öl} / (A_K \bullet h_K/10 + V_{L1})$ [N/m]

$C_2 = A_R^2 \bullet E_{Öl} / [A_R \bullet (h - h_K)/10 + V_{L2}]$ [N/m]

Die Kolbenstellung h_K bei der die Gesamtfederbelastung das Minimum hat, kann berechnet werden

$$(C_1 + C_2)_{max} = A_K^2 \bullet E_{Öl} / V_{L1} + A_R^2 \bullet E_{Öl} / (V_{L2} + A_R \bullet h/10) \quad \text{für } h = 0$$

$$(C_1 + C_2)_{max} = A_K^2 \bullet E_{Öl} / (V_{L1} + A_K \bullet h/10) + A_R^2 \bullet E_{Öl} / V_{L2} \quad \text{für } h = h$$

Wird die Gleichung für $(C_1 + C_2)$ differenziert, kann $(C_1 + C_2)_{min}$ und der dazu gehörende Zylinderhub h_K berechnet werden:

$$h_K = [(A_R \bullet h/10/\sqrt{A_R^3} + V_{L1}/\sqrt{A_R^3} - V_{L2}/\sqrt{A_K^3}) / (1/\sqrt{A_R} + 1/\sqrt{A_K})] \bullet 10 \quad \text{[mm]}$$

$$\omega 0_{min} = \sqrt{(C_1 + C_2)/m} \quad \text{[1/s]}$$

Bestimmung der Eigenfrequenz für Hydrozylinder mit Regenerativschaltung (Differentialschaltung)

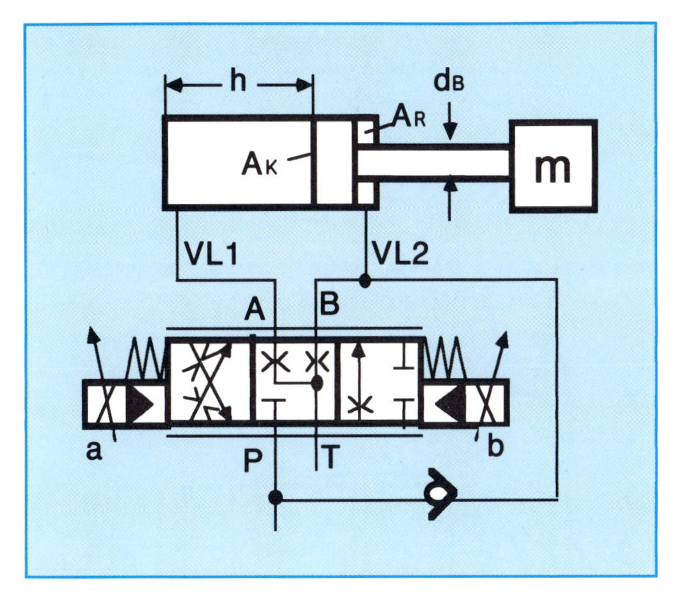

Bild 26

$C_1 \quad = A_K^2 \bullet E_{Öl} / (A_K \bullet h/10 + V_{L1})$ [N/m]

$\omega_0 \quad = \sqrt{C_1 / m}$ [1/s]

Bei Regenerativschaltung gibt es auf der Ringseite A_R bei Zylinder ausfahren keine Federkonstante C_2.

Begründung

Die Kolbenringseite steht unter konstantem Druck p_P. Äußere Kräfte, die auf den Zylinder wirken, führen zu keiner Druckerhöhung auf dieser Zylinderseite – keine Gegenkrafterhöhung in diesem Zylinderringraum.

Die niedrigste Federkonstante C_1 und damit die niedrigste Eigenfrequenz liegt bei Kolbenhub h.

Bestimmung der Eigenfrequenz für Hydrozylinder mit lastkompensierter Steuerung

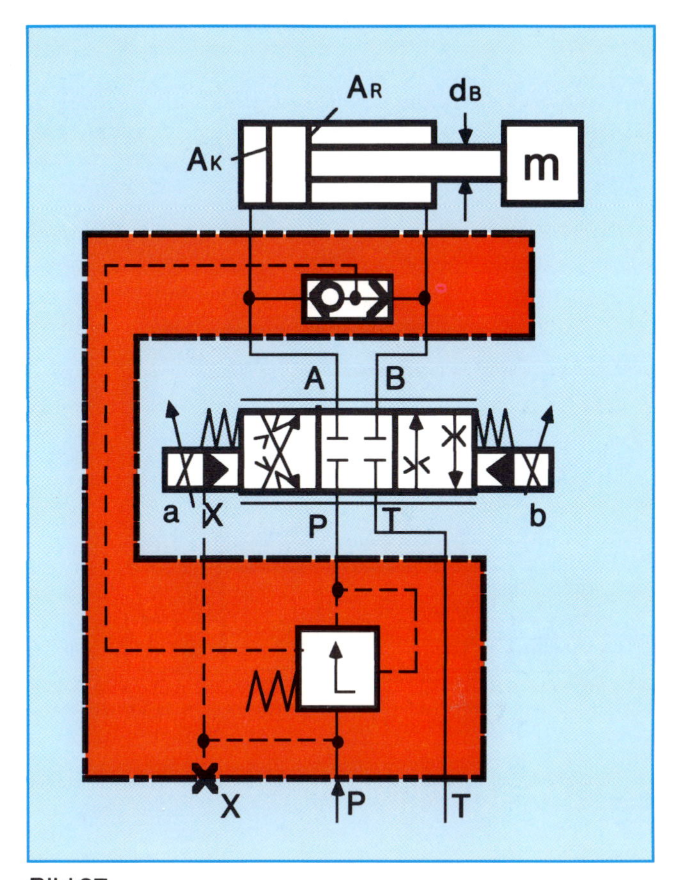

Bild 27

$C_2 \quad = A_R^2 \bullet E_{Öl} / (A_R \bullet h/10 + V_{L2}]$ [N/m]

$\omega_0 \quad = \sqrt{C_2 / m}$ [1/s]

Auch bei lastkompensierten Steuerungen kann nur mit der Federkonstante einer Zylinderseite gerechnet werden.

Die nicht lastkompensierte Seite steht unter konstantem Staudruck der Drosselkante für das abfließende Öl (bei Zulauf – Druckwaage).

Äußere Kräfte führen zu keiner Druckerhöhung und damit Krafterhöhung auf dieser Seite.

Die niedrigste Federkonstante und damit niedrigste Eigenfrequenz liegt bei eingefahrenem Zylinder.

Ermittlung der Eigenfrequenz für Hydraulikantriebe mit Ölmotoren

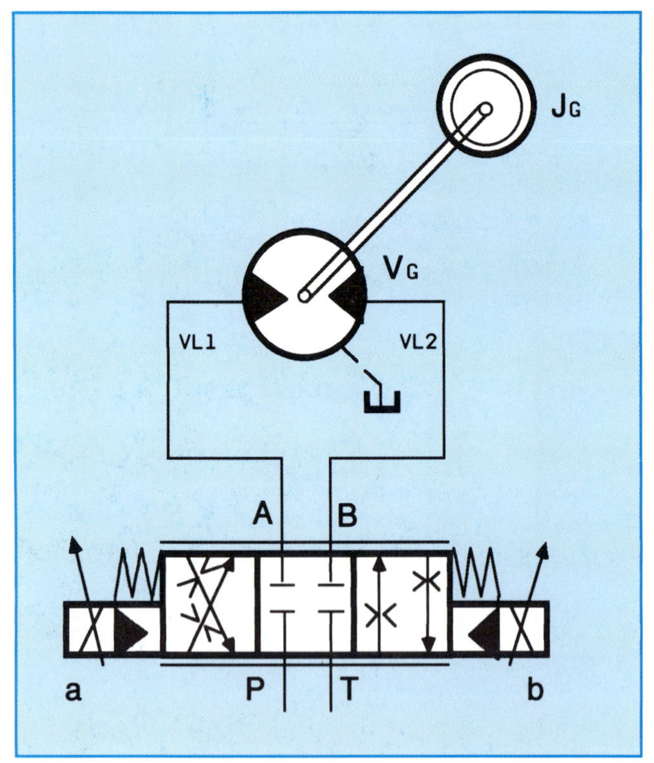

Bild 28

$$C_1 = [V_G / (2 \cdot \Pi)]^2 \cdot E_{Öl} / [(V_G/2 + V_{L1}) \cdot 10^4] \quad [\text{Nm/rad}]$$

$$C_2 = [V_G / (2 \cdot \Pi)]^2 \cdot E_{Öl} / [(V_G/2 + V_{L2}) \cdot 10^4] \quad [\text{Nm/rad}]$$

$$\omega_0 = \sqrt{(C_1 + C_2)/J_G} \quad [1/s]$$

Massenträgheitsmoment	J_G	**[kgm²]**
Schluckvolumen Ölmotor	V_G	**[cm³/U]**
Rohrleitungsvolumen	V_{L1}	**[cm³]**
	V_{L2}	**[cm³]**
Elastizitätsmodul $1{,}4 \cdot 10^7$	$E_{Öl}$	**[kg/cm • sec²]**

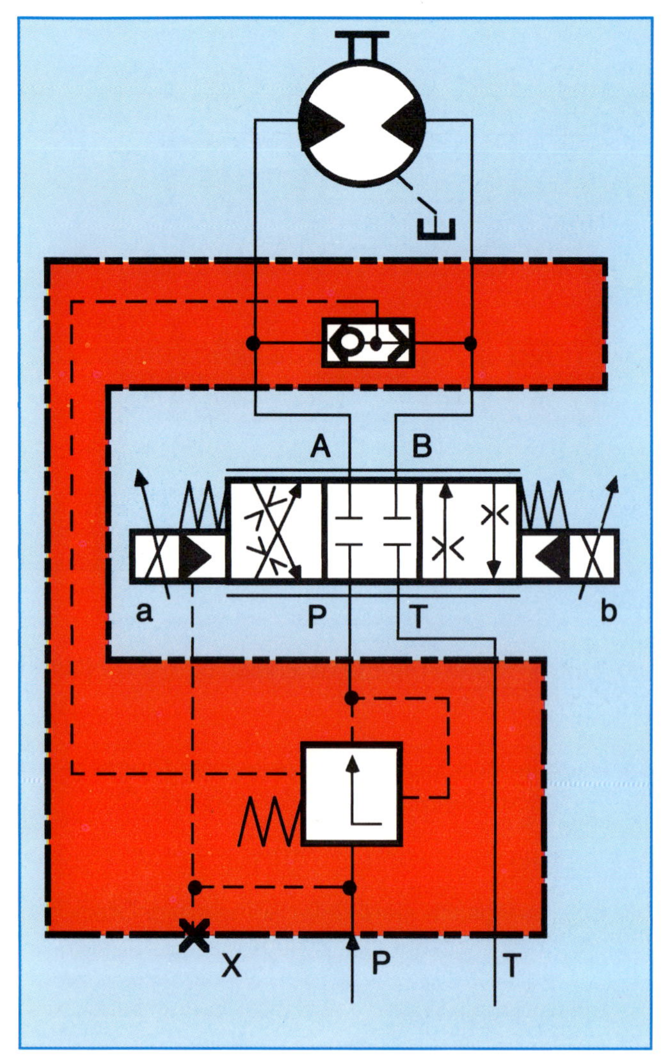

Bild 29

Bei lastkompensierter Steuerung kann nur mit der Federkonstante einer Motorseite gerechnet werden.

Die nicht lastkompensierte Seite steht unter konstantem Staudruck der Drosselkante für das abfließende Öl (bei Zulauf – Druckwaage).

Äußere Kräfte führen zu keiner Druckerhöhung und damit Krafterhöhung auf dieser Seite.

$$\omega_{0min} = \sqrt{C_1/J_G} \quad [1/s]$$

Welche Erfahrungswerte lassen sich aus der berechneten Eigenfrequenz für Steuerungen mit Proportional – Geräten ableiten?

a) Niedrigste System – Eigenfrequenz

Die Eigenfrequenz sollte bei Steuerungen

ohne Lastkompensation	3 Hz = 18,84	[1/s]
mit Lastkompensation	4 Hz = 25,13	[1/s]

nicht unterschreiten.

Bei kleineren Eigenfrequenzen des Systems hat sich gezeigt, daß Beschleunigungs – und Verzögerungs – Vorgänge wegen der geringen Systemsteife nicht mehr gut verlaufen. Bei kleinen Fahrgeschwindigkeiten ist außerdem mit Stick – Slip Bewegungen zu rechnen.

Diese negativen Erscheinungen treten bei Steuerungen mit Lastkompensation schon früher auf, weil die Druckwaage auch ein Eigenzeitverhalten hat. Drosselsteuerungen (ohne Lastkompensation) haben eine zusätzliche Dämpfungswirkung und glätten einen ungleichen Geschwindigkeitsverlauf bei niedrigen Frequenzen des Systems besser.

Bei großen Unterschieden zwischen Haft – und Gleitreibung ist aber auch bei Drosselsteuerung mit keinem annähernd konstanten Geschwindigkeitsverlauf zu rechnen.

b) Minimale Beschleunigungs – und Verzögerungszeit

Aus der Eigenfrequenz läßt sich eine Erfahrungswert für die Beschleunigungs – und Verzögerungszeit ableiten. Für Steuerungen mit Proportional – Wege – und Stromventilen ergibt sich

$t_B = 18 / \omega_0$ [s]

ω_0 = ungedämpfte Kreisfrequenz des Systems in [1/s]

Für die Praxis ist, auf Seite 28 diese Beschleunigungs – / Verzögerungszeit in Abhängigkeit von der Kreisfrequenz ω_0 tabellarisch zusammengestellt.

Die Beschleunigungswerte a in [m/s^2] sind für verschiedene Fahrgeschwindigkeiten ebenfalls aufgeführt.

Ventil-grenze	Kreisfrequenz (ungedämpft)	Eigenfrequenz (ungedämpft)	Beschleunigungs-/ Verzögerungszeit	für Geschwindigkeit v [m/s] v = 0,5	v = 1	v = 1,5	v = 2
	ω_0 [s⁻¹]	f [Hz]	t_B [s]	ergibt sich Beschleunigung / Verzögerung a in [m/s²]			
	5	0,79	3,6	0,138	0,277	0,416	0,555
	10	1,59	1,85	0,277	0,55	0,833	1,11
	15	2,38	1,2	0,416	0,833	1,25	1,66
	20	3,18	0,9	0,555	1,11	1,66	2,22
	30	4,77	0,6	0,833	1,66	2,5	3,33
	40	6,37	0,45	1,111	2,22	3,33	4,44
	50	7,95	0,36	1,388	2,77	4,16	5,55
NG 32	60	9,54	0,3	1,666	3,33	5,0	6,66
	70	11,14	0,26	1,94	3,89	5,83	7,77
	80	12,73	0,225	2,22	4,44	6,66	8,88
NG 25	90	14,32	0,2	2,5	5,0	7,5	10,0
	100	15,91	0,18	2,77	5,56	8,33	11,11
	110	17,50	0,16	3,05	6,11	9,16	12,22
	120	19,09	0,15	3,33	6,66	10,0	
NG 16	130	20,69	0,138	3,61	7,22	10,83	
	140	22,28	0,128	3,88	7,78		
	150	23,87	0,12	4,16	8,33		
	160	25,46	0,1125	4,44	8,89		
	170	27,05	0,105	4,72	9,44		
NG 10	180	28,64	0,1	5,0	10,0		

Hinweis

Die minimale Beschleunigungs-/ Verzögerungszeit kann durch 3 charakteristische Größen bestimmt werden:

1. Minimale Beschleunigungs-/ Verzögerungszeit in Abhängigkeit von der Eigenfrequenz ω_0 [1/s]

2. Minimale Beschleunigungs-/ Verzögerungszeit bestimmt durch den installierten Pumpendruck.

3. Minimale Beschleunigungs-/ Verzögerungszeit begrenzt durch die hydraulische Eigenschaltzeit des Proportional-Gerätes.

Notizen

Notizen

Kapitel F

Einstieg in die Servoventil-Technik

Dieter Kretz

Entwicklungsgeschichte elektrohydraulischer Servoventile

Die grundlegenden Entwicklungen der Servohydraulik entstammen dem Bereich der Luftfahrt. Elektro – hydraulische Servoventile wurden gebaut um Flugkörper mit kleinsten elektrischen Eingangssignalen exakt zu steuern. Die Umstellung von elektrischen bzw. elektronischen Steuerungen auf elektro – hydraulische Steuerungen und Regelkreise war insbesondere bedingt durch die höheren Fluggeschwindigkeiten und die daraus resultierenden größeren Stellgeschwindigkeiten und Stellkräfte.

An das Stellorgan wurden hierbei hohe Forderungen an Schnelligkeit, Präzision und Leistungsdichte gestellt.

Im Laufe der Jahre hat auch die Industrie diese Technik aufgegriffen und im Hinblick auf die im industriellen Einsatz geforderten Genauigkeiten abgewandelt, sodaß die Geräte zu industriegerechten Preisen angeboten werden können.

Definition der Servohydraulik

Der Begriff "Servohydraulik" hat im technischen Sprachgebrauch seinen festen Platz gefunden. Dennoch bestehen über seine Bedeutung noch recht unterschiedliche Meinungen.

Eine aussagekräftigere Bezeichnung wäre z.B. "Elektro – hydraulische Regelungstechnik".

Unter diesem Begriff könnten alle Anwendungen zusammengefaßt werden, bei denen hydraulische Geräte in Regelkreisen arbeiten.

Anwendung in Regelkreisen bedeutet, der Betriebszustand wird meßtechnisch ständig überwacht und Abweichungen vom geforderten Betriebszustand werden selbsttätig korrigiert.

Geregelte Größen sind meist mechanische Größen

wie	– Weg	bzw.	Drehwinkel
	– Geschwindigkeit		Drehzahl
	– Kraft		Drehmoment

oder hydraulische Größen

wie – Volumenstrom

– Druck

Um die genannten Größen regeln zu können bedarf es entsprechender Meßgeräte zur Istwerterfassung.

Unter Servohydraulik sind somit nicht nur einzelne Hydraulikkomponenten zu sehen, sondern vielmehr ein Zusammenwirken von angewandter Regelungstechnik, der Hydraulik zur Energieübertragung und der Elektronik zur Informationsverarbeitung.

Zur Beurteilung elektrohydraulischer Regelkreise bzw. zum Erkennen von deren Leistungsgrenzen muß sich der Anwender mit den Bereichen

Regelungstechnik

Elektronik

Hydraulik und

Meßtechnik

auseinandersetzen.

Servohydraulik als System

Es wird deutlich, daß Servohydraulik reine Systemtechnik ist.

Alle an der Regelung beteiligten Elemente müssen in die Betrachtung einbezogen werden.

Das Ergebnis ist in hohem Maße abhängig von der intensiven Zusammenarbeit aller an einem Projekt mitwirkenden Personen.

Nur ein gutes Zusammenarbeiten, in einem möglichst frühen Stadium läßt ein optimales Ergebnis erwarten.

Kompromislösungen entstehen oft, wenn die Zusammenarbeit zu einem Zeitpunkt beginnt, an dem die wesentlichen Merkmale eines Projekts bereits unumstößlich festliegen.

Unterschied zwischen Steuerkette und Regelkreis

Steuerkette

Wird der Schalter a geschlossen, so steuert der Proportionalverstärker b das Proportionalwegeventil gemäß dem eingestellten Sollwert an. Das Proportionalventil öffnet und es stellt sich ein Durchfluß ein.

Die Kolbenstange des Zylinders Z bewegt sich.

Wird nun die Forderung gestellt, daß der Kolben des Zylinders beim Öffnen des Schalters a an einer definierten, reproduzierbaren Stelle stehen bleibt, so ist dies nur bedingt möglich.

Die Gründe dafür sind:

– Das Schaltverhalten des Proportionalventiles ändert sich mit der Ölviskosität.

– Der Druckabfall am Ventil ändert sich aufgrund viskositätsabhängiger Verluste in den Rohrleitungen.

– Mit unterschiedlichem Δp ergeben sich unterschiedliche Durchflüsse und damit unterschiedliche Stellgeschwindigkeiten des Zylinders.

– Der Bremsweg ändert sich in Abhängigkeit der bewegten Masse und der Stellgeschwindigkeit.

All diese "Störgrößen" gehen bei einer Steuerkette voll in das Ergebnis ein.

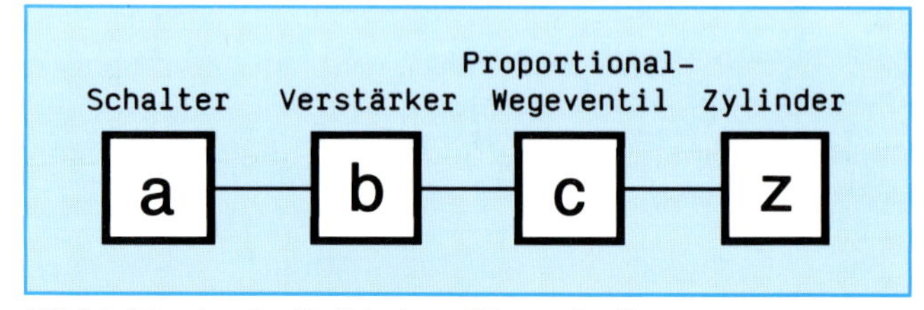

Bild 1 *Blockschaltbild einer Steuerkette*

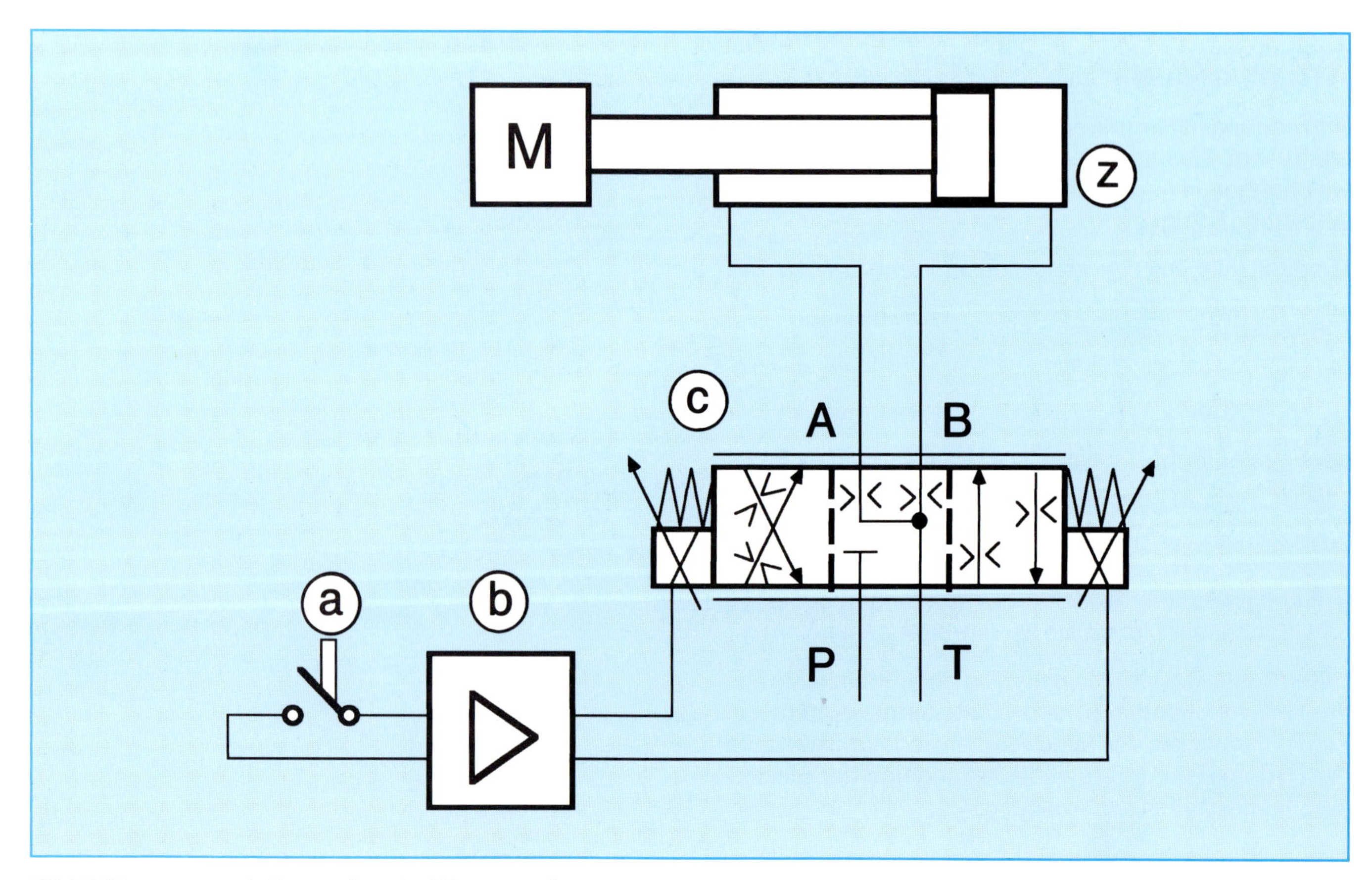

Bild 2 *Steuerung mit Proportional – Wegeventil*

Regelkreis

Mit dem Potentiometer P1 wird eine Sollwertspannung vorgewählt, die einer bestimmten Position des Kolbens entspricht. Die tatsächliche Stellung des Kolbens, der Istwert, wird von Potentiometer P2 ebenfalls als Spannung abgebildet. Beide Spannungen werden am Eingang des Verstärkers V voneinander subtrahiert, d.h. es wird die Soll – Ist – Differenz, der Fehler, die Regelabweichung gebildet. Der Fehler wird im Verstärker V verstärkt und ist nun in der Lage, die Spule des Servoventils SV zu erregen. Dadurch öffnet das Servoventil und der Kolben bewegt sich. Dabei ändert sich auch die Stellung des Potentiometer P2, die Istwertspannung nähert sich größenmäßig mehr und mehr der Sollwertspannung an und hebt diese auf, sobald die gewünschte Position erreicht wird. Während dieses Vorgangs wird der Fehler immer kleiner und trotz Verstärkung steht der Spule des Servoventils immer weniger Strom zur Verfügung. D.h. das Servoventil schließt allmählich und bremst dadurch den Kolben ab. Bei Erreichen der gewünschten Position ist der Fehler gleich Null und das Servoventil geschlossen.

Man erkennt, daß sich die bei der offenen Steuerkette beschriebenen Störgrößen im geschlossenen Regelkreis nicht mehr oder kaum noch auf das Ergebnis auswirken. Dies ist ein wesentliches Merkmal der Regelungstechnik und damit der Servohydraulik.

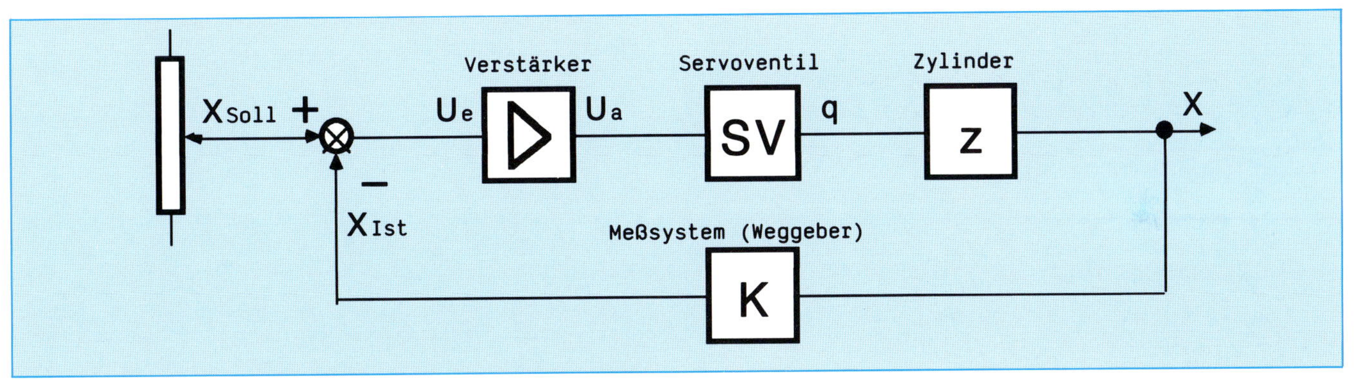

Bild 3 *Vereinfachtes Blockschaltbild eines Regelkreises*

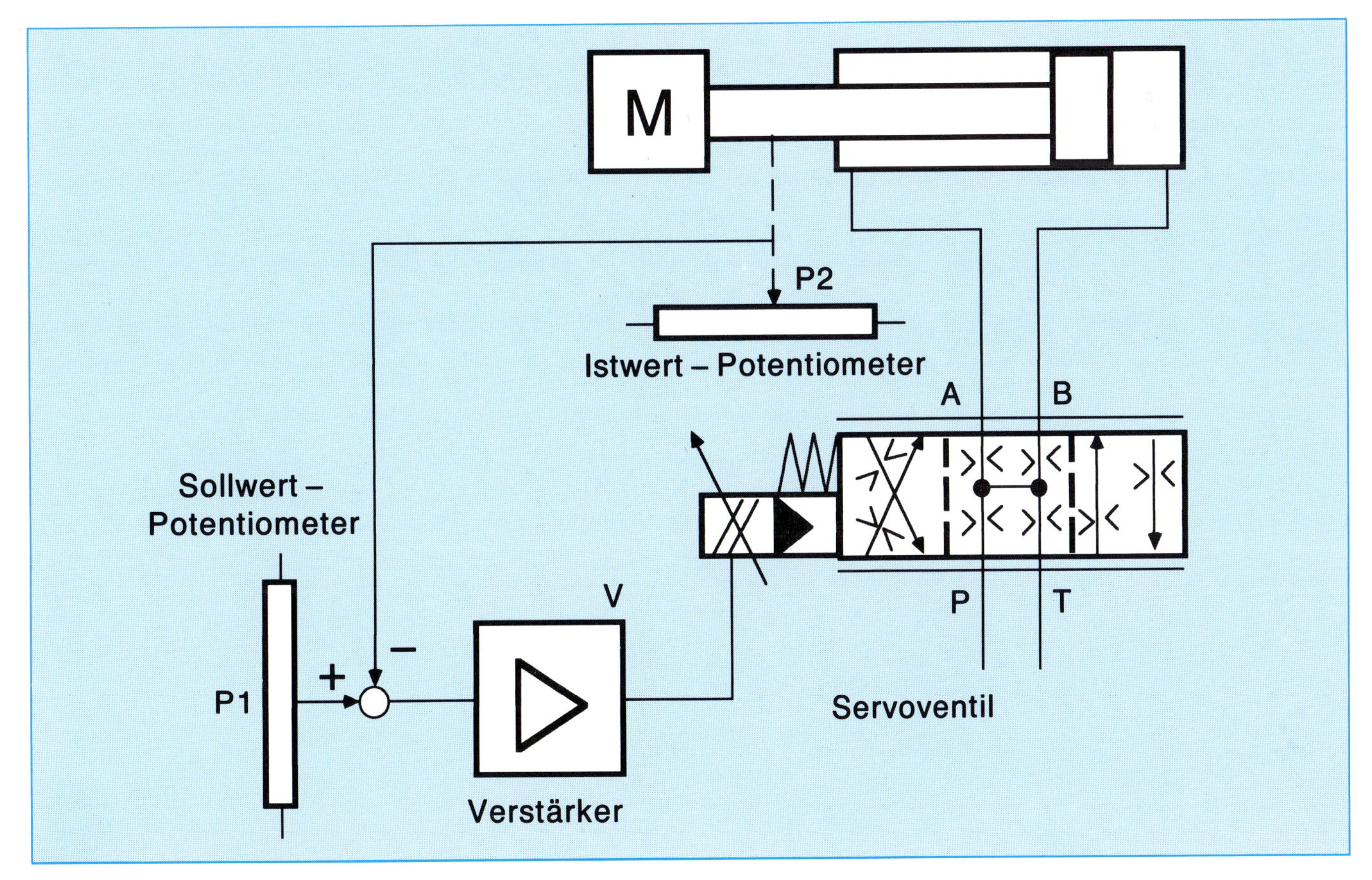

Bild 4 *Regelkreis mit Servoventil*

Begriffe, Daten und ihre Bedeutung für die Anwendung

Zur Beschreibung der Servoventile werden eine Großzahl von Begriffen verwendet, deren Bedeutung soll zunächst definiert und erklärt werden.

1. Statische Kenngrößen

1.1 Nenndurchfluß

Der Nenndurchfluß der Servoventile wird meist auf einen Gesamtdruckabfall von 70 bar bezogen.

Das bedeutet aber nicht, daß nur mit diesen 70 bar Druckabfall gearbeitet werden kann. Jeder beliebige Betriebspunkt (Durchfluß) kann ermittelt werden.

$$Q = Q_{Nenn} \cdot \sqrt{\frac{\Delta p}{\Delta p_{Nenn}}}$$

Q_{Nenn} = Nenndurchfluß bei Nenndruckabfall Δp_{Nenn}

Der Nenndurchfluß ist immer bezogen auf Vollaussteuerung des Servoventils. Bei Teilaussteuerung ändert sich der Durchfluß proportional zum Aufsteuerungsverhältnis.

1.2 Durchflußkennlinie

Der Zusammenhang zwischen dem Ventildurchfluß und dem elektrischen Eingangssignal wird in der Durchflußkennlinie dargestellt.

A, B = charakteristische Arbeitspunkte
A = Arbeitspunkt um den Nullpunkt
B = Arbeitspunkt im geöffneten Zustand

Bedeutung des Arbeitspunktes für die Regelaufgabe siehe 1.3 (Seite F6).

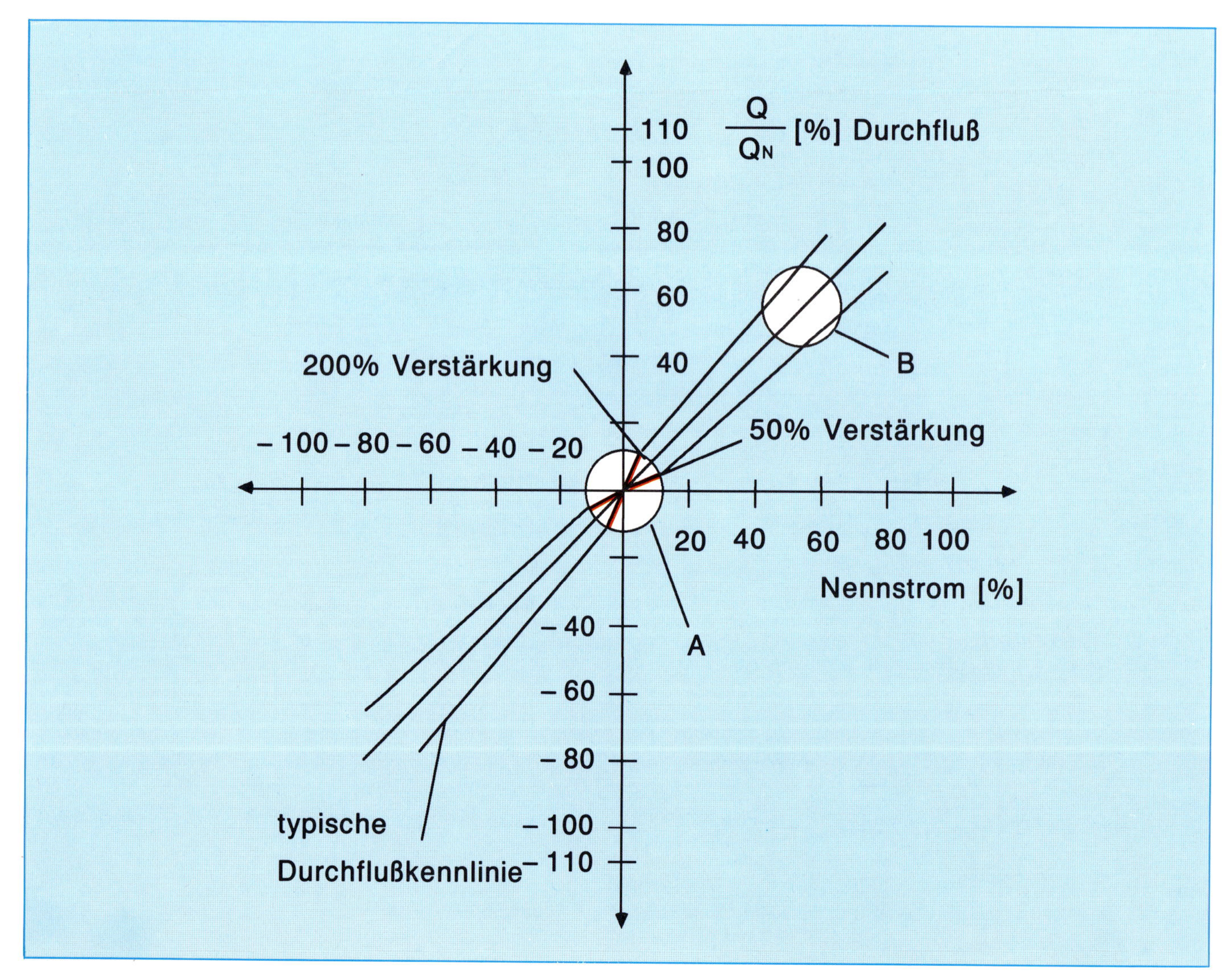

Bild 5 *Durchfluß – Kennlinie*

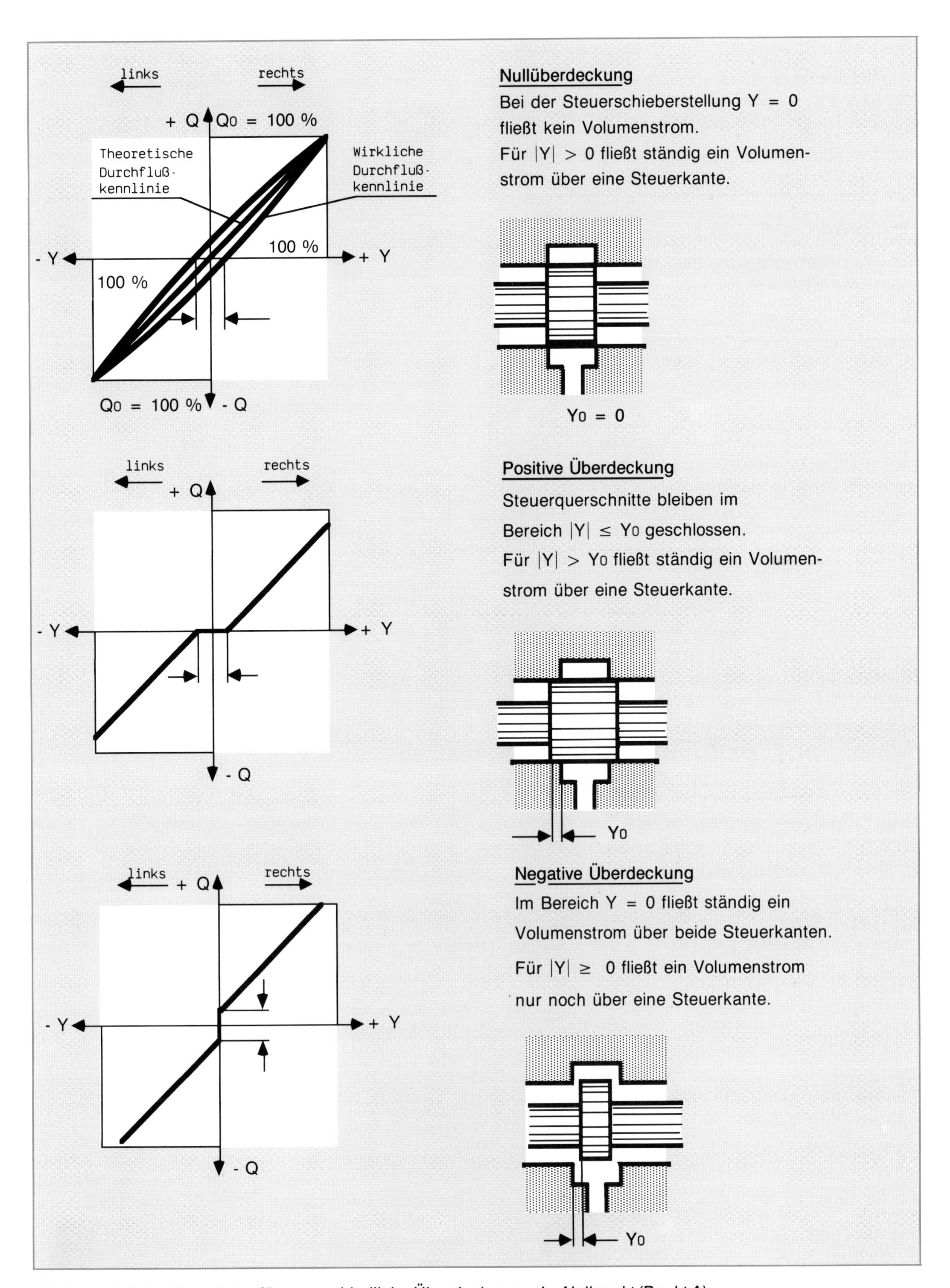

Bild 6 *Durchfluß – Kennlinien für unterschiedliche Überdeckungen im Nullpunkt (Punkt A)*

1.3 Zuordnung der Überdeckung zur Regelaufgabe

– Positions – und Druckregelung
Bei Positions – und Druckregelung arbeitet das Ventil im Arbeitspunkt "A" d.h. um den Nullpunkt.

Für diese Anwendung muß eine Nullüberdeckung bzw. eine negative Überdeckung gewählt werden. Die positive Überdeckung ist hier nicht brauchbar, da Signale innerhalb des Überdeckungsbereiches nicht übertragen bzw. Signale außerhalb des Überdeckungsbereiches nur verstümmelt weitergegeben werden. Dadurch ist keine stabile Regelung möglich.

– Geschwindigkeits – bzw. Durchflußregelung
In einer Geschwindigkeitsregelung arbeitet das Ventil im Arbeitspunkt "B". In diesem Fall kann eine positive Überdeckung im Nullpunkt verwendet werden.

– Sperrfunktion bei positiver Überdeckung
Eine positive Überdeckung stellt keine sichere Absperrung dar. Die Überdeckung wird meist klein gewählt, damit mit dem verbleibenden Hub noch genügend Durchfluß erreicht wird. Durch eine Verschiebung des Nullpunktes durch Druck – und Temperaturschwankungen bzw. bei einseitiger Düsenverschmutzung wird der Durchfluß nach einer Richtung freigegeben und der Antrieb setzt sich in Bewegung.

1.4. Durchflußverstärkung

Die Verstärkung wird allgemein angegeben als Verhältnis zwischen Ausgangssignal und Eingangssignal. Die Durchflußverstärkung wird somit angegeben durch

$$V_q = \frac{q}{U_E} \quad \left[\frac{L/min}{Volt} \right]$$

Diese Beziehung stellt die mittlere Steigung der Durchfluß – Kennlinie dar. Die Steigung dieser Kennlinie ist abhängig vom Systemdruck.

Aufgrund von Fertigungstoleranzen ergeben sich speziell um den Nullpunkt unterschiedliche Verstärkungen (siehe Durchflußkennlinie Bild 6). Bei einem Austausch der Ventile kann dadurch ein Nachstellen des Reglers erforderlich werden.

1.5. Ansprechempfindlichkeit "E" und Umkehrspanne "S"

– Ansprechempfindlichkeit
Unter der Ansprechempfindlichkeit versteht man die Änderung des elektrischen Eingangssignals die erforderlich ist, um eine meßbare Änderung des Durchflusses zu erzeugen, wenn das Signal von einem Haltepunkt aus in der gleichen Richtung verändert wird, in der der Haltepunkt angefahren wurde. Die Angabe erfolgt in % vom Nennstrom.

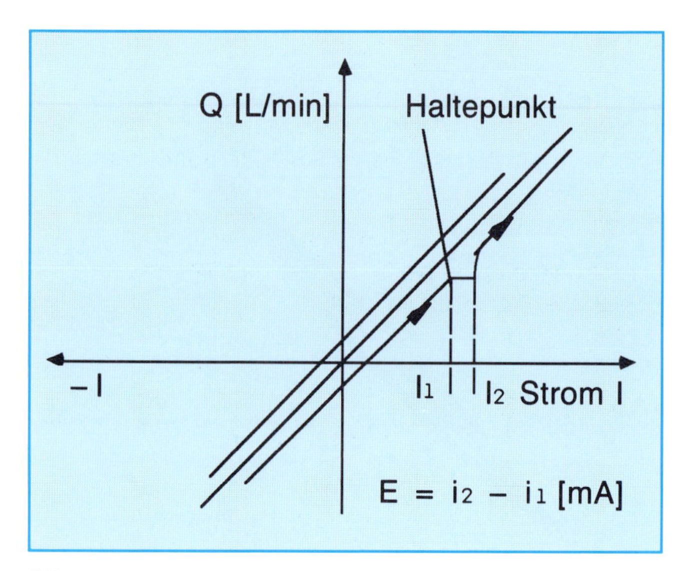

Bild 7 *Ansprechempfindlichkeit*

– Umkehrspanne
Umkehrspanne ist die Änderung des elektrischen Eingangssignals um eine Änderung des Durchflusses zu erzeugen, wenn das Signal von einem Haltepunkt aus entgegen der Richtung verändert wird, in der der Haltepunkt angesteuert wurde. Angabe in % vom Nennstrom.

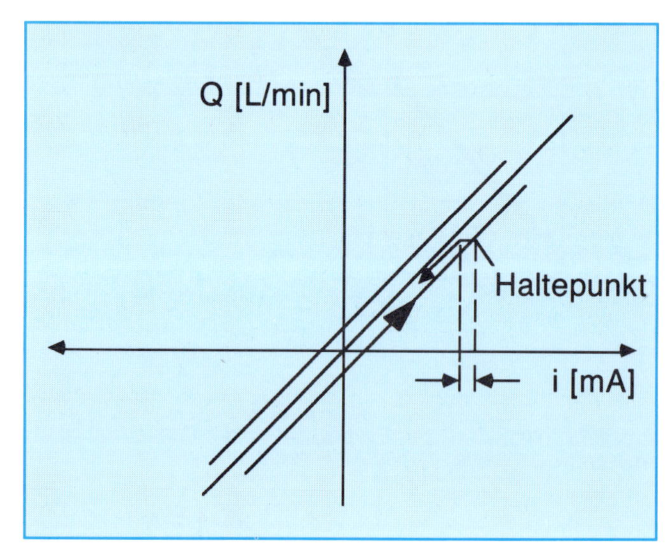

Bild 8 *Umkehrspanne*

Ansprechempfindlichkeit und Umkehrspanne stellen somit tote Bereiche dar, die die Genauigkeit des Regelkreises beeinflussen.

Soll das Servoventil eine Korrektur vornehmen, so benötigt es ein Eingangssignal das je nach Richtung der Korrektur größer sein muß als die Ansprechempfindlichkeit bzw. die Umkehrspanne.

Ein Eingangssignal entsteht durch einen Regelfehler also Differenz zwischen Soll – und Istwert. Das bedeutet, daß unter Vernachlässigung der Druckverhältnisse der Regelbereich bei Durchflußregelung und die mögliche Positioniergenauigkeit bei Positionsregelung direkt durch das Servoventil beeinflußt wird.

1.6 Druck – Signal – Funktion

Damit ein Antrieb korrigiert werden kann, ist eine entsprechende Kraft erforderlich. Aus diesem Grund ist der Verlauf des Ausgangsdruckes über dem Eingangssignal von großer Bedeutung. Dieser Verlauf wird in der Druckkennlinie dargestellt.

Die Druckkennlinie wird bei geschlossenen Verbraucheranschlüssen aufgenommen.

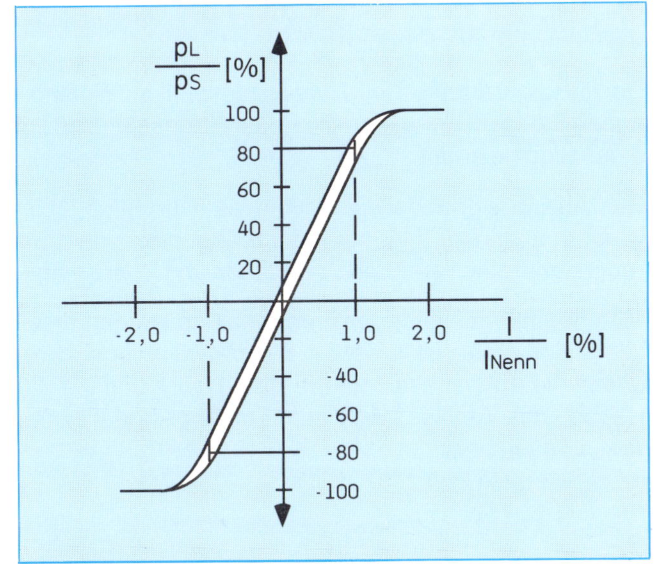

Bild 9 *Druck – Signal – Funktion*

1.7 Druckverstärkung

Das Verhältnis von Ausgangsdruck zu Eingangssignal wird als Druckverstärkung bezeichnet.

$$V_p = \frac{p_L}{U_E} \quad \left[\frac{\text{bar}}{\text{Volt}}\right]$$

Aus der Druckkennlinie kann man erkennen wie weit das Servoventil öffnen muß damit der zur Korrektur erforderliche Druck zur Verfügung steht.

Die Ventilöffnung erfolgt wiederum aufgrund eines Regelkreises. Somit besteht ein direkter Einfluß der Druckverstärkung auf die Regelgenauigkeit. Demnach sollte die Druckverstärkung möglichst groß sein.

Bei der gezeigten Druckkennlinie stehen bei 1% vom Nennstrom bereits 80% des Systemdruckes zur Korrektur des Regelfehlers zur Verfügung.

1.8 Durchfluß – Lastfunktion

Ein Servohydraulischer Antrieb besteht im allgemeinen aus einem Servoventil und einem Zylinder bzw. Motor als Verbraucher. Bewegungen werden dadurch beeinflußt, daß der zugeführte Ölstrom gedrosselt wird.

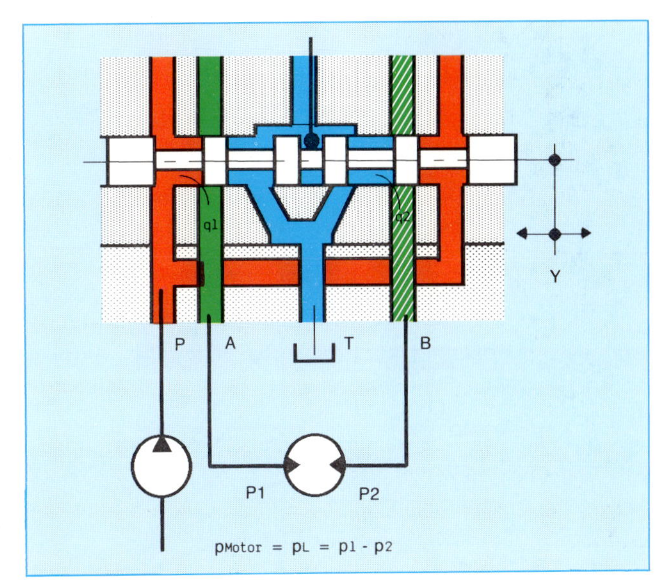

Bild 10 *Vierkanten – Drosselsteuerung*

Unter Annahme idealer Verhältnisse ergibt sich der Ölstrom durch eine Drosselstelle nach der Gleichung

$$Q = Y \cdot K \cdot \sqrt{\Delta p}$$

Hierin ist Q der Ölstrom, Y der Aussteuerungsgrad und K eine Konstante die die Geometrie der Steueröffnung, die Dichte des Öles usw. berücksichtigt und Δp ist der Druckabfall an der Steuerkante.
Der im Beispiel angeschlossene Motor benötigt je nach Last einen Lastdruck p_L. Ist p_S der Systemdruck, so bleibt als Druckabfall

$$\Delta p = p_S - p_L$$

$$Q = Y \cdot K \cdot \sqrt{p_S - p_L}$$

Bei unbelastetem Motor, d.h. $p_L = 0$ steht der gesamte Systemdruck als Δp zur Verfügung. Es fließt der maximale Ölstrom. Bei blockiertem Motor wird der gesamte Systemdruck am Motor anstehen, der Ölstrom ist dann Null.

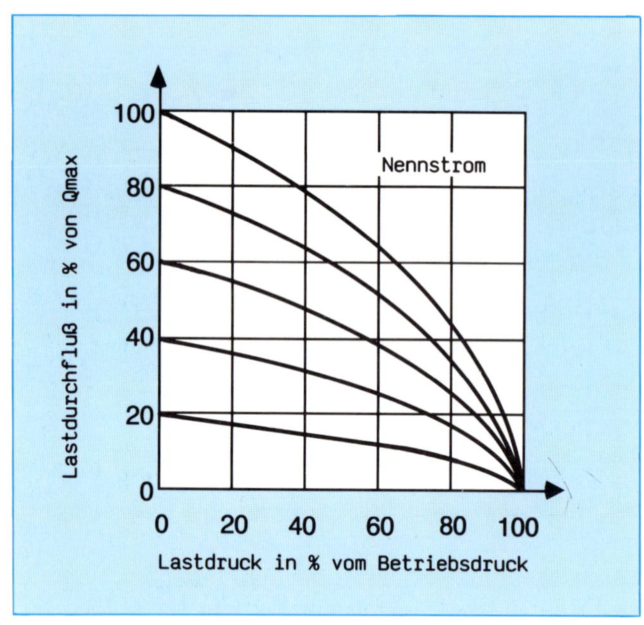

Bild 11 *Durchfluß – Last – Funktion*

2. Dynamische Kenngrößen

Für die Regelgenauigkeit eines Antriebes ist dessen Eigenfrequenz und die daraus resultierende mögliche Gesamtverstärkung maßgebend. Die Eigenfrequenz des Antriebes wird maßgeblich durch die Dynamik des Servoventiles bestimmt.

Die Angabe der Stellzeit genügt hierbei nicht zur Beschreibung des dynamischen Verhaltens. Die gebräuchlichste Art der Untersuchung des dynamischen Verhaltens ist das Frequenzgangverfahren.

Bei diesem Verfahren wird das Servoventil mit sinusförmigen Signalen erregt und die Reaktion des Ventiles auf diese Signale erfaßt.

Das Antwortsignal des Servoventiles (Durchfluß Q) ist wiederum sinusförmig, hat jedoch gegenüber dem Erregersignal eine veränderte Amplitude und Phasenlage.

Man beginnt mit niedriger Frequenz und steigert diese allmählich. Dabei ist zu sehen, daß mit wachsender Frequenz die Ausgangsamplitude kleiner wird und die Bewegung des Ventiles hinter dem Eingangssignal immer weiter "nachhinkt".

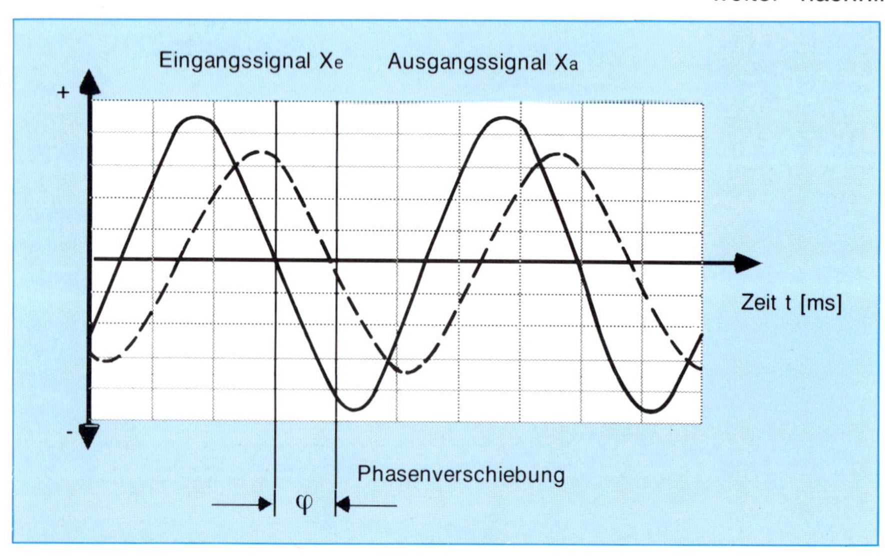

Bild 12a und 12b *Frequenzgang – Kennlinien*

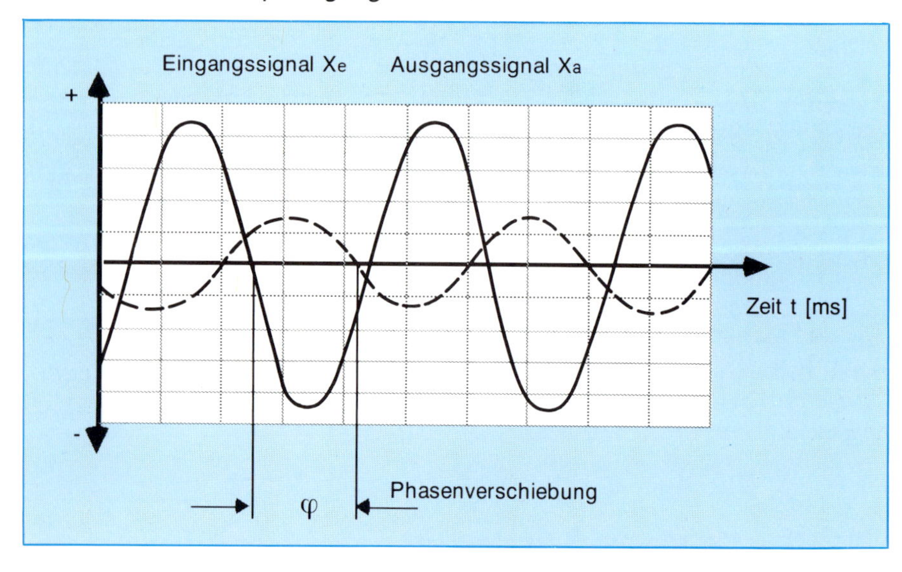

2.1. Das Bode – Diagramm

Die Darstellung dieser Zusammenhänge erfolgt im Bode – Diagramm.

Hier trägt man das jeweilige Verhältnis der Ausgangsamplitude zur Eingangsamplitude **xa/xe** über der Erregerfrequenz auf und erhält damit den "Amplitudengang". Weiterhin zeichnet man ein die Phasenverschiebung des Ausgangssignales gegenüber dem Eingangssignal über der Frequenz und erhält damit den "Phasengang". Beide Kennlinien zusammen bilden das Bode – Diagramm.

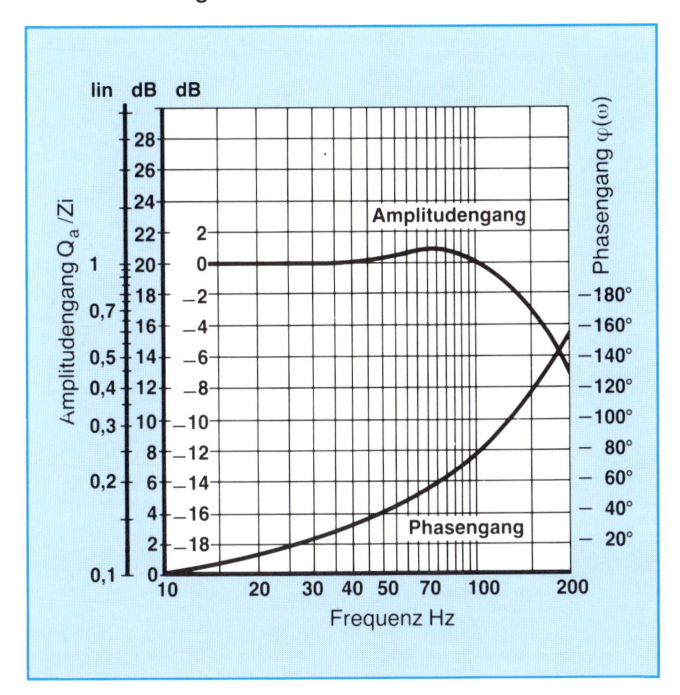

Bild 13 *Bode – Diagramm*

Der Amplitudengang wird meist in dB (Dezibel) ange – geben.

Hierbei ist

$$\text{Amplitudenverhältnis in dB} = 20 \cdot \log \frac{X_a}{X_e}$$

oder umgestellt

$$\frac{X_a}{X_e} = 10^{\left(\frac{dB}{20}\right)}$$

Zur rein qualitativen Beschreibung des Frequenzganges sind die Kennwerte Frequenz bei – 3 dB und bei – 90° definiert worden.

Mit $f_{-3\,dB}$ wird die Frquenz bezeichnet, bei der das Ausgangssignal Q des Ventiles um – 3 dB, dem entspricht das Verhältnis X_a / X_e = **0,707**, gegenüber dem Eingangssignal abgefallen ist. Dieser Kennwert be – schreibt einen Punkt auf dem Amplitudengang.

Die $f_{-90°}$ Frequenz beschreibt den Punkt auf dem Phasengang, in dem das Ausgangssignal dem Ein – gangssignal um 90° nacheilt.

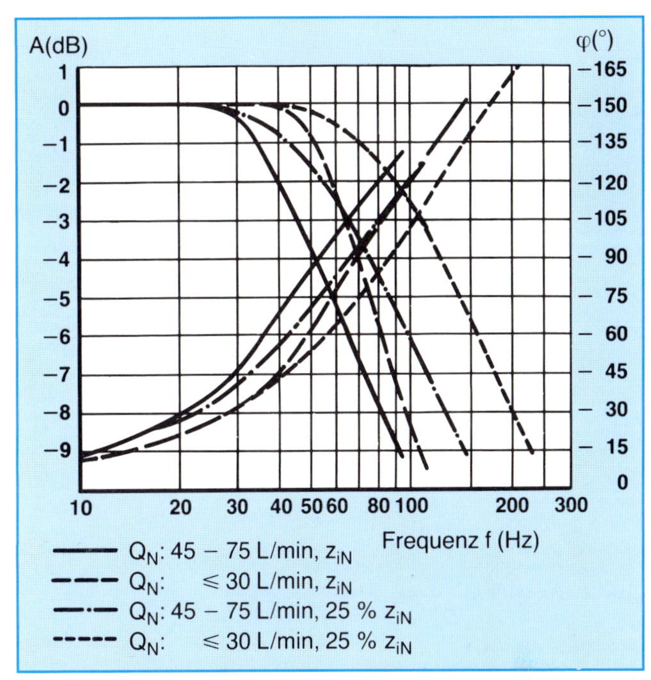

Bild 14 *Frequenzgang eines Servoventiles NG 10 mit mechanischer Rückführung*

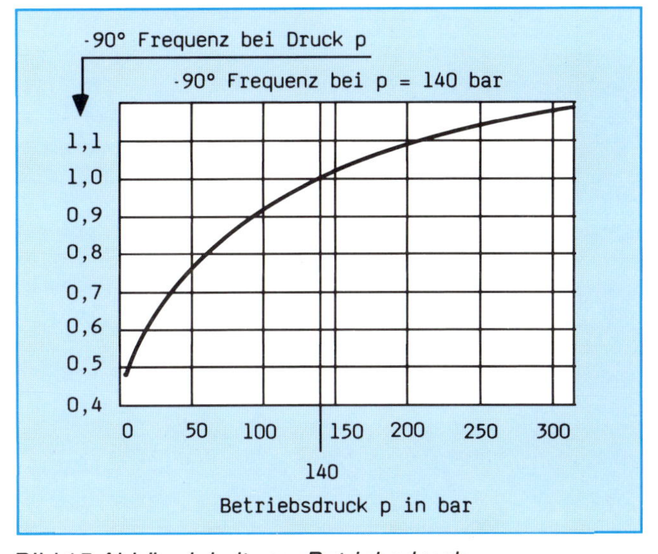

Bild 15 *Abhängigkeit vom Betriebsdruck*

Das dynamische Verhalten des Servoventiles wird wesentlich beeinfluß durch den Systemdruck p_S und der Höhe des Eingangssignals I / I_{Nenn}.

Für einen Betriebsdruck von 140 bar können die Daten aus dem Frequenzgang direkt entnommen werden.

Für andere Betriebsdrucke muß für den – 90° Punkt die aus dem Phasengang entnommene Frequenz mit dem aus Bild 15 entnommenen Faktor multipliziert werden.

Notizen

Kapitel G

Servoventile, Gerätetechnik

Friedel Liedhegener

Allgemeines

Rexroth – Servoventile wurden als Industrieventile entwickelt und entsprechen den Forderungen der Industrie nach Zuverlässigkeit, Austauschbarkeit und leichter Wartung, sie sind im Baukastensystem konstruiert.

Dazu gehören u.a.

- die grundsätzliche Benutzung des genormten Anschlußbildes nach DIN 24 340 für alle Nenngrößen,
- die Austauschbarkeit der Steuermotoren bzw. Vorsteuerstufen,
- die Justierbarkeit von außen
- ausauschbares Filterelement in der Vorsteuerstufe.

Rexroth – Servoventile bilden einen weiteren kompakten Baustein im Lieferprogramm von Mannesmann Rexroth.

Der Begriff "Servo" wird sehr vielfältig verwendet. Ganz allgemein ausgedrückt, bezeichnet man damit die Funktion, bei der ein kleines Eingangssignal ein großes Ausgangssignal bewirk (Verstärker).

Am bekanntesten dürfte die Servolenkung im Auto sein, bei der das Lenkrad mit geringer Kraft bewegt eine große Kraft auf die Räder bringt.

Ähnlich ist es auch in der Servohydraulik.

Ein Ansteuersignal kleiner Leistung, z.B. 0,08 Watt, kann große Leistungen von mehreren 100 kW analog ansteuern.

Das Servoventil wird als elektrisch angesteuerter hydr. Verstärker überwiegend in Regelkreisen eingesetzt, d.h. es wird nicht nur ein elektrisches Eingangssignal in einen entsprechenden Ölstrom umgesetzt, sondern die Abweichungen von der vorgegebenen Geschwindigkeit oder Position werden elektrisch gemessen und dem Servoventil zur Korrektur zugeführt.

Bild 1: *1 – stufiges Servo – Druckventil Typ 4 DS 1 EO 2, 1. Stufe des Servoventil – Baukasten Systems*

Bild2: *Servo – Wegeventile der NG 10 mit mechanischer Rückführung Typ 4 WS 2 EM 10 (links), elektrischer Rückführung Typ 4 WS 2 EE 10 (mitte) und barometrischer Rückführung Typ 4 WS 2 EB 10 (rechts)*

Bild3: *1 – stufiges Regelventil (Servoventil) Typ 4 WS 1 EO 6*

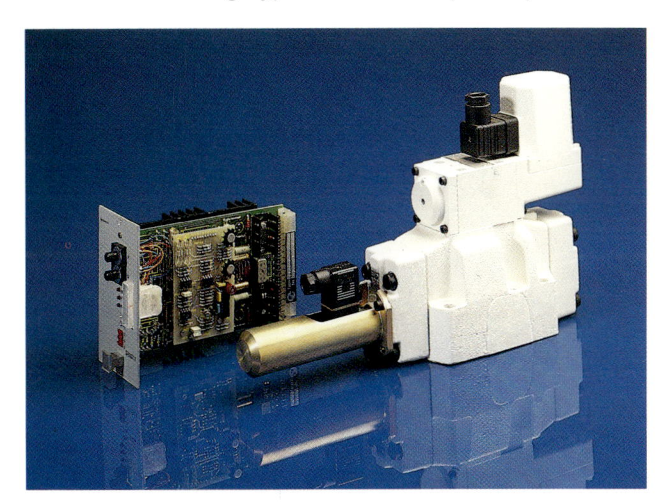

Bild4: *2 – stufiges Proportional – Wegeventil Typ 4 WRV als 1. Stufe wird das Regelventil (Bild 3) eingesetzt*

Steuermotor (Torque – Motor)

Der Steuermotor wandelt ein kleines Stromsignal in eine proportionale mechanische Bewegung um. Bei Rexroth – Servoventilen ist der Motor ein Gerät für sich, wird separat montiert und geprüft und ist austauschbar. Dieses erleichtert Wartung und Reparatur.

Der "trockene Steuermotor" ist hermetisch gegen den Hydraulikteil abgedichtet und wie folgt aufgebaut:

Ein Anker aus magnetisch "weichem" Material ist an einem dünnwandigen, elastischen Rohr federnd befestigt, welches gleichzeitig die sogenannte Prallplatte führt und die Abdichtung zum Druckmedium übernimmt. Die Prallplatte gehört somit baulich zum Steuermotor, funktionell aber zum hydraulischen Verstärker.

Unser Steuermotor ist ein dauermagnetisch erregter Motor. Durch justierbare "Polschrauben" kann der Spalt zwischen Anker und Polschraube justiert und die Motorcharakteristik optimiert werden.

Die zwei, über den Anker gelegten Spulen magnetisieren den Anker. Hierdurch wird ein Moment auf das Rohr (Rückstellfeder) ausgeübt.

Das Moment ist dem Betrag des Steuerstromes proportional und bei abgeschaltetem Steuerstrom (I = 0) gleich Null, dabei bringt das Rohr (Rückstellfeder) den Anker und somit auch die Prallplatte wieder in die Mittelstellung.

Die Momentübertragung dieser Steuermotorbauart vom Anker zur Prallplatte hat offensichtliche Vorteile, wie z.B.:

- Reibungsfreiheit
- Hysteresearmut
- Abdichtung Druckmedium/Steuermotor
- kein Magnetfeld im Druckmedium

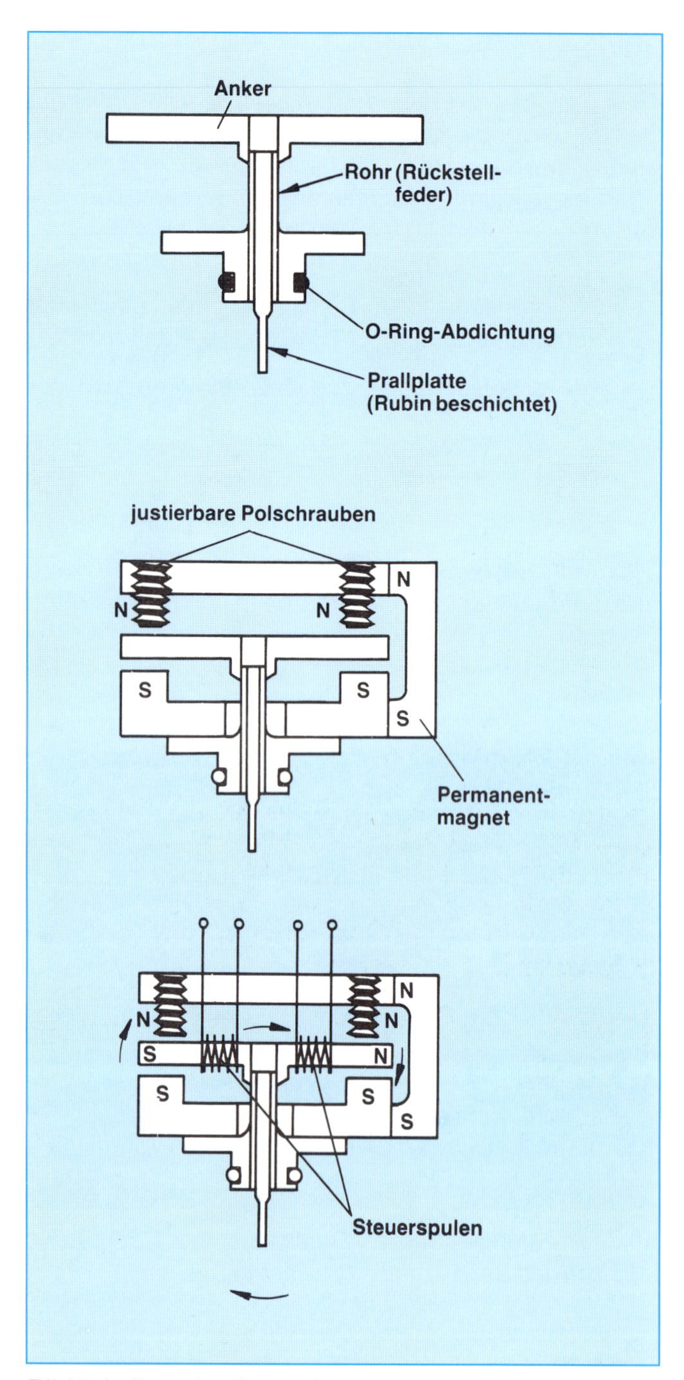

Bild 5 *Aufbau des Steuermotors*

Bild 6 *Steuermotor ohne Rückführung*

Bild 7 *Steuermotor mit mechanischer Rückführung*

1. Stufe

Ventile des Typs 4 DS 1 EM 2 sind 1 – stufige Druck – Servoventile und dienen zur Vorsteuerung mehrstufiger Servoventile.

Sie bestehen im wesentlichen aus:

- dem dauermagnetisch erregten Steuermotor (1)
- dem hydraulischen Verstärker (2) ausgeführt als Düsen – Prallplattenventil

Steuermotor

Der Steuermotor ist ein dauermagnetisch erregter Motor und hermetisch gegen den Hydraulikteil abgedichtet.

Ein Anker (3) aus magnetisch weichem Material ist an einem dünnwandigen, elastischen Rohr (4) federnd befestigt. Dieses Rohr führt gleichzeitig die Prallplatte (5) und dichtet den Steuermotor (1) gegenüber dem Hydraulikteil ab. Mit den Polschrauben (6) können die Abstände zwischen dem Anker (3) und der oberen Polplatte (8) justiert werden.

Bei gleich großen Abständen und ohne elektrisches Ansteuersignal ist der magnetische Fluß in den vier Spalten (9) gleich groß. Wird den Spulen (10) ein elektrisches Ansteuersignal gegeben, so wird der Anker (3) ausgelenkt. Mit dem Anker (3) wird gleichzeitig die Prallplatte (5) ausgelenkt.

Das durch den Steuerstrom im Anker (3) erzeugte Moment verhält sich proportional zum elektrischen Eingangssignal und ist bei abgeschaltetem Steuerstrom (I = 0) gleich Null. Dabei wird der Anker und die Prallplatte durch das Rohr (4) in Mittelstellung gehalten.

Hydraulischer Verstärker

Die Umsetzung der Auslenkung der Prallplatte in eine hydraulische Größe erfolgt im hydraulischen Verstärker (2). Als hydraulischer Verstärker wird hier das Düsen – Prallplattensystem verwendet (Bild 8).

Das System besteht aus 2 Festdüsen D_1 und 2 Regeldüsen D_2. Der auf beiden Seiten anstehende Steuerdruck p wird über die Düsen D_1 und D_2 abgebaut. Sind die Düsenquerschnitte gleich groß, ergibt sich auch der gleiche Druckabfall über den Düsen (z.B. p = 100 bar, A_{St}/B_{St} = 50 bar, T = 0).

Mit dem Auslenken der Prallplatte verändern sich die Abstände zu den Regeldüsen, Beispiel Auslenkung nach links:

Der Abstand der Platte bei D_2 links wird kleiner bei D_2 rechts größer. Entsprechend umgekehrt verändern sich die Drücke bei A_{St} und B_{St}. Druck A_{St} steigt, Druck B_{St} sinkt. Als verwertbares Signal wird die Druckdifferenz $A_{St} - B_{St}$ verwendet.

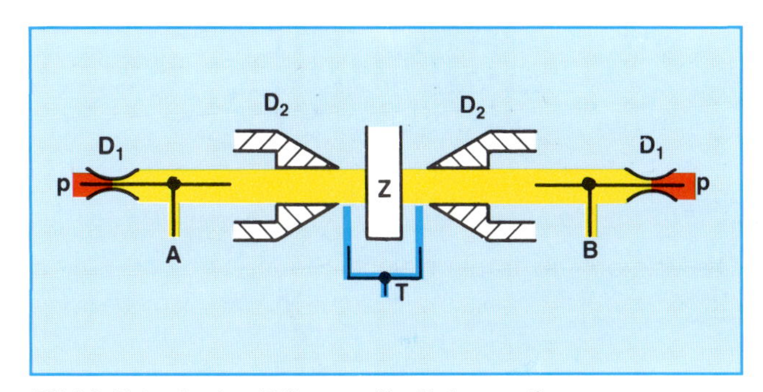

Bild 8 *Prinzip des Düsen – Prallplatten Systems*

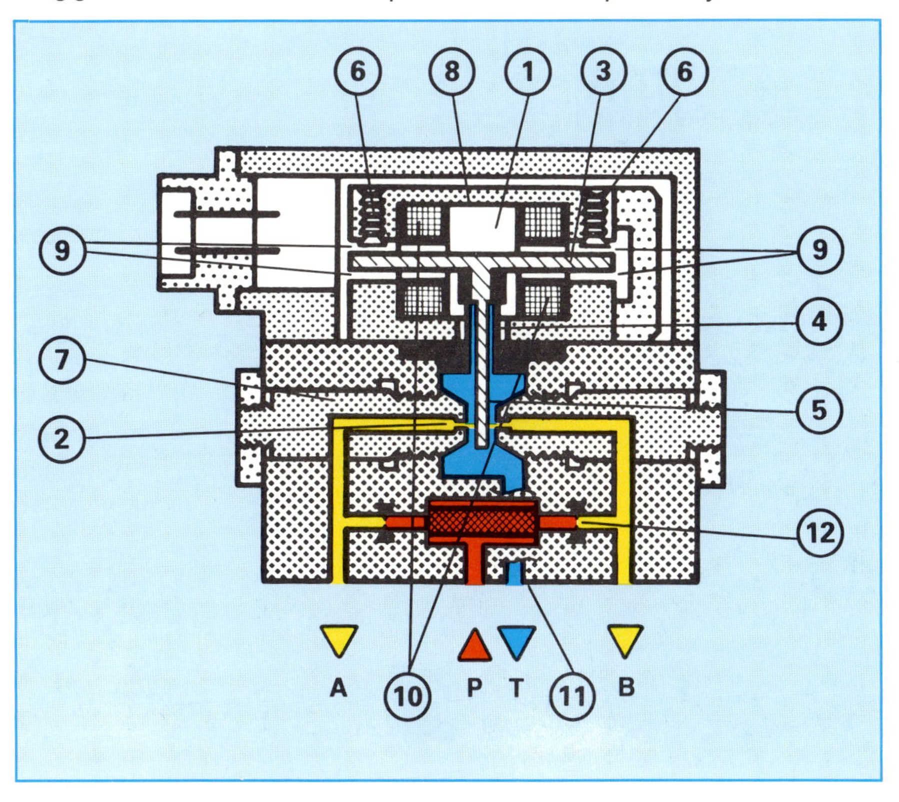

Bild 9 *Schema 1. Stufe*

Das Diagramm (Bild 10) zeigt die Druckänderung in Abhängigkeit der Auslenkung.

Die Justierung erfolgt so, daß sich eine lineare Kennlinie (Druckdifferenz zwischen den Anschlüssen A_{St} und B_{St}) ergibt.

Der Steuerölzulauf erfolgt vom Anschluß P über ein Schutzfilter (11) zu den Festdüsen (12) und weiter zu den Regeldüsen (7).

Jeweils zwischen den Fest- und Regeldüsen wird der Druck A_{St} und B_{St} abgegriffen.

Mit dieser Druckdifferenz, die proportional dem elektrischen Eingangssignal ist, geht man jetzt weiter auf den Steuerkolben einer 2. Stufe.

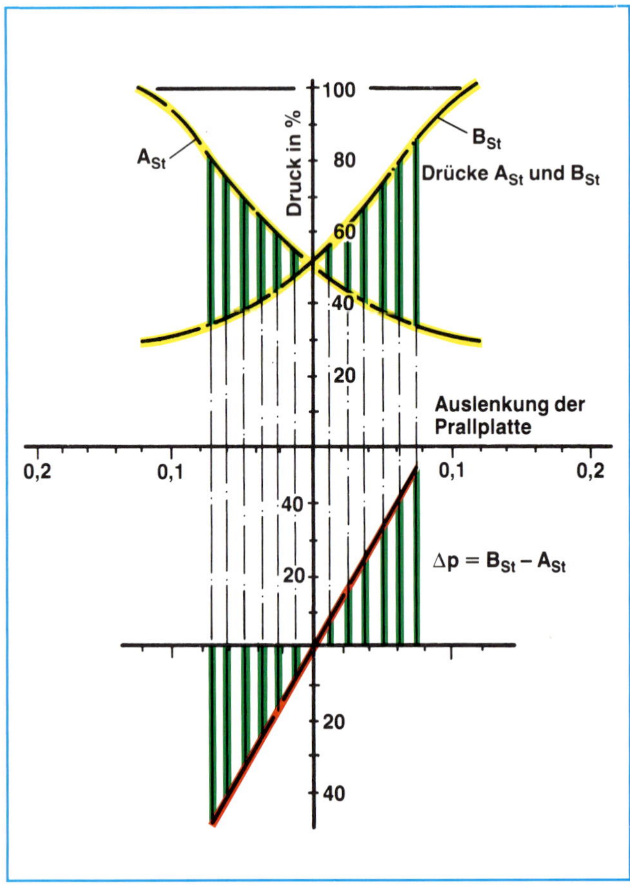

Bild 10 *Druckänderung in Abhängigkeit der Prallplatten – Auslenkung*

2 – stufig mit mechanischer Rückführung

Die 2 – stufigen Wege – Servoventile bestehen im Wesentlichen aus:

– der 1. Stufe

– der mechanischen Rückführung (3) als Verbindungselement zwischen 1. Stufe und 2. Stufe;

– der 2. Stufe mit der austauschbaren Steuerhülse (4) und dem an die mechanische Rückführung (3) gekoppelten Steuerkolben (5).

2. Stufe

Über die mechanische Rückführung (3) ist der Steuerkolben (5) annähernd spielfrei mit dem Steuermotor (1) der 1. Stufe verbunden.

Die hier verwendete Art der Rückführung funktioniert auf Grund der Abhängigkeit des Momentengleichgewichtes von Steuermotor (1) und Rückführfeder (3).

Das heißt, bei ungleichen Momenten, hervorgerufen durch eine Änderung des elektrischen Eingangssignales, wird zuerst die Prallplatte (6) aus der Mittellage zwischen den Regeldüsen bewegt. Dabei wird eine Druckdifferenz erzeugt, welche auf beide Steuerkolbenstirnseiten wirkt. Der Steuerkolben (5) verändert durch die Wirkung der Durckdifferenz seine Lage. Diese Lageveränderung des Steuerkolbens (5) bewirkt eine Verbiegung der Rückführfeder (3), bis die Prallplatte so weit zurück zur Mittellage gezogen wird, daß der Hauptkolben stehen bleibt und die Momente sich im Gleichgewicht befinden.

Ein dem Eingangssignal proportionaler Kolbenweg und somit auch der Durchfluß hat sich dann neu eingeregelt.

Über die 2 Schrauben mit Innensechskant (8), welche sich links und rechts in den Ventildeckeln (9) befinden, läßt sich die Steuerkantenposition der Steuerhülse (4) zum Steuerkolben (5) verschieben, um den hydraulischen Nullpunkt zu justieren.

Ventilbesonderheiten

Das Ventil dieses Typs entspricht in den Anschlußmaßen der Hauptstufe (zweite Stufe) DIN 24 340.

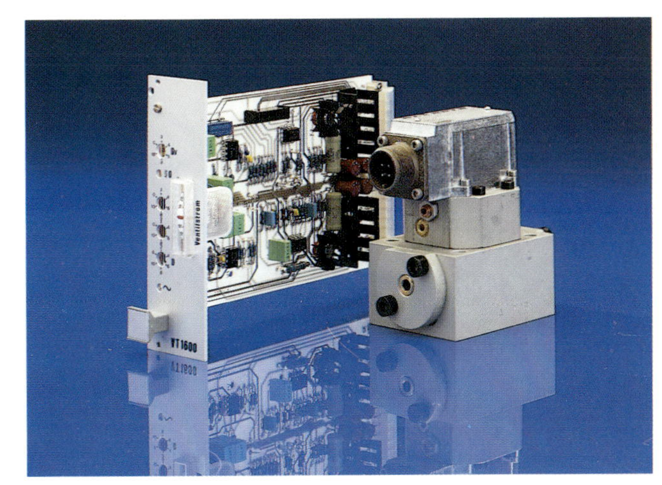

Bild 11: *2 – stufiges Servo – Wegeventil Typ 4WS2EM10*

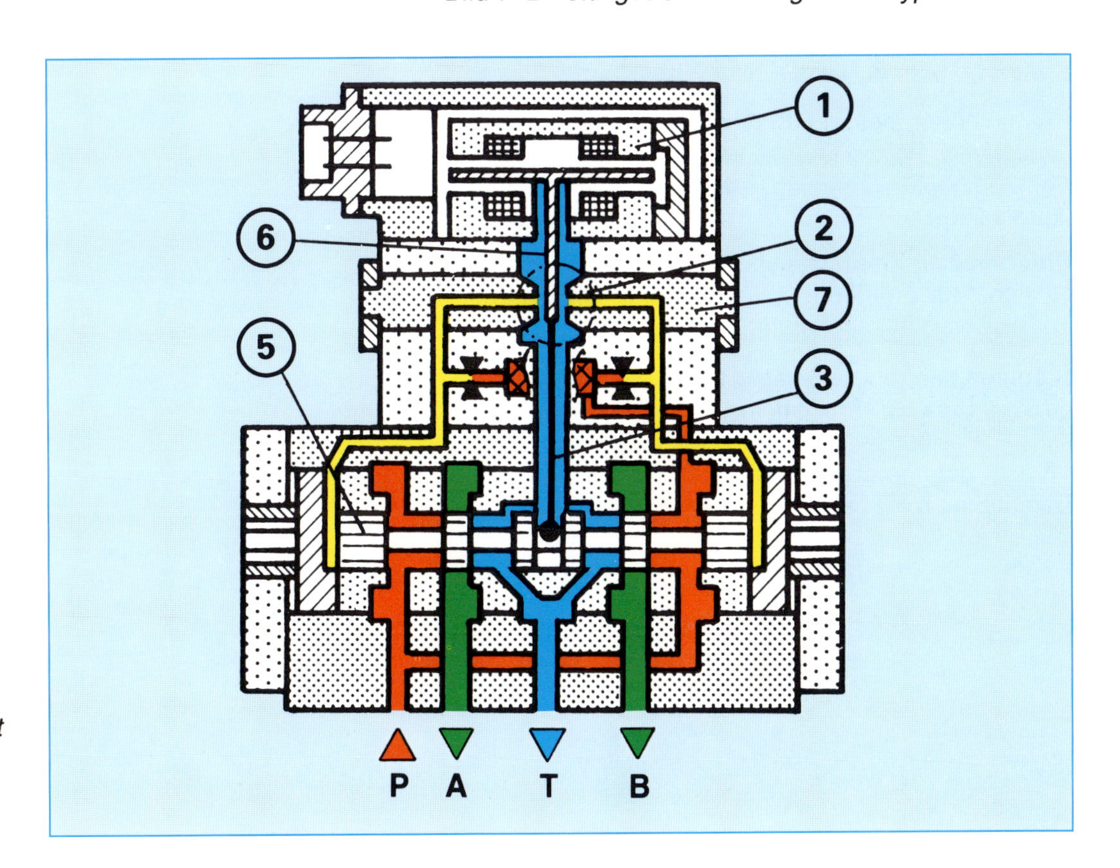

Bild 12: *2 – stufiges Servo – Wegeventil mit mechanischer Rückführung Typ 4 WS 2 EM10*

Durchflußkennlinien

Je nach Einsatz des Servoventils sind neben den dynamischen Eigenschaften vor allem zwei hydraulische Kennwerte wichtig:
Die Durchflußverstärkung und die Kolbenüberdeckung (bestimmend für die Druckverstärkung)

Durchflußverstärkung (Bild 13)

Die Steuerbüchse hat rechteckige Steuerfenster, die vom Hauptkolben je nach Eingangssignal freigegeben werden. Die Breite dieser Schlitze bestimmt die Durchflußverstärkung (Menge pro Kolbenhub). Angegeben ist die Menge in l/min, welche bei 70 bar Ventildruckabfall (d.h. 35 bar von P – A und 35 bar von B – T) bei 100% Eingangsstrom fließen. Bei hohen Durchflußverstärkungen knickt die Durchflußkennlinie in Folge der Gehäusesättigung ab.

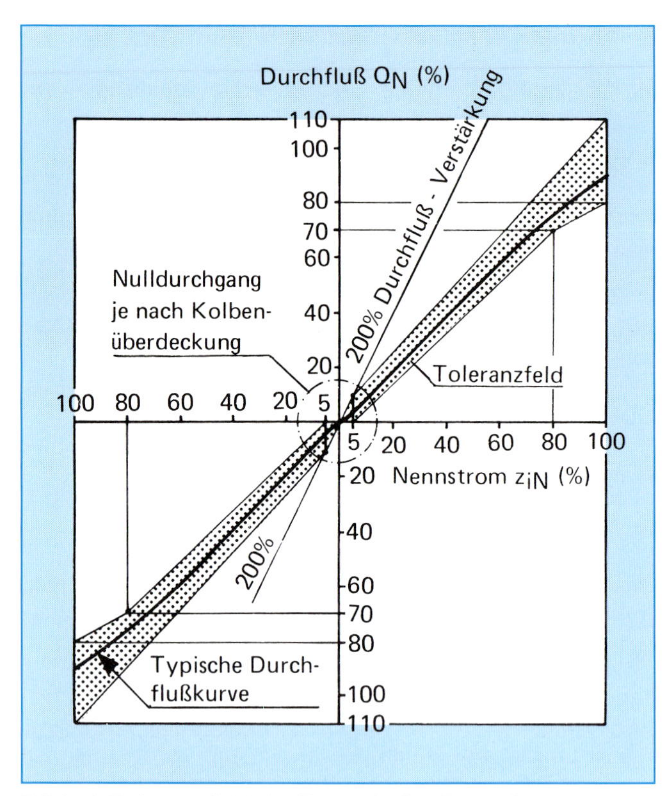

Bild 13 *Toleranzfeld der Durchfluß – Signalfunktion*

Kolbenüberdeckung (Bild 14)

Die vier Steuerkanten des Hauptkolbens werden symmetrisch eingeschliffen. Dabei kann zwischen vier Über– bzw. Unterdeckungsmaßen (in % vom Kolbenhub) gewählt werden. Im Falle einer Überdeckung (= positiv) verläuft die Kennlinie im Mittelbereich flacher; der Nulldurchfluß ist gering, die Druckverstärkung hoch. Im Falle einer Unterdeckung (= negativ) kann nahe der Mittellage die Kennlinie steiler werden (Durchflußverstärkung bis zu 200%). Der Nulldurchfluß ist höher, die Druckverstärkung gering.

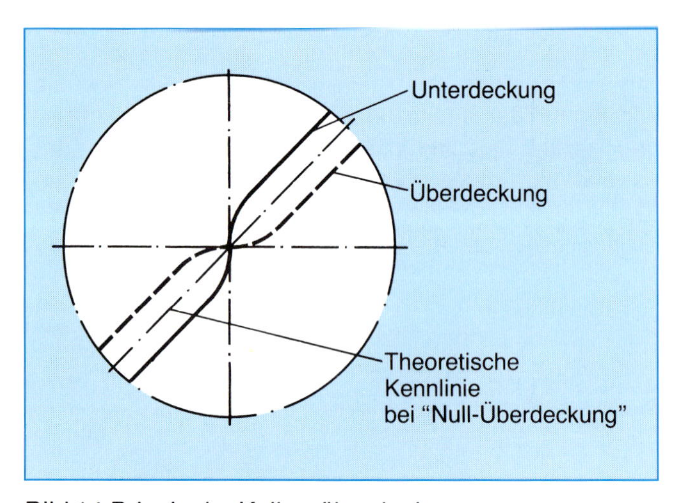

Bild 14 *Prinzip der Kolbenüberdeckung*

Hauptsächliche Anwendungen:

Steuerkolbenüberdeckung A (+0,5...1,5%), positiv
Geeignet für Geschwindigkeitsregelkreise.
Vorteil: geringerer Nulldurchfluß als bei "D".

Steuerkolbenüberdeckung B (–0,5...1,5%), negativ
Geeignet für Positions – und Kraftregelkreise.
Vorteil: höhere Dämpfung, jedoch größerer Nulldurchfluß als bei "D".

Steuerkolbenüberdeckung C (+3...5%), positiv
Geeignet für Steuerungen und Geschwindigkeitsregelungen ohne Nulldurchgang.

Steuerkolbenüberdeckung D (+0...0,5%), null
Geeignet als Universalüberdeckung für Geschwindigkeits –, Positions – und Kraftregelkreise.
Vorteil: geringerer Nulldurchfluß, jedoch niedrigere Dämpfung als bei "B".

Dynamik des Wege – Servoventils

Die Dynamik des Gerätes ist aus der Frequenzkennlinie ersichtlich. Die Regelungstechniker haben als Beurteilungsmaßstab die sogenannte Eckfrequenz festgelegt.

Die Eckfrequenz ist der Punkt, an der der Amplitudengang –3 dB beträgt. –3 dB bedeutet, daß der Amplitudenabfall der Ausgangsgröße 30% von der Eingangsgröße beträgt.

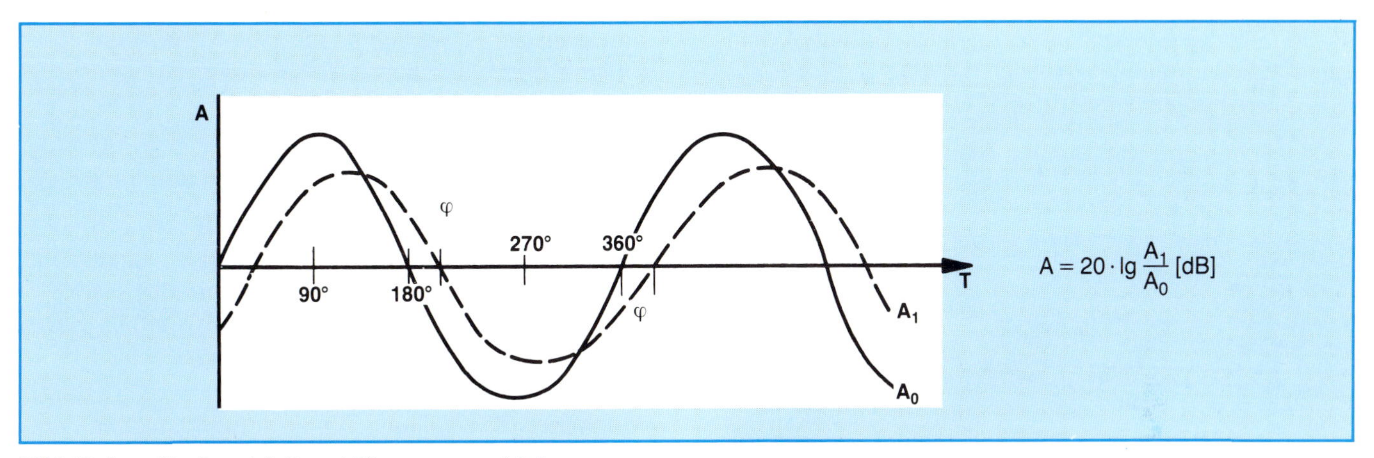

Bild 15 *Amplitudenabfall und Phasenverschiebung*

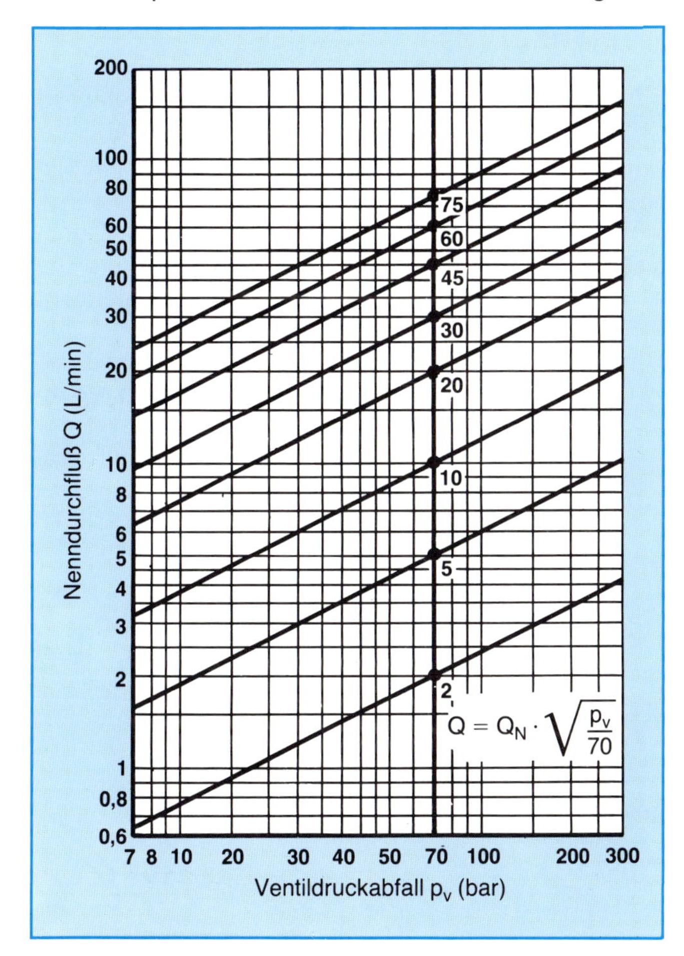

Bild 16 *Durchfluß-Lastfunktion der Wege-Servoventile NG 10 mit barometrischer oder elektrischer Rückführung (Toleranz ± 10%)*

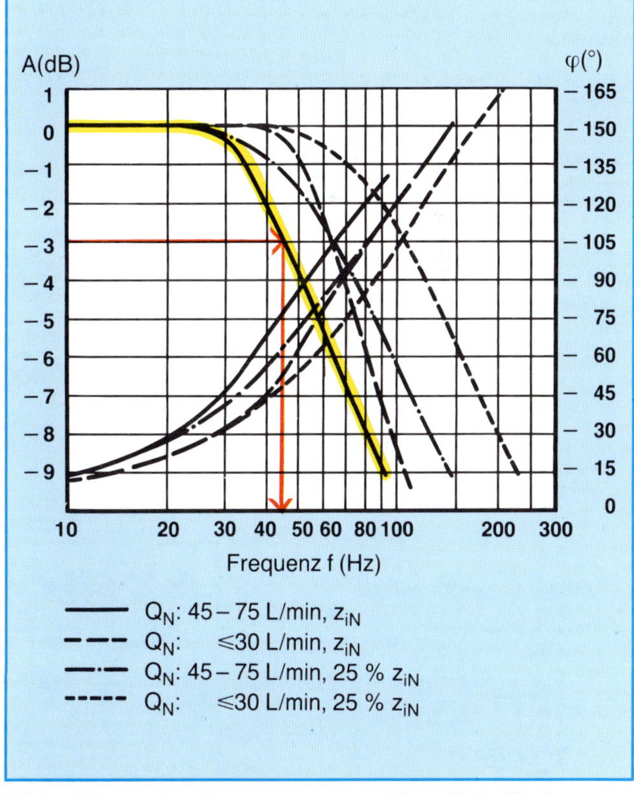

Bild 17 *Typische Frequenzgang – Kennlinie für Servo – Wegeventile mit mechanischer Rückführung*

Ein Vergleich der Frequenzgänge (Bild 23) der Servo – Wegeventile der NG 10 mit mechanischer und barometrischer Rückführung zeigt, daß das Servo – Wegeventil mit mechanischer Rückführung die bessere Dynamik hat.

2 – stufig mit "barometrischer Rückführung"

Diese 2 – stufigen Wege – Servoventile bestehen im Wesentlichen aus:

- der 1. Stufe
- der 2. Stufe mit der austauschbaren Steuerhülse (7), dem Steuerkolben (3) und den Regelfeldern (4).

2. Stufe

Die Druckdifferenz zwischen den beiden Steuerräumen (8) und (9) des Steuerkolbens (3) ist proportional dem elektrischen Eingangssignal der 1. Stufe.

Im stromlosen Zustand ist der Steuerkolben (3) druckausgeglichen und wird durch die Regelfedern (4) in der Mittellage gehalten.

Bild 18: *2 – stufiges Servo – Wegeventil Typ 4WS2EB10*

Durch ein elektrisches Eingangssignal wird die Prallplatte ausgelenkt, dadurch ergibt sich eine Druckdifferenz zwischen den beiden Steuerräumen (8) und (9).

Der Steuerkolben wird verschoben und zwar solange bis sich ein Kräftegleichgewicht resultierend aus der Druckdifferenz zwischen den beiden Steuerräumen (8) und (9) des Steuerkolbens (3) auf der einen Seite und der Federund Strömungskraft auf der Gegenseite ergibt.

Da die Regelfedern (4) ebenfalls eine lineare Charakteristik aufweisen, ist auch der Hub des Steuerkolbens (3) und somit der Durchfluß des Servo – Wegeventils proportional dem elektrischen Eingangssignal.

Ventilbesonderheiten

Das Ventil dieses Typs entspricht in den Anschlußmaßen der Hauptstufe (2. Stufe) DIN 24 340.

Das Filterelement in der ersten Stufe kann ohne Schwierigkeiten ausgebaut und gewartet werden. Durch den gekammerten Filterraum können keine Schmutzpartikel in das Ölsystem gelangen.

In besonderen Ventilanwendungsfällen ist eine externe Vorsteuerung vorteilhaft. Da die Anschlußplatten nach DIN keinen Anschluß dafür vorsehen, kann eine Anschlußplatte zwischen erste und zweite Stufe montiert werden.

Beidseitig gute Zugänglichkeit der Nullpunkt – Justiereinrichtung ist vorhanden.

Der Amplitudenabfall und Phasenschiebung ist bei Servoventilen mit barometrischer Rückführung vom Systemdruck und Durchfluß abhängig. Um optimale Ergebnisse zu erhalten, werden für bestimmte Druckbereiche die Geräte optimiert. Das gilt auch für bestimmte Durchflußbereiche. Deshalb ergeben sich unterschiedliche Frequenzkennlinien.

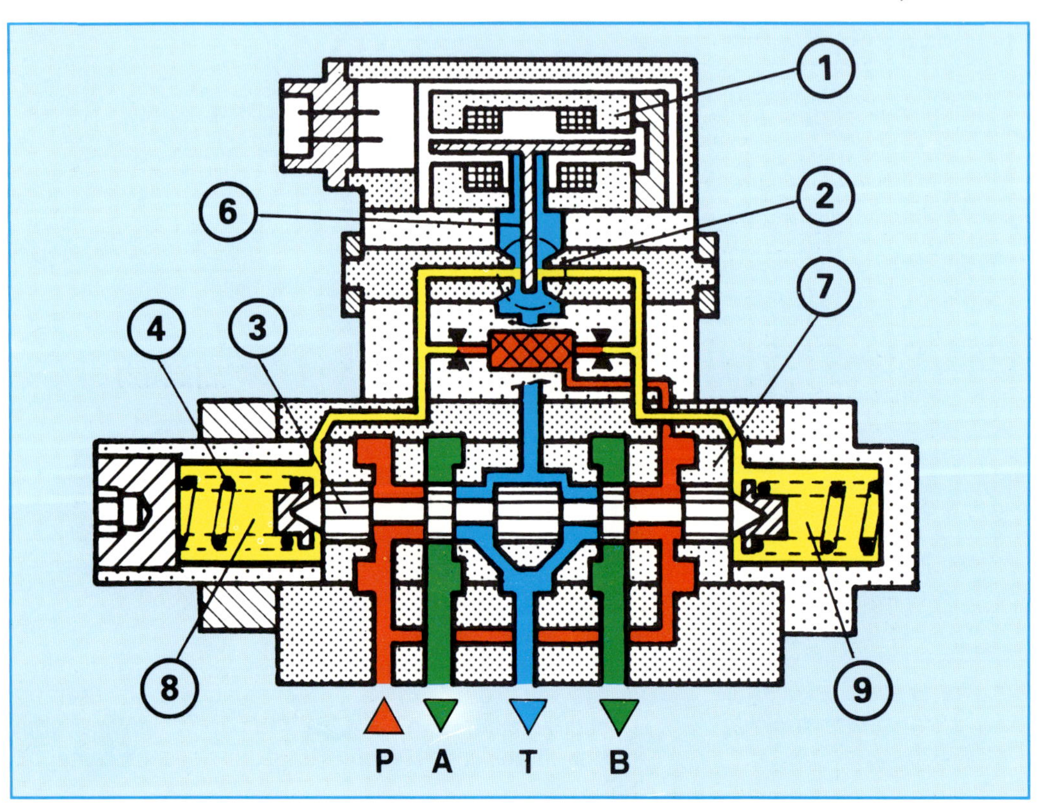

Bild 19: *2 – stufiges Servo – Wegeventil mit barometrischer Rückführung Typ 4 WS 2 EB10*

2 – stufig mit elektrischer Rückführung

Ventile des Typs 4 WS 2 EE 10 – 30/..B.. sind 2 – stufige Wege – Servoventile.

Sie bestehen im Wesentlichen aus:

- der 1. Stufe
- der 2. Stufe mit der austauschbaren Steuerhülse (3)
- einem induktiven Wegaufnehmer (4) dessen Kern (5) am Steuerkolben (6) befestigt ist

2. Stufe

Der Steuerkolben (6) ist mit dem induktiven Wegaufnehmer (4) über eine geeignete Elektronik gekoppelt.

Sowohl die Lageänderung des Steuerkolbens (6) wie auch die Änderung des Sollwertes erzeugen über den Kern (5) in der mit Wechselstrom gespeisten Spule des Wegaufnehmers (4) eine Differenzspannung.

Beim Sollwert – Istwert – Vergleich wird über geeignete elektronische Geräte die Abweichung ausgewertet und der 1. Stufe des Ventils als Regelabweichung zugeführt. Dieses Signal lenkt die Prallplatte (7) zwischen den beiden Regeldüsen (8) aus. Dabei wird eine Druckdifferenz zwischen den beiden Steuerräumen (9) und (10) erzeugt.

Der Steuerkolben (6) mit dem daran befestigten Kern (5) des induktiven Wegaufnehmers (4) wird so weit verschoben, bis der Sollwert mit dem Istwert übereinstimmt, die Prallplatte geht in die Mittellage zurück.

Im ausgeregelten Zustand sind die Steuerräume (9) und 10) druckausgeglichen und der Steuerkolben wird in dieser Regelposition gehalten.

Zur Regelung des Durchflusses ergibt sich, bedingt durch die Lage des Steuerkolbens (6) zur Steuerhülse (3), eine entsprechende Steueröffnung, die ebenso proportional zum Sollwert ist wie der Kolbenhub und die Durchflußmenge.

Der Ventilfrequenzgang wird über die elektrische Verstärkung in der Elektronik optimiert.

Ventilbesonderheiten

Das Ventil dieses Typs entspricht in den Anschlußmaßen der Hauptstufe (2. Stufe) DIN 24 340.

Bild 20:*2 – stufiges Servo – Wegeventil Typ 4WS2EE10*

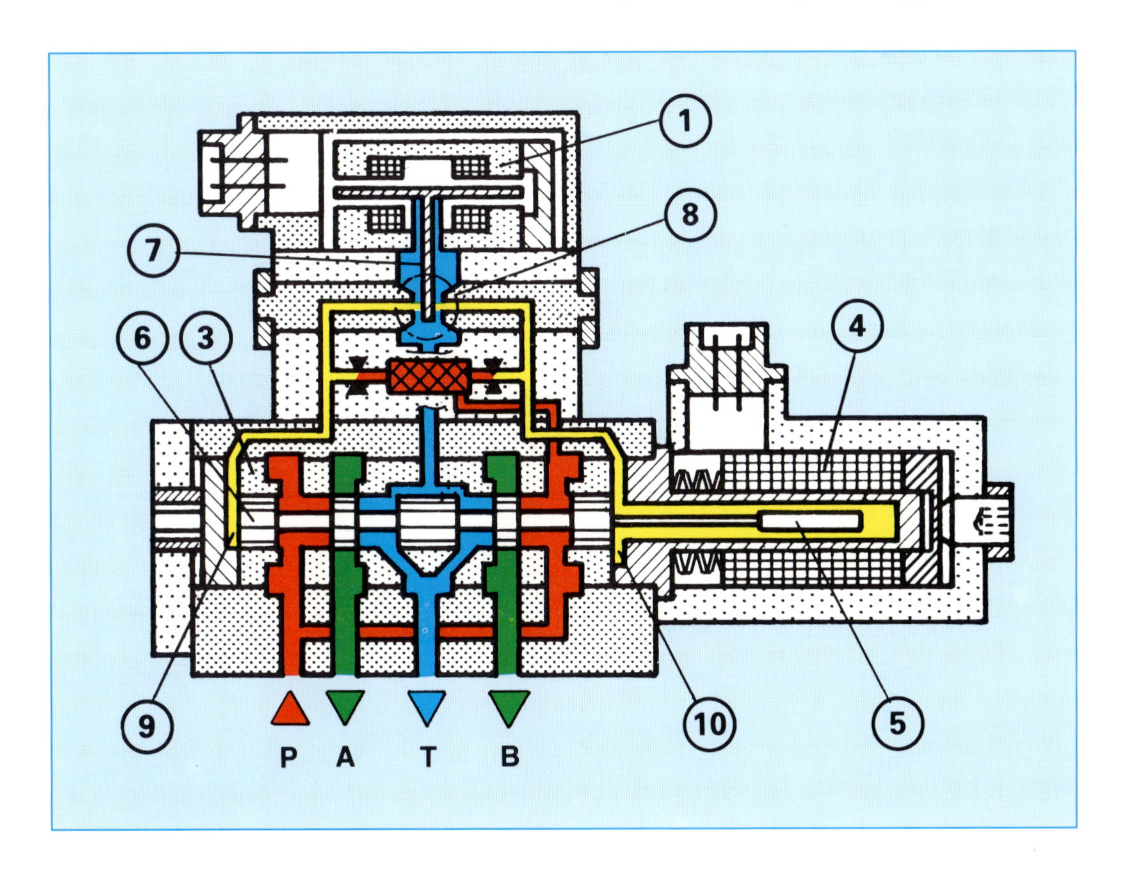

Bild 21:*2 – stufiges Servo – Wegeventil mit elektrischer Rückführung Typ 4 WS 2 EE 10*

Ein Vergleich der hydraulischen und dynamischen Daten zeigt die Unterschiede der drei Rückführungssysteme.

Bild 22 (rechts)
Vergleich der hydraulischen Kenngrößen

Bild 23 (unten)
Verleich der Frequenzgang – Kennlinien für mechanisch, barometrisch und elektrisch rückgeführte Servo – Wegeventile der NG 10.

Rückführsystem	mechanisch Standard	elektrisch	barometrisch
Hysterese brummoptimiert (%)	≤ 2,0	≤ 0,5	≤ 3,0
Ansprechempfindlichkeit (%)	≤ 0,5	≤ 0,2	≤ 1,0
Umkehrspanne (%)	≤ 1,0	≤ 0,2	≤ 2,0
Durchflußsymmetrieabweichung (%)	≤ 5	≤ 5	≤ 5

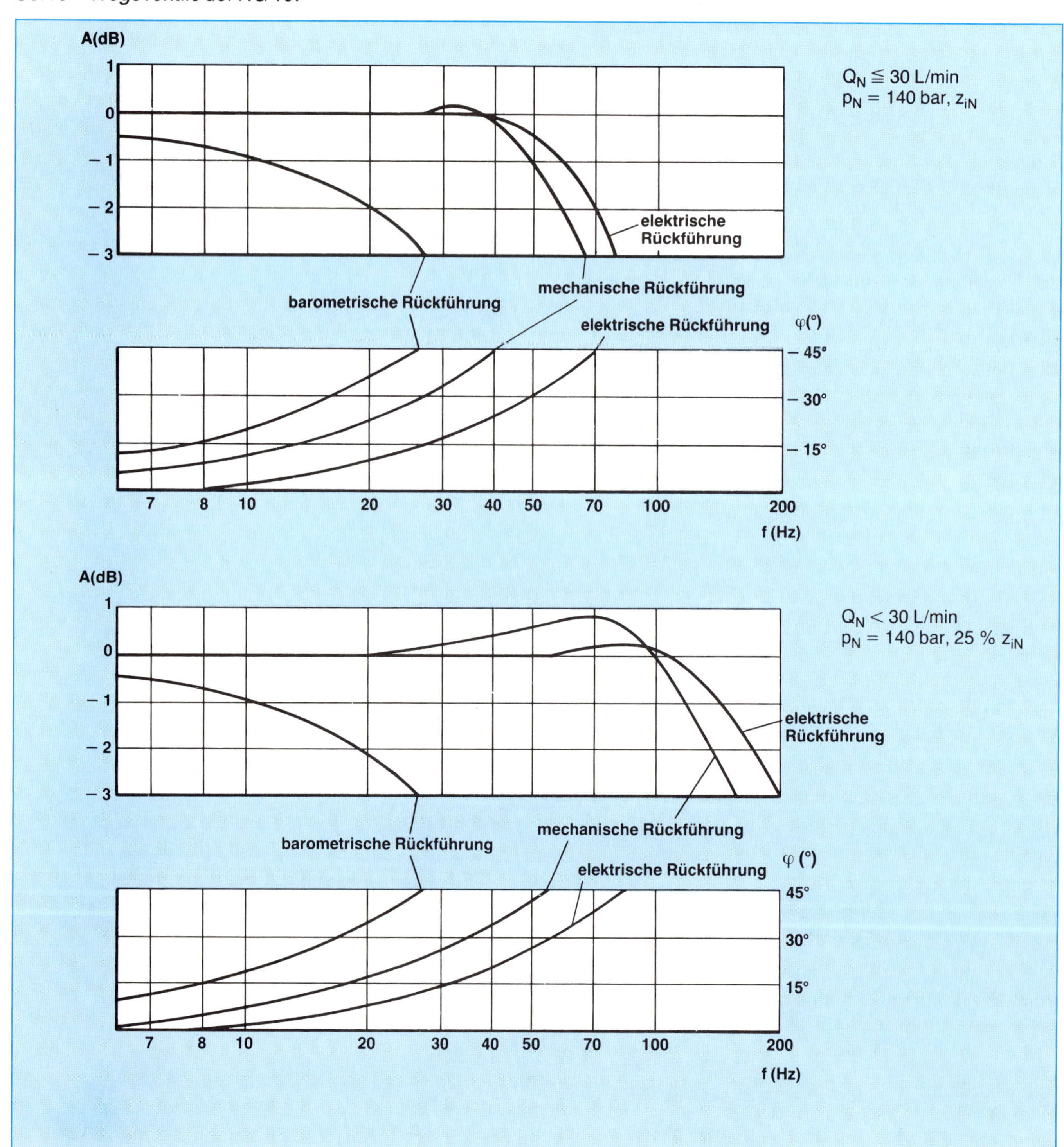

3 – stufig mit elektrischer Rückführung

Ventile des Typs 4 WS 3 EE .../.. sind 3 – stufige Wege – Servoventile.

Sie bestehen im Wesentlichen aus:

- der 1. Stufe
- der 2. Stufe (3) als Durchflußverstärkerstufe zur Ansteuerung der 3. Stufe (4)
- der 3. Stufe (4) zur Durchflußsteuerung des Hauptölstromes
- eines induktiven Wegaufnehmers (5) dessen Kern (6) am Steuerkolben (7) der 3. Stufe befestigt ist.

3. Stufe

Der Steuerkolben (7) ist mit dem induktiven Wegaufnehmer (5) über eine geeignete Elektronik gekoppelt.

Sowohl die Lageänderung des Steuerkolbens (7), wie auch die Änderung des Sollwertes erzeugen über den Kern (6) in den mit Wechselstrom gespeisten Spulen des Wegaufnehmers (5) eine Differenzspannung.

Beim Sollwert – Istwert – Vergleich wird über geeignete elektronische Geräte die Abweichung ausgewertet und der 1. Stufe des Ventils als Regelabweichung zugeführt. Dieses Signal lenkt die Prallplatte (8) zwischen den beiden Regeldüsen (9) aus. Dabei wird eine Druckdifferenz zwischen den beiden Steuerräumen (10) und (14) erzeugt. Der Steuerkolben (11) wird verschoben und läßt eine entsprechende Ölmenge in den Steuerraum (15) bzw. (16). Der Steuerkolben (7) mit dem daran befestigten Kern (6) des induktiven Wegaufnehmers (5) wird so weit verschoben, bis der Sollwert mit dem Istwert übereinstimmt.

Im ausgeregelten Zustand sind die Steuerräume (15) und (16) druckausgeglichen und der Steuerkolben wird in dieser Regelposition gehalten.

Zur Regelung des Durchflusses ergibt sich, bedingt durch die Lage des Steuerkolbens (7) zur Steuerhülse (13) eine entsprechende Steueröffnung, die ebenso proportional zum Sollwert ist wie der Kolbenhub und die Durchflußmenge.

Der Ventilfrequenzgang wird über die elektrische Verstärkung in der Elektronik optimiert.

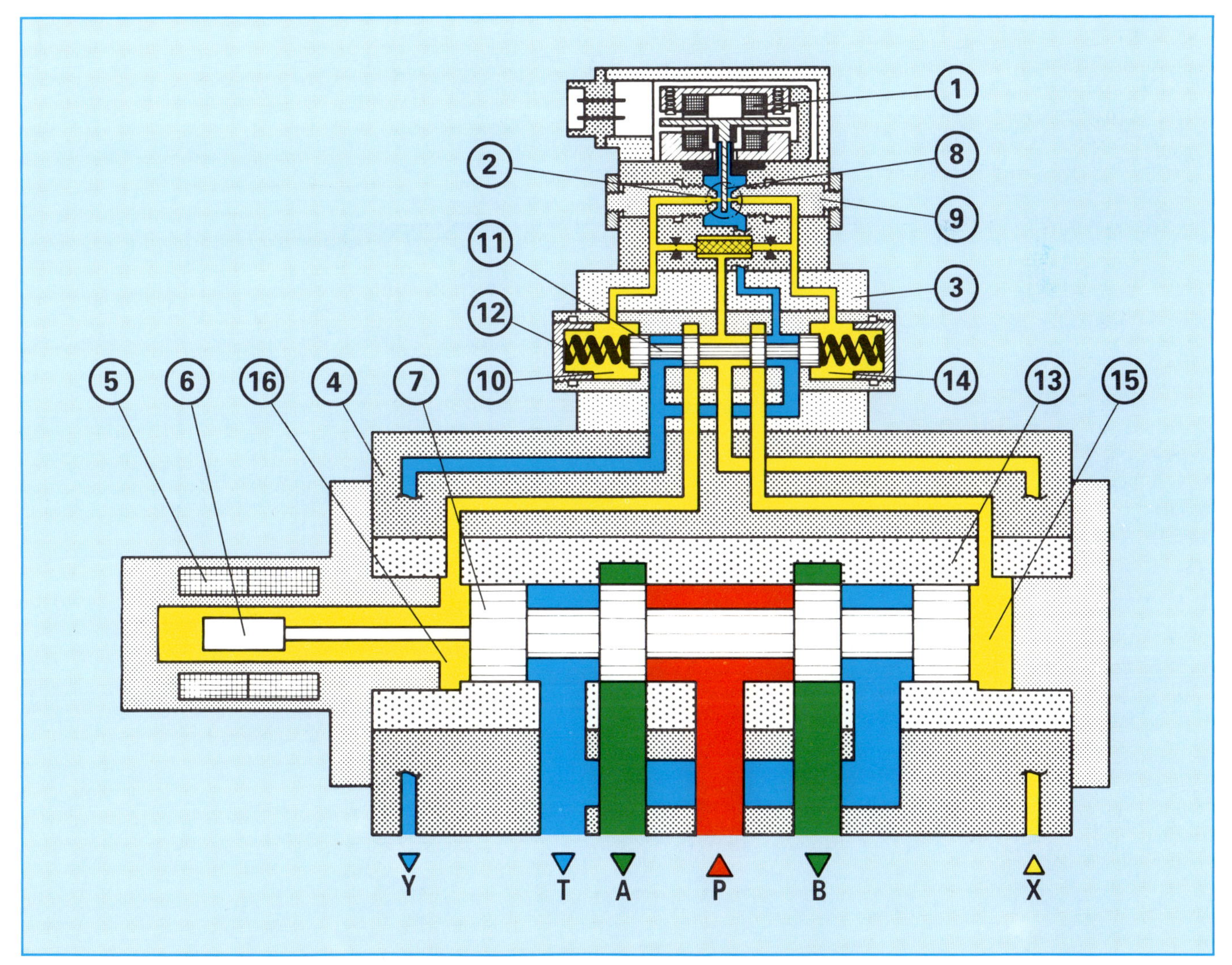

Bild 24: *3 – stufiges Servo – Wegeventil mit elektrischer Rückführung Typ 4 WS 3 EE*

Regelventil NG 6

Der Steuerkolben des Regelventils wird im Gegensatz zu den vorgesteuerten Servoventilen nicht von einem hydraulischen Pilotventil (Düse/Prallplatte) betätigt, sondern mechanisch von einem starken Torquemotor.

Das Regelventil besteht im wesentlichen aus dem Torquemotor (1) und der Längsschieberstufe (3) in 4 – Wege – Ausführung.

Der Steuermotor (1) ist ein elektromechanischer Wandler, der ein elektrisches Signal in eine Linearbewegung des Bolzenendes (4) umwandelt. Er ist hermetisch gegen den Hydraulikteil abgedichtet. Anker (5), Biegerohr (6) und Bolzen (4) sind spielfrei miteinander verbunden. Das aus dem Motor herausragende Bolzenende (4) ist durch die Verbindungsstange (7) mit dem Steuerkolben (2) gekoppelt. Die Federsteife des Biegerohres (6) wirkt bei Auslenkung des Bolzens (4) der Steuermotorkraft entgegen. Dadurch wird eine Zentrierwirkung erreicht.

Die Auslenkung des Steuerkolbens (2) und somit der Ventildurchfluß sind dem Betrag des elektrischen Eingangssignales proportional.

Der hydraulische Nullpunkt wird über die Schraube (8) justiert, die die im Gehäuse (9) axial verschiebbare Steuerhülse (10) relativ zum Steuerkolben (2) verstellt.

Besondere Merkmale dieses "einstufigen" Regelventils sind:

– Der permanentmagnetische (= schnelle) Motor, welcher durch ein Biegerohr zugleich abgedichtet und zentriert wird.

– Steuerbüchse und Kolben in "Servo – Qualität", d.h. lineare Durchfluß – Kennlinie, genaue Steuerkantengeometrie.

– Hydraulische und elektrische Dämpfung.

Bild 25: *1 – stufiges Regelventil mit Betätigung durch einen permanentmagnetischen Steuermotor Typ 4 WS 1 EO 6*

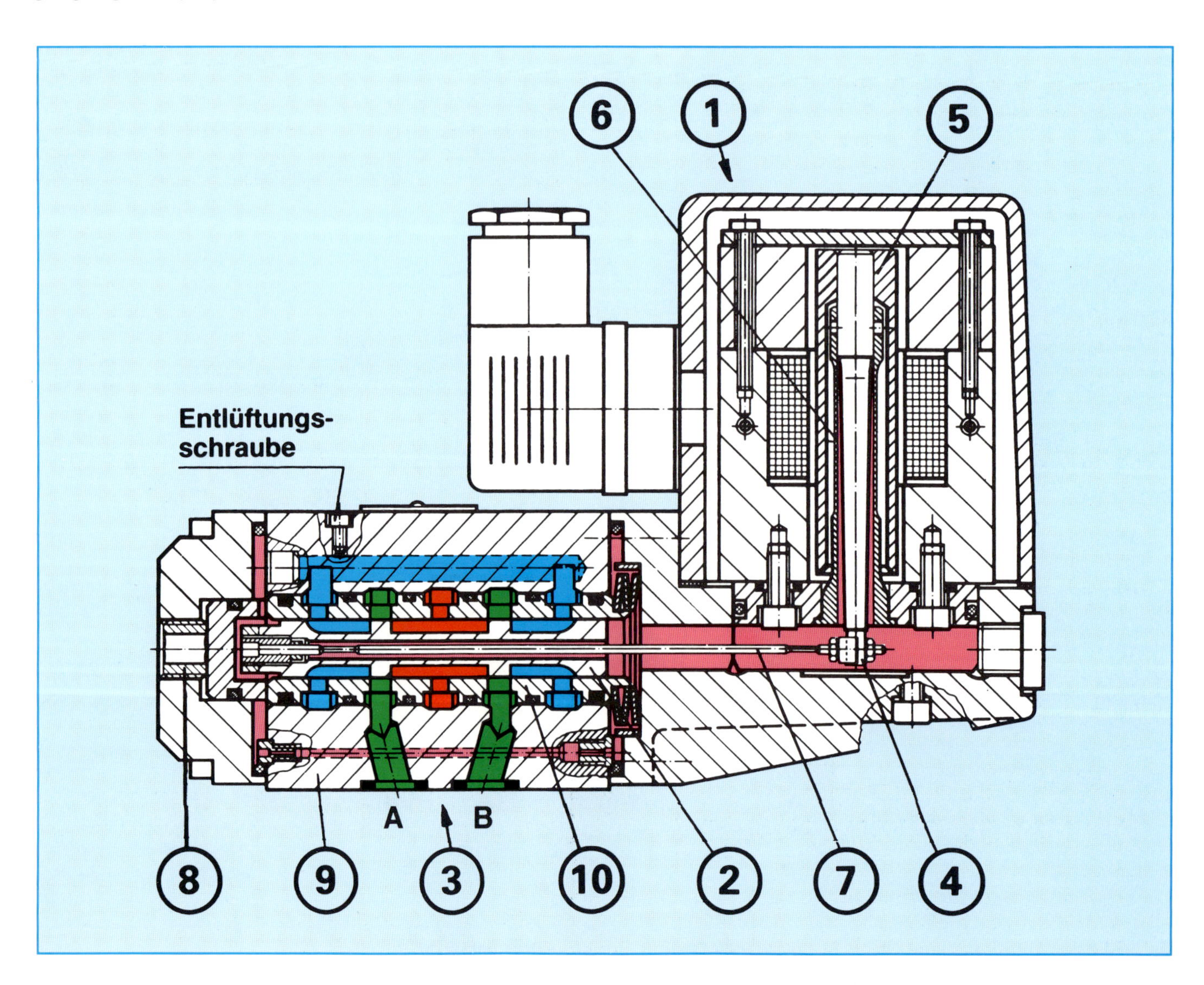

Der Hub des Hauptkolbens beträgt ± 0,4 mm; entsprechend dem angelegten Druckgefälle ergibt sich ein Durchfluß – Lastfunktions – Diagramm nach Bild 28. Da der Motor mit seiner Stellkraft nur bis zu einer bestimmten Grenze den Strömungskräften entgegenwirken kann, wird bei einem bestimmten "Δp" der Hauptkolben trotz vollem Eingangssignal allmählich zur Mittellage zurückgezogen. Damit verkleinert sich der Öffnungsquerschnitt und die Durchflußmenge nimmt ab!

Auf die Dynamik hat dieser Effekt allerdings einen positiven Einfluß:
Der kleinere Hub wird schneller durchfahren, ein Ampliduden als Folge der dynamischen Grenzen des Ventils erfolgt je nach Δp später als im Zustand ohne Durchfluß.

Bild 26: *1 – stufiges Regelventil Typ 4 WS 1 EO 6*

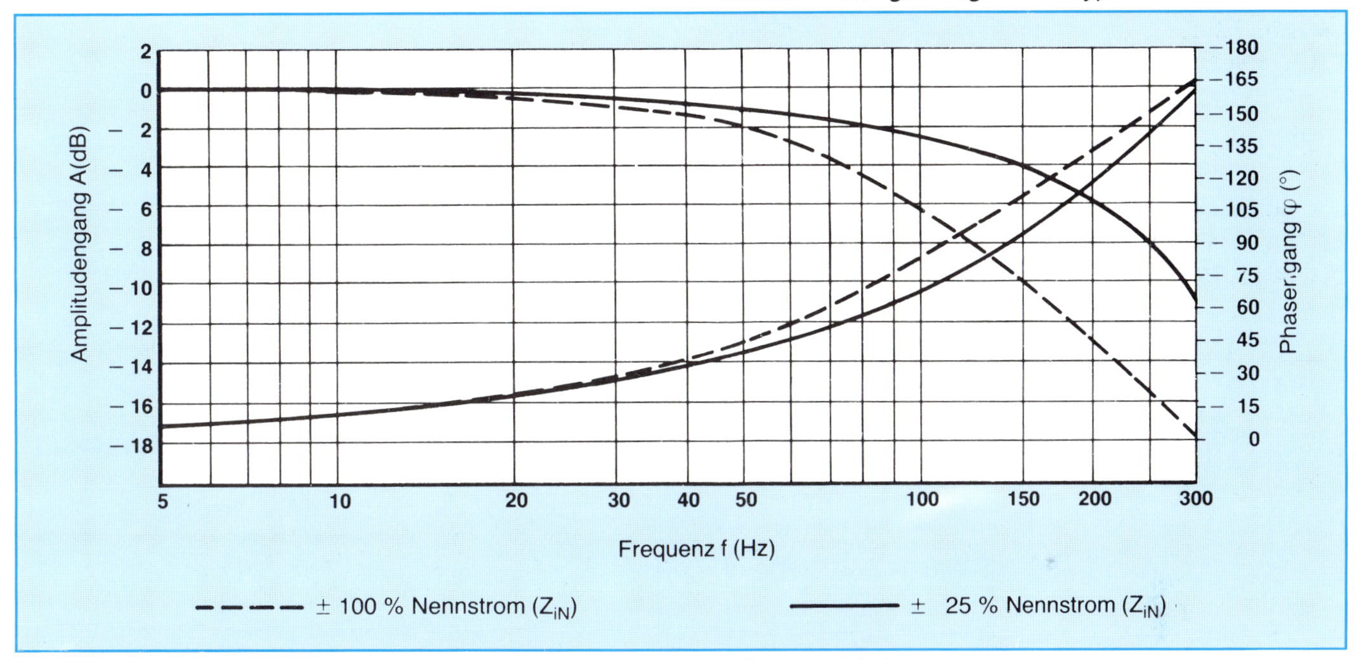

Bild 27 *Typische Frequenzgang – Kennlinie bei p = 315 bar und QN = 15 L/min*

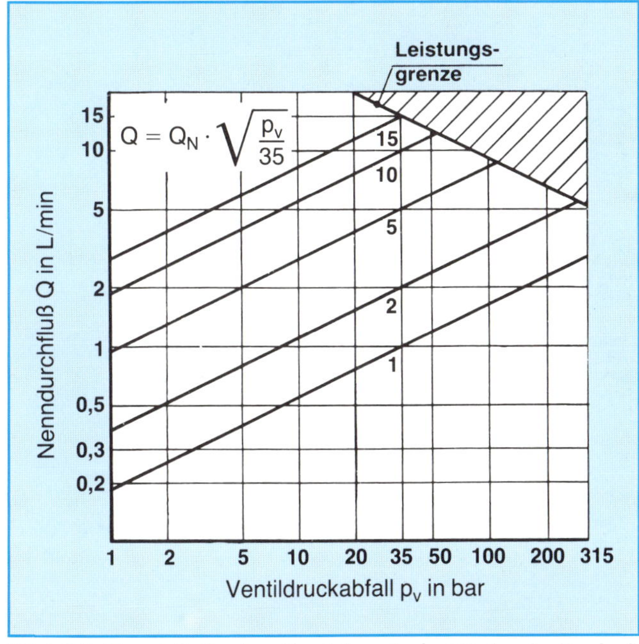

Bild 28 *Durchfluß – Lastfunktion bei ziN(oberhalb Leistungsgrenze wird die Q – pv – Abhängigkeit negativ)*

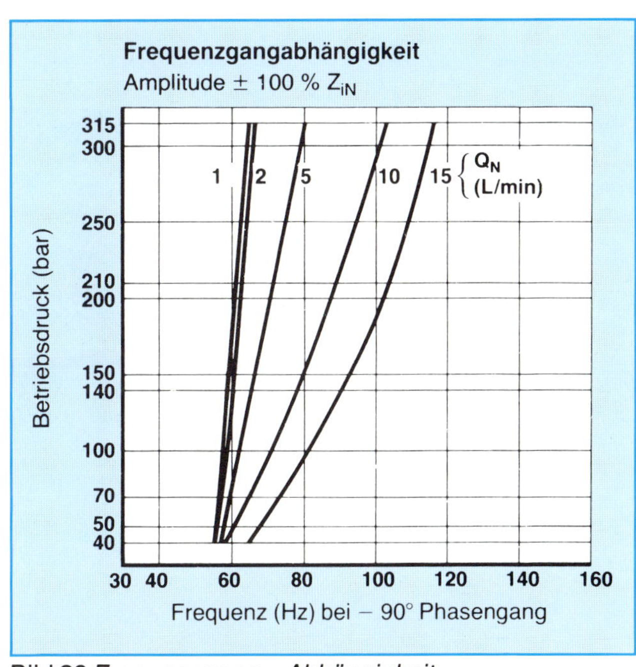

Bild 29 *Frequenzgang – Abhängigkeit (Amplitude ± 100% ziN)*

Proportional – Wegeventil 4 WRV

Das vorher beschriebene Regelventil kann, genau wie das zweistufige Servoventil zur Ansteuerung von Proportionalventilen mit elektrischer Rückführung verwendet werden.

Dieses zweistufige Proportionalventil zeichnet sich durch gute Dynamik und hohe Wiederholgenauigkeit aus. Das Vorsteuerventil verbraucht im Gegensatz zum 2 – stufigen Servoventil kein Steueröl.

Das Ventil ist für den Einsatz im geschlossenen Regelkreis geeignet für Kraft – , Geschwindigkeitsund Positionsregelungen.

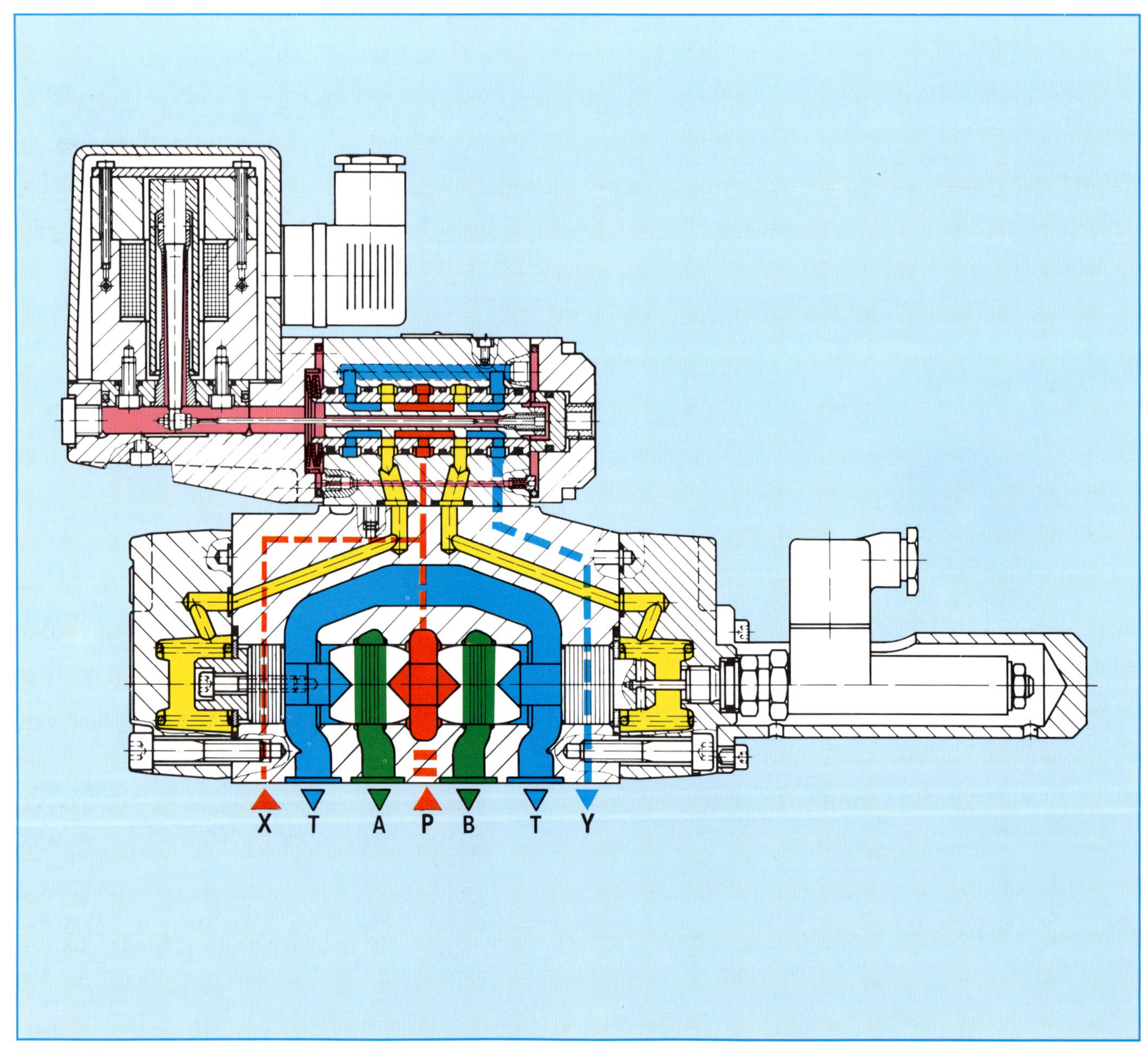

Bild 30 *Vorgesteuertes Proportional – Wegeventil mit elektrischer Rückführung Typ 4 WRV*

Montage, Inbetriebnahme und Wartung ölhydraulischer Servoventile

1. Allgemeines

Beachten Sie für eine einwandfreie Funktion der Servoventile bitte zusätzlich:

– Katalogblätter

– Reinigungs – und Justieranweisungen des Service-Handbuches RD 09240

– Aufmerksam machen möchten wir Sie ferner auf die VDI – Richtlinien, Inbetriebnahme und Wartung ölhydraulischer Anlagen, VDI (3027)

Hinweis:
Die Funktionsprüfung jedes Servoventiles wird durch Prüfungskontrolle belegt.

2. Einbau

2.1 Montageregeln
Bevor das Ventil auf die Anlage montiert wird, sollte die Typenbezeichnung des Ventils mit den Bestelldaten verglichen werden.

1. Sauberkeit:
– bei der Gerätemontage für Umgebung und Servoventil
– der Tank muß gegen äußere Verschmutzungen abgedichtet sein
– Rohrleitungen und Tank sind vor dem Einbau von Schmutz, Zunder, Sand, Spänen usw. zu säubern
– warm gebogene oder geschweißte Rohre müssen anschließend gebeizt, gespült u. geölt werden. Zur Anlagenspülung ausführliche Hinweise unter Pos. 3.6 unbedingt beachten.
– bei der Reinigung nur faserfreies Gewebe oder Spezialpapier verwenden

2. Dichtmittel, wie Hanf, Kitt oder Dichtband sind unzulässig

3. Wenn möglich, sollten Schlauchleitungen vermieden werden.

4. Für Rohrleitungen sind nahtlose Präzisionsstahlrohre nach DIN 2391/C zu verwenden

5. Die Verbindungsleitungen zwischen Verbraucher und Ventil sollten so kurz wie möglich sein; wir empfehlen, das Servoventil direkt auf den Verbraucher zu installieren.
Die Befestigungsfläche muß eine Oberflächengüte von R_t max $\leq 4\,\mu$m und eine Planizität von
$\leq$ 0,01 mm/100 mm Länge haben.

6. Befestigungsschrauben müssen mit den im Katalogblatt angegebenen Drehmoment angezogen werden

7. Als Einfüllund Belüftungsfilter wird am Aggregat ein Ölbadluftfilter empfohlen.
Maschenweite $\leq 60\,\mu$m

8. Die am Servoventil befindliche Schutzplatte ist erst direkt vor der Montage vom Ventil zu entfernen.

2.2 Einbaulage
Beliebig, vorzugsweise waagrecht, jedoch muß die mögliche Kolbenlage in Bezug auf die Rückführungsart beachtet werden. Wird das Servoventil auf einen Verbraucher aufgebaut, ist zu vermeiden, daß der Ventilkolben parallel zur Beschleunigungsrichtung des Verbrauchers liegt.

2.3 Elektroanschluß
Der Elektroanschluß ist aus dem jeweiligen Katalogblatt zu ersehen.
Das Servoventil kann in Parallel –, Serien oder Differenzschaltung betrieben werden.
Aus Gründen der Betriebssicherheit empfehlen wir die Parallelschaltung.
Achtung:
Dem Ventil darf auf Grund der elektrischen Verstärkung im geschlossenen Regelkreis kein elektrisches Signal eingegeben werden, bevor an der 1. Stufe der Betriebsdruck ansteht. Ausnahme wenn eine Strombegrenzung bei 100% vorliegt.
Sonderschutzarten erfordern besondere Maßnahmen, welche im jeweiligen Katalogblatt genannt werden.

3. Inbetriebnahme

3.1 Druckflüssigkeit
Als Druckflüssigkeit sollte vorzugsweise Mineralöl nach DIN 51524, DIN 51525 oder VDMA 24318 verwendet werden. Bei Verwendung von H – L36 oder H – LP 36 ist eine Temperatur des Mediums von 50° C an zustreben. Die vom Hersteller des Druckmediums empfohlenen Maximaltemperaturen sollten zur Schonung des Druckmediums möglichst nicht überschritten werden. Um ein gleichbleibendes Regelverhalten der Anlagen zu gewährleisten, empfiehlt es sich, die Temperatur des Mediums konstant ($\pm$ 5°C) zu halten.
Andere Druckmedien auf Anfrage.

3.2 Stimmt der verwendete Dichtungswerkstoff der O – Ringe?
Für schwerentflammbare Druckflüssigkeiten HFD sowie für Temperaturen > 90°C muß die Type mit "V" gekennzeichnet sein.

3.3 Filterung
– Intern vorgesteuerte Servoventile sind unmittelbar vor dem Ventil mit einem Druckfilter ohne By – Pass – Ventil mit 10 μm nominal = $\beta_{10} \geq 75$ (Reinheitsklasse 5 nach NAS 1638) Filterfeinheit im Druckanschluß "P" abzusichern.
– Bei extern vorgesteuerten Ventilen muß unbedingt unmittelbar vor dem Servoventil ein Druckfilter ohne By – Pass mit 10 μm nominal (Reinheitsklasse 5 nach NAS 1638) Filterfeinheit in der Zuleitung zu Anschluß "X" eingebaut werden. In diesem Fall empfehlen wir,

den Gesamthydraulikkreis über einen weiteren 10 μm nominal Filter zu reinigen.

- Der zulässige Differenzdruck dieser Filter muß größer als der Betriebsdruck sein.
- Wir empfehlen Filter mit Verschmutzungsanzeige.
- Während des Filterwechselns ist auf peinliche Sauberkeit zu achten. Verunreinigungen an der Auslaufseite des Filters werden in das System gespült und verursachen Störungen.

Verschmutzungen an der Einlaufseite reduzieren die Betriebsdauer des Filtterelementes.

3.4 Der Vorsteuerdruck sollte auf Grund des gewünschten guten Regelverhaltens konstant (± 5 bar) gehalten werden.

3.5 Justieren des hydraulischen Nullpunktes:
Der hydraulische Nullpunkt ist bei jedem Servoventil auf einem Prüfstand mit Hilfe eines Hydromotores einjustiert worden. Um die optimale Regelgenauigkeit zu realisieren, kann es trotzdem notwendig sein, den hydraulischen Nullpunkt nach den Anweisungen im Katalogblatt, der Wege – Servoventile dem jeweiligen Verbraucher entsprechend, nochmals nachzujustieren.

3.6 Anlagenspülung:
Vor Inbetriebnahme des Servoventils müssen alle Zu – und Rücklaufleitungen gespült werden. Besser als Spülplatten, die P mit T verbinden (Typ ist aus dem Katalogblatt ersichtlich), ist der Einsatz von Wegeventilen (Bildzeichen G oder H), mit denen auch die Arbeitsanleitungen und Verbraucher gespült werden können.
Bei externem Steuerölanschluß ist darauf zu achten, daß dieser Anschluß mitgespült wird.
Die im System befindliche Ölmenge sollte mindestens 150...300 mal durch den Filter gespült werden.
Daraus ergibt sich als Spülzeit – Richtwert

$t = V/Q \cdot 2.5 \ldots 590$

Darin ist:
t = Spülzeit in Stunden
V = Behältervolumen in Liter
Q = Pumpenfördermenge in L/min

Während des Spülvorganges sind alle Filter ständig zu kontrollieren und die Filterelemente notfalls auszuwechseln. Nach Öffnen von Anschlußleitungen (ganz gleich aus welchem Grund die Leitung geöffnet wird) ist nochmals ca. 30 Minuten zu spülen.

4. Wartung

4.1 Beim Nachfüllen von mehr als 10% des Tankinhaltes ist eine Anlagenspülung zu wiederholen (siehe auch 3.6).

4.2 Ventilrückgabe zur Instandsetzung
Zur Rücksendung eines defekten Ventiles ist es erforderlich, die Grundfläche des Ventiles gegen Verschmutzung zu schützen. Sorgfältige Verpackung ist ratsam, damit es auf dem Transport zu keiner weiteren Beschädigung kommt.

4.3 Reinigungsund Justieranweisung
Nach Erfahrung sind die Ausfälle an Servoventilen überwiegend auf Verschmutzungen im Bereich des Düsen – Prallplattensystems zurückzuführen. Eine Reinigung kann nach den Vorschriften des Service – Handbuches RD 09240 vorgenommen werden.

5. Lagerung

Für die Lagerhaltung der Servoventile ist ein trockener, staubfreier Raum mit niedriger Luftfeuchtigkeit erforderlich. Diese Lagerräume müssen frei von Ätzstoffen und Dämpfen sein. Die sachgemäße Lagerung der Ventile muß von Zeit zu Zeit überprüft werden. Bei einer Lagerung der Servoventile von mehr als 3 Monaten empfiehlt es sich, diese mit einem Konservierungsöl zu füllen.

Notizen

Notizen

Kapitel H

Von der Steuerung zum Regelkreis

Arno Schmitt, Dieter Kretz

Von der Steuerung zum Regelkreis

Wie Berechnungsbeispiele für die Auslegung von Steuerungen mit Proportionalventilen zeigen, hängt die mögliche Genauigkeit einer Anlage von mehreren Faktoren resultierend aus dem Gesamtsystem ab.

Bevor wir in die Ausführung von Regelkreisen einsteigen, sollen "auf dem Weg dorthin" noch 2 Steuerungsarten betrachtet werden:

- zeitabhängiges Abbremsen
- wegabhängiges Abbremsen

1 Zeitabhängiges Abbremsen

Setzt man bei einer Steuerung mit Proportionalventilen für den Abbremsvorgang die elektrische Zeitrampe ein, dann ergibt sich folgender Sachverhalt:

1.1

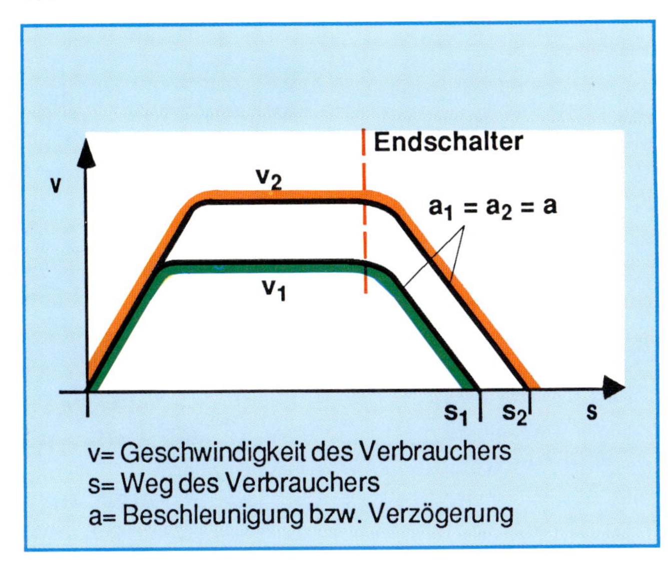

Bild 1

Ein Zylinder fährt mit der Geschwindigkeit v1. Bei Erreichen des Endschalters wird von dem angewählten Geschwindigkeitssollwert (Auslenkung des Ventilkolbens) umgeschaltet z.B. auf v= 0, d.h. Zylinder stop. Das Sollwertsignal ändert sich nun entsprechend der Rampenzeiteinstellung. Daraus ergibt sich der Bremsweg.

Beispiel:

v_1= 0,8 m/s Fahrgeschwindigkeit
t_{b1}= 0,2 sek Bremszeit
-> a= v/t
a= 0,8 (m/s) / 0,2 (s) = 4 [m/s²] Verzögerung

Bremsweg

$s_1 = v_1^2/2 \cdot a = 0{,}8^2 \cdot / 2 \cdot 4 = 0{,}08$ [m]= **80 [mm]**

Ändert man um z.B. entsprechend dem Arbeitsprozess die Geschwindigkeit, ergibt sich natürlich ein anderer Bremsweg, bei unveränderter Rampeneinstellung.

Beispiel:

v_2= 1,2 m/s Fahrgeschwindigkeit
t_{b2}= 0,3 sek Bremszeit
-> a= v/t
a= 1,2 (m/s) / 0,3 (s) = 4 [m/s²] Verzögerung

Bremsweg

$s_2 = v_2^2/2 \cdot a = 1{,}2^2 \cdot / 2 \cdot 4 = 0{,}18$ [m]= **180 [mm]**

D.h. also, der Zylinder kommt an unterschiedlichen Punkten zum Halten. Dies wird in der Praxis immer wieder vergessen!, wenn mit verschiedenen Geschwindigkeiten ein Haltepunkt angefahren werden soll.

1.2

Eine Möglichkeit, um aus unterschiedlichen Geschwindigkeiten auf einen Haltepunkt zu kommen, ist das Abbremsen auf eine relativ kleine Geschwindigkeit. Erst aus dieser Geschwindigkeit heraus erfolgt das Stop-Signal über Endschalter E_2. Bild 2 zeigt den Verlauf. Die Haltegenauigkeit ist hier recht gut. (Siehe hierzu auch Seite E16).

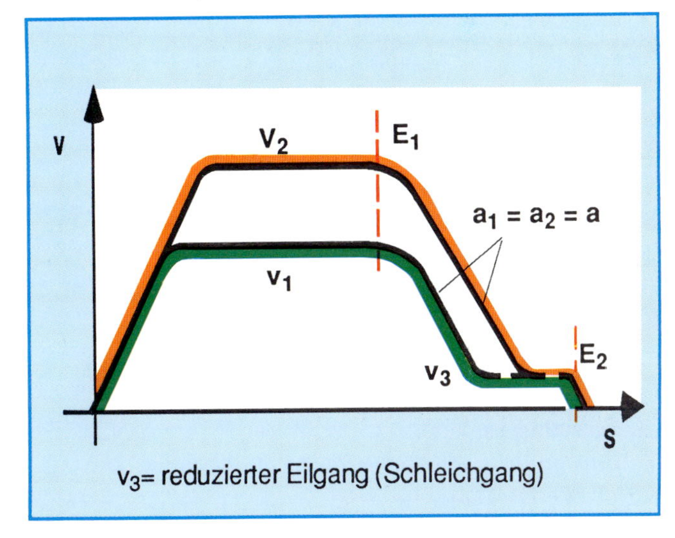

Bild 2

Allerdings geht dies bei den Geschwindigkeiten $v < v_{max}$ zu Lasten der Zeit.

1.3 Eine weitere Möglichkeit ist, jedem Geschwindigkeitssollwert jeweils eine Rampe zuzuordnen. Will man z.B. wieder aus verschiedenen Geschwindigkeiten auf den gleichen Haltepunkt kommen, sieht das theoretisch wie folgt aus:

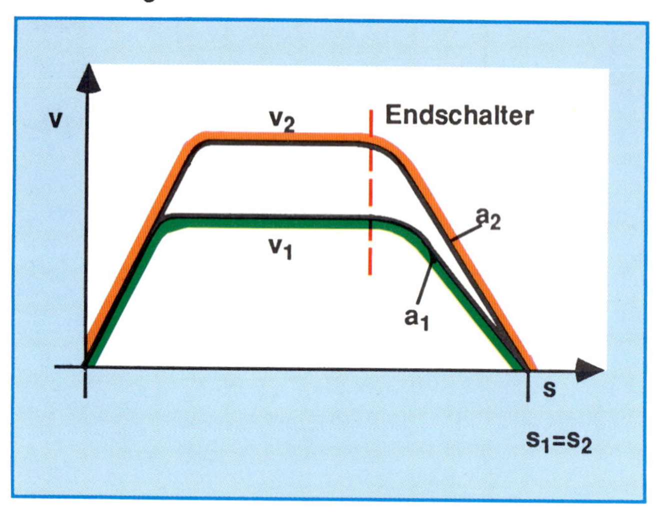

Bild 3

Bei entsprechender Einstellung der Rampe erhält man zwar den gleichen Bremsweg, verliert aber Zeit (wie auch bei Beispiel 1.2, siehe hierzu auch Seite E16).

Beispiel:

Wir nehmen hierzu den vorher errechneten Bremsweg von 180 mm (bei v_2= 1,2 m/s und a= 4 m/s^2)

damit ergibt sich bei

v_1= 0,8 m/s und s_b= 180 mm

eine Verzögerung von

-> $a_1 = v^2 \cdot 10^3 / 2 \cdot s = 0{,}8^2 \cdot 10^3 / 2 \cdot 180 = 1{,}8$ [m/s^2]

und die benötigte Zeit von

-> $t_b = v / a = 0{,}8 / 1{,}8 = 0{,}44$ [sek]

Die Streuung im Endpunkt ist in der Praxis größer als im Beispiel 1.2, da immer aus unterschiedlichen Geschwindigkeiten gefahren wird.

Hier soll auch nochmals an die auf Seite E 27/28 angesprochene max. mögliche Beschleunigung/Verzögerung erinnert werden.

Auch muß man sich bei dieser Ausführung über die Problematik der genauen Rampeneinstellung im Klaren sein, so daß diese Lösung nicht unbedingt zu empfehlen ist, wenn es auf einen exakten Haltepunkt ankommt.

1.4 Um im Vergleich zu Beispiel 1.3 eine vom System eventuell höhere zulässige Verzögerung zu verwirklichen, müßte für die andere Geschwindigkeit ein weiterer Endschalter gesetzt werden:

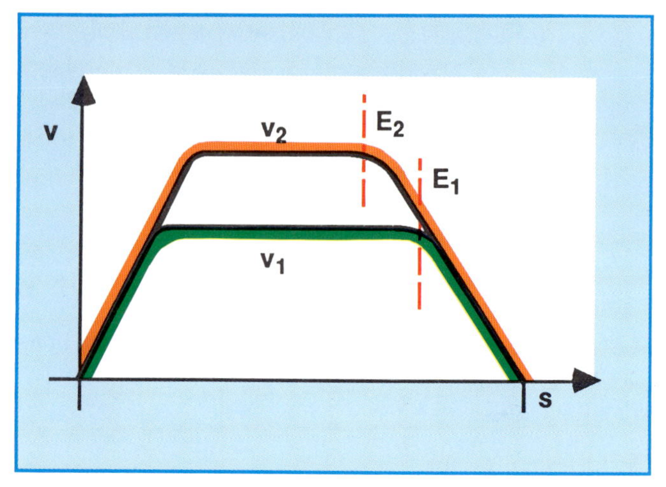

Bild 4

Der Endschalter E_1 ist hier entsprechend der niedrigeren Geschwindigkeit v_1 später angeordnet. Bei dieser Lösung wäre also jedem Geschwindigkeitswert ein Endschalter zuzuordnen.

Die Lösung, bei der sich das in *Bild 4* dargestellte Verhalten - ohne für jede Geschwindigkeit einen separaten Endschalter zu setzen - ergibt, ist das wegabhängige Abbremsen.

2 Wegabhängiges Abbremsen

Wie der Begriff schon deutlich macht, erfolgt das Abbremsen (Verzögern) nicht in Abhängigkeit von einer elektrischen Zeitrampe, sondern ist abhängig vom Weg des Verbrauchers.

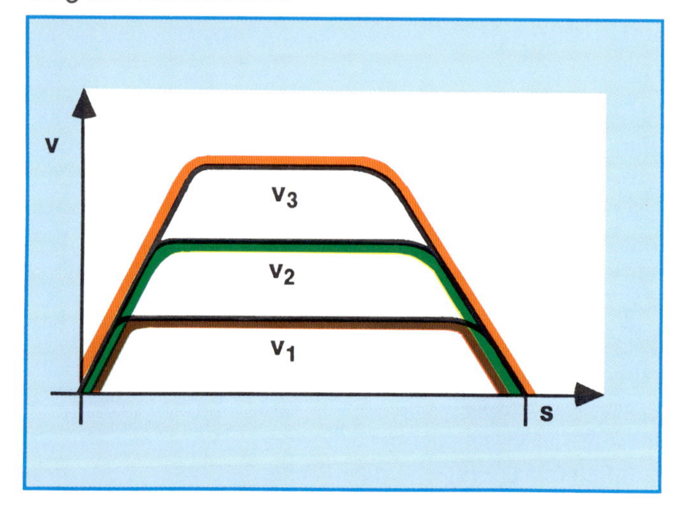

Bild 5

Das Diagramm *Bild 5* zeigt deutlich, daß hier unabhängig von der gefahrenen Geschwindigkeit am Verbraucher immer der gleiche Haltepunkt erreicht wird.

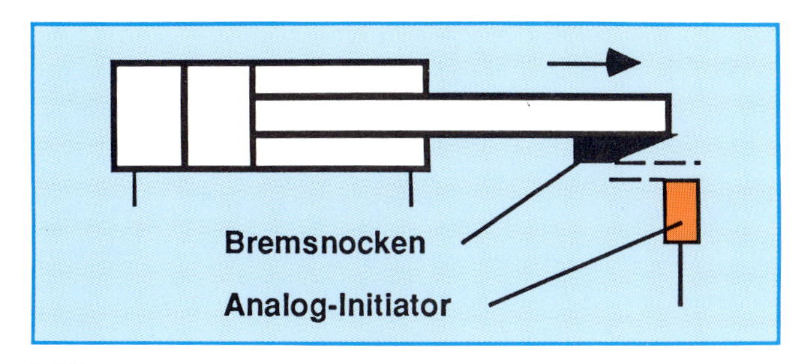

Bild 6

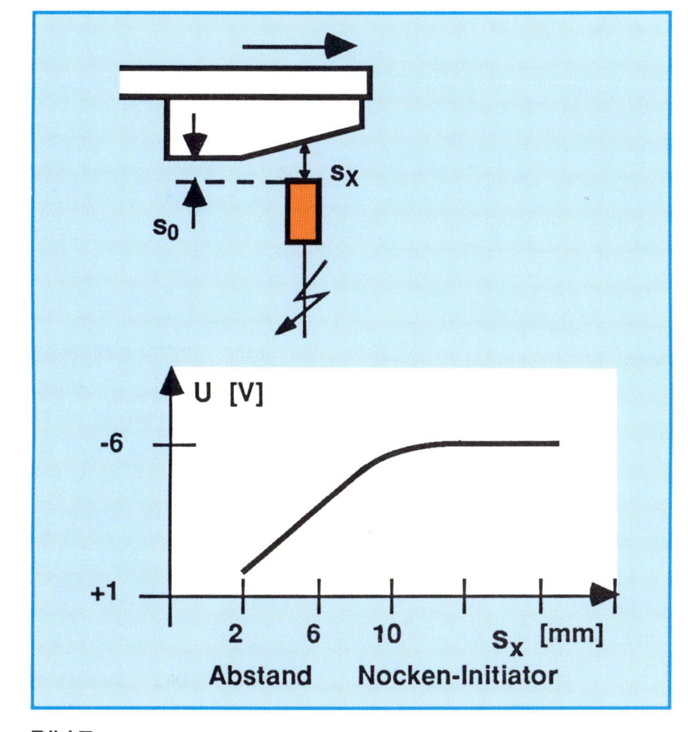

Bild 7

Eine in der Praxis häufig verwendete Ausführung für wegabhängiges Abbremsen ist mit Bremsnocken und Analog-Initiator *(Bild 6)*.

Der Analog-Initiator ist ein elektronischer Näherungsschalter. Er gibt abhängig vom Abstand zu einem Eisenteil, z.B. Nocken, eine Spannung ab. Mit Annäherung des Nockens an den Initiator wird, je kleiner der Abstand, analog die Ausgangsspannung bis 0V verringert. Dieses Spannungssignal geht auf einen dafür konzipierten Verstärker und steuert so die Proportionalmagnete des Proportionalventils.

Das Blockschaltbild *(Bild 9)* zeigt die Ansteuerung mit Analog-Initiator. Der Einfachheit wegen ist nur eine Magnetansteuerung dargestellt.

Der Minimalwert-Auswerter läßt immer nur das kleinere der beiden Eingangssignale (E_1= Sollwert, E_2= vom Initiator) am Ausgang wirksam werden.

Häufig wird, wie auch im Blockschaltbild dargestellt, in Verbindung mit dem Analog-Initiator ein Wurzelwertbildner *(Bild 8)* eingesetzt. Der Vorteil für die Praxis ist ein Zeitgewinn, da ein optimales Anfahren einer Position, d.h. mit höchstmöglicher Geschwindigkeit erfolgt.
Eine ausgeführte Anlage ist auf den Seiten L8 und L9 beschrieben.

Wenn die analoge Wegerfassung nur im Bereich des Bremsweges wirksam sein muß (immer gleicher Endpunkt) können Anlagen unabhängig vom Fahrweg ausgerüstet werden.

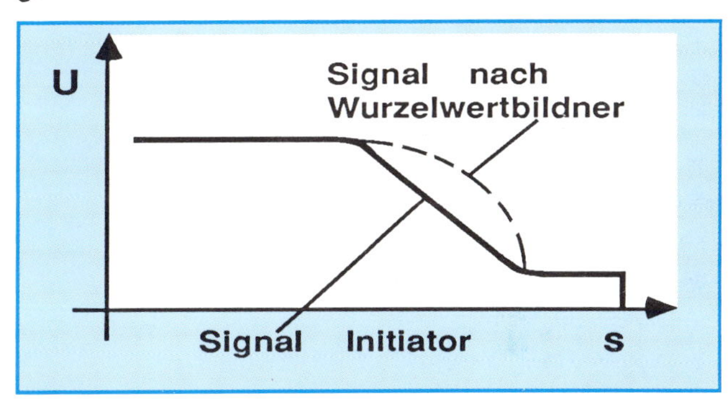

Bild 8

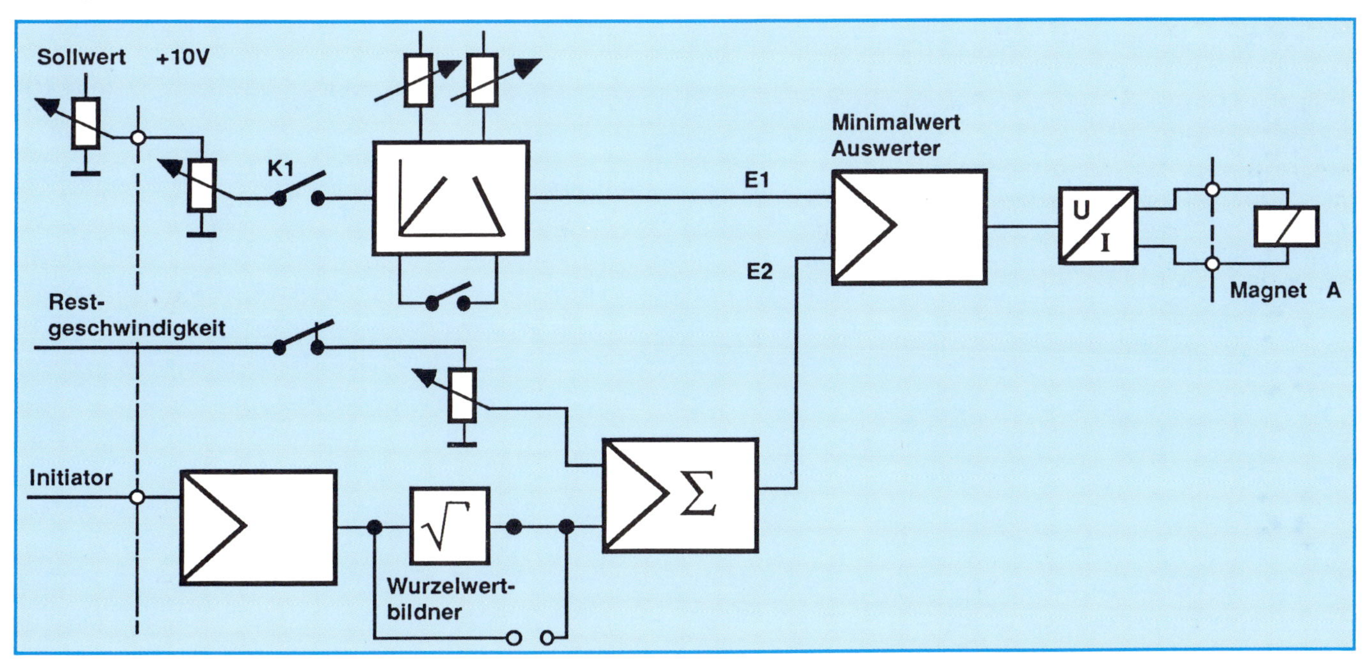

Bild 9 *Praxisorientierte Ansteuerung mit Analog-Initiator*

Eine andere Möglichkeit der Wegerfassung bei wegabhängigem Abbremsen ist ein Längspotentiometer.

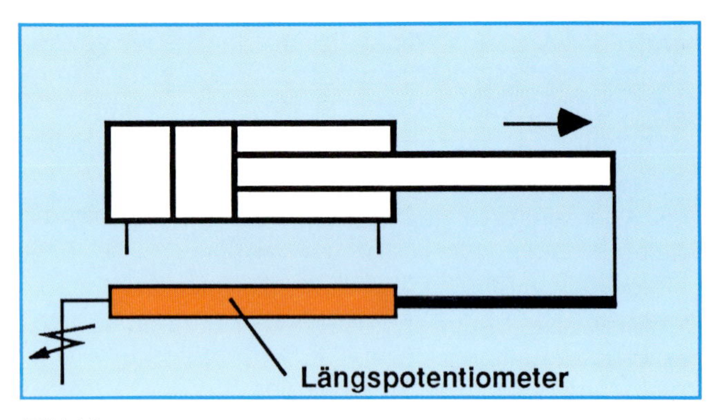

Bild 10

Bei dieser Version wird ebenfalls der Weg analog über ein Spannungssignal erfaßt und in einer elektronischen Verstärkerkarte verarbeitet.

Da hier der gesamte Weg als Signal umgesetzt wird ist es möglich, durch den elektrischen Verstärker auch jeden beliebigen Hub vorzuwählen.

Die bisher gezeigten Beispiele sind eindeutig den Steuerungen zuzuordnen.

Dies bedeutet, daß der Istwert, z.B. Geschwindigkeit eines Zylinders, nicht gemessen und nicht mit dem Sollwert verglichen wird.

Bei solchen Systemen wirken sich natürlich alle Störgrößen auf das Ergebnis aus.

Sollen diese Störeinflüsse kompensiert werden, muß das System als Regelkreis aufgebaut werden.

Der geschlossene Regelkreis

Voraussetzung für das Verständnis der Zusammenhänge im Regelkreis ist die Kenntnis einiger grundlegender, regelungstechnischer Gegebenheiten und Begriffe.
Die wichtigsten Zusammenhänge sollen im Folgenden in einem Überblick aufgeführt werden.

Dabei sollen keine Kenntnisse über Formeln und Rechenmethoden, sondern vielmehr physikalische Zusammenhänge in der Sprache des Regelungstechnikers vermittelt werden.

Was versteht man unter Regelung?

Bild11 zeigt den prinzipiellen Aufbau eines Regelkreises woraus die wichtigsten Begriffe entnommen werden können.

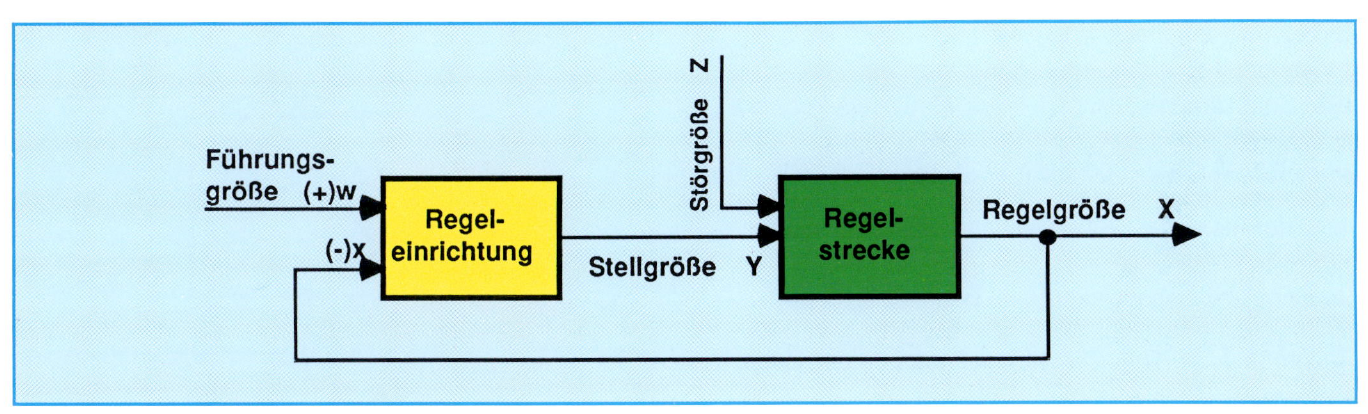

Bild 11 *Prinzipieller Aufbau eines Regelkreises*

Definition
Bei einer Regelung wird die Regelgröße fortlaufend gemessen und mit einem Sollwert verglichen. Sobald zwischen beiden, hervorgerufen durch eine Störgrösse, ein Unterschied auftritt, wird in der zu regelnden Anlage eine geeignete Verstellung vorgenommen, welche die Regelgröße wieder mit dem Sollwert in Übereinstimmung bringen soll.

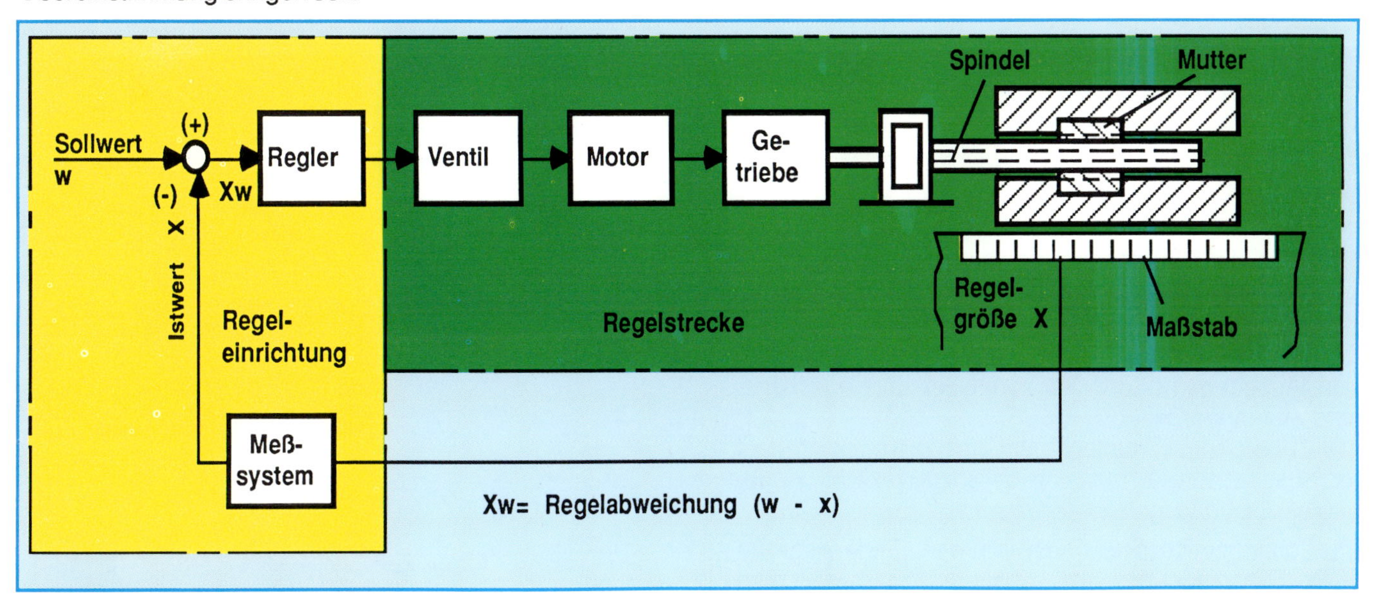

Bild 12 *Beispiel Positionsregelung*

Der Positionsregelkreis besitzt wie jedes Regelsystem eine Regeleinrichtung und eine Regelstrecke.
Im Beispiel *(Bild 12)* gehört zur Regeleinrichtung

- der Regler
dieser besteht aus dem Vergleicher, der die Soll-Ist-Differenz bildet und dem Regelverstärker
- dem Lage-Meßsystem.

Die Regelstrecke umfaßt

- den hydraulischen Antrieb mit Hydromotor und Ventil
- die mechanischen Übertragungselementen

wie

• Getriebe
• Kupplung
• Gewindespindel.

Das Kennzeichen der Regelung ist auch hier der geschlossene Wirkungsweg, der wie folgt verläuft:

Die Position X des Schlittens (=Regelgröße) wird mit Hilfe eines Maßstabes und eines Meßverstärkers gemessen und stellt den Positions-Istwert dar. Die Sollposition wird durch den Sollwert w (=Führungsgröße) von einem Sollwertbildner vorgegeben. Durch Bildung der Differenz von Soll- und Istwert (w-x) erhält man die Regelabweichung.

Die Regelabweichung durchläuft den Regler. Das Ausgangssignal des Reglers ist die Stellgröße y. Diese Stellgröße y ist gleichzeitig Eingangsgröße der Regelstrecke und steuert das Ventil an. Die Drehbewegung des Motors wird mittels Spindelantrieb in eine Längsbewegung des Schlittens umgewandelt. Damit schließt sich der Signalfluß zu einem Positionsregelkreis.

Blockschaltbild

Die einzelnen Bereiche des Regelkreises wie "Regelstrecke" und "Regeleinrichtung" werden als "Regelkreisglieder" bezeichnet. Die Darstellung dieser Regelkreisglieder erfolgt im allgemeinen in Form von Rechteckblöcken.

Die Verknüpfung von einzelnen Blöcken zu einem geschlossenen Wirkungsweg ergibt das "Blockschaltbild".

Der Fluß der Signale wird durch Linien und Richtungspfeile gekennzeichnet.

Übergangsverhalten

Auf die einzelnen Glieder im Regelkreis wirken Eingangssignale bzw. "Eingangsgrößen", Xe. Aus diesen werden je nach "Übergangsverhalten" des Gliedes "Ausgangsgrößen" Xa abgeleitet und anschliessend weiterverarbeitet.
Das "Übergangsverhalten" gibt den zeitlichen Verlauf der Ausgangsgröße auf eine beliebige zeitliche Änderung der Eingangsgröße wieder.

Eine charakteristische Änderung der Eingangsgröße ist die Sprungfunktion, als Ausgangssignal erhält man hierbei die "Sprungantwort" bzw. die "Übergangsfunktion".

Diese Übergangsfunktion wird häufig zur genaueren bzw. anschaulicheren Darstellung des Übergangsverhaltens eines Gliedes in das Blocksymbol eingezeichnet.

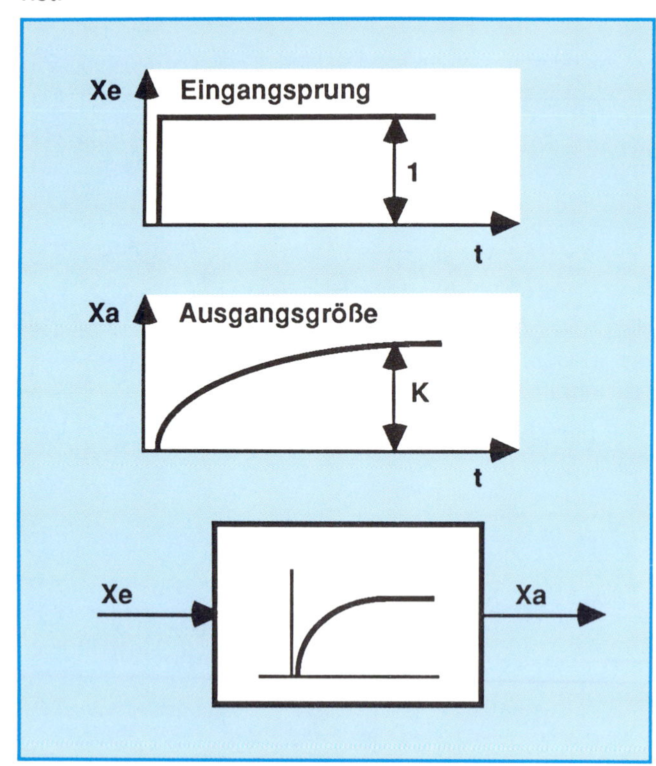

Bild 13 *Beispiel Übergangsverhalten*

Trotz der möglichen Vielfalt der Bauelemente in gerätetechnischer Hinsicht, kann man ihr Übergangsverhalten einigen wenigen Grundtypen zuordnen.

Dieses Verschwinden der gerätetechnischen Vielfalt beim Übergang vom realen technischen System zum mathematischen Modell, erleichtert die Untersuchung der dynamischen Vorgänge und ermöglicht ganz allgemeine Aussagen über das Verhalten einer Regelung, unabhängig davon ob der Regelkreis aus elektrischen, mechanischen oder irgendwelchen anderen Baugliedern besteht.
Die Regelkreisglieder können nach ihrem Übergangsverhalten in "Grundübertragungsglieder" *(Bild 14)* eingereiht werden.

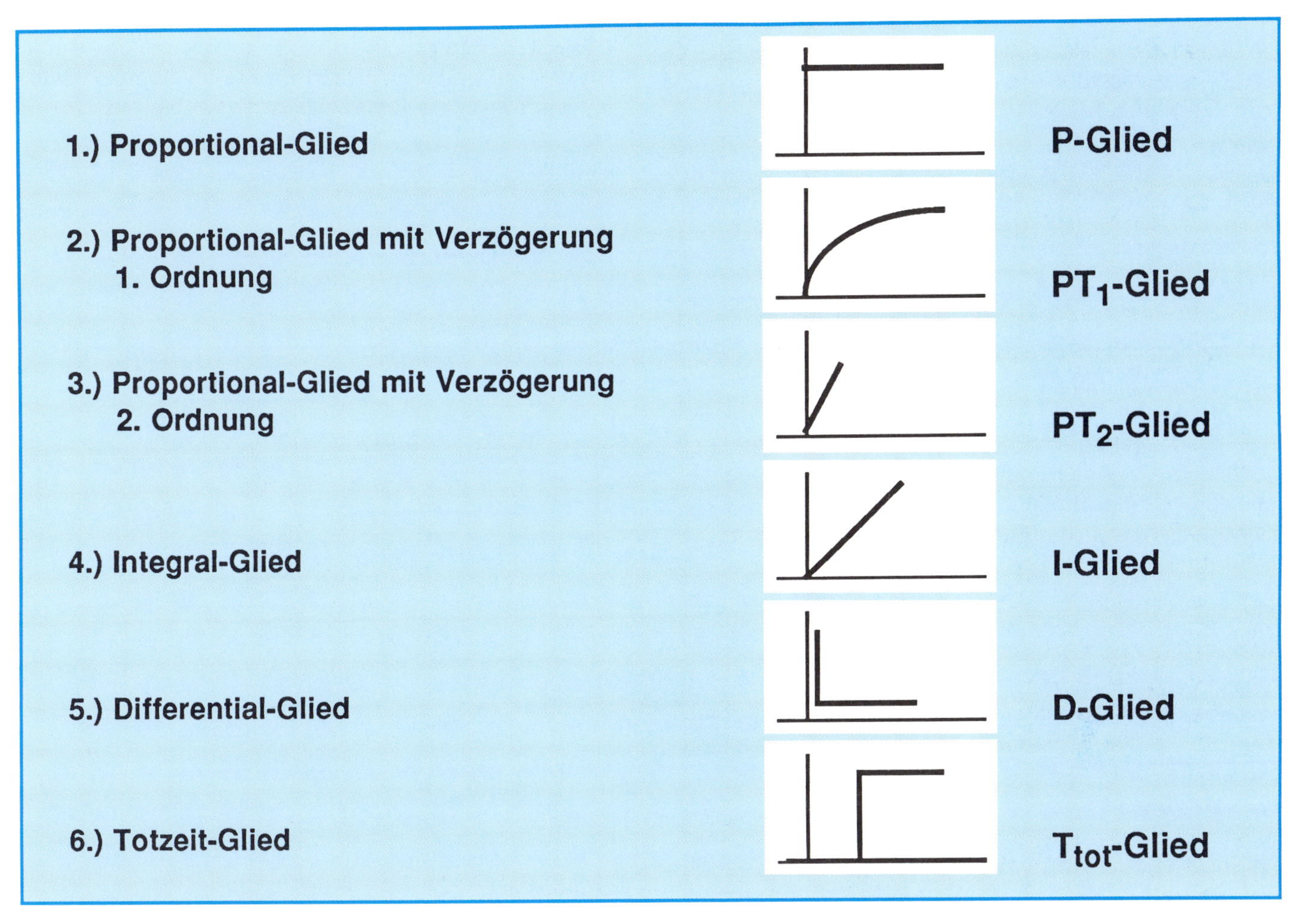

Bild 14 *Grundübertragungsglieder*

Beispiele zu den elementaren Übertragungsgliedern

Das Proportionalglied (P-Glied)

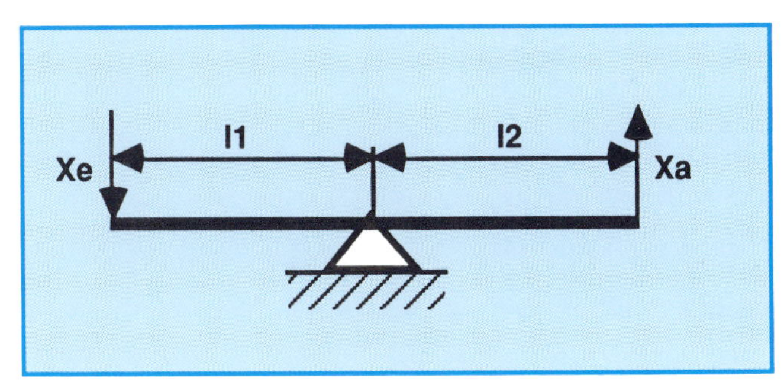

Bild 15

Bei einer sprungförmigen Änderung der Eingangsgröße X_e ändert sich die Ausgangsgröße X_a ebenfalls sprungförmig.

Die Ausgangsgröße ist

$$X_a = X_e \cdot l_2/l_1 = K \cdot X_e$$

mit der Verstärkung des Proportionalgliedes (auch Übertragungskonstante genannt).

$$K = l_2/l_1$$

Daraus folgt das Symbol für das P-Glied

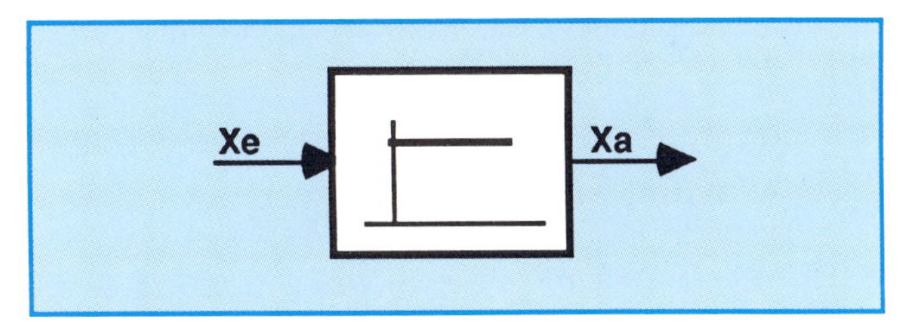

Bild 16 *Symbol für P-Glied*

Weitere Beispiele für das Auftreten des P-Gliedes sind u.a. der Zusammenhang $U = R \cdot I$ zwischen Strom I und Spannung U an einem ohmschen Widerstand R,
oder der Zusammenhang $F = m \cdot a$ zwischen der Beschleunigung a und der Kraft F an einer beschleunigten Masse m,
oder der ideale Verstärker mit Widerstandsbeschaltung (Erläuterung siehe Abschnitt "Anhang).

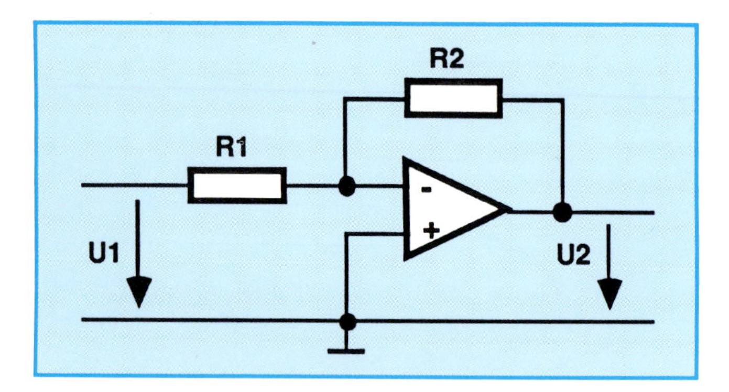

Bild 17 *Verstärker mit Widerstandsbeschaltung*

Bei einer sprungförmigen Änderung der Eingangsspannung U_1 ändert sich die Ausgangsspannung U_2 ebenfalls sprungsförmig.

Die Ausgangsspannung ist

$$U_2 = -R_2/R_1 \cdot U_1 = -K \cdot U_1$$

mit der Verstärkung

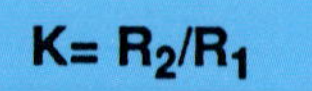

$$K = R_2/R_1$$

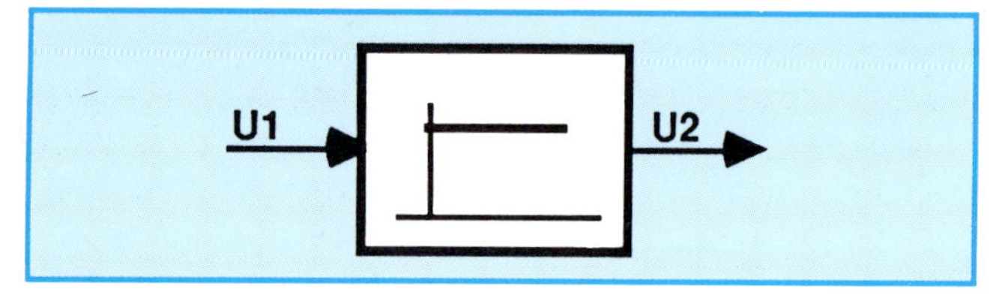

Bild 18

Integralglied (I-Glied)

Das Ausgangsignal nimmt linear mit der Zeit t zu.

$$X_a = K \cdot \int X_{e(t)} \cdot d_t$$

Auch hier wird K als die Übertragungskonstante oder der Verstärkungsfaktor des I-Gliedes bezeichnet.

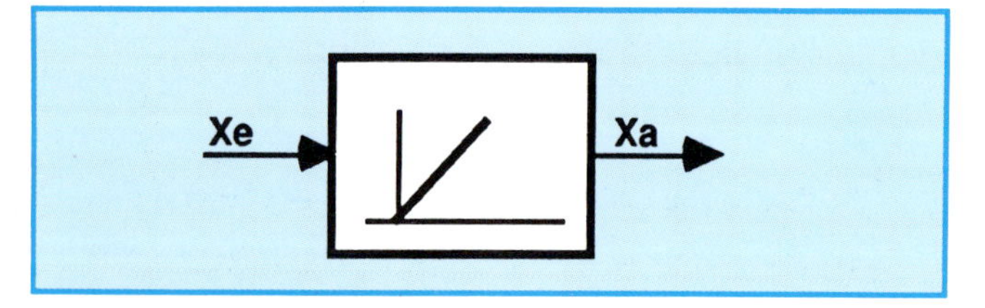

Bild 19 *Symbol des I-Gliedes*

Beispiel für das Auftreten des I-Gliedes: Hydrozylinder
Abhängigkeit des gefahrenen Hubes s von der zufliessenden Ölmenge Q.

$$s = 1/A \cdot \int q \cdot d_t$$

mit $K = 1/A$ A= Wirkfläche

oder: Hydromotor
Abhängigkeit des Verdrehwinkels einer Motorwelle von der Winkelgeschwindigkeit ω.

$$\varphi = K_0 \cdot \int \cdot \omega \cdot d_t \qquad K = 1$$

oder: Spindelantrieb
Die Umsetzung einer Spindeldrehzahl n in eine Längsbewegung.

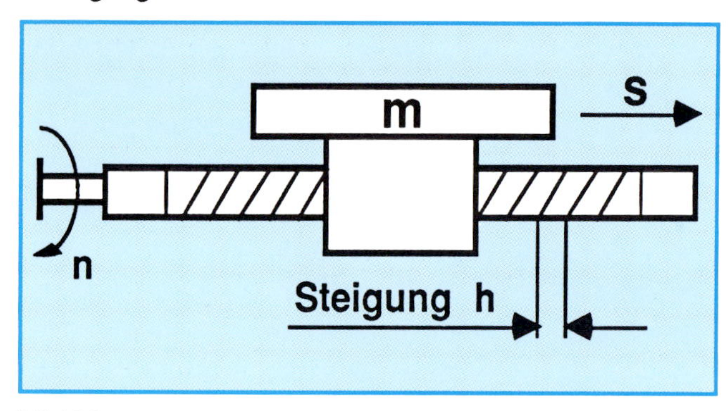

Bild 20

Für den Weg s als Ausgangsgröße gilt:

$$s = h \cdot \int \cdot n \cdot d_t$$

bei konstanter Spindeldrehzahl n wird der Weg s

$$s = h \cdot n \cdot t$$

d.h. der Weg nimmt linear mit der Zeit t zu.

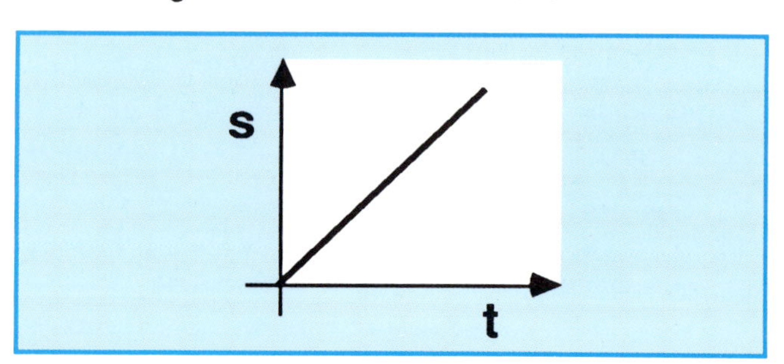

Bild 21

Differenzierglied (D-Glied)

$$X_{a(t)} = K \cdot \dot{X}_{e(t)}$$
$$\dot{X}_{e(t)} = d_{Xe} / d_t$$

Die Größe des Ausgangssignales ist abhängig von der Änderungsgeschwindigkeit des Eingangssignales.

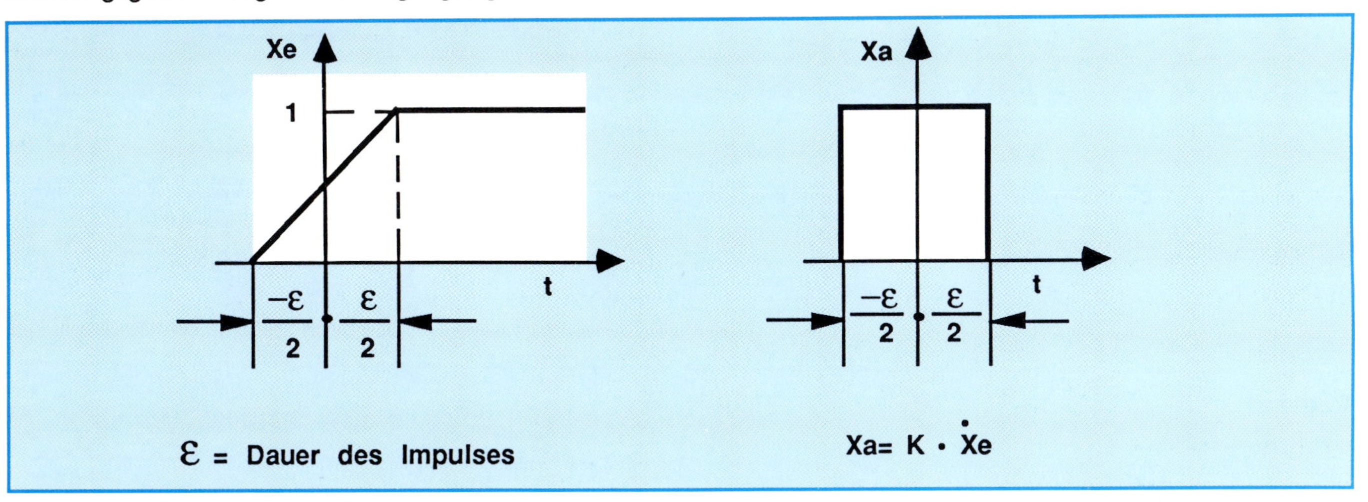

Bild 22 *Sprungantwort*

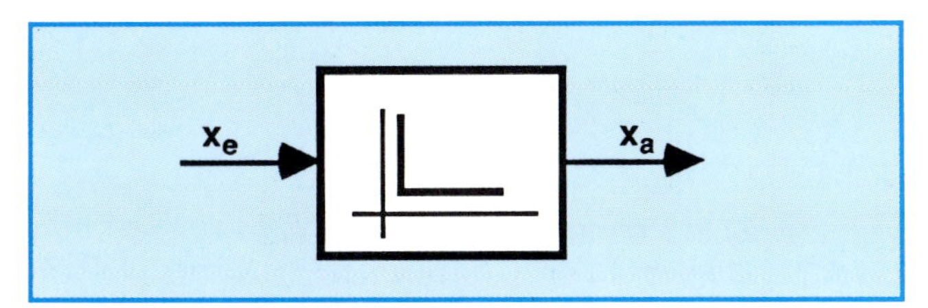

Bild 23 *Symbol des D-Gliedes*

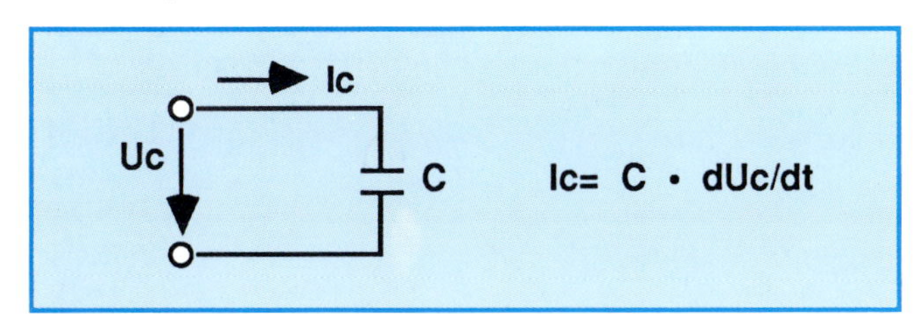

Bild 24

Beispiel für das D-Glied sind die Abhängigkeit U= L•I der Spannung U an einer Induktivität vom Strom I
oder der Ladestrom eines Kondensators mit der Kapazität C in Abhängigkeit von der angelegten Spannung U_C
oder der Zusammenhang F= m•v (v=a) bzw. die Abhängigkeit der Kraft F von der Geschwindigkeit v.

Totzeitglied

Die am Bandanfang auftretende Materialmenge ist X_e, die am Bandende abgeworfene Menge X_a. Zum Zeitpunkt t sei die Menge am Bandanfang $X_{e(t)}$, bis diese Menge zum Ende des Bandes transportiert ist, vergeht die Zeit T_t= l/v.

Zum Zeitpunkt t finden wir am Bandende somit die Menge, die am Bandanfang um die Zeit T_t früher war, also zur Zeit (t - T_t).

Daher ist

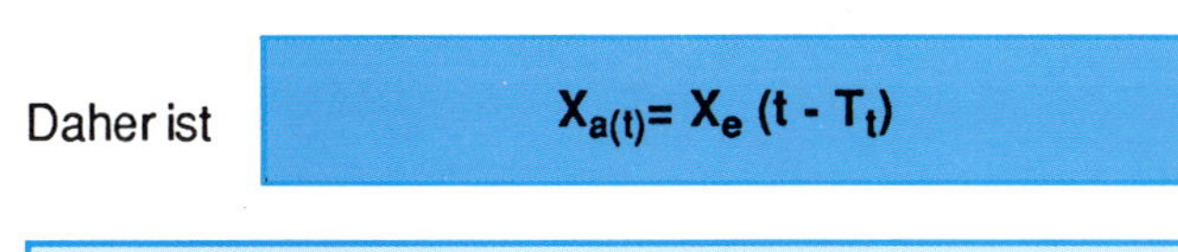

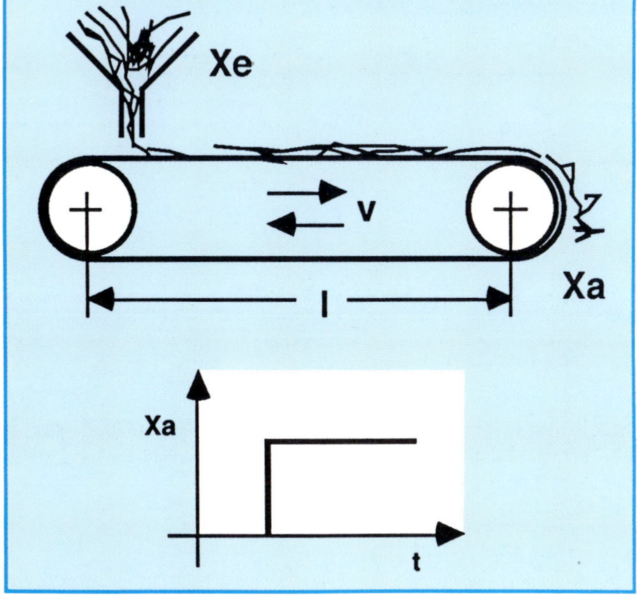

Bild 25 *z.B. Förderband*

Proportionalglied mit Verzögerung 1.Ordnung
P - T_1 - Glied

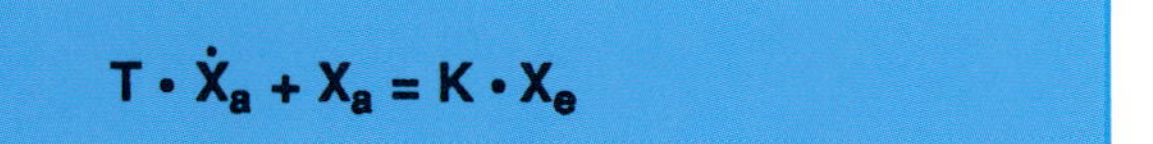

$$T \cdot \dot{X}_a + X_a = K \cdot X_e$$

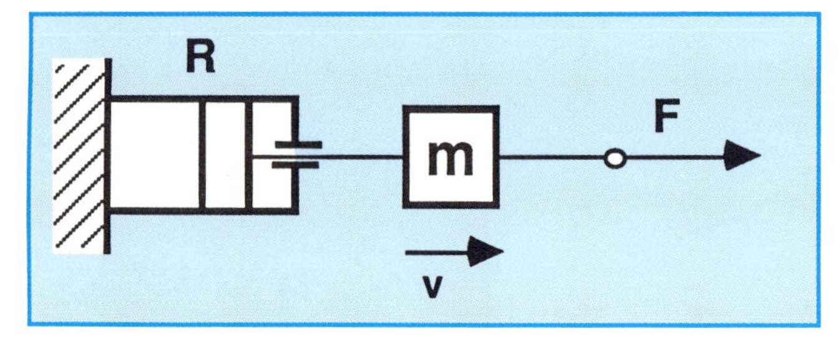

Bild 26 *Beispiel für ein P-T_1-Glied*

Auf die Masse m wirken die äußere Kraft F und die geschwindigkeitsproportionale Flüssigkeitsreibung - R•v.

Daher gilt

$$m \cdot v = F - R \cdot v$$

oder

$$m/R \cdot \dot{v} + v = 1/R \cdot F$$

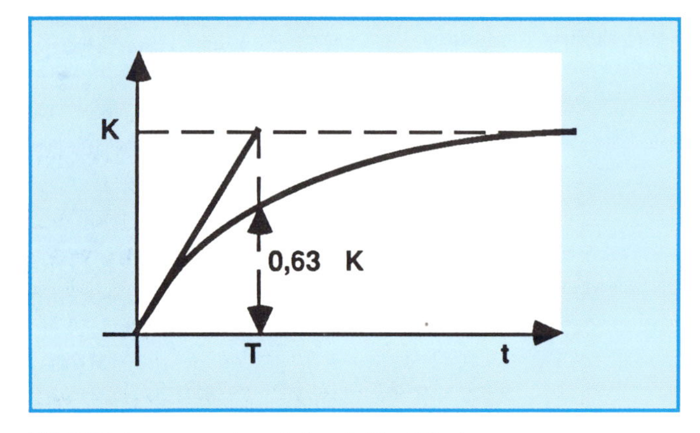

Bild 27 *Sprungantwort des P-T_1-Gliedes*

Der Endwert K wird erst nach einiger Zeit erreicht.
Die dynamische Wirkung des P-T_1-Gliedes liegt in einer Verzögerung von $X_{e\,(t)}$.

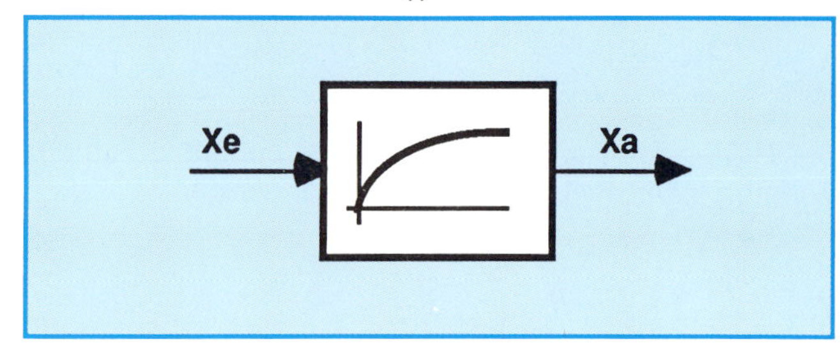

Bild 28 *Symbol für ein P-T_1-Glied*

Die Tangente an die Sprungantwort bei t = 0 nimmt den Endwert K zum Zeitpunkt t = T an.

T wird daher als die "Zeitkonstante" des P-T_1-Gliedes bezeichnet.

Die Zeitkonstante T bestimmt somit die Schnelligkeit des Anstieges.

Proportionalglied mit Verzögerung 1.Ordnung
P-T_2-Glied

Das P-T_2-Glied wird durch die Gleichung

$$T^2 \cdot \ddot{X}_a + 2\,D\,T\,\dot{X}_a + X_a = K \cdot X_e$$

definiert.

Die Konstante T nennt man ebenfalls Zeitkonstante, die dimensionslose Zahl D bezeichnet die Dämpfung, und K ist die Übertragungskonstante des P-T_2-Gliedes

Zusammenhang zwischen der Kraft F und der Verschiebung X des mechanischen Systems *(Bild 29).*

$$m \cdot \ddot{X} = F - R \cdot \dot{X} - C \cdot X$$

oder

$$m/c \cdot \ddot{X} + R/C \cdot \dot{X} + X = 1/C \cdot F$$

$m/c \to T^2$, $R/C \to 2\,D\,T$, $1/C \to K$

$$T = \sqrt{m/c} \quad D = R\,/\,(2 \cdot \sqrt{m \cdot c}) \quad K = 1/c$$

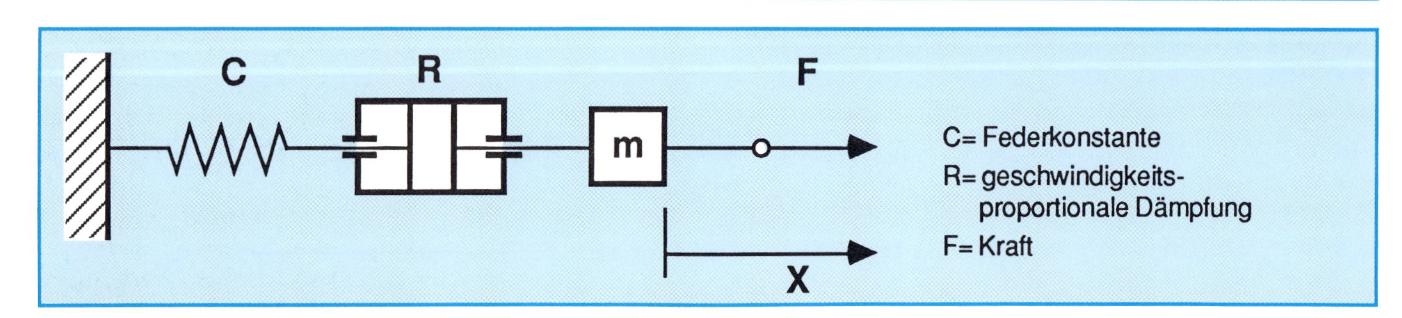

Bild 29 *Beispiel für ein P-T_2-Glied*

Sprungantwort des P-T_2-Gliedes

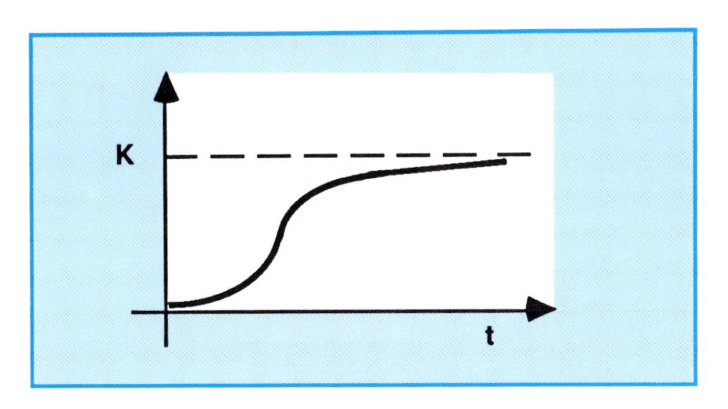

Bild 30

Für D >1 liegt der aperiodische Grenzfall vor *(Bild 22)*

D < 1

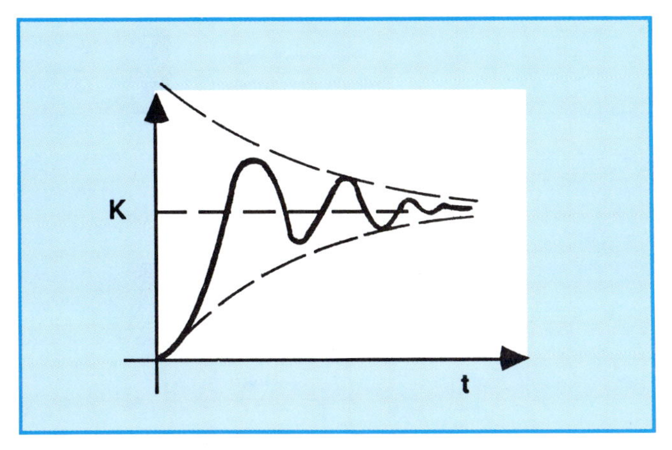

Bild 31

für D <1 führt die Sprungantwort eine abklingende Schwingung aus.

Ihre Frequenz ist

$$\omega_N = \sqrt{(1 - D^2)} \cdot \omega_0 = \sqrt{(1 - D^2)} / T$$

$\omega_0 = 1/T$

Man spricht vom periodischen Fall und bezeichnet deshalb das P-T_2-Glied auch als Schwingungsglied.

Aus dieser Sprungantwort ist das Symbol des P-T_2-Gliedes abgeleitet, das für alle Fälle gelten soll.

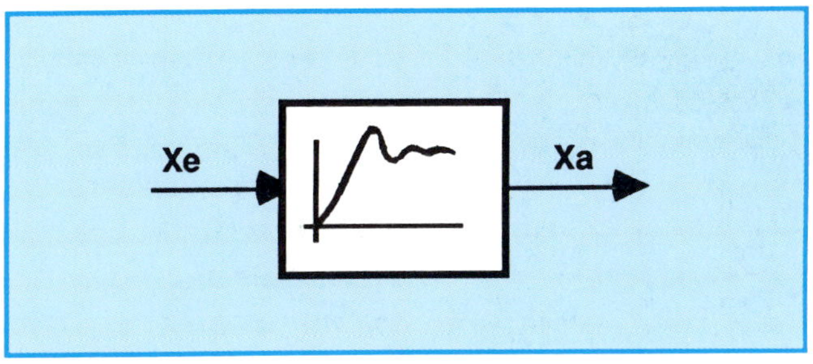

Xe Xa

Bild 32 *Symbol des P-T_2-Gliedes*

Zusammenfassung der elementaren Übertragungsglieder

P-Glied	$X_a = K_P \cdot X_e$	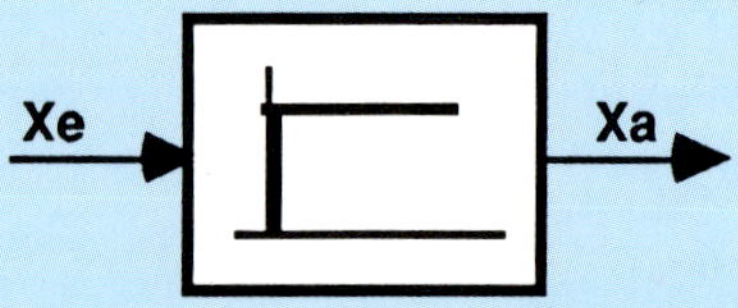 Xe → Xa
$P\text{-}T_1$-Glied	$T_1 \cdot \dot{X}_a + X_a = K_P \cdot X_e$	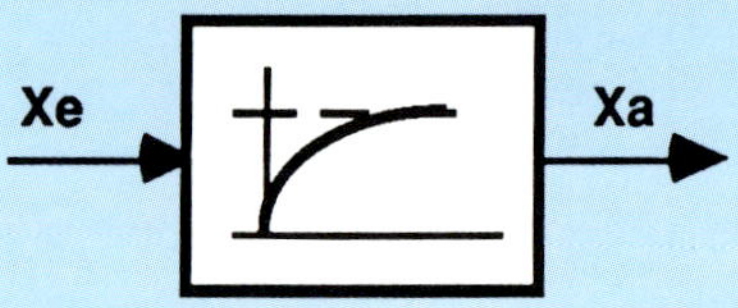 Xe → Xa
$P\text{-}T_2$-Glied	$T_2 \ddot{X}_a + 2\,D\,T\,\dot{X}_a + X_a = K_P \cdot X_e$	 Xe → Xa
I-Glied	$X_a = K_I \int X_e(t)\,dt$	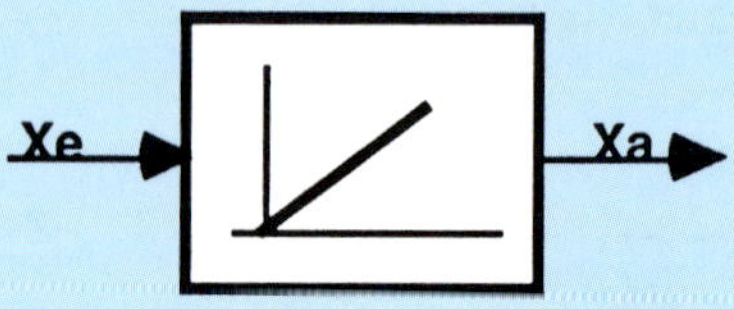 Xe → Xa
D-Glied	$X_a = K_D \cdot \dot{X}_e$	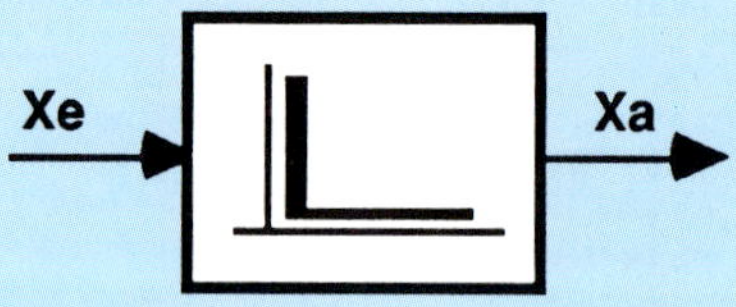 Xe → Xa
T_t-Glied	$X_{a(t)} = K \cdot X_e\,(t-T_t)$	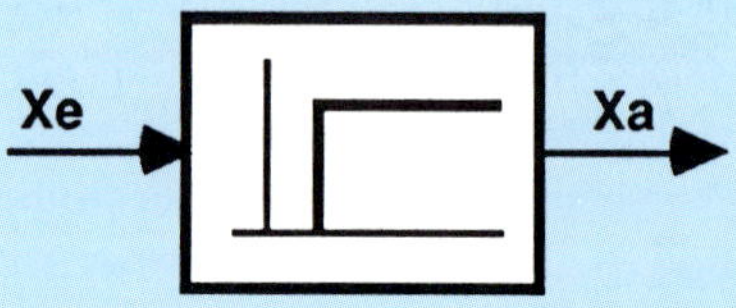 Xe → Xa

Bild 33 *Elementare Übertragungsglieder*

Wie eingangs erwähnt, besteht die Aufgabe einer Regelung zunächst darin, die Auswirkung der Störgrössen auf die Regelgröße aufzuheben.

Die Anordnung ist aber ebenso geeignet, bei Änderungen des Sollwertes den Istwert der Regelgröße an den neuen Sollwert anzugleichen.

Die Regelung hat also zwei Aufgaben:

a) Störgrößen sollen ausgeregelt werden

b) die Führungsgröße soll eingeregelt werden (Führungsverhalten).

Die Beeinflussung der Regelgröße nach einer Änderung der Führungs-oder Störgröße erfordert im allgemeinen eine gewisse Zeit (vergleiche Übertragungsfunktion). Wird etwa die Störgröße sprunghaft erhöht, so reagiert die Regelung mit einer Wiederangleichung der zunächst veränderten Regelgröße. Dies geschieht immer mit einer Verzögerung, ganz gleich, welche physikalische Natur das Regelsystem hat.

Bei einem mechanischen System z.B. spielen Massenträgheit und Reibung eine Rolle, während bei elektrischen Systemen Umladungsvorgänge auftreten.

Der zeitliche Verlauf der Regelgröße ist aber für das Verhalten der Regelung von ausschlaggebender Bedeutung.

Versucht man z.B. diese Verzögerung möglichst kurz zu halten, indem man den Regler bei Störgrößenänderungen sehr stark eingreifen läßt, kann das System in Schwingung geraten.

Klingt dieser Einschwingvorgang ab, so nennt man den Regelkreis stabil. Klingt die Schwingung nicht ab, d.h. der Regelkreis führt eine Dauerschwingung aus, so wird die Regelung als instabil bezeichnet.
Ist die Regelung stabil, so muß sie weiterhin die Eigenschaft haben, daß die Regeldifferenz unterhalb eines vorgegebenen Wertes bleibt.

Diese Forderung nach Stabilität und Einhaltung vorgegebener Regeldifferenzen sind unabdingbare Forderungen an einen Regelkreis.

Oftmals werden an die Regelung noch weitere Forderungen gestellt.

So soll z.B. die Einregelzeit bei Sollwertänderungen bzw. die Ausregelzeit bei Störgrößenänderung innerhalb einer vorgegebenen Zeit abgeschlossen sein.

Diese Forderungen sind keineswegs dadurch von selbst erfüllt, daß man zu einer vorgegebenen Regelstrecke beliebige Meß-, Vergleichs- und Stell-Systeme hinzufügt und den Regelkreis schließt.

Der Regelkreis wird zunächst entweder instabil, sehr ungenau oder sehr langsam sein.

Damit der Regelkreis die an ihn gestellten Anforderungen erfüllen kann, müssen bestimmte Grundsätze beachtet werden, insbesondere was die Wahl des Reglers selbst angeht.

Damit die richtige Wahl des Reglers getroffen werden kann, ist eine möglichst genaue Beschreibung des dynamischen Verhaltens aller Regelkreisglieder erforderlich.
Wir wollen an dieser Stelle nicht näher auf die vielen Stabilitätskriterien eingehen sondern hierzu auf einschlägige Literatur zum Thema Regelungstechnik verweisen.

Es wird hier auf eine allgemeine Zuordnung geeigneter Regler zu gegebenen Strecken hingewiesen.

Wie *Bild 34* zeigt, müssen die Regler in ihrem Zeitverhalten dem der jeweiligen Strecke angepaßt werden können, damit sich stabile Regelkreise ergeben. Aus diesem Grund sind Regler mit unterschiedlichem Zeitverhalten notwendig.

Hinweis zu Bild 34:

Führung bedeutet:
Einsatz bei Änderung der Führungsgröße.

Störung bedeutet:
Einsatz zum Ausregeln von Störgrößen.

Strecke \ Regler	P	I	PI	PD	PID
reine Totzeit	unbrauchbar	etwas schlechter als PI	Führung +Störung	unbrauchbar	unbrauchbar
Totzeit +Verzögerung 1.Ordnung	unbrauchbar	schlechter als PI	etwas schlechter als PID	unbrauchbar	Führung +Störung
Totzeit +Verzögerung 2.Ordnung	nicht geeignet	schlecht	schlechter als PID	schlecht	Führung +Störung
1.Ordnung + sehr kleine Totzeit (Verzugszeit)	Führung	nicht geeignet	Störung	Führung bei Verzugszeit	Störung bei Verzugszeit
höherer Ordnung	nicht geeignet	schlechter als PID	etwas schlechter als PID	nicht geeignet	Führung +Störung
integrales Verhalten	Führung (ohne Verzögerung)	unbrauchbar Struktur instabil	Störung (ohne Verzögerung)	Führung	Störung

Bild 34 *Wahl eines geeigneten Reglers bei gegebener Strecke*

Zusammenstellung gebräuchlicher Reglerfunktionen

Die nachfolgend dargestellten Regler sind durch entsprechende Beschaltung eines Operationsverstärkers realisiert.

P-Regler (proportionales Regelverhalten)

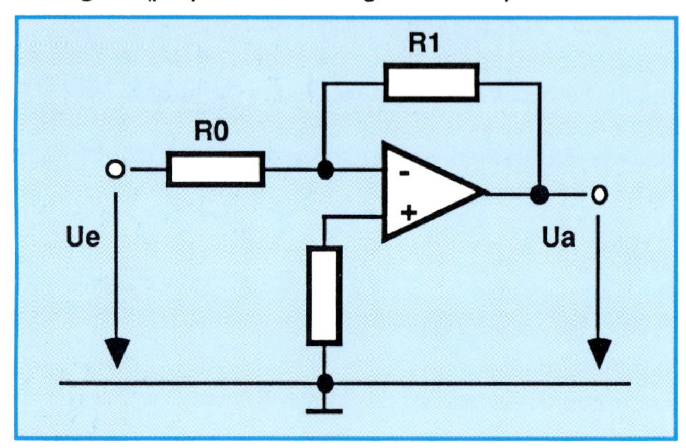

Bild 35

Proportionales Regelverhalten heißt, daß die Ausgangsgröße U_A und Eingangsgröße U_E einander proportional sind.

Für die oben gezeichnete Schaltung gilt

$$U_A = -R_1 / R_0 \cdot U_E$$

R_1 / R_0 = Verstärkungsfaktor = K_P

Zur Beurteilung des Verhaltens eines Regelverstärkers wird dessen Sprungantwort herausgezogen. Darunter versteht man den zeitlichen Verlauf der Ausgangsspannung U_A, wenn die Eingangsspannung U_E sprunghaft von Null auf einen eingestellten Wert steigt.

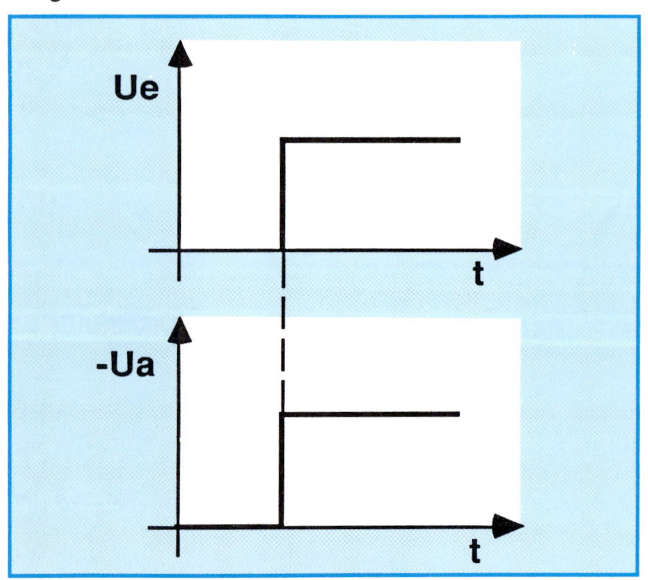

Bild 36 *Sprungantwort des P-Reglers*

Der P-Regler antwortet also auf eine sprunghafte Änderung der Eingangsgröße mit einer sprunghaften Änderung der Ausgangsgröße (Stellgröße)

Vorteile des P-Reglers

- einfacher Aufbau
- leichte Einstellung
- schnelle Reaktion auf Änderung der Regelgröße

Nachteile des P-Reglers

Grundsätzlich kann mit einem P-Regler die Regelgrösse nie gleich der Führungsgröße gemacht werden. Es muß immer eine vom Verstärkungsfaktor abhängige bleibende Regelabweichung akzeptiert werden.

Das kommt daher, daß der P-Regler zum Arbeiten eine Regelabweichung benötigt

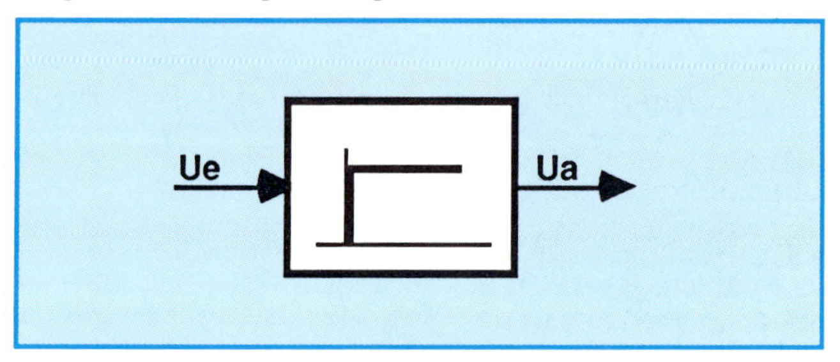

Bild 37 *Darstellung des P-Reglers als Block*

I-Regler

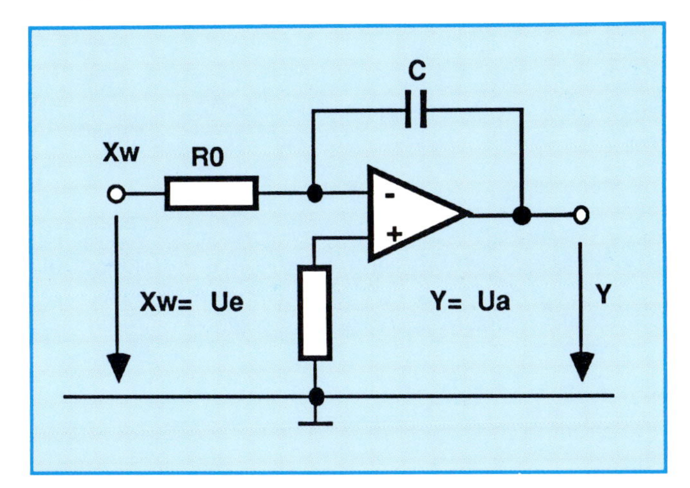

Bild 38

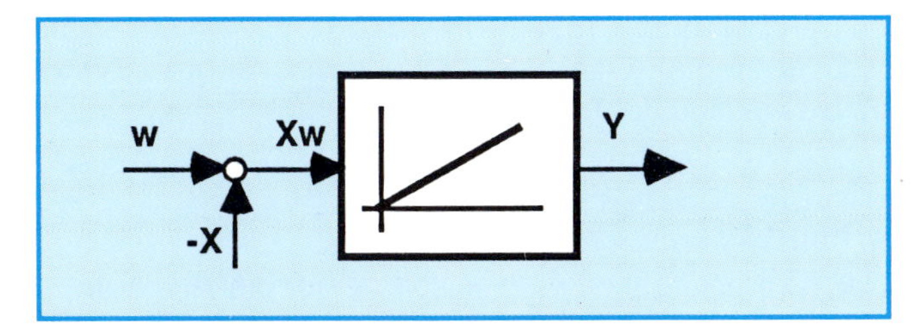

Bild 39 *Darstellung des I-Reglers als Block*

Ein integrierend wirkender Regler bildet das Zeitintegral der Eingangsgröße.

Kennzeichnend sind die Integrationszeitkonstante

$$T_I = R_0 \cdot C$$

oder deren Kehrwert

$$K_I = 1/T_I$$

Die Eingangspannung U_E ist die Regeldifferenz $w\text{-}x= X_W$.

Die Ausgangsspannung ist die Stellgröße

$$Y= U_{A\ (t)}= -1/T_I \int_0^t U_E\, dt$$

Entsprechend der Beschaltung wird das Ausgangssignal invertiert.

Ein Spannungssprung am Eingang erzeugt eine zeitlineare Änderung der Ausgangsspannung.

Die besondere Eigenschaft eines I-Gliedes besteht also darin, daß sich die Ausgangsgröße so lange ändert, wie die Eingangsgröße ungleich Null ist. Die Ausgangsspannung bleibt auf einem beliebigen Wert, wenn die Eingangsspannung Null ist *(Bild 41)*.

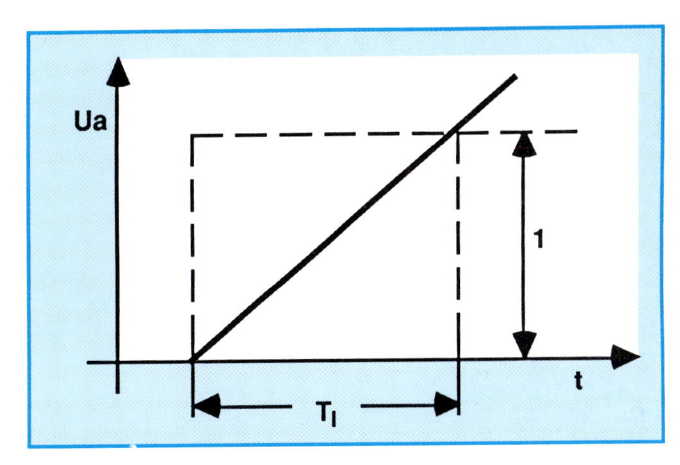

Bild 40

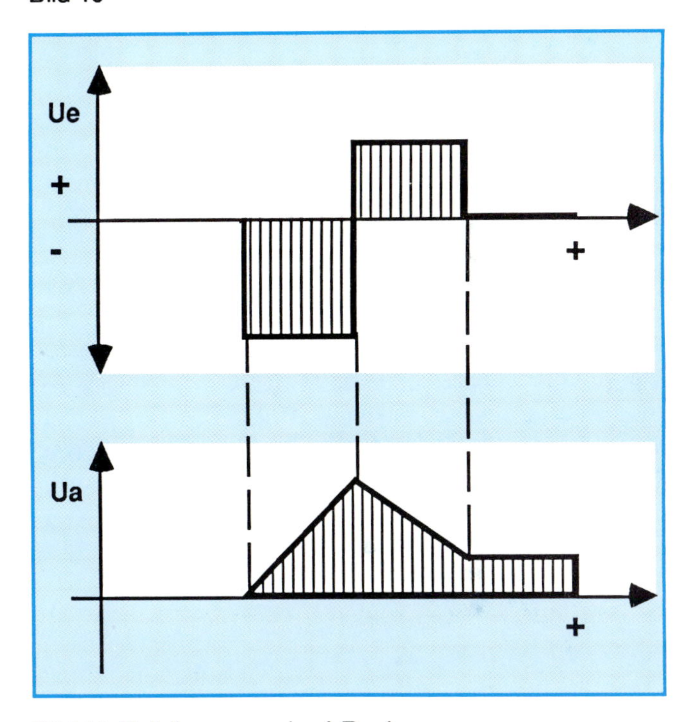

Bild 41 *Zeitdiagramm des I-Reglers*

Im Vergleich zum P-Regler ist nicht die vom I-Regler erzeugte Stellgröße der Regelabweichung proportional, sondern die zeitliche Änderung der Stellgröße ist proportional der Regelabweichung.

Der intergal wirkende Regler beseitigt im Prinzip jede Regelabweichung vollkommen, da auch das kleinste Eingangssignal mit der Zeit zu einem großen Ausgangssignal anwächst.

Diesen Vorteil, daß keine bleibende Regelabweichung hingenommen werden muß, stehen jedoch auch einige Nachteile gegenüber.

Wie aus dem Zeitdiagramm des I-Reglers zu erkennen ist, reagiert der I-Regler relativ langsam auf eine Änderung der Regelgröße. Daraus ergeben sich lange Stellzeiten und starkes Überschwingen der Regelgrösse kann auftreten.

PI-Regler

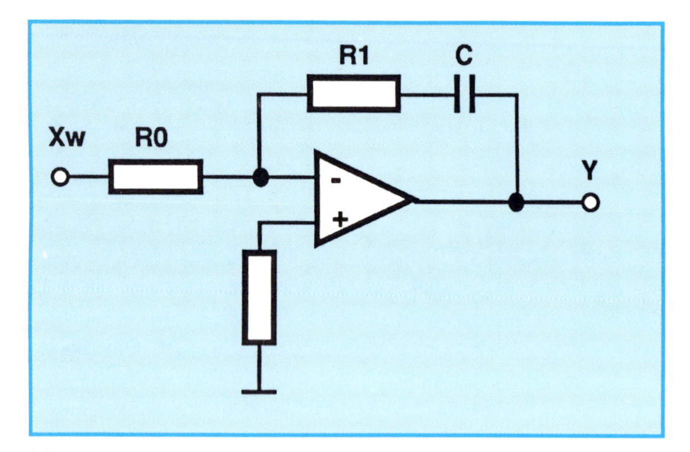

Bild 42

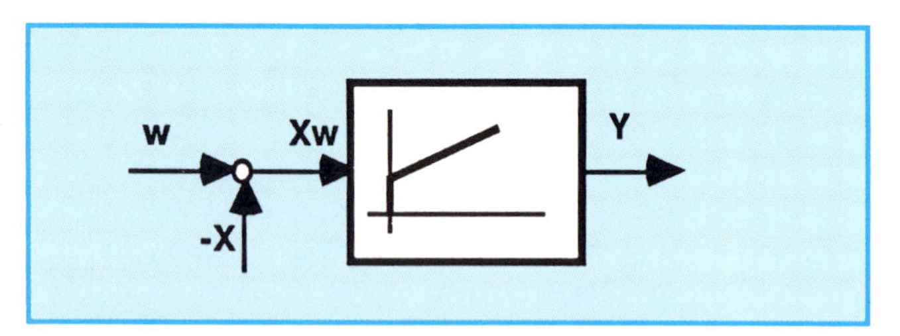

Bild 43 *Darstellung des PI-Reglers als Block*

Beim PI-Regler (Proportional-Integral-Regler) werden die guten Eigenschaften des P-Reglers (Schnelligkeit) mit denen des I-Reglers (Genauigkeit) vereinigt.

Gekennzeichnet ist der PI-Regler durch die Konstanten K_P und K_I sowie der Nachstellzeit T_n.

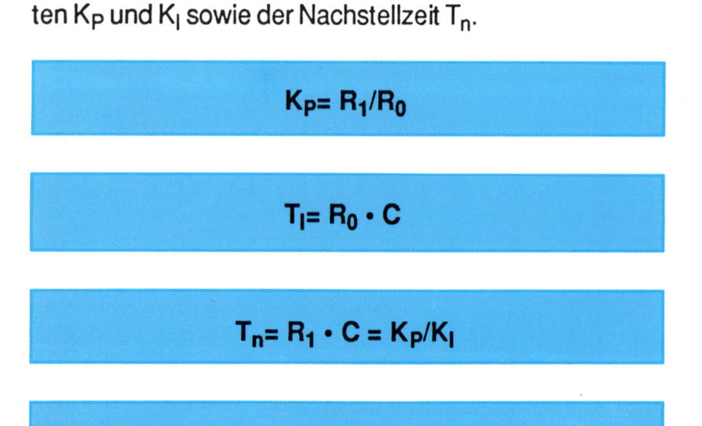

Die Nachstellzeit T_n ist die Zeit, die vergeht, bis der integrale Anteil jene Ausgangsänderung hervorgebracht hat, die der propotionale Anteil unmittelbar mit dem Eingangssprung erfährt.

oder anders ausgedrückt:

Das Verhalten des PI-Reglers entspricht dem eines I-Reglers, dessen Wirkungsbeginn um die Nachstellzeit T_n vorverlegt wurde *(Bild 44)*.

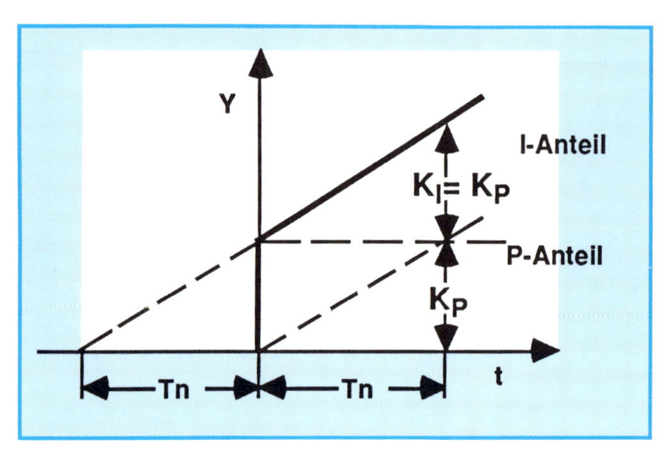

Bild 44

Dieser Regler wird meist in dem Sinne eingesetzt, daß der proportionale Anteil eine Störgröße schnell aber nicht so genau ausregelt, während der integrale Anteil für eine exakte Ausregelung sorgt.

D-Regler

Der differenzierende Regler spricht auf die Änderungsgeschwindigkeit der Regelabweichung an.

Dieser Regler wird daher auch nicht mit einem Sprung, sondern mit einem rampenförmigen Eingangssignal getestet.

Kennzeichnend ist die Differentiationszeitkonstante T_D oder die Reglerkonstante K_D.

Dieser Regler wird üblicherweise nur im Zusammenwirken mit anderen Reglern verwendet.

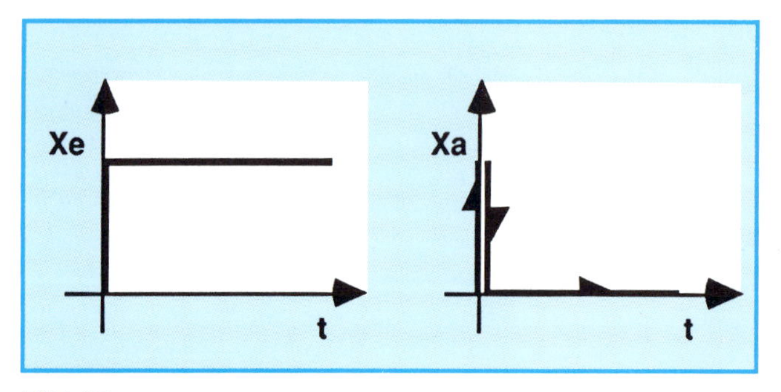

Bild 45

PD-Regler

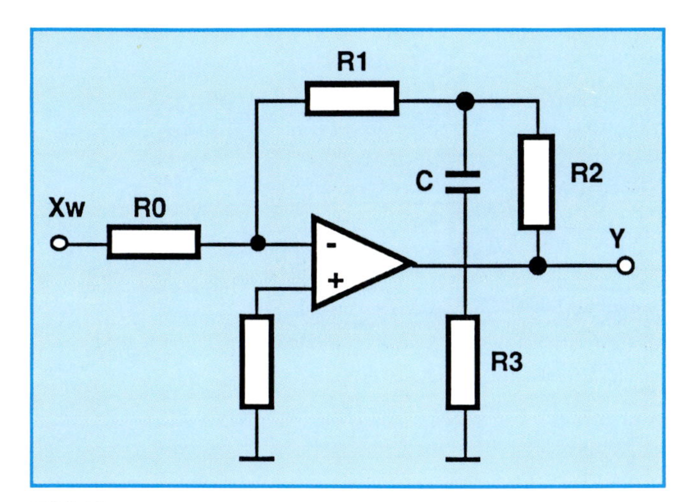

Bild 46

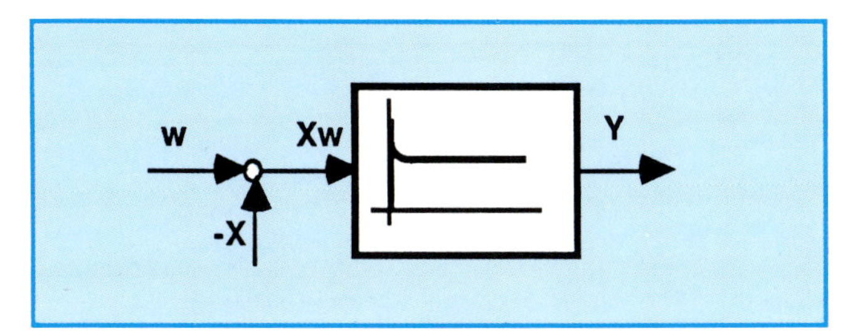

Bild 47 *Darstellung des PD-Reglers als Block*

Ein differentialer Anteil im Proportionalregler beschleunigt den Regelvorgang, da auch die Änderungsgeschwindigkeit der Regelabweichung das Ausgangssignal beeinflußt.

Der PD-Regler hat jedoch einen statischen Regelfehler.

PID-Regler

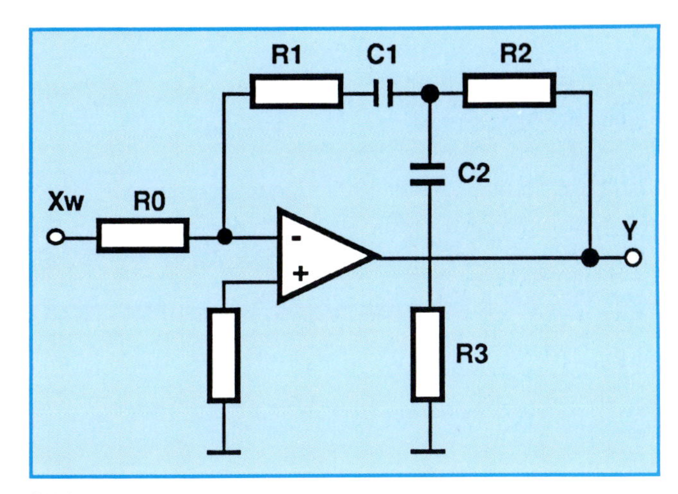

Bild 48

Beim PID-Regler handelt es sich um eine Kombination aller drei Reglertypen.

Zu den guten dynamischen Eigenschaften des PD-Reglers kommt noch hinzu, daß der statische Regelfehler verschwindet.

Ein solcher Regler mit einstellbaren Reglerkonstanten kann jeder Regelstrecke angepaßt werden.

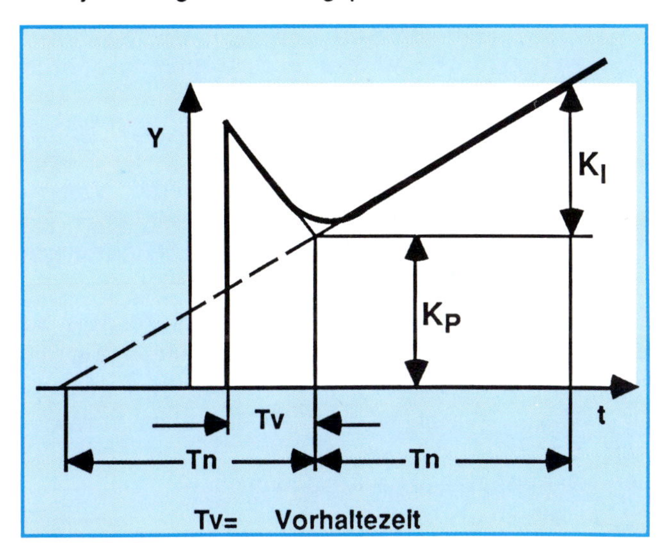

Bild 49

Die Stellgröße ändert sich zunächst um einen von der Änderungsgeschwindigkeit der Eingangsgröße dx_d/dt abhängigen Betrag (D-Anteil. Nach Ablauf der Vorhaltezeit geht die Stellgröße auf den Wert, der dem Proportionalbereich entspricht zurück und ändert sich dann entsprechend dem Wert des I-Anteiles.

Lageregelkreis, Motorantrieb

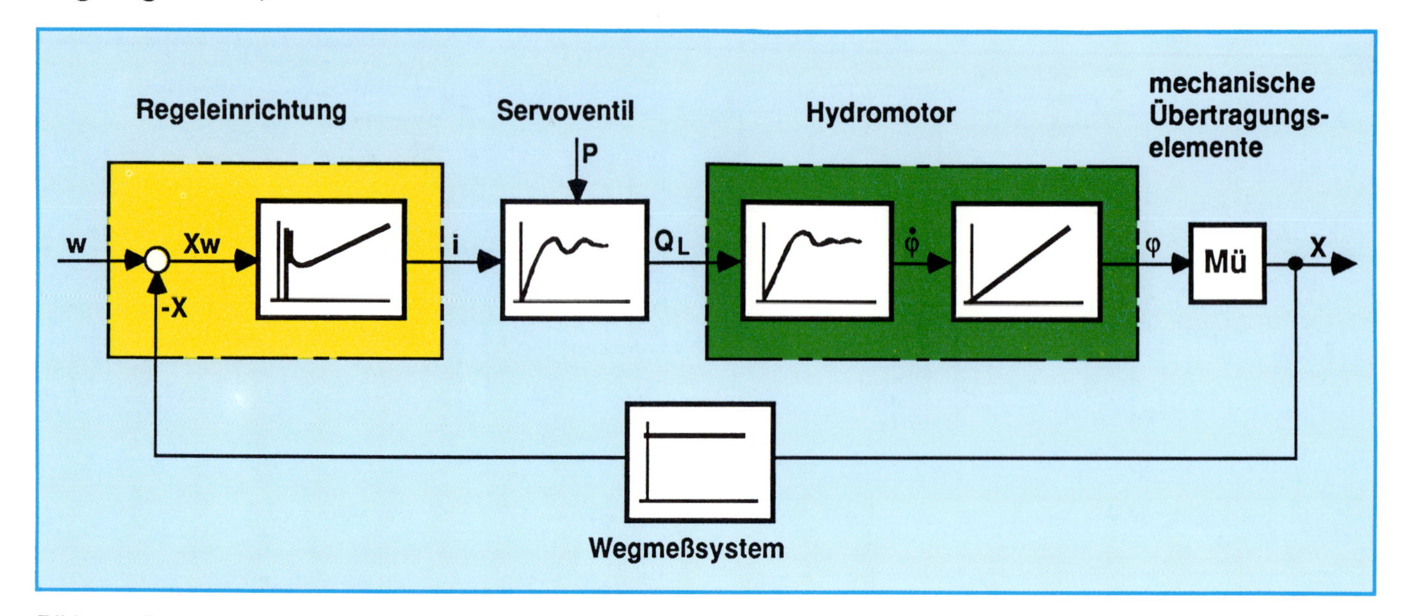

Bild 50: *Blockschaltbild eines lagegeregelten Motorantriebes*

Übertragungsverhalten der einzelnen Regelkreisglieder

Das Servoventil und der belastete Stellmotor werden als in Reihe geschaltete Systeme 2. Ordnung (Proportionalglied mit Verzögerung 2. Ordnung, PT_2-Glied) betrachtet.

Durch die Integration beim Übergang von Winkelgeschwindigkeit zu Drehwinkel ergibt sich die Regelstrecke als System 5. Ordnung (Entsteht durch Multiplikation der Frequenzganggleichungen der einzelnen Glieder. Siehe einschlägige Literatur zur Regelungstechnik).

Entsprechend den Auswahlkriterien des Reglers zu einer gegebenen Strecke Bild 34, ist der Regler als PID-Regler gewählt.

Das Wegmeßsystem wird als P-Glied ohne Verzögerung betrachtet, d.h. es reagiert auf eine Änderung der Eingangsgröße ohne Verzögerung.

Der Hydromotor zeigt proportionales Übergangsverhalten bezogen auf die Winkelgeschwindigkeit und integrales Verhalten bezogen auf den Drehwinkel.

Lageregelkreis, Zylinderantrieb

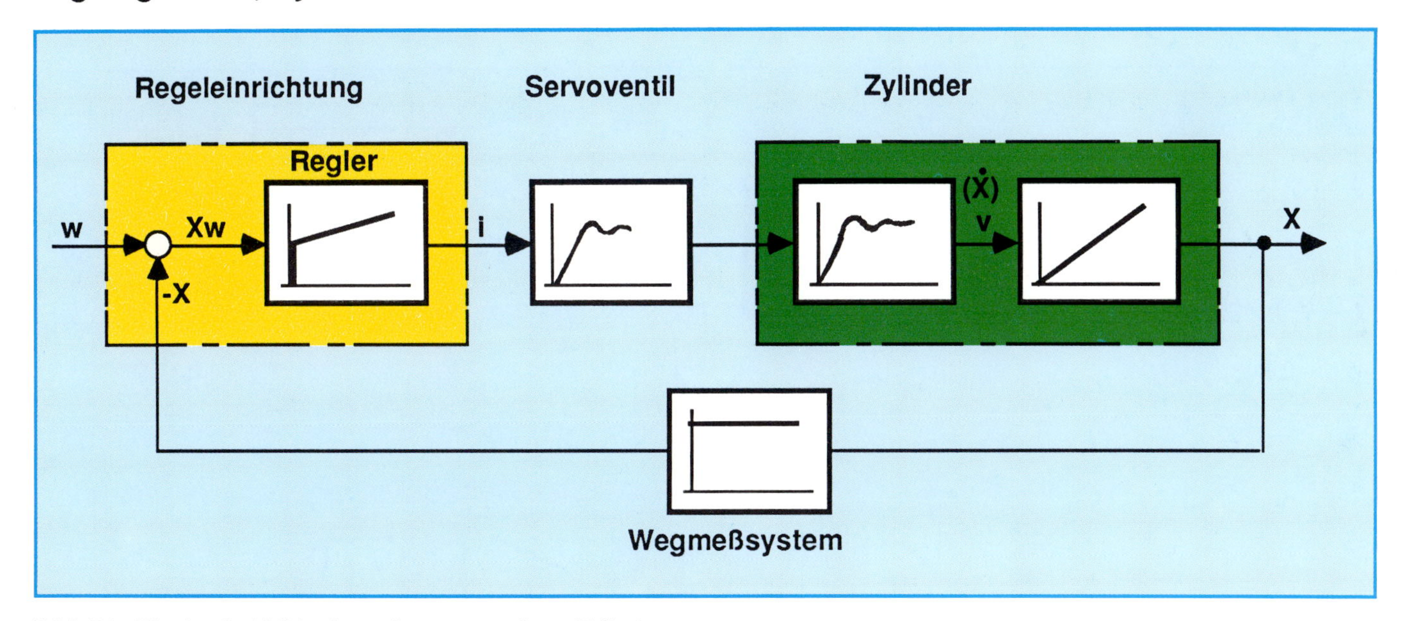

Bild 51 *Blockschaltbild eines lagegeregelten Zylinderantriebs*

Übertragungsverhalten der einzelnen Regelkreisglieder

Das Servoventil und der Zylinder werden wiederum als in Reihe geschaltete Systeme 2. Ordnung betrachtet.

Die Integration steht in dem Fall für den Übergang von der Geschwindigkeit des Zylinders auf den Hub.

Auch hier ergibt sich ein System 5. Ordnung auf das auf Seite J4 näher eingegangen wird.

Es ist zu erkennen, daß sich die beiden Blockschaltbilder sehr stark gleichen. Damit wird die Aussage von Seite J6 belegt, daß beim Übergang vom realen technischen System zum Modell die gerätetechnische Vielfalt verschwindet.

Der Hydrozylinder zeigt ein proportionales Übergangsverhalten bezogen auf die Fahrgeschwindigkeit und ein integrales Übergangsverhalten bezogen auf den Zylinderhub.

Positionsregelung
(Nachlaufregelkreis)

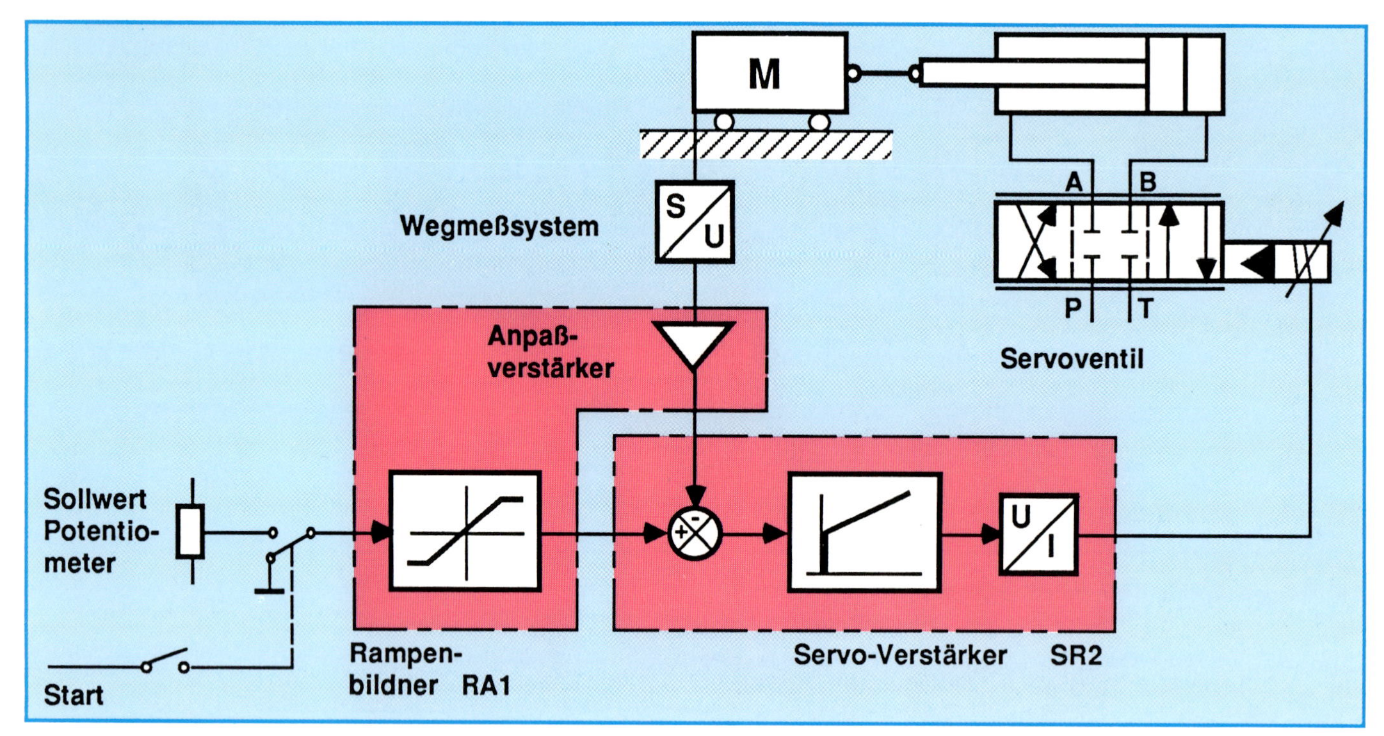

Bild 52 *Beispiel eines Positionsregelkreises*

Mit dieser Schaltung kann sowohl die Position des Zylinders als auch die Fahrgeschwindigkeit geregelt werden.

Signalablauf

Über ein Startsignal wird der Positionssollwert auf den Rampenbildner geschaltet. Das Ausgangssignal des Rampenbildners steigt über die eingestellte Rampenzeit von 0 Volt auf den am Sollwertpotentiometer eingestellten Spannungswert an.

Die eingestellte Rampenzeit entspricht hierbei der Verfahrgeschwindigkeit.

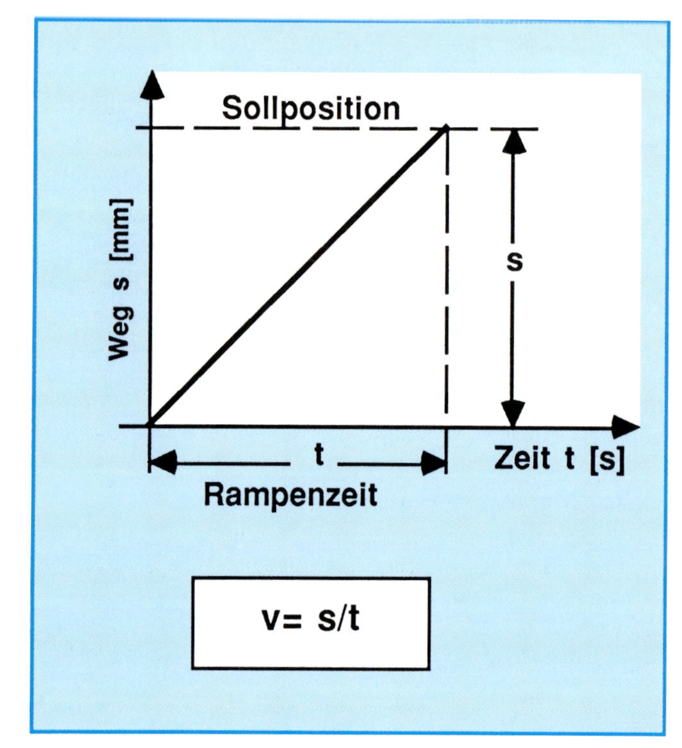

Bild 53

Drehzahlregelung (Geschwindigkeitsregelung) mit Störgrößenaufschaltung

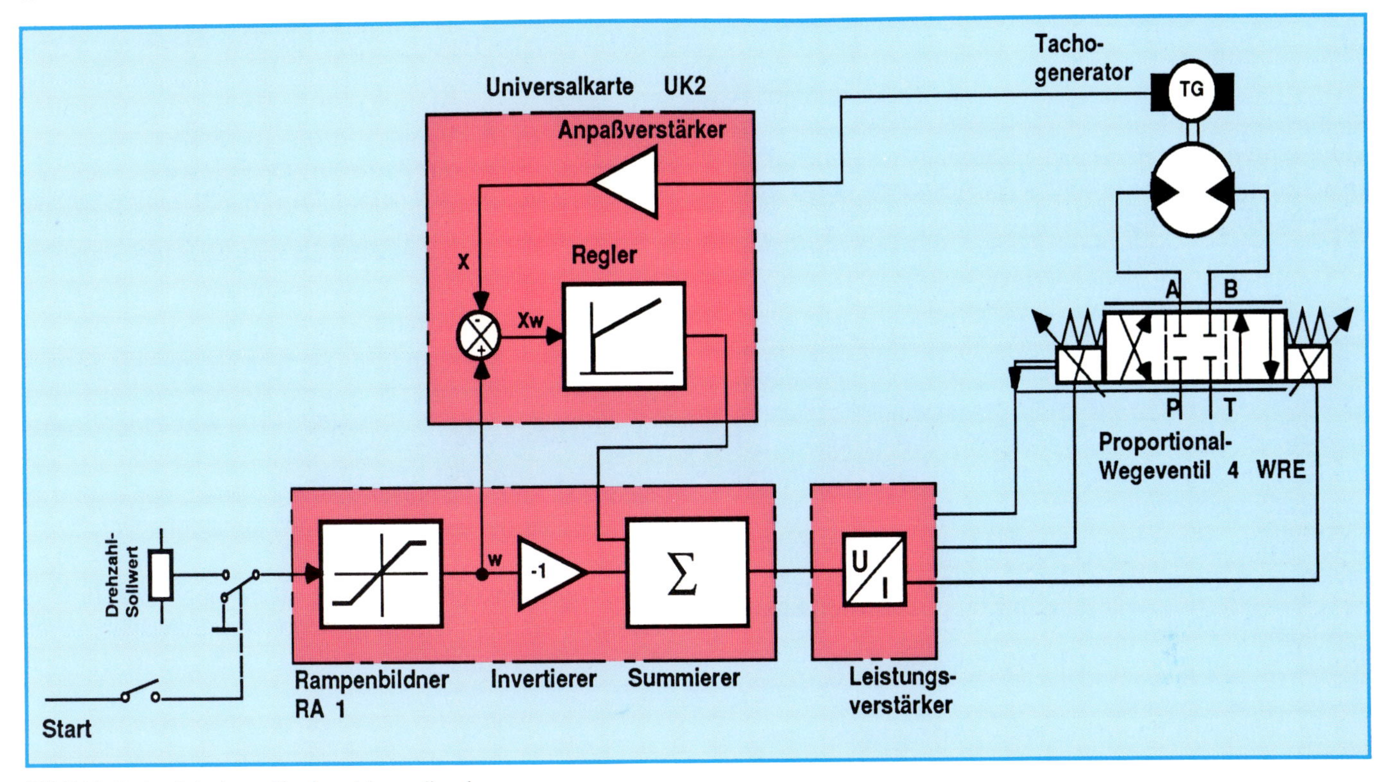

Bild 54 *Beispiel eines Drehzahlregelkreises*

Durch das Startsignal wird der eingestellte Drehzahlsollwert dem Rampenbildner aufgeschaltet.

Der Sollwert am Ausgang des Rampenbildners steigt entsprechend der eingestellten Rampenzeit an.

Dieses Signal geht zum einen über den Inverter und Summierer direkt zum Leistungsverstärker womit das Ventil durch diesen Sollwer direkt angesteuert wird. Gleichzeitig wird der Sollwert mit der Regelgröße (momentane Ist-Drehzahl) verglichen und die Differenz dem eigentlichen Regler zugeführt.

Das Stellsignal des Reglers geht auf den Summierer und beeinflußt dort das Stellsignal das zum Leistungsverstärker geht und somit das Servoventil.

Durch diese Schaltung kann dem Regelkreis eine höhere Dynamik verliehen werden, da der eigentliche Regler nur bei einer Soll-Ist-Differenz aktiv werden muß.

Geschwindigkeitsregelung

Mit der Regelung nach *Bild 56* ist nur eine Geschwindigkeitsregelung möglich.

Es kann keine definitive Position angefahren werden.

Signalablauf

Durch das Startsignal wird der am Sollwertpotentiometer eingestellte Geschwindigkeitssollwert als Eingangssignal auf dem Rampenbildner RA 1 geschaltet. Der Rampenbildner erhöht sein Ausgangssignal entsprechend der eingestellten Rampenzeit von 0 Volt auf den am Eingang anstehenden Sollwert.Die Rampenzeit ist das Maß für die Beschleunigung.

Das Ausgangssignal des Rampenbildners wird dem Servoverstärker (SR-Verst.) zugeführt. Die Geschwindigkeit des Zylinders wird mittels eines Geschwindigkeitsaufnehmers erfaßt. Das Geschwindigkeitssignal wird durch einen Anpaßverstärker, der ebenfalls auf der Rampenbildnerkarte vorhanden ist, an das Sollwertsignal angepaßt.

Das Sollwertsignal beträgt in der Regel 0-10 Volt. Anpassung des Istwertes bedeutet somit, daß das Istwertsignal bei der maximal gewünschten Geschwindigkeit ebenfalls 10 Volt beträgt.

Dieses angepaßte Istwertsignal wird ebenfalls dem Servoverstärker zugeführt.

Im SR-Verstärker erfolgt der Soll-Ist-Vergleich. Die Regeldifferenz xw wird dem PI-Regler zugeführt. Dieser bildet das Stellsignal y, welches das Servoventil direkt ansteuert, sodaß die Istgeschwindigkeit der Sollgeschwindigkeit angepaßt wird.

Der PI-Regler ändert seine Ausgangsspannung so lange bis die Soll-Ist-Differenz zu Null wird. (Siehe PI-Regler Seite H 16).

Um ein Wegdriften des PI-Reglers zu verhindern bzw. um zu gewährleisten, daß der Kondensator beim Start nicht geladen ist, wird der Regler mit dem Startsignal über einen Schaltverstärker freigeschaltet.

Ist das Relais d1 angezogen, so hat der PI-Regler seine normale Regelfunktion. Ist das Relais d1 abgefallen, ist die Rückführung des Operationsverstärkers kurzgeschlossen und somit das Ausgangssignal y gleich Null (da die Verstärkung gleich Null ist).

Freischalten bedeutet Anziehen von Relais d1.

Freischalten des Reglers erfolgt durch einen Schaltverstärker (1) in Abhängigkeit vom anstehenden Sollwert. Der Schaltverstärker wird so eingestellt, daß bei einem Sollwertsignal von ca. 100 mV der Regler seine Regelaufgabe übernimmt.

Als zusätzliche Beschaltung ist hier ein zweiter Schaltverstärker (2) dargestellt, der die Reglerfreischaltung in Abhängigkeit des Geschwindigkeits-Istwertes beeinflußt.

Wird z.B. der Geschwindigkeits-Sollwert sprungförmig zu Null, fällt der an den Sollwert gekoppelte Schaltverstärker ab.

Die Reglerfunktion wird jetzt aber noch durch den zweiten, an den Istwert gekoppelten Schaltverstärker

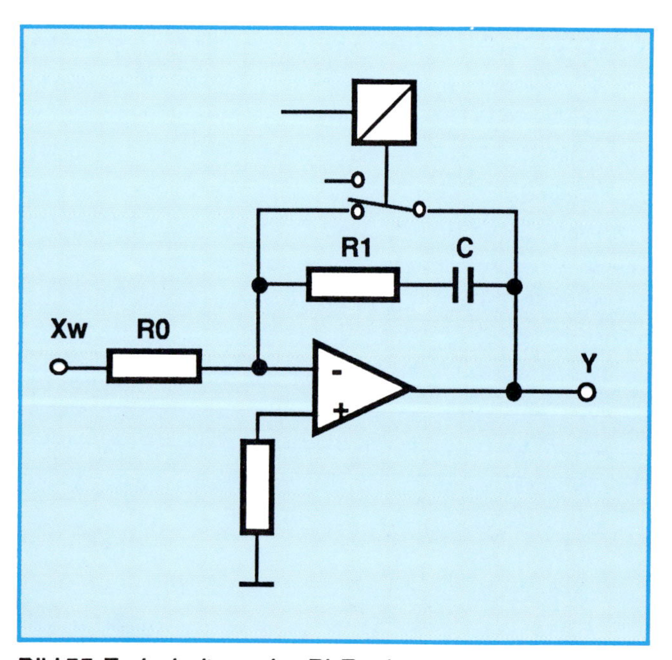

Bild 55 *Freischaltung des PI-Reglers*

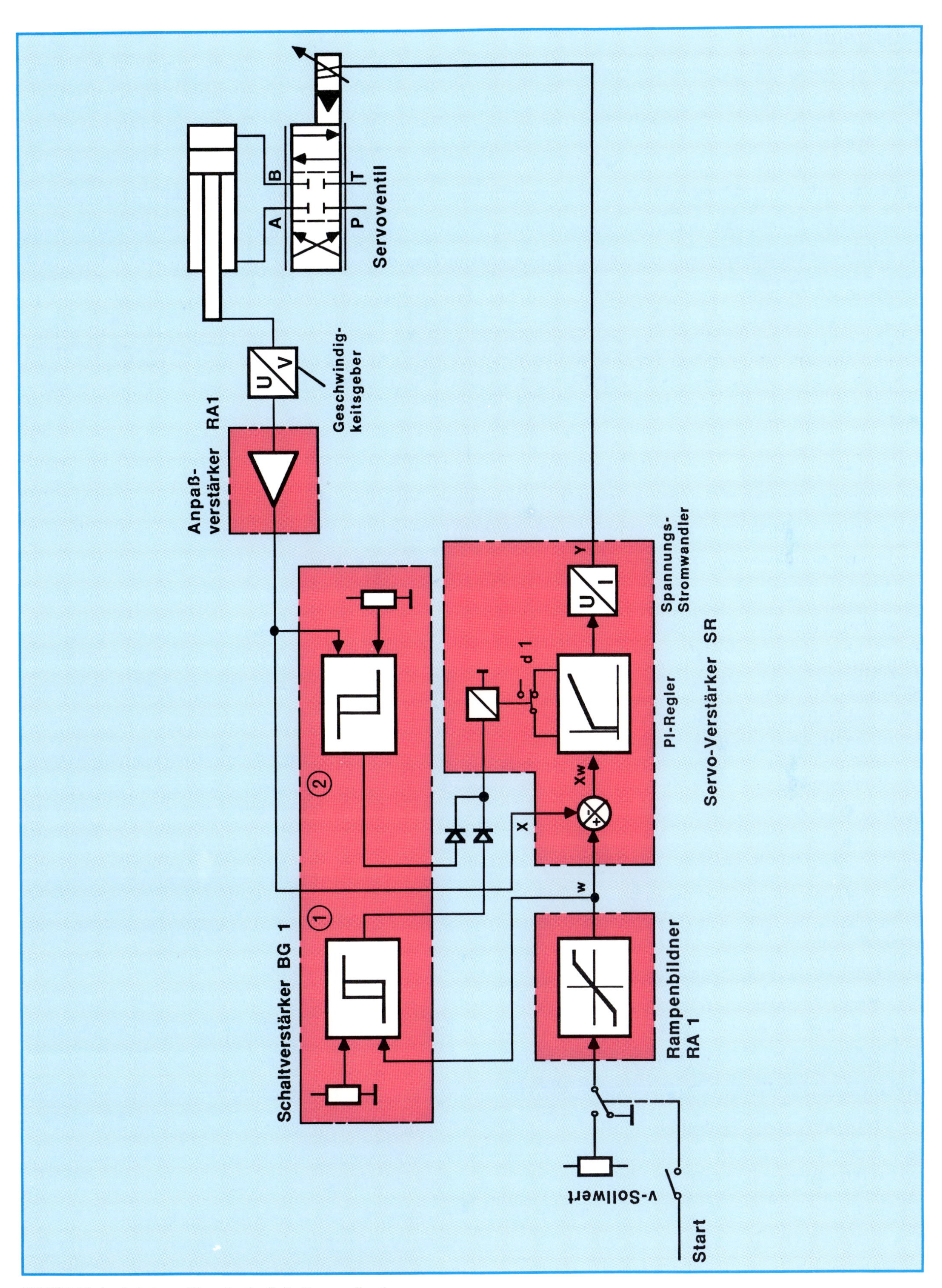

Bild 56 *Beispiel eines Geschwindigkeitsregelkreises*

Druckregelung

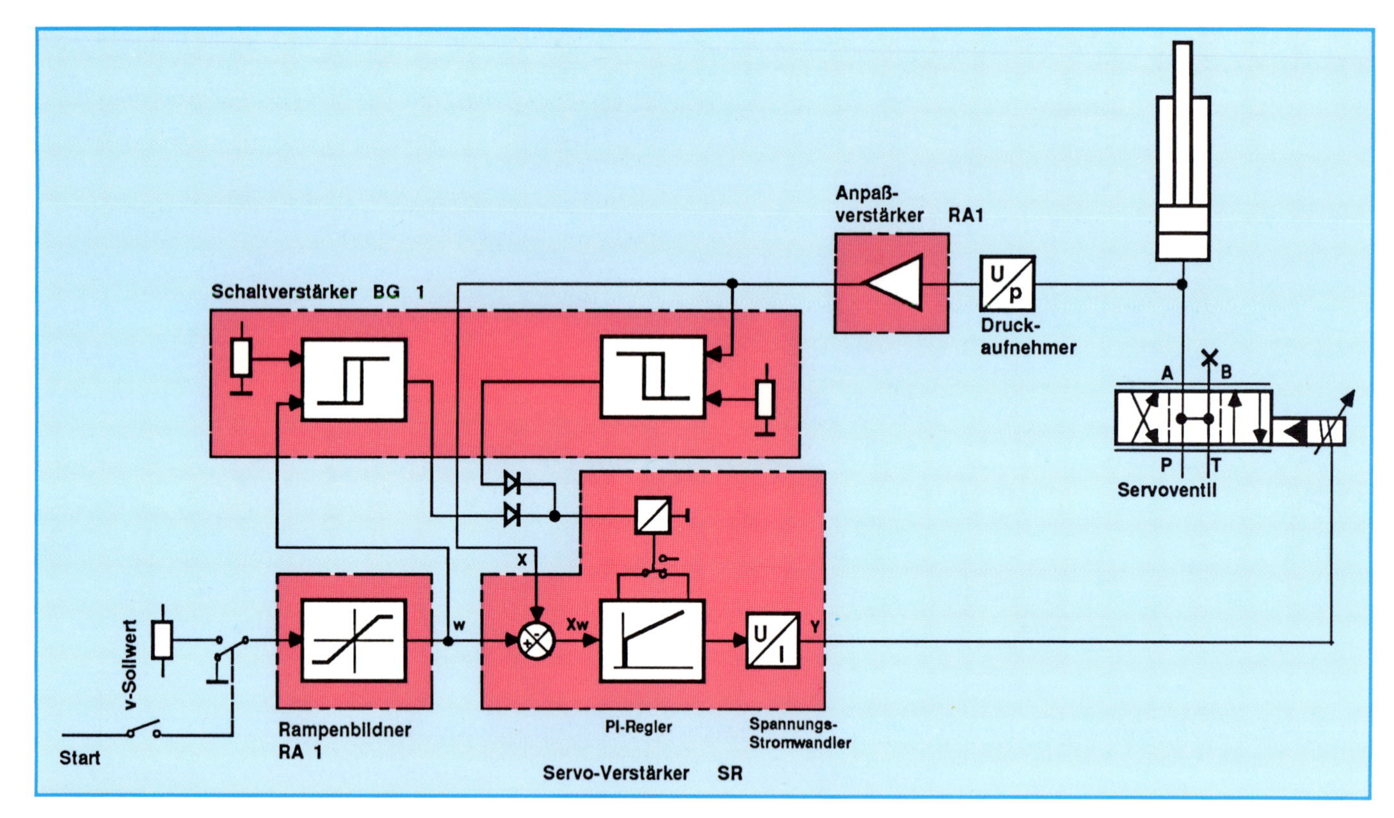

Bild 57 *Beispiel eines Druckregelkreises*

Als dritter grundsätzlicher Regelkreis steht der Druckregelkreis.

Das Blockschaltbild dieses Regelkreises ist den vorausgegangenen Blockschaltbildern sehr ähnlich, so daß auf den Signalablauf nicht näher eingegangen wird.

Allgemeines zum Druckregelkreis mit einem Servo-Wegeventil

Solange keine Stördurchflüsse verlangt werden, arbeitet das Ventil um seinen Nullpunkt. Die mögliche Kreisverstärkung wird deshalb durch das Servoventil bestimmt.

Einen Einfluß haben auch die Eigenschaften des Druckraumes, die durch eine Zeitkonstante T berücksichtigt werden.

Abschätzung der möglichen Kreisverstärkung

Die kritische Kreisverstärkung ist annähernd proportional dem Produkt

$$V_{crit} = 2\, D_V \cdot \omega_V \cdot T$$

D_V = Dämpfungsfaktor des Ventiles
ω_V = Eigenfrequenz des Ventiles [1/s]
(Frequenz bei -90° Phasen-Verschiebung)
T = Zeitkonstante des Druckraumes

Bezeichnet man den Amplitudenabfall des Ventiles bei der Eigenfrequenz (-90°) als A_V (Angabe in dB [Dezibel])

so gibt:

$$A_V = 20 \cdot \log 1/2\, D_V$$

daraus folgt für den Dämpfungsgrad D_V

$$D_V = 10^{-(AV/20)}/2$$

Für die Zeitkonstante T gilt:

$$T = V \cdot E / K_{pq}$$

V= eingespanntes bzw. zu komprimierendes Ölvolumen
E = Elastizitätsmodul von Öl ($1{,}4 \cdot 10^5$ [N/cm²])
K_{pq} = Druckmengenverstärkung des Ventiles
$K_{pq} = Q_{max} / p_{max}$ [cm³/s/bar]

Die optimale Kreisverstärkung ergibt sich zu

$$V_{opt} \approx 1/3\, V_{krit}$$

Gerätetechnische Verwirklichung des Regelkreises

Um auf relativ einfache Art die verschiedensten Regelkreise zu realisieren, wurden universelle Elektronikkarten entwickelt.

Durch das Verknüpfen dieser Karten läßt sich jeder analoge Regelkreis erstellen.

Dies ist auch bei den einzelnen Regelkreisbeispielen in den Blockschaltbildern
Bild 52 Positionsregelkreis

Bild 54 Drehzahlregelkreis

Bild 56 Geschwindigkeitsregelkreis

Bild 57 Druckregelkreis

jeweils angedeutet.

1 Servoverstärker

Die Servoverstärker dienen zur Ansteuerung von Servoventilen oder Proportionalventilen mit Servoventilvorsteuerung.

Er soll als Hauptaufgabe ein analoges Eingangs-Signal (Sollwert, Stellgröße) so verstärken, daß mit dem Ausgangssignal das Servoventil angesteuert werden kann (Verstärkung z.B. 1 mA : 60 mA).

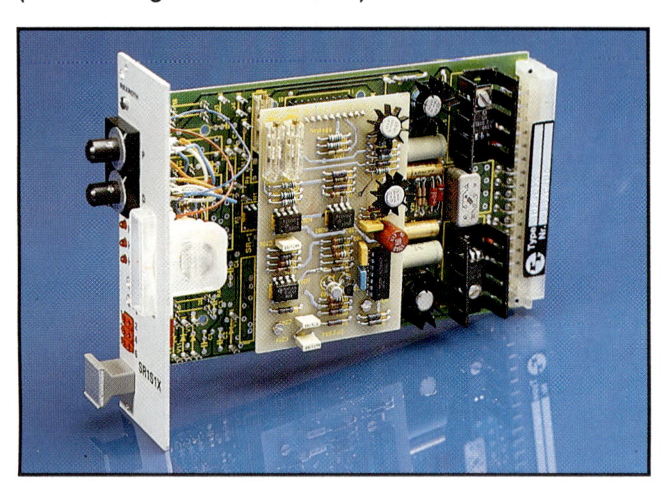

Bild 58 *Servoverstärker Typ SR 1*

Je nach Einsatz muß wie folgt unterschieden werden:

Servoverstärker SR1
für Servoventile oder Proportionalventile mit Servoventil als Piloten und elektrischer Wegrückführung der Hauptstufe. Der Ausgangsstrom beträgt $I_{max.}$ ±60 mA.

Servoverstärker SR2
für Servoventile ohne elektrische Rückführung. Der Ausgangsstrom beträgt $I_{max.}$ ±60 mA.

Entsprechend dem max. Ausgangsstrom von jeweils ±60mA werden damit Ventile mit dem Düsen-Prallplatten-System angesteuert.

Servoverstärker SR3
für Servoventile oder Proportionalventile mit Servoventil als Piloten und elektrischer Wegrückführung der Hauptstufe. Der Ausgangsstrom beträgt $I_{max.}$±700 mA.

Servoverstärker SR 4
für Servoventile ohne elektrische Rückführung. Der Ausgangsstrom beträgt $I_{max.}$ ±700 mA.

Diese beiden Verstärker sind mit $I_{max.}$ ±700 mA zur Ansteuerung eines Regelventils, einstufig mit Steuermotor zur Verstellung eines Längsschiebers vorgesehen.

Den Aufbau eines Servoverstärkers zeigt das Blockschaltbild *(Bild 60)*.

Zur Versorgung ist eine geglättete Gleichspannung (1) von ±(20 bis 28) V erforderlich.

Hierfür kann z.B. die Netzversorgungseinheit NE1S30 eingesetzt werden. Die Ausgangsspannung beträgt ±22 bis 30 V geglättet, die Versorgungsspannung 220 V/50-60 Hz oder 110 V/50-60 Hz.

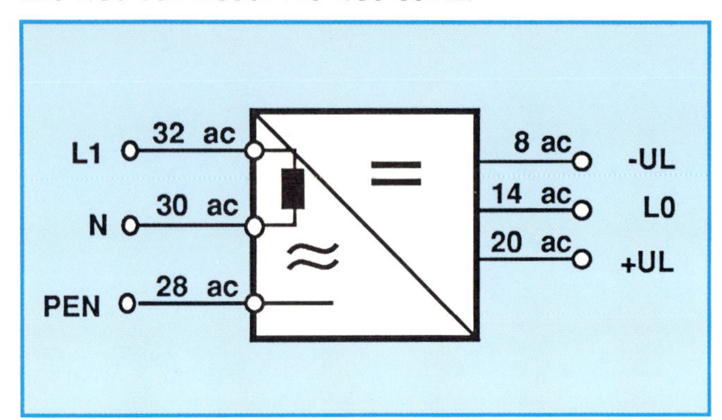

Bild 59 *Netzversorgungseinheit Typ NE 1 S 30*

Auf der Verstärkerkarte wird dann aus der Versorgungsspannung eine stabilisierte Spannung (2) von ±15 V gebildet.

Diese dient:

- der Versorgung von externen Verbrauchern wie z.B. Potentiometer (abgreifbar an 12c (+15V) und an 22c (-15V)

sowie

- der Versorgung der internen Operationsverstärker.

Desweiteren sind grundsätzlich 2 Funktionsgruppen zu betrachten

a) die Ansteuerung für das Servoventil mit der Endstufe (4) und dem PD-Regler (3).

Bei der Ausführung ohne elektrische Rückführung (SR2 und SR4) wird der Sollwert direkt auf den PD-Regler (3) geführt.

Kommt die Karte für Ventile mit elektrischer Rückführung (5) zum Einsatz, dann wird der PD-Regler für den Positionsregelkreis des Ventiles selbst verwendet. Die Stellung des Ventilkolbens meldet der induktive Wegaufnehmer, wobei die Versorgung mit Wechselspannung sowie die Umwandlung des Signales mittels eines Oszillator-Demodulators (5) erfolgt. Der Wegaufnehmer gibt abhängig von der Stellung des Ventilkolbens ein in seiner Amplitude unterschiedliches Wechselspannungssignal ab. Dieses Wechselspannungssignal wandelt der Demodulator (5) in ein entsprechendes Gleichspannungssignal um.
(Siehe auch Seite D7).

Der Positionsregler (3) des Ventils vergleicht nun den Sollwert an 28a (wahlweise 30a) mit dem Istwert des Ventilkolbens (meßbar an Meßbuchse (2) oder Klemme 32a). Je nach Differenz zwischen Soll- und Istwert erhält die Endstufe (4) vom Regler (3) ein entsprechendes Signal, welches diese in einen proportionalen Ventilstrom umwandelt.

Das Signal von der Endstufe (4) kann beispielsweise in Abhängigkeit vom Systemdruck über Kontaktgabe an (7) und Relais K2. zugeschaltet werden. Dies ist sinn-

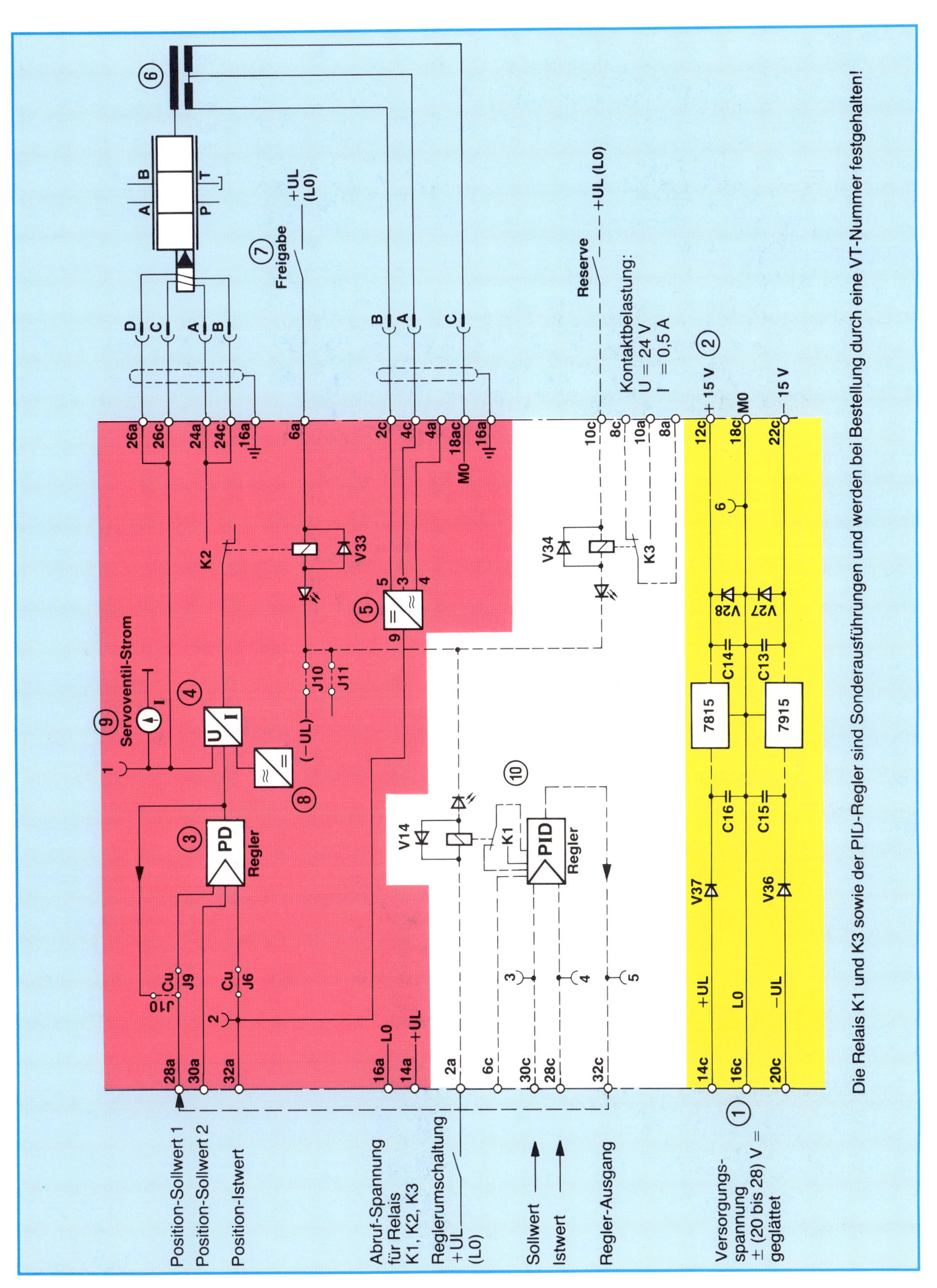

Bild 60 *Blockschaltbild des Servoverstärkers Typ SR 1 S 30*

voll, um ein Zerstören des Düse-Prallplatten-Systems im Servoventil zu verhindern.

Die Gefahr des Zerstörens oder Beschädigens des Düsen-Prallplatten-Systems besteht dann, wenn das Servoventil angesteuert wird, ohne daß ein Systemdruck vorhanden ist. Deshalb sollte die Freigabe für das Servoventil zweckmäßigerweise durch einen Druckschalter im Hydrauliksystem über Eingang 6a erfolgen.

Mit diesem Eingang können auch noch weitere systemabhängige Bedingungen verknüpft werden.

Dem Ventilstrom wird zusätzlich durch den Oszillator (8) ein konstanter Ditherstrom (20 mA_{SS}) mit konstanter Frequenz (480 Hz) und Amplitude überlagert.

Damit verringert man die Hysterese und erhöht die Stabilität sowie die Ansprechempfindlichkeit des Ventils.

Das Meßgerät (9) auf der Frontplatte des Verstärkers zeigt den Ventilstrom an.

b) ein zweiter Regler (PID) (10) für einen überlagerten Regelkreis. Diese Bestückung ist bei Bedarf zusätzlich möglich. Die Reglercharakteristik wird dann durch entsprechende Beschaltung abhängig von der Regelaufnahme erreicht.

Kurz der Funktionsablauf: Der PID-Regler (10) vergleicht den an 30c aufgelegten Sollwert (z.B. Geschwindigkeitssollwert) mit dem an 28c anstehenden Istwert (z.B. Geschwindigkeitsistwert). Je nach Differenz gibt der Regler (an 32a) ein zugehöriges Spannungssignal ab. Dieses Signal muß nun über 28a der Ansteuerung für das Servoventil zugeführt werden.

Relais K1 dient dabei zum Freischalten des Reglers (10), abrufbar an Klemme 2a.

2 Universalkarte (UK2)

Diese Karte dient zum Aufbau beliebiger Operationsschaltungen. Sie ist mit 3 zweifach-Operationsverstärkern und 5 Nullpunktpotentiometern bestückt.

Bild 61 *Universalkarte UK 2*

Folgende Funktionen können aufgebaut werden:

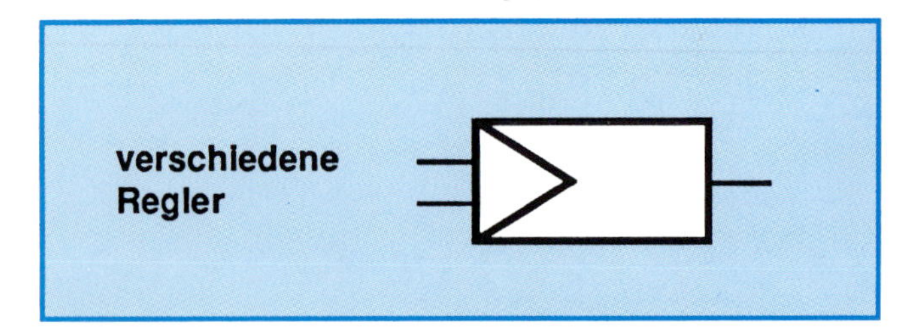

Bild 62

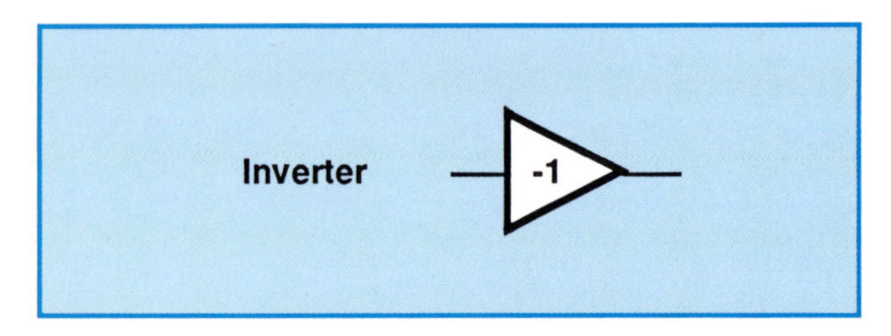

Bild 63

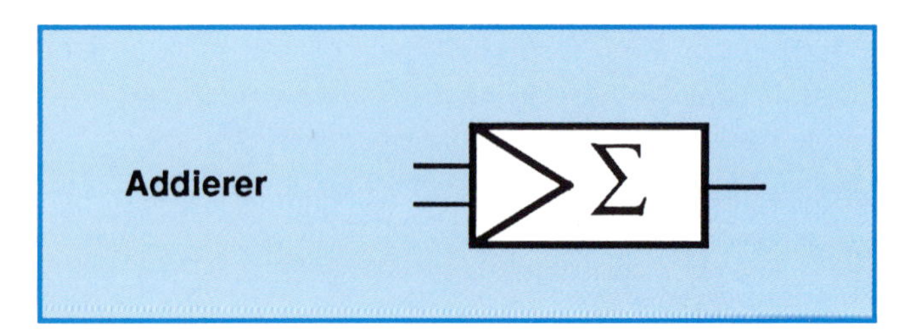

Bild 64

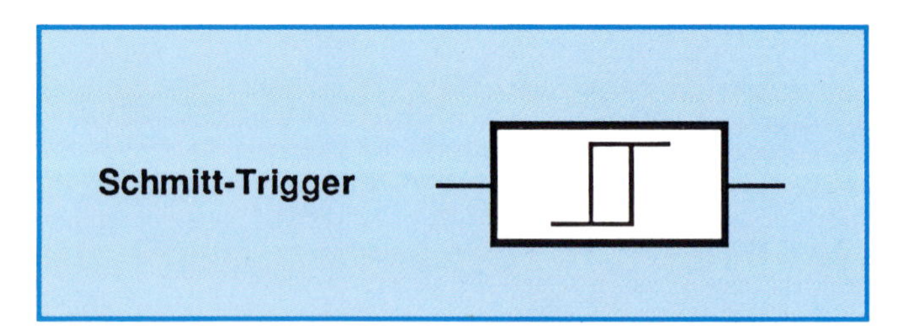

Bild 65

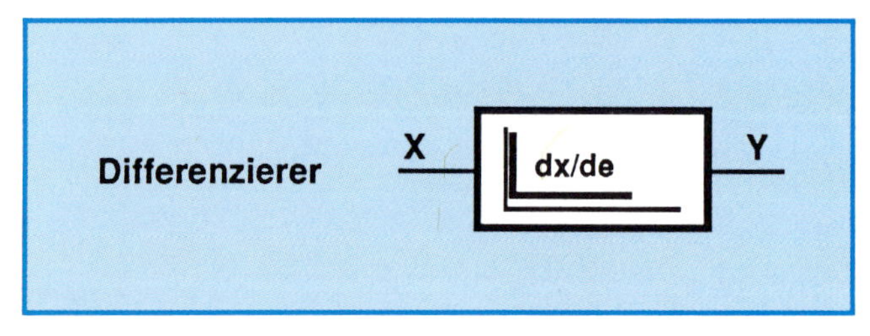

Bild 66

Die Beschaltung, d.h. die Bestückung durch elektrische Bauteile über Lötstützpunkte wird je nach Aufgabenstellung vorgenommen.

Die Spannungsversorgung der Karte und damit der 6 Operationsverstärker (3x Zweifach-Operationsverstärker) muß über eine stabilisierte Spannung von ± 15 V erfolgen.

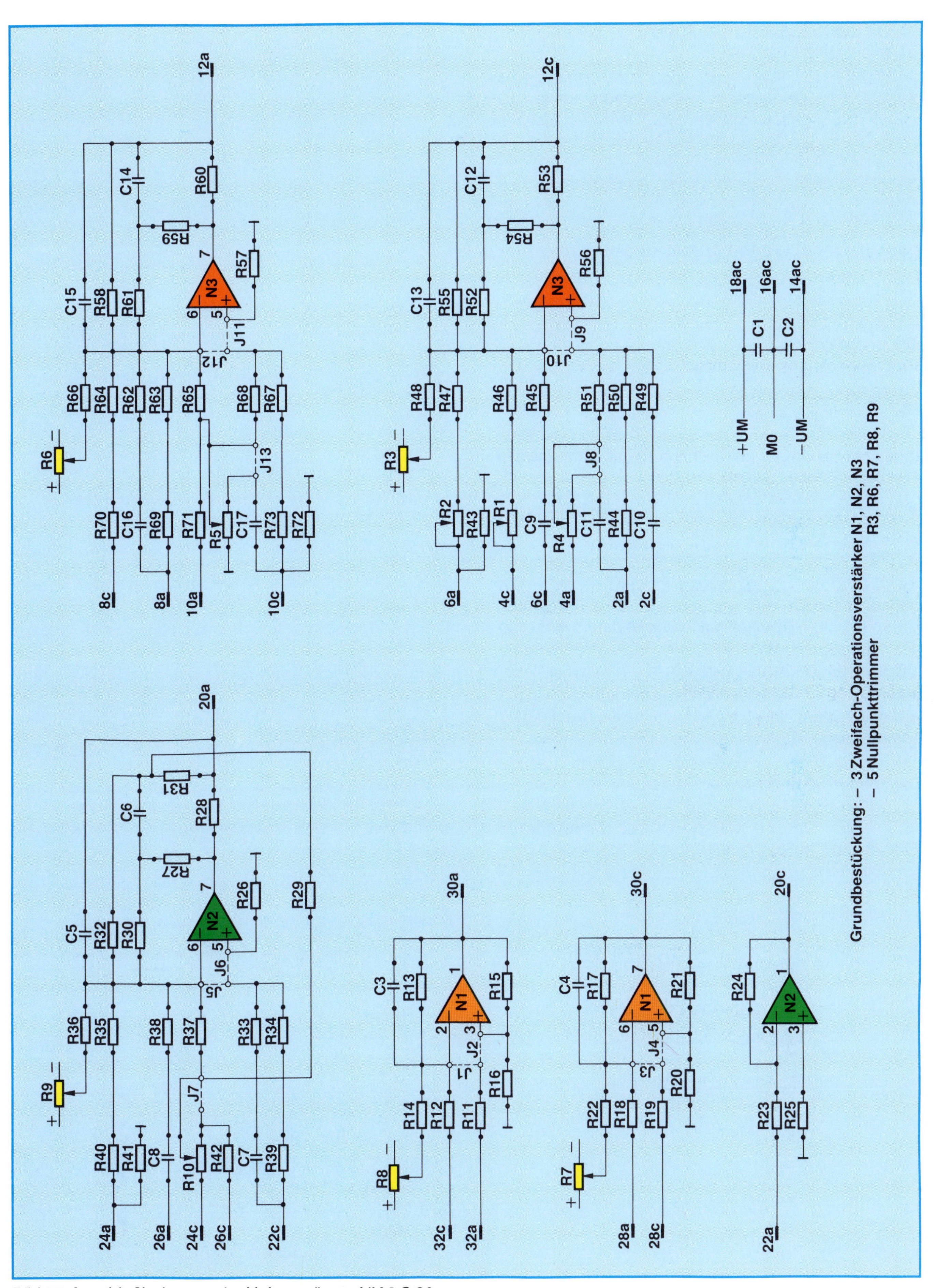

Bild 67 *Anschlußbelegung der Universalkarte UK 2 S 30*

3 Karte mit Rampenbildner RA 1

Bild 68 *Rampenbildner Typ RA 1 S 30*

Als Grundbestückung ist auf dieser Karte ein analoger Rampenbildner realisiert. Je nach Bedarf kann jeweils einer der 3 Rampenzeiten-Bereiche:

0,01 - 0,1 s

0,1 - 1 s

1 - 10 s

bei 10 V Spannungsänderung gewählt werden. Die Rampenzeiten für "auf" und "ab" sind an den Potentiometern P1 und P2 getrennt einstellbar. Auch ist die Einstellung der Rampenzeit wahlweise über externe Potentiometer möglich.

Außer diesem Rampenbildner befinden sich noch weitere 5 Operationsverstärker zur freien Beschaltung auf der Karte.

Entsprechend der vorgesehenen möglichen Bestükkung können maximal verwirklicht werden:

2 Regler (P, PI oder PID)

1 Inverter

2 Schaltverstärker mit individuell einstellbarem Schaltpunkt.

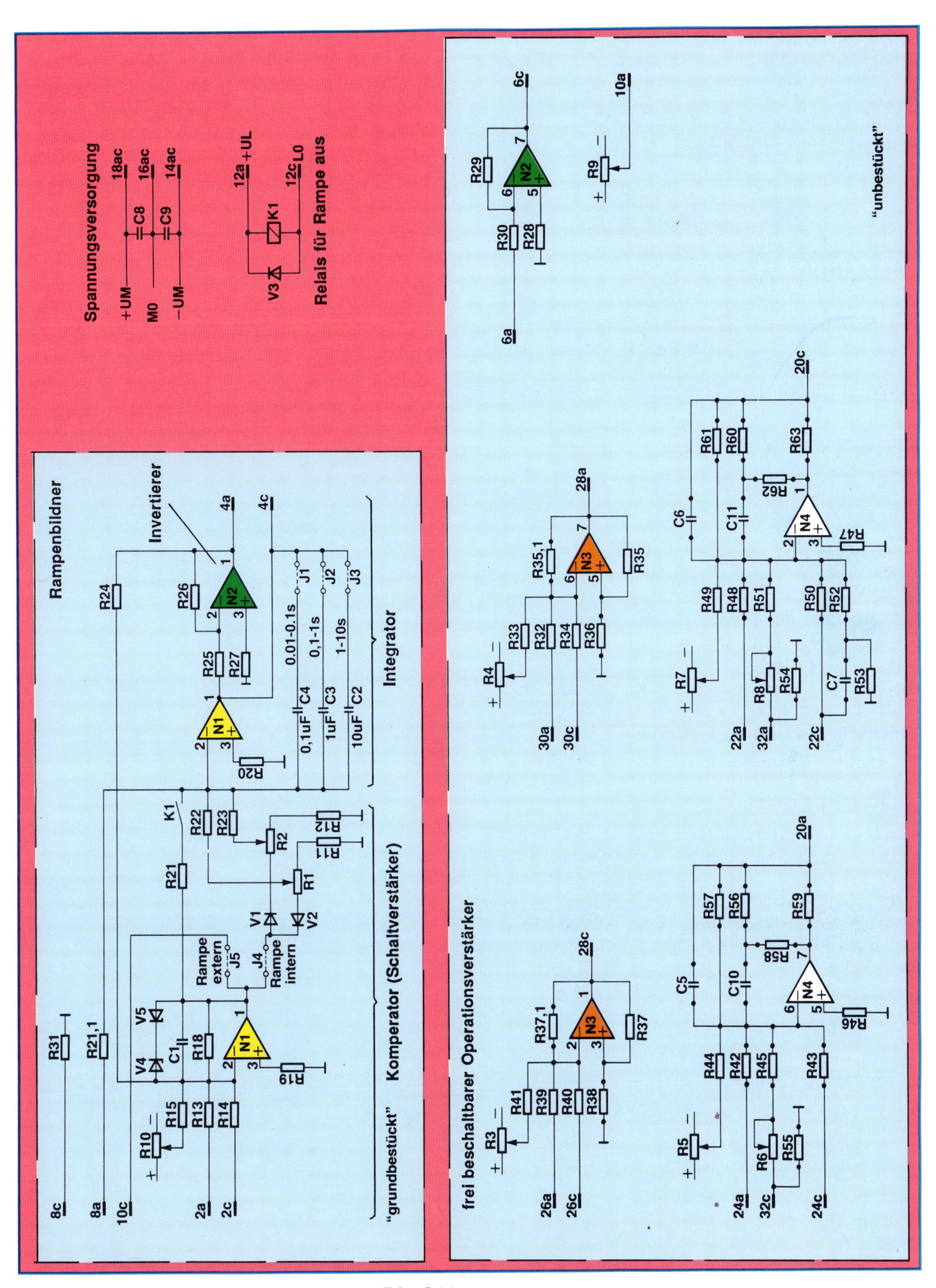

Bild 69 *Anschlußbelegung des Rampenbildners RA 1 S 30*

Neben den bereits beschriebenen Karten gibt es natürlich noch eine Vielzahl von Standardkarten, die zum Verarbeiten von analogen Signalen zur Verfügung stehen.

Begrenzer-Verstärker BG 1

Bild 70 *Begrenzer Typ BG 1 S 30*

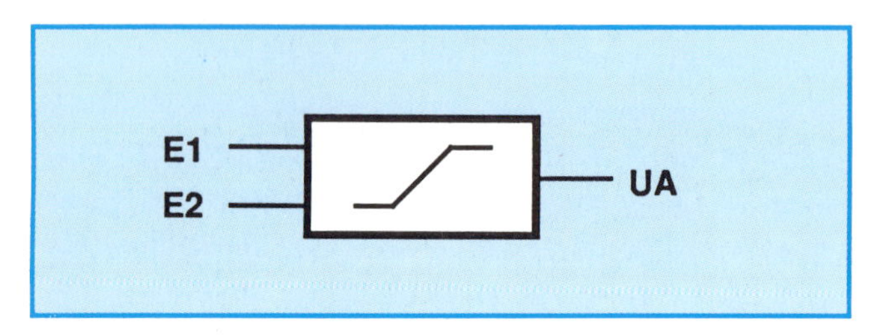

Bild 71

Mit dem Begrenzer-Verstärker sind grundsätzlich 2 Funktionen realisierbar:

Begrenzung und Schaltverstärkung

Die einzelnen Aufgaben lassen sich wie folgt aufgliedern:

1) Begrenzung von analogen Signalen

Hierbei ist es möglich (je nach Beschaltung) Begrenzungen unipolar (einpolig) oder bipolar (zweipolig) zu erreichen.

2.) Differenzsignale können bei Überschreiten der eingestellten Werte als Störung erkannt werden, die je nach Beschaltung positv oder negativ, den Verstärker zum Schalten bringen.

3.) Schaltverstärker für absolute Signalerkennung

Die Eingänge E_1 und E_2 wirken summierend, wobei dann jeweils der Absolutwert bzw. der invertierte Absolutwert (je nach Beschaltung) mit dem vorgegebenen Schaltpunkt verglichen wird.

4.) Die Signale können gespeichert werden; Löschen durch Reset

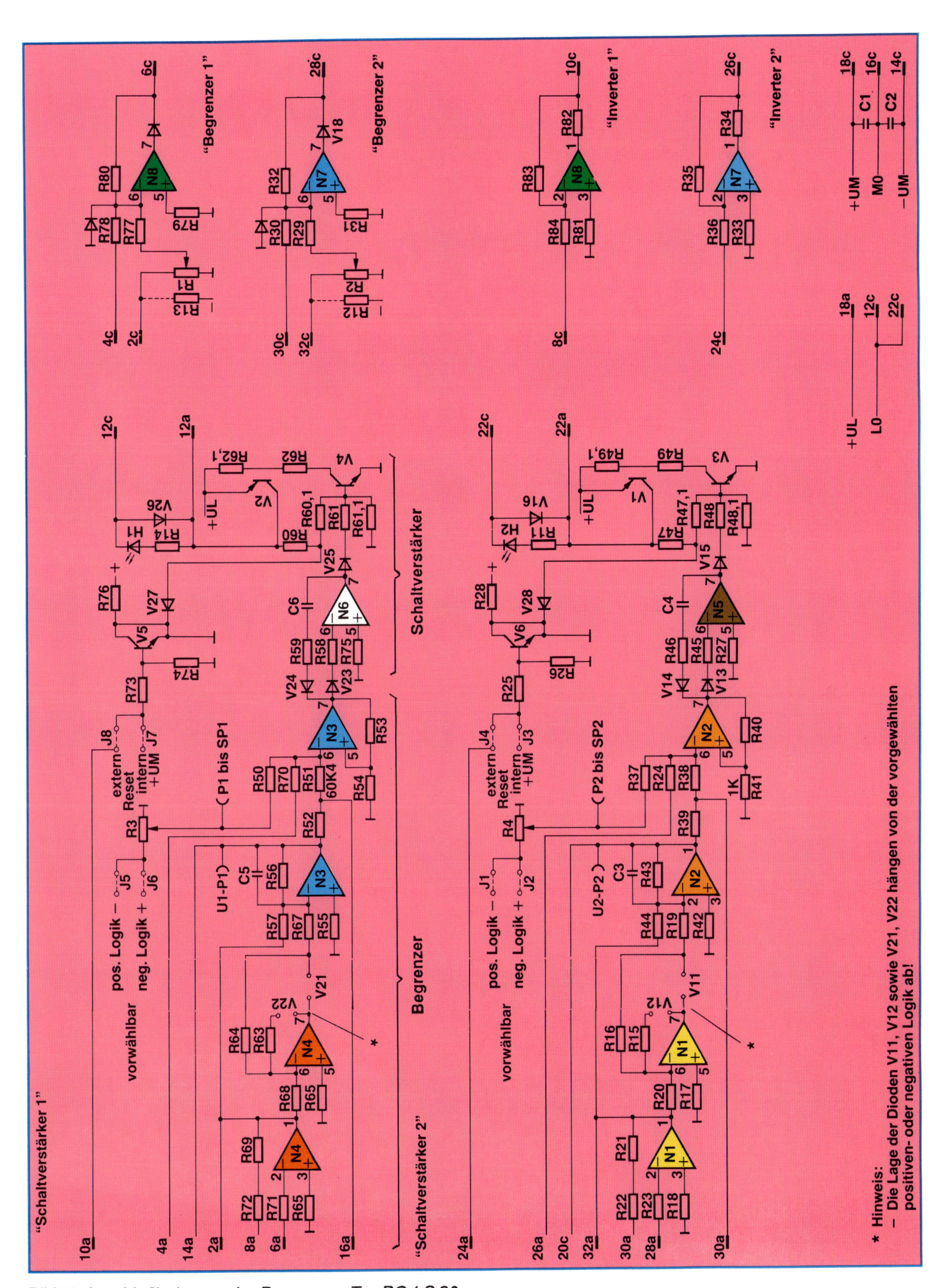

Bild 72 *Anschlußbelegung des Begrenzers Typ BG 1 S 30*

Meßwerterfassung

Ein nicht unwichtiger Punkt in einem Regelkreis ist das Erfassen des Meßwertes, also des Istwertes.

Es ist einzusehen, daß das System nicht genauer sein kann als die Erfassung des Istwertes.

Meßeinrichtungen sollten deshalb nach Möglichkeit um den Faktor 10 genauer sein als die gewünschte Genauigkeit der Anlage. Bezüglichkeit der erreichbaren Genauigkeit ist natürlich auch das Verhalten der Strecke (Totzeit) zu beachten.

Die Meßwerterfassung kann digital (ziffernmäßig) oder analog (entsprechend) erfolgen.
Erläuterung der Begriffe am Beispiel der Wegmessung:

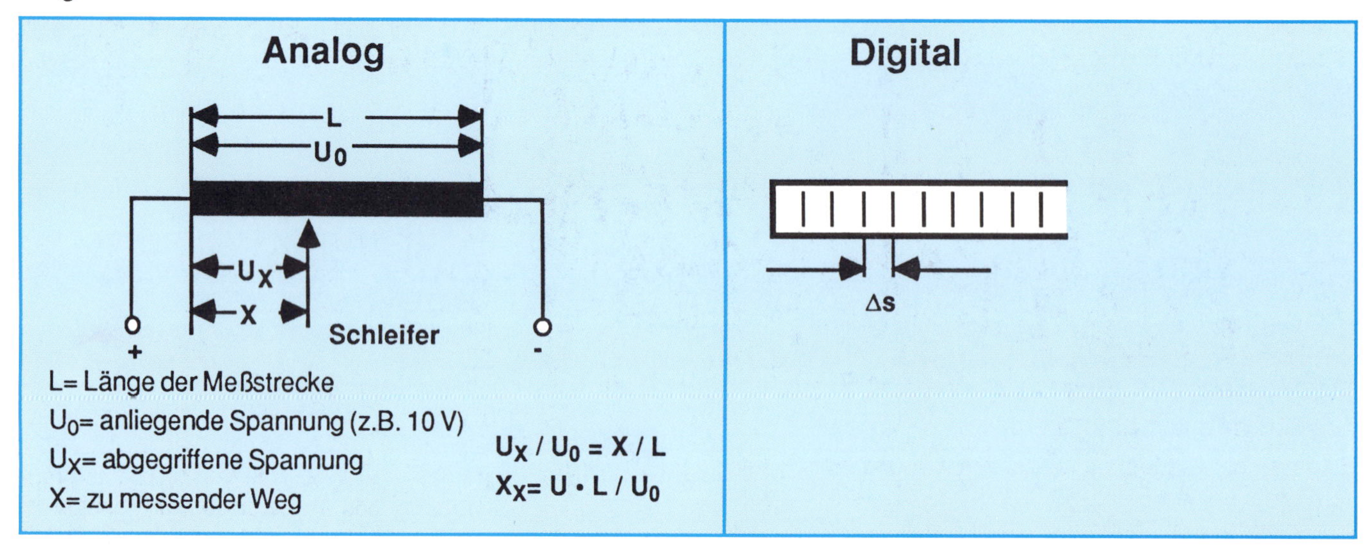

Bild 73

Digital: Meßwerterfassung durch zahlenmäßig definierbare Einheitsschritte

Analog: Abbildung (Wiedergabe) eines Meßwertes in einer anderen analogen (entsprechenden) Größe (z.B. in Spannung)

Desweiteren muß noch zwischen einer inkrementalen und absoluten Messung unterschieden werden.

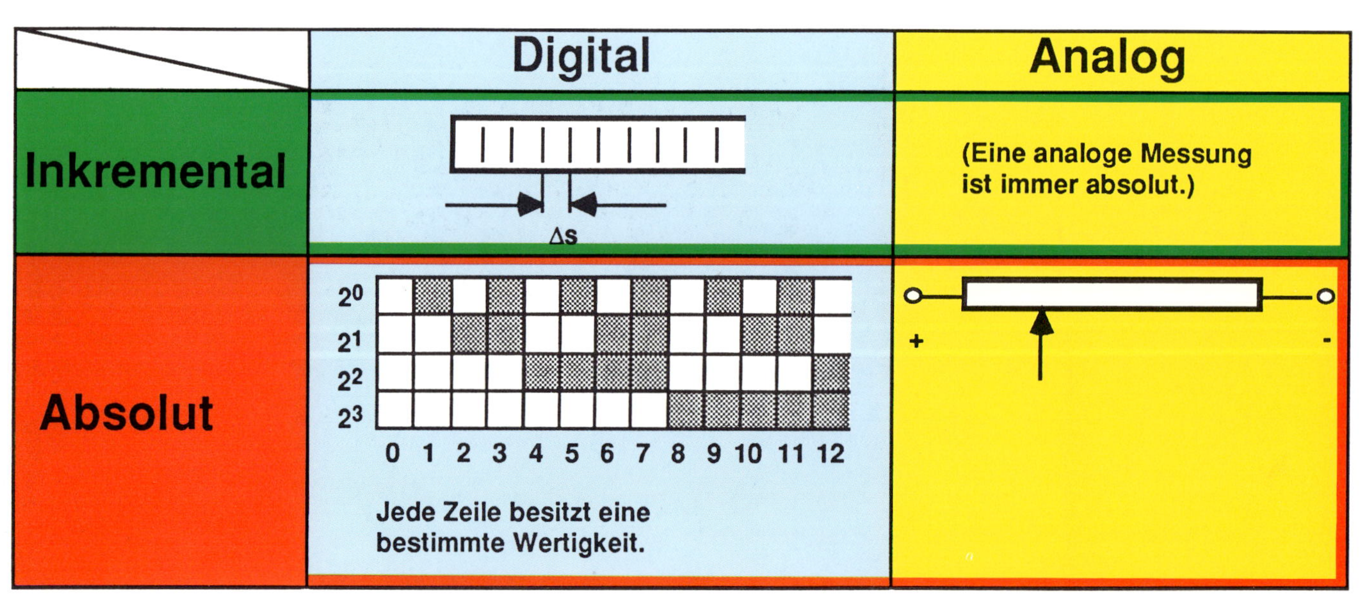

Bild 74

Inkremental: Es werden die Zuwachswerte (Inkremente) einer Größe hinzugezählt oder abgezogen.

Absolut: Direkte Darstellung der Größe, bei digital-absolut zunächst codiert (d.h. durch Zeichen verschlüsselt).

1 Wegmessung

1.1 Längspotentiometer drahtgewickelt

Der Weg wird direkt als analoge Größe in Form einer Spannung abgegriffen. Das Spannungssignal liegt meist zwischen ±10 V ≙ 20 V. Das kleinste verwertbare Signal beträgt 20 mV. Dies ist jedoch abhängig von der Qualität der Spannungsversorgung, d.h. von der auftretenden Schwankung, so daß meist 30 .. 50 mV als verwertbares Signal zugrunde gelegt wird.

Sinnvolle Meßlänge: bis 500 mm

Beispiel für Meßgenauigkeit: 500 mm ≙ 20 V

-> kleinste Meßlänge

X= 500(mm) • 0,02 (V) / 20 (V)

X= 0,5 mm

1.2 Leitplastik-Potentiometer

Hierbei handelt es sich um einen Wegaufnehmer mit Widerstand- und Kollektorbahn aus leitendem Kunststoff (analoge Messung).

Meßlänge: bis ca. 1000 mm

Auflösungsvermögen: 0,01 mm

Die erreichbare Genauigkeit ist auch hier abhängig von dem bei 1.1 angesprochenem verwertbaren Signal. Vorteil dieses Wegaufnehmers ist der geringere Verschleiß und die bessere Signalauflösung (keine Windungssprünge).

1.3 Induktiver Weggeber (berührungslos)

Bei diesem Meßsystem wird ein verschiebbarer runder Stab aus magnetisch weichem Stahl in einer Spule bzw. in einem Spulensystem bewegt. Dem Weg entsprechend ändert sich die Induktivität der Meßspule.

Die Messung führt man mit Wechselstrom in einer Brückenschaltung durch. (Siehe auch Beschreibung induktiver Wegaufnehmer Seite D7.)

Differentialspulen mit Tauchkern (Bild 75) eignen sich zur Messung sehr kleiner Wege.

Die Empfindlichkeit liegt hier bei ca. 2 µm.

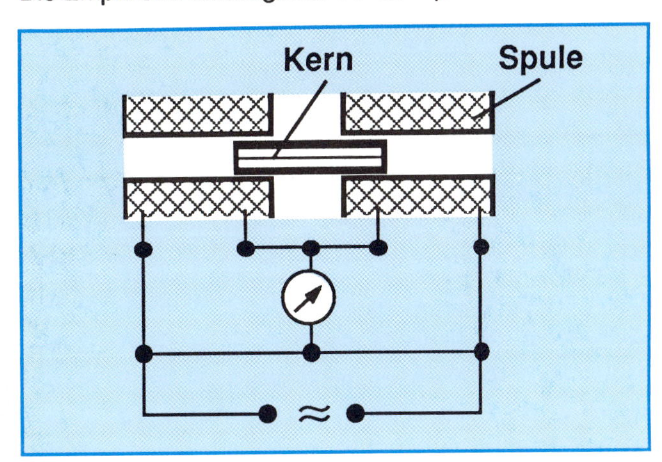

Bild 75

1.4 Glasmaßstab

(NC-Längenmeßsystem, photoelektrisch)

Die Messung erfolgt digital-inkremental, indem auf einem Maßstab aufgebrachte Gitterteilung photoelektrisch abgetastet wird (Bild 26).

Bei Bewegung des Maßstabes relativ zur Abtasteinheit erzeugen die Photoelemente periodische, nahezu sinusförmige Signale. In einer Elektronik erfolgt dann die Auswertung.

Da nach Ausschalten des Meßsystems bzw. bei Stromausfall die Zuordnung des Meßwertes zur Position im allgemeinen verloren geht, versieht man den Maßstab zusätzlich mit einer oder mehreren Referenzmarken. Beim Überfahren einer solchen Referenzmarke wird ein zusätzliches Signal (Referenz-Signal) erzeugt.

Meßlängen: 10 mm bis 30 m (je nach System)

Genauigkeit: ±1 µm bis ±10 µm (systemabhängig)

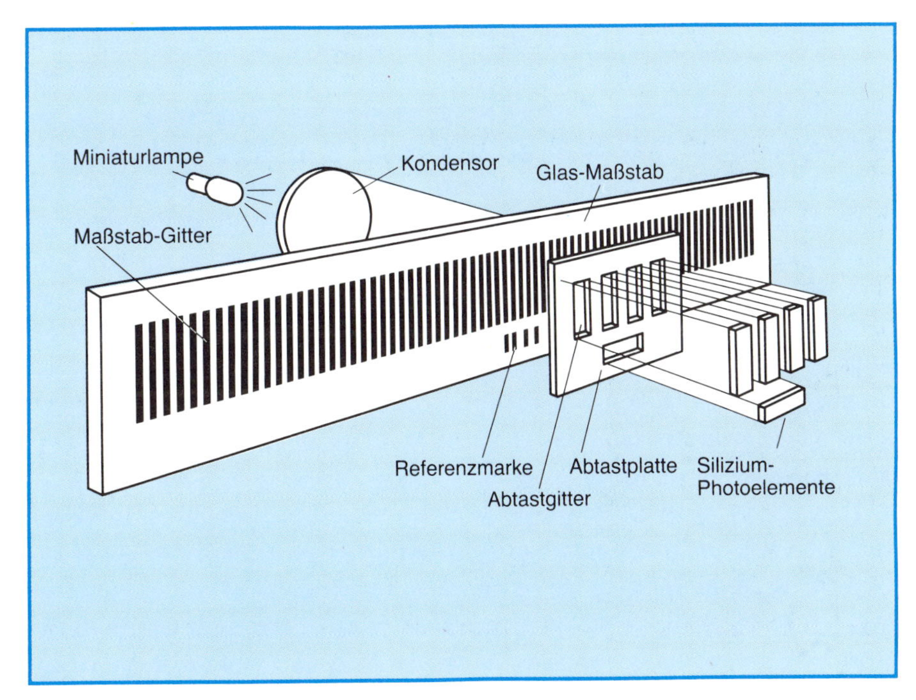

Bild 76 *Glasmaßstab*

1.5 Induktiver Wegaufnehmer,
integriert im Hydrozylinder

Dieses Wegmeßsystem ist im Druckraum eines Hydrozylinders eingebaut.

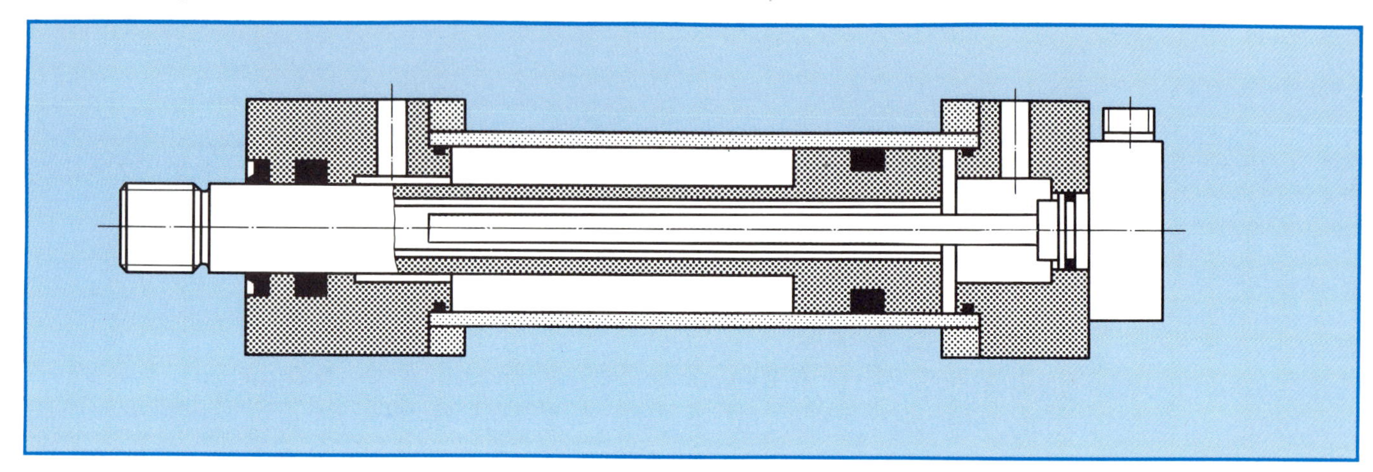

Bild 77

Je nach Zylinderbaureihe und Kolbendurchmesser sind Meßlängen bis 1000 mm möglich.
Spannungsversorgung: 2 bis 5 V.

1.6 Ultraschall-Wegaufnehmer,
integriert im Hydrozylinder

Der gemessene, absolute Wert (Weg) kann beliebig oft abgefragt werden, ohne daß er durch Betriebsunterbrechungen, Netzausfälle oder andere Störungen verfälscht wird.

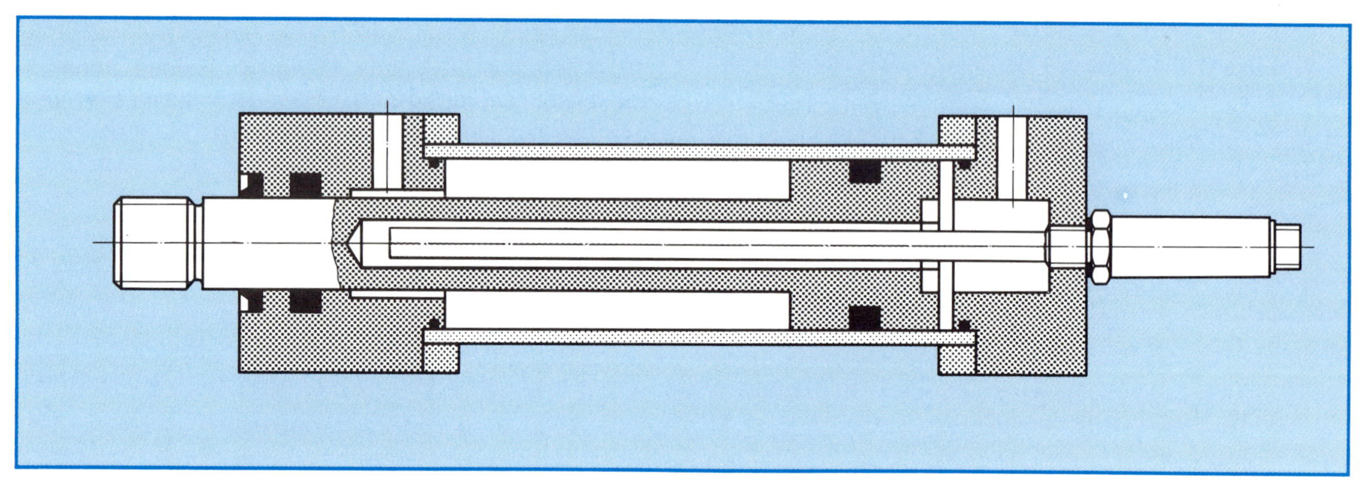

Bild 78

Die geforderte Positioniergenauigkeit wird hierbei durch die Art des Ausgangssignals bestimmt:

- Analog: 0 bis 10 V DC
- Digital: Auslösung 0,1 mm

Meßlänge bis 2500 mm.

1.7 Laser-Meßsystem

Dieses Meßsystem dient zur berührungsfreien Ermittlung von Werkstückdimensionen oder von Kantenpositionen.

Ein Senderteil erzeugt ein schmales Band aus Laserlicht, welches im Empfängerteil auf einen Detektor konzentriert wird. Da das Lichtband aus einem feinen schnell parallel verschobenen Strahl besteht, wirft ein in das Meßfeld eingebrachtes Werkstück einen zeitlich begrenzten Schatten. Der Empfänger bestimmt den zeitlichen Abstand der Flanken dieses Schattens und übermittelt diese Daten an die Mikro-Prozessor-Auswerte-Einheit, welche daraus z.B. die Werkstückabmessung ermittelt.

Beispiele für den Einsatz dieses Meßsystems:

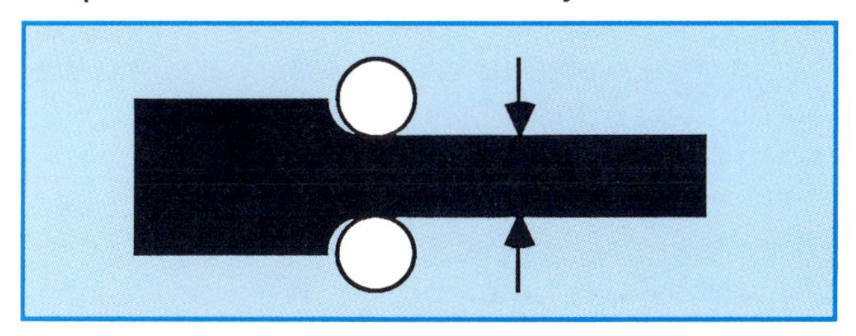

Bild 79 *Messung von Walzenabständen*

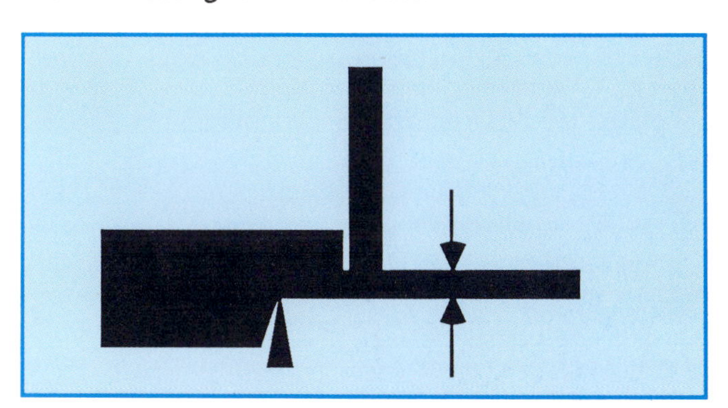

Bild 80 *Bestimmung der Kantenposition (Werkzeugposition), bezogen auf eine Referenzkante*

Meßgenauigkeit: Ab ±0,25 µm
Mißt Absolutmaß und Abweichung vom Nennmaß.

1.8 Dehnungsmeßstreifen (DMS)

Dehnungsmeßstreifen sind Fühler, bei denen sich mit einer Dehnungsbeanspruchung die Länge und der Querschnitt eines Drahtes bzw. Folie ändern. Dadurch ändert sich auch der Widerstand.

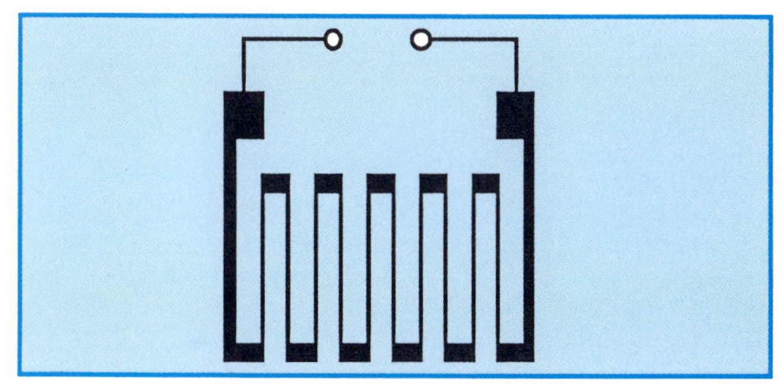

Bild 81 *Metallfolien-Meßstreifen*

Übliche DMS-Längen sind 3...60 mm. Mit ihnen können Längenänderungen bis zu etwa ±5 o/oo ihrer Länge gemessen werden.

1.9 Winkelcodierer, Drehgeber

Auch mit einem Winkelcodierer ist eine Wegmessung möglich. Der Weg wird hierbei über Zahnstange und Ritzel, Spindel und Mutter oder Meßrad als Winkel abgebildet. Die zu messende Wegstrecke ist dabei theoretisch unbegrenzt.

2 Winkelmessung

2.1 Ringpotentiometer

Der Drehwinkel wird als analoge Größe (Spannung) abgebildet. Das Potentiometer kann drahtgewickelt oder ein Leitplastik-Widerstandselement sein.

Der Nutzwinkel beträgt bis ca. 350°, die maximale Verstellgeschwindigkeit bis zu 10000 U/min.

Die Versorgung des Potentiometers erfolgt (zweckmäßigerweise aus dem Ausgang eines Operationsverstärkers) mit ±10 V.

Kleinster Winkel: $\omega = 350° \cdot 0{,}02\ V / 20\ V = \underline{0{,}35°}$
(bei kleinstem verwertbarem Signal von 20 mV.)

2.2 Inkrementaler Windelcodierer

Ein inkrementaler Winkelcodierer gibt pro Umdrehung eine bestimmte Anzahl von Impulsen ab. Die Anzahl der Impulse ist ein Maß für den zurückgelegten Weg (Winkel oder Strecke).

Auf einer Welle ist eine Codierscheibe befestigt. Sie ist in einzelne Segmente unterteilt, welche abwechselnd lichtdurchlässig bzw. lichtundurchlässig sind. Die Abfrage der Segmente erfolgt durch Infrarot-Lichtschranken.

Da inkrementale Winkelcodierer kontinuierlich Impulse abgeben, unabhängig von der Anzahl der Umdrehungen, können problemlos auch große Wege erfaßt werden.

Versorgungsspannung: meist + 5 V DC

Kleinster Schritt: 10 µm

2.3 Digital absolute Winkelcodierer (Digitiser)

Digitiser können in Meß- und Steuerungssystemen eingesetzt werden, in denen Winkel- und Linearverschiebungen gemessen werden sollen. Hierbei wandelt der Digitiser die Drehbewegung in elektrische Signale um, die zur Anzeige oder Steuerung verwendet werden. Kleinster Schritt 10 µm.

Eine Messung kann grundsätzlich analog oder digital ausgeführt werden. Die Auflösung eines analogen Systems ist im allgemeinen bis 10^{-3} bzw. 10^{-4} des Meßbereichs begrenzt, wogegen digitale Meß-Systeme eine sehr viel höhere Meßgenauigkeit erreichen. Weiterhin ist hier die Aussage eindeutig und die Weiterverarbeitung leicht möglich.

Man unterscheidet in diesem Zusammenhang zwei Arten von digitalen Digitisern: inkrementale und absolute. Inkrementale Digitiser (Impulsgeber) erzeugen periodische Signale und erfordern zur Bildung eines Meßwertes einen Speicher (Vor-Rückwärtszähler), dessen Inhalt den Meßbereich definiert. Meßfehler, Störimpulse und ähnliche Effekte führen zur Verfälschung des Meßwertes und lassen sich nicht korrigieren. Bei Betriebsunterbrechungen und Netzausfall wird der Speicher gelöscht und der Meßwert geht verloren.

Im Gegensatz zu den inkrementalen Systemen sind digital absolute Digitiser als codiertes Meß-System aufgebaut. Hier ist jedem Winkelschritt ein bestimmter Zahlenwert absolut zugeordnet, der über Abtastelemente ausgelesen, einen numerischen Wert darstellt. D.h. ein Meßwert wird nicht über Hilfsgeräte gebildet, sondern er ist unveränderlich als Codemuster dargestellt. Dieser absolute Wert steht ohne Zeitverlust zur Weiterverarbeitung an und ist als Meßwert durch Betriebsunterbrechung und Netzausfall nicht zu verfälschen. Hier wird also jede Position im Raum (Drehwinkel) mit einem Codewert bezeichnet, der beliebig oft abgerufen werden kann, ohne den Informationsinhalt zu verfälschen.

Die Funktionsweise ist aus *Bild 82* ersichtlich. Eine rotierende Antriebswelle trägt eine Codescheibe, der eine stillstehende Blendenscheibe gegenüber steht. Die Codescheibe trägt Hell-Dunkel-Felder. Die von der Diode als Lichtsender abgegebenen Signale werden vom Fototransistor als Empfänger ausgewertet. Je nach Ausführung wird eine Auflösung von bis zu 4000 Signalen (Informationen) pro Umdrehung erzielt.

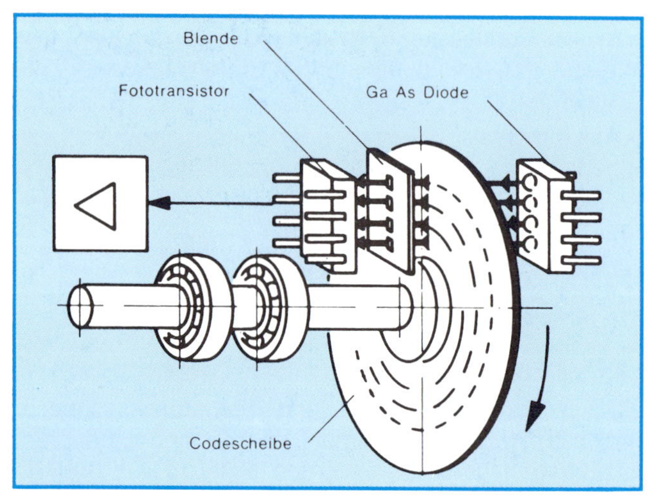

Bild 82

2.4 Inkrementale Drehregler

Sie werden zur Messung von Drehwinkeln und Winkelgeschwindigkeiten eingesetzt.

Die Ausführung mit Glasmaßstab entspricht dem bei der Längenmessung unter *1.4* beschriebenen System. In Abhängigkeit vom gewählten Drehgeber sind als kleinste Auflösung bis zu 100000 Meßschritte pro Um-drehung möglich.

3 Geschwindigkeitsmessung

3.1 Tachogenerator

Der Tachogenerator gibt in Abhängigkeit von der Drehzahl eine Spannung ab, die dann als Maß für die Drehzahl selbst steht oder im Zusammenhang mit Zahnstange und Ritzel als Verfahrgeschwindigkeit umgesetzt werden kann.

Beispiel:

Verfahrgeschwindigkeit $_{vmax}$ = 1 m/sek.

Übersetzung des Tachogenerators zum Zylinder:
1 m Zylinderhub = 10 Umdrehungen des Tachogenerators

(Die Übersetzung wird so gewählt, daß der Tachogenerator in der Höhe seiner Nenndaten betrieben wird).

z.B. 100 V bei 1000 U/min = 16,67 U/sek

-> bei v_{max} = 1 m/sek liefert damit der Tachogenerator eine Ausgangsspannung von

U= 10 (U/sek) / 16,67 (U/sek) • 100 V = 60 V

3.2 Inkrementale Drehgeber

Sie werden zur Messung von Winkelgeschwindigkeiten eingesetzt. Wie bereits im Zusammenhang mit der Wegmessung unter *1.9* beschrieben *(siehe auch 2.4 und 1.4)*, werden sie in Verbindung mit Zahnstange/Ritzel, Spindel/Mutter, Leitspindel oder Meßrad auch zu Geschwindigkeits-Messungen verwendet. Dabei erfolgt die Auswertung der Inkremente pro Zeiteinheit.

3.3 Wegsignal differenzieren

Eine weitere Möglichkeit zur Umsetzung der Geschwindigkeit in ein Signal ist das Differenzieren des Weges.

Das analoge Wegsignal wird über einen Differenzierer (D-Glied) als Geschwindigkeitssignal ausgegeben.

Genauigkeit ca. 2-3%, auf max. Spannungshub bezogen.

4 Druckmessung, Kraftmessung

4.1 Druckaufnehmer mit DMS (Druckmeßdose)

Bei diesem Prinzip erfolgt die Umformung der Drücke in elektrische Signale mit DMS, die zum Beispiel als dünner Film auf den Meßkörper (z.B. Membrane) aufgedampft oder aufgeklebt sind.

Der Meßbereich beträgt von 0 bis weit über 1000 bar. Die Genauigkeit liegt, je nach Meßbereichsendwert, zwischen ±0,2% bis ±0,5% (bezogen auf den Meßbereichsendwert).

Grundsätzlich kann natürlich mit jeder Druckmessung bezogen auf eine wirksame Fläche, z.B. an einem Zylinder, auch eine indirekte Kraftmessung erfolgen.

Entsprechend dem Frequenzbereich (je nach Ausführung der Druckmeßdose z.B. bis 500 Hz oder z.B. bis zu mehreren tausend Hz) können Druckänderungen und somit auch Druckspitzen in ms-Bereich und darunter gemessen werden.

4.2 Druckmeßdose mit induktivem Wegaufnehmer

Die elastische Druckbiegung einer Membrane kann auch über einen induktiven Wegaufnehmer in ein elektrisches Signal umgesetzt werden. Die Durchbiegung der Membranmitte erfolgt proportional zu dem wirkenden Druck.

4.3 Quarz-Druckaufnehmer, piezoelektrische Kraftmeßdosen

Druckmessungen mit Quarzkristallen sind besonders für dynamische Vorgänge, d.h. für das Erfassen von Pulsation und Druckspitzen geeignet. Statische Druckmessungen dagegen sind nur über einige Minuten möglich.

Die Wirkungsweise beruht auf dem piezoelektrischen Effekt. Läßt man auf einen Quarzkristall in Richtung einer seiner drei Achsen eine Kraft wirken, so entsteht auf der senkrecht zur belasteten Achse liegenden Oberfläche eine elektrische Ladung. Sie ist der wirkenden Spannung wird nun verstärkt und als Kraft oder Druck-Wert umgesetzt. Da die Spannung ohne nennenswerte Verzögerung Kraft- bzw. Druckveränderungen folgt, sind diese Meßaufnehmer, wie bereits Eingangs festgestellt, besonders für dynamische Messungen geeignet.

Der Frequenzbereich liegt zwischen 10 bis $2 \cdot 10^5$ Hz.

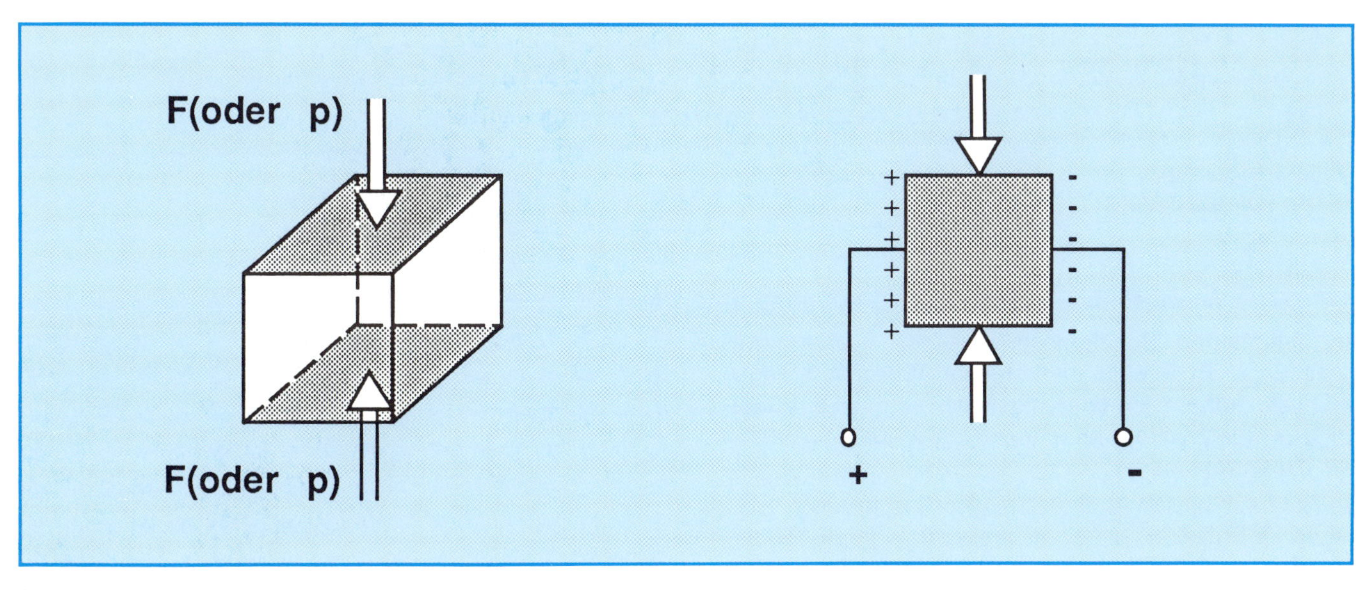

Bild 83

Anhang

Nachfolgend sind die wichtigsten elektronischen Bausteine, denen man im Zusammenhang mit Steuerungen und insbesondere in Regelkreisen immer wieder begegnet, in kurzer Form erläutert.

Potentiometer

Das Potentiometer ist ein ohmscher Widerstand mit einem veränderlichen Abgriff (Schleifer). Legt man das Potentiometer an seinen Enden z.B. an 0 V und 10 V, so kann am Schleifer jeder beliebige Zwischenwert von 0 bis 10 V abgegriffen werden.

Beispiel

Bei einer Verstellung von 60% kann am Schleifer die Spannung von 6 V abgegriffen werden.

Ein Potentiometer wird eingesetzt zur

-Sollwertvorgabe
d.h. die Höhe der abgegriffenen Spannung entspricht dem gewünschten Istwert als Weg, Kraft, oder z.B. Druck.

- Istwerterfassung
d.h. der abgegriffene Spannungswert stellt einen Weg und damit eine Position dar.

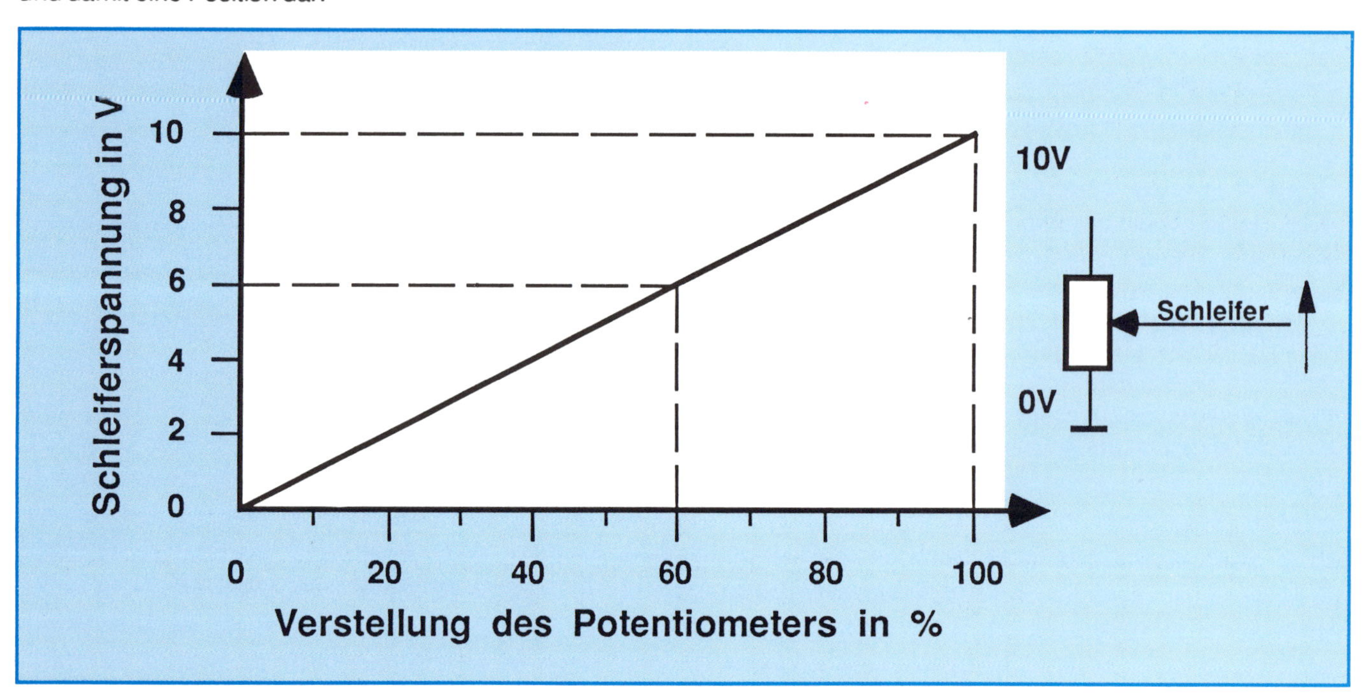

Bild 84 *Potentiometer*

Operationsverstärker

Der Operationsverstärker ist ein klassischer Vertreter der integrierten Schaltungstechnik (IC = integrierte Schaltung). Er ist ein mehrstufiger Analogverstärker mit sehr hohem Verstärkungsfaktor und wird durch äußere Beschaltung für die verschiedensten Aufgaben dimensioniert.

So können durch entsprechende Beschaltung z.B. folgende Funktionseinheiten realisiert werden: Rampenbildner, Verstärker, Invertierer, Summierer, Differenzierer, Begrenzer, die verschiedenen Regler usw.

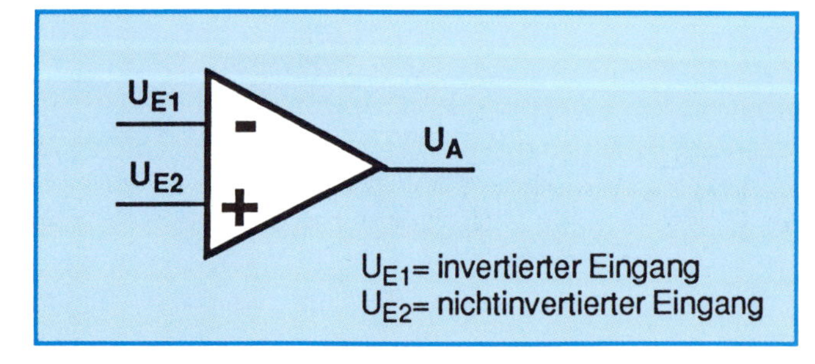

Bild 85 *Symbol eines Operationsverstärkers*

Rampe, Rampenbildner

Rampenbildner

Der Rampenbildner bildet aus einem Sollwertsprung als Eingangssignal ein langsam steigendes oder fallendes Ausgangssignal. Die zeitliche Änderung des Ausgangssignals ist über ein Potentiometer einstellbar.

Die Wirkungsweise des Rampenbildners beruht darauf, daß der Kondensator C verzögert aufgeladen wird, wodurch sich die Ausgangsspannung bei einem Eingangs-Sprungsignal langsam stetig ändert.

Die Steigung der Ausgangsspannung kann über den veränderlichen Widerstand R beeinflußt und somit die Ladegeschwindigkeit des Kondensators bestimmt werden.

Die eingestellte Rampenzeit bezieht sich immer auf 100% Sollwert (Eingangs-Sprungsignal).

Beispiel:

Eingestellte Rampenzeit von max. 5 sek bei 100% Sollwert. Wird z.B. ein Sollwert von 60% eingestellt, so ist der Sollwert bereits nach ca. 3 Sek. erreicht.

So kann mit einem Rampenbildner z.B. in einem Geschwindigkeitsregelkreis Geschwindigkeitsanstieg (Beschleunigung) oder in einen Positionsregelkreis die Geschwindigkeit vorgegeben werden. Die eingestellte Rampenzeit entspricht im Positionsregelkreis der Verfahrgeschwindigkeit des Zylinders, da in dieser Zeit die vorgegebene Position erreicht wird.

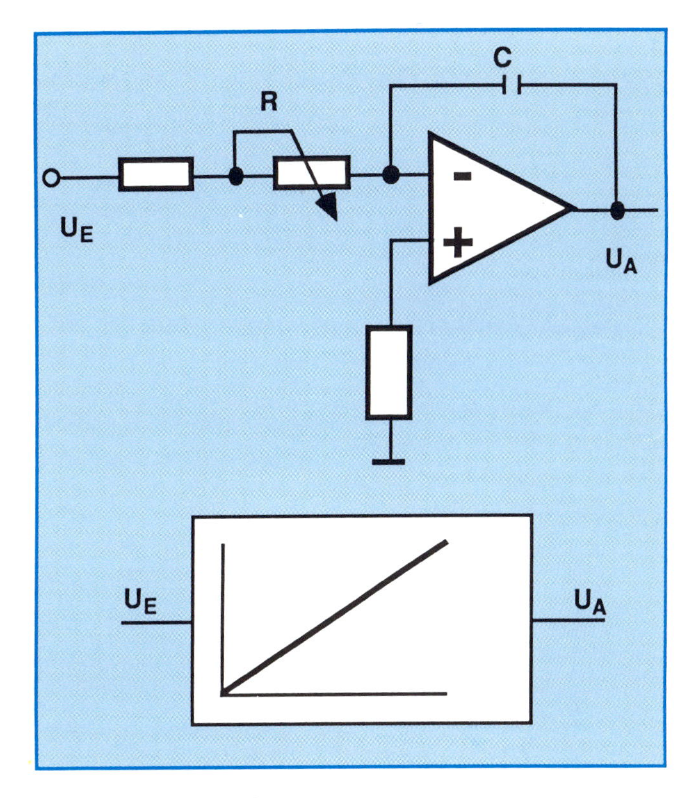

Bild 86 *Rampenbildner*

Begrenzer

Die angelegte Eingangsspannung wird auf einen vorgegebenen Wert als Ausgangsspannung begrenzt. Die Begrenzung erfolgt über die beiden Anschlüsse 1 (Begrenzung der Spannungen die kleiner sind als Null) und 2 (Begrenzung der Spannungen die größer sind als Null).

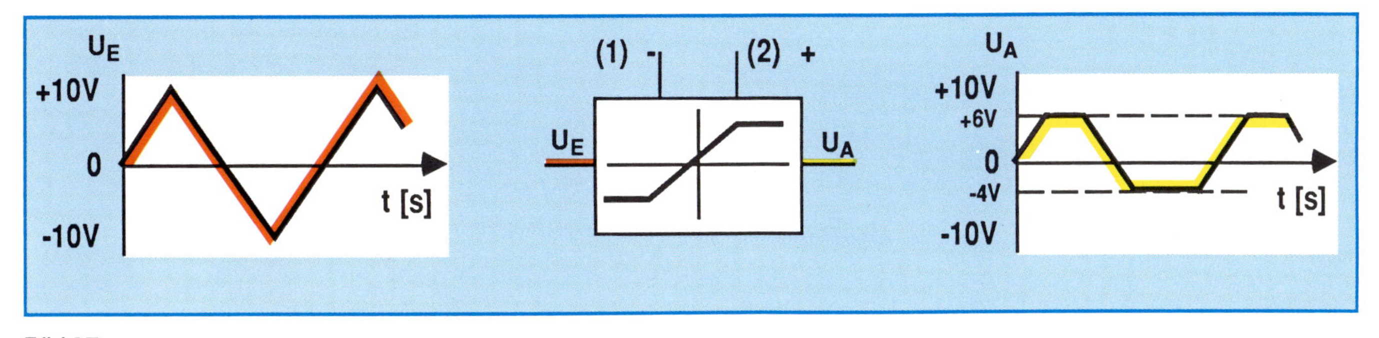

Bild 87

Regler

Als Regler bezeichnet man das Gerät oder Bauteil, welches die wesentliche Verarbeitung der Regelabweichung durchführt. Der Regler vergleicht also den Sollwert mit dem Istwert und gibt in Abhängigkeit von der Differenz beider Werte ein entsprechendes Ausgangssignal ab.

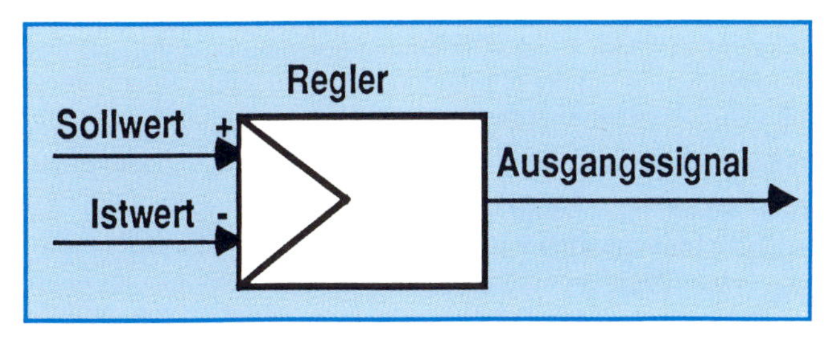

Bild 88

Verstärker

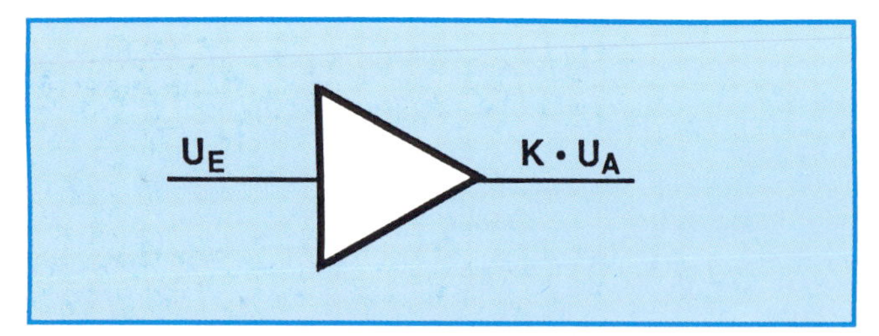

Bild 89

Die Ausgangsspannung U_A ist um den Verstärkungsfaktor K gegenüber der Eingangsspannung U_E verändert. Je nach Beschaltung hat die Ausgangsspannung eine Polaritätsumkehr zur Eingangsspannung erfahren.

Invertierer (Inverter)

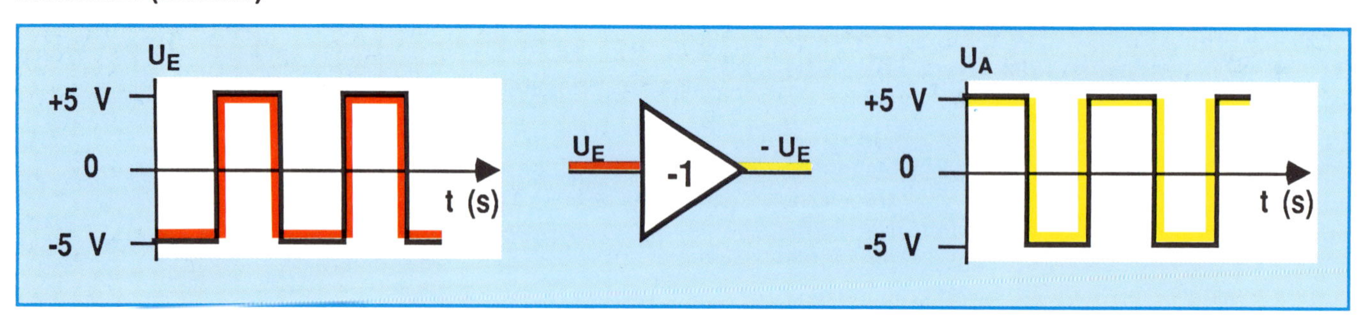

Bild 90

Der Invertierer bewirkt eine Polaritätsumkehr der Eingangsspannung.

z.B. $U_E = +5$ V damit am Ausgang $-U_E = -5$ V,

oder $U_E = -3$ V damit am Ausgang $-U_E = +3$ V

Er ist somit ein Verstärker mit dem Verstärkungsfaktor 1.

Anpaßverstärker

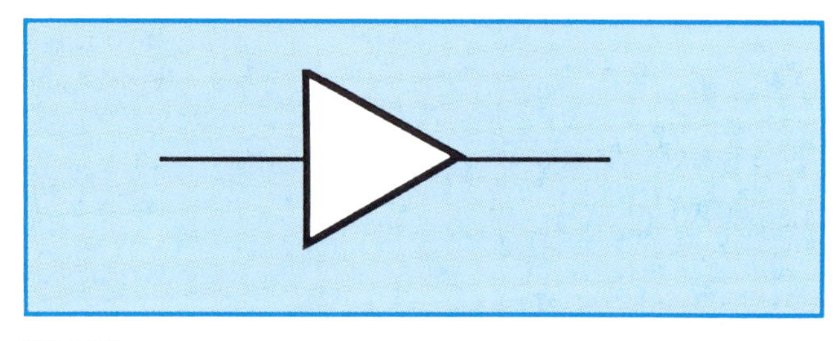

Bild 91

Mit Hilfe eines Anpaßverstärkers erfolgt ein Spannungsabgleich der von Meßelement abgegebenen Spannung (z.B. max. 60 V Ausgangsspannung eines Tachogenerators bei maximaler Drehzahl) auf 10 V nach dem Anpaßverstärker. Diese 10 Volt entsprechen dann einer bestimmten Drehzahl oder Verfahrgeschwindigkeit eines Zylinders. Die Anpassung ist notwendig, um das Signal im Regelkreis wieder verarbeiten zu können.

Leistungsverstärker

Die Eingangsspannung U_E wird im Leistungsverstärker in einen Ausgangsstrom umgesetzt, der sich proportional zu U_E verhält.

z.B. U_E 0 bis 10 V, I in mA = Ventil

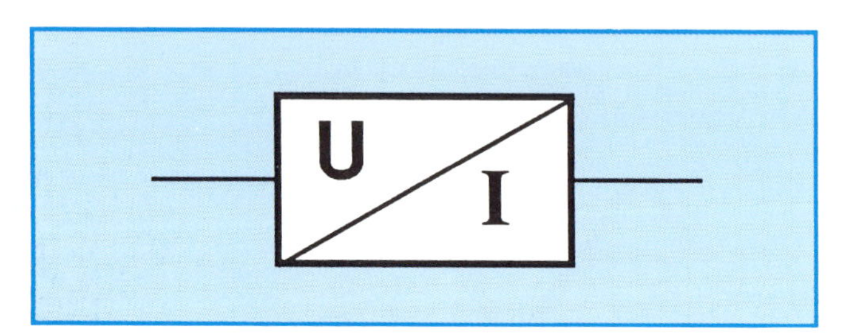

Bild 92

Schmitt-Trigger (ST)
Schmitt-Trigger werden als Schwellwert-Schalter eingesetzt. Die beiden Diagramme für Eingangs-und Ausgangssignal verdeutlichen die Funktion. Überschreitet U_E einen bestimmten Wert (U_1), dann springt U_A von einem Anschlagwert auf den anderen. Dementsprechend springt das Ausgangssignal auf den vorherigen Wert zurück (z.B. 0), sobald U_E einen bestimmten Wert (U_2) unterschreitet.

Damit gibt es 2 klar definierte Schaltpunkte und es erfolgt kein Schalten bei Zwischenwerten.

Treten z.B. in der Signalgabe in einem System Schwankungen auf, dann werden diese eliminiert.

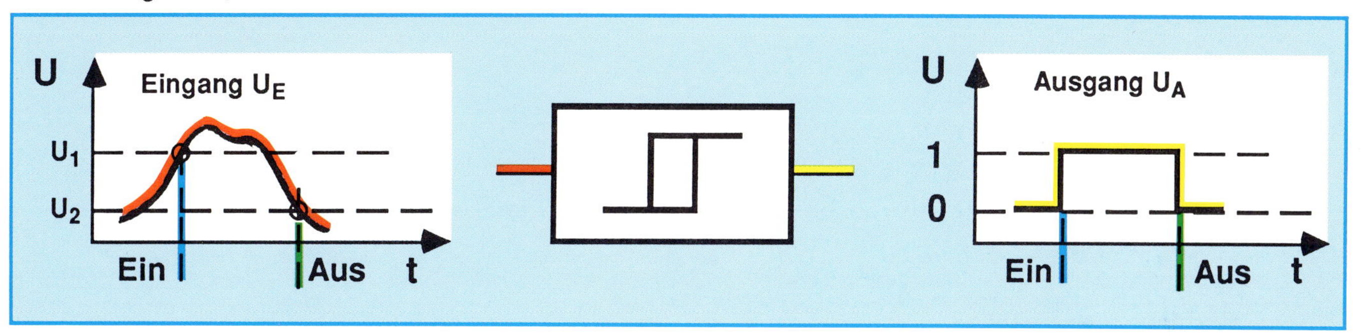

Bild 93

Summierer (Addierer)
Mit einem Summierer können 2 Signale vorzeichenbehaftet addiert werden. Dabei ist zu beachten, daß das resultierende Ausgangssignal invertiert ist.

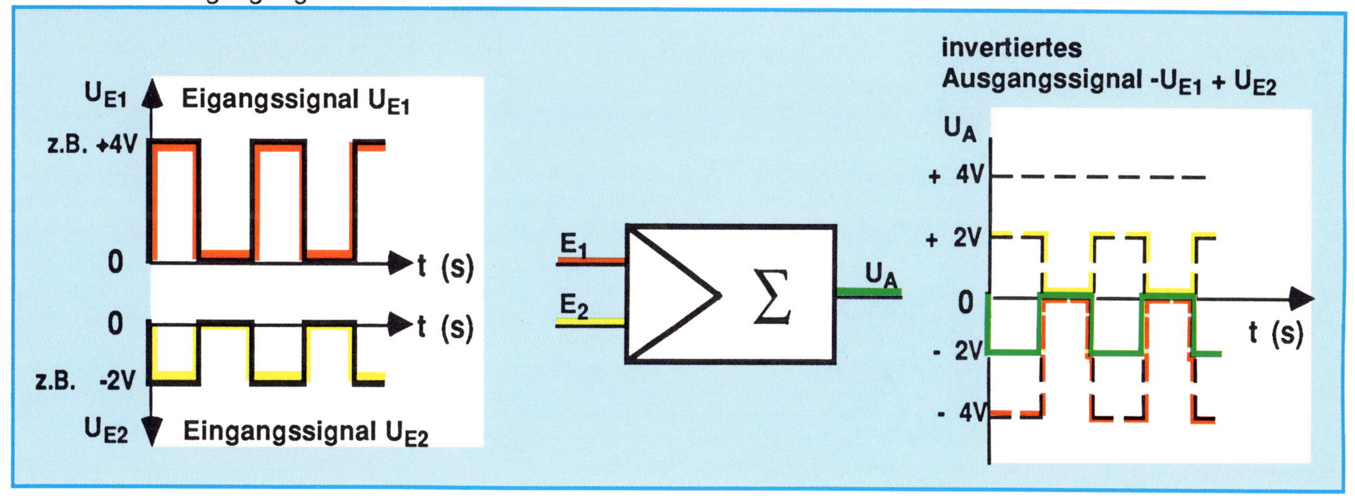

Bild 94

Kapitel J

Einfluß der Dynamik des Servoventils auf den Regelkreis

Dieter Kretz

Vorwort

Die folgenden regelungstechnischen Betrachtungen sollen das Verständnis für die Zusammenhänge im Regelkreis fördern und Hilfen an die Hand geben, mit denen die zu erwartenden Eigenschaften des Regelsystems mit einiger Genauigkeit abgeschätzt werden können.

Hierbei sollen einfache Faustformeln anstelle aufwendiger mathematischer Betrachtungen Anwendung finden.

Positionsregelkreis

Bestimmung der nutzbaren Kreisverstärkung "Kvopt" und deren Einfluß auf die Regelung.

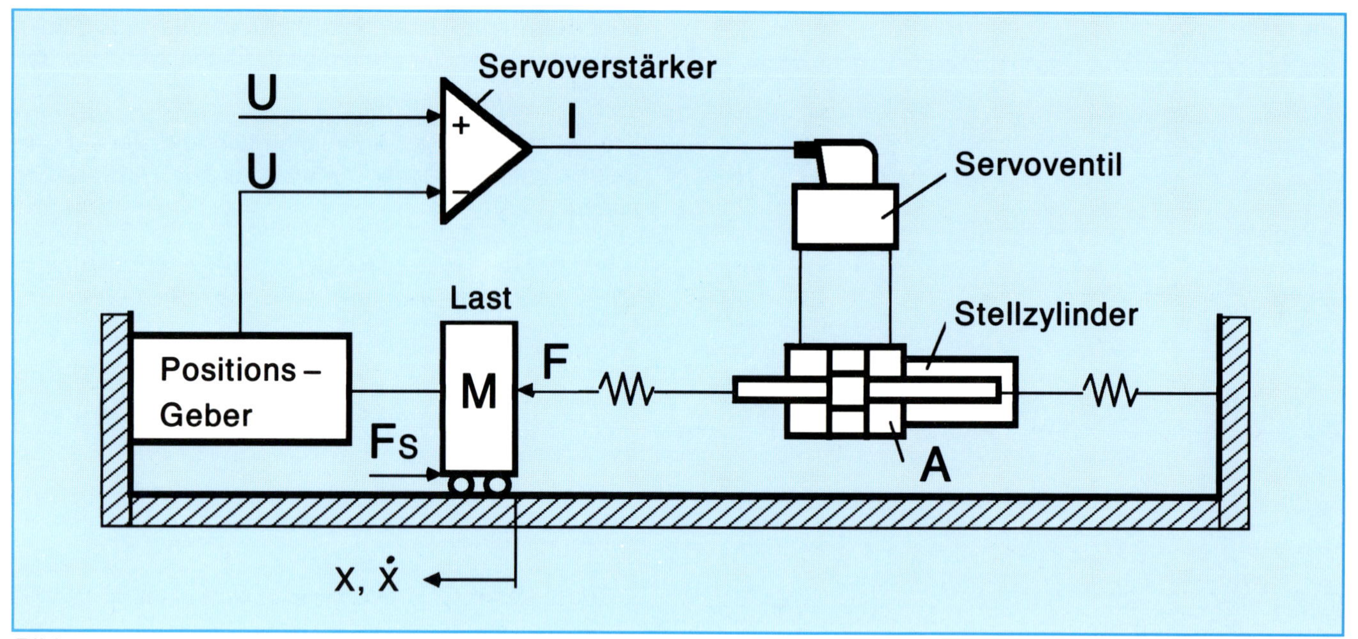

Bild 1

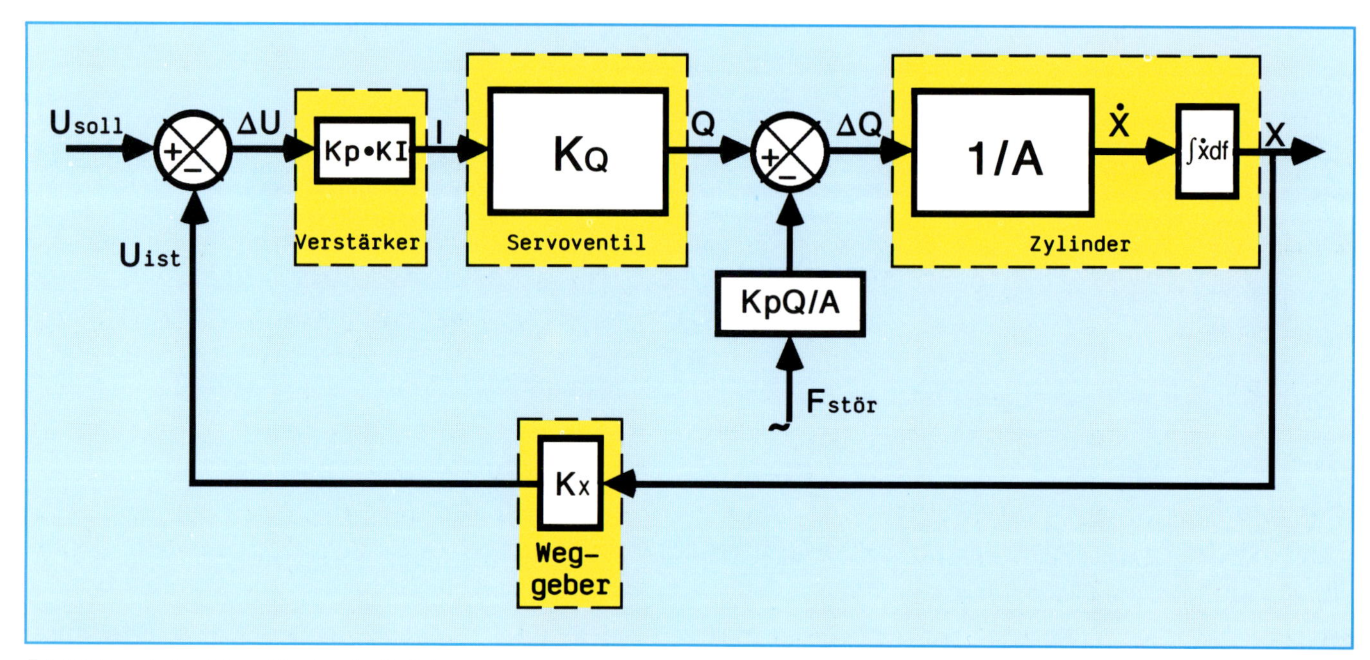

Bild 2 *Vereinfachtes Blockschaltbild*

Die Kreisverstärkung Kv ist gleich dem Produkt der Verstärkungsfaktoren der Übertragungsglieder im Regelkreis.

$$K_v = K_P \cdot K_i \cdot K_Q \cdot K_x / A \qquad [s^{-1}]$$

K_Q	=	Durchflußverstärkung	
K_p	=	elektrische Verstärkung	
K_i	=	Proportional – Verstärkung	[mA/V]
K_x	=	Verstärkung des Weggebers	[V/mm]
K_{pQ}	=	Druck – Mengenverstärkung (siehe Seite H3)	
A	=	Zylinder fläche	

Bild 3 zeigt die ausführliche Darstellung der Frequenzgang – Gleichung nach der Laplace – Transformation.

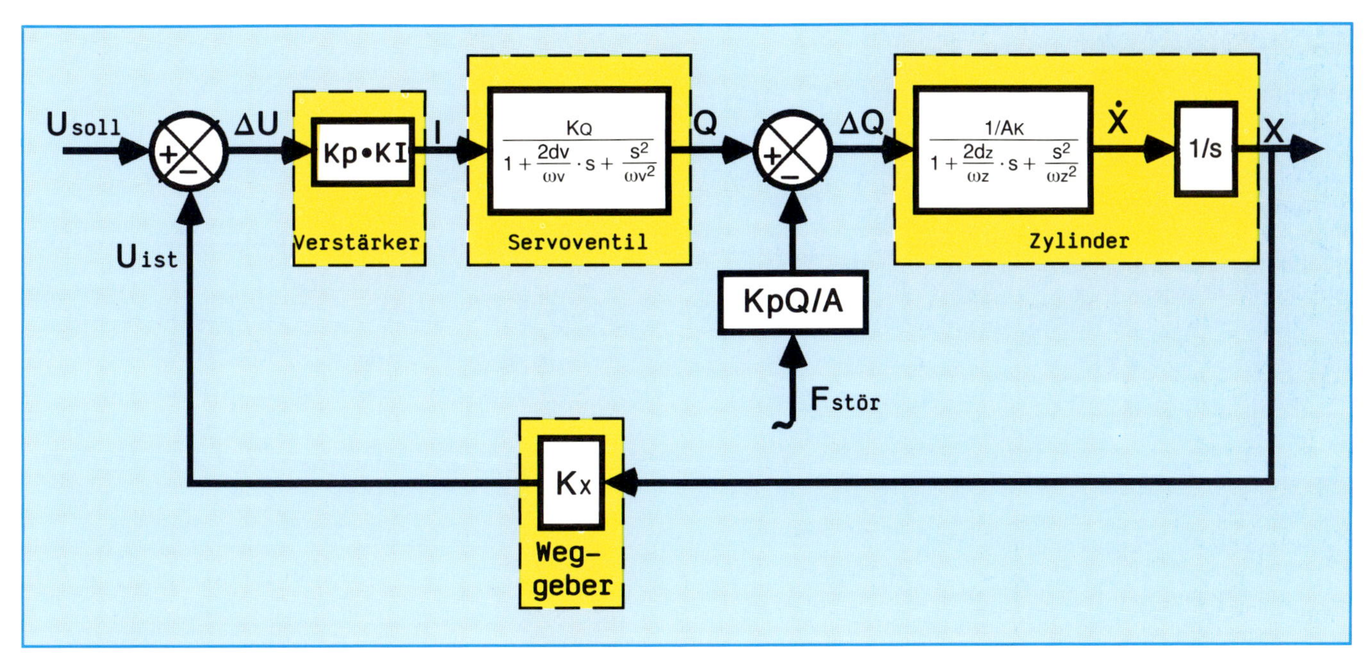

Bild 3 *Ausführliches Blockschaltbild*

Ventil und belasteter Zylinder sind als in Reihe geschaltete Systeme 2. Ordnung betrachtet. Kennzeichnend für den Stellantrieb (Zylinder) ist die hydraulische Kennfrequenz (Masse/Ölfeder). Der Übergang von Geschwindigkeit in Stellweg wird durch die Integration (1/s) dargestellt.

Zeitkonstante des Regelkreises

Die Zeitkonstante ist proportional zu $1/K_V$

$$T = 1/K_V \qquad [s]$$

K_V = Kreisverstärkung

D.h. je größer die Kreisverstärkung K_V desto schneller ist das System.

Steifigkeit

Im stationären Zustand gilt für die Steifigkeit gegenüber Kraftstörungen

$$C = F/X = K_V \bullet A^2 / K_{pQ}$$

Die Steifigkeit ist daher proportional zur Kreisverstärkung und umgekehrt zur Druckmengenverstärkung K_{Pq}.

$$K_{pQ} = Q/p_S + L \qquad [cm^3/s/bar]$$

Q = Durchfluß [cm^3/s]
ps = Systemdruck [bar]

Das ist die Durchfluß – Druckverstärkung des Ventiles plus der druckabhängigen Leckage am Verbraucher.
Eine Vergrößerung der Stellkolbenfläche bzw. des Schluckvolumens des Stellmotors erhöht die Steifigkeit proportional zum Quadrat der Vergrößerung.

Stellfehler

Gewöhnlich werden weniger als 5% des Ventilstromes benötigt, um in einem Positionsregelkreis die Geschwindigkeit zu Null zu machen bzw. eine Störkraft zu kompensieren. Da spätestens bei 5% Signal der gesamte Systemdruck zur Korrektur ansteht (siehe Druckverstärkung).

Der Stellfehler beträgt daher

$$\Delta X \leq 0{,}05 \bullet v_{max} / K_V \qquad [mm]$$

Hieraus ist zu erkennen, daß die Kreisverstärkung möglichst groß sein sollte.

Je größer K_V gewählt wird, umso kleiner wird der Stellfehler und umso steifer wird das System gegenüber Störkräften.

v_{max} ist hierbei die Geschwindigkeit, die sich bei 100% Öffnung des Servoventiles einstellen würde.

Daraus folgt weiterhin, daß der Nenndurchfluß des Servoventiles $Q = A \bullet v_{max}$ möglichst klein gewählt werden sollte.

Aufgrund von Stabilitätsbedingungen kann die Kreisverstärkung nicht beliebig groß gewählt werden.

Wird die Kreisverstärkung K_V größer als eine kritische Kreisfrequenz $K_{V\,crit}$, so gerät das System bei einer Störung in Schwingung, d.h. das System wird instabil.

Wie groß darf Kv also maximal sein?

Zwei Fälle können unterschieden werden:

a) Die Servoventilfrequenz ω_V (Frequenz bei – 90° Phasenverschiebung) ist wesentlich höher als die Eigenfrequenz der Last ω_L.

In diesem Fall kann zunächst die Dynamik des Teilsystems mit der höheren Eigenfrequenz vernachlässigt werden, dadurch wird der Regelkreis auf ein System 3.Ordnung reduziert, für das gilt:

$$K_V < K_{V\,crit} = 2D\omega_L$$

D.h. K_V muß auf jeden Fall kleiner als $K_{V\,crit}$ gewählt werden.

D = dimensionsloser Dämpfungsfaktor

Bild 4 zeigt qualitativ das Zeitverhalten eines solchen Regelkreises 3.Ordnung, wobei relative Dämpfung und relative Verstärkung als Parameter dienen. Der optimale Wert $K_{V\,x,opt}$ wird gewöhnlich aus diesem Zeitverhalten, also aus der Sprungantwort abgeleitet. Wird bei gegebener Dämpfung Kv klein gehalten, so ergibt sich eine ziemlich monoton ansteigende Sprungantwort; wird Kv hingegen sehr groß gemacht, so tritt starkes überlagertes Schwingen auf.

Ausgehend vom Verlauf dieser Sprungantwort (Einschwingvorgang) kann man die Gütekriterien festlegen. Häufig wird das ITAE – Kriterium (Integral of Time multiplied with Absolute Error) verwendet:

$$ITAE = \int_0^{\infty} t\,|X_E - X_A| \cdot dt$$

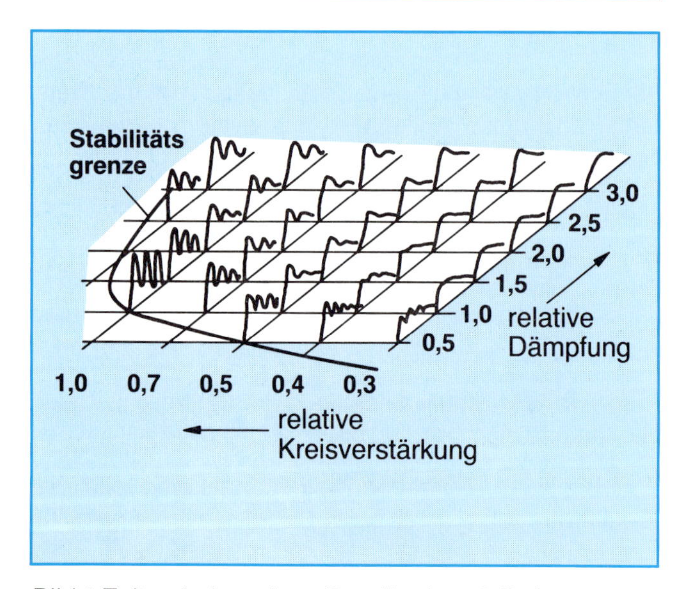

Bild 4 *Zeitverhalten eines Regelkreises 3.Ordnung*

Als optimal wird danach diejenige Kreisverstärkung betrachtet, bei der dieser ITAE – Wert ein Minimum wird. Variiert man Kv bei konstanter Dämpfung und trägt den ITAE – Wert über der relativen Verstärkung $K_{V\,x}/\omega_n$ auf, so ergibt sich Bild 5.

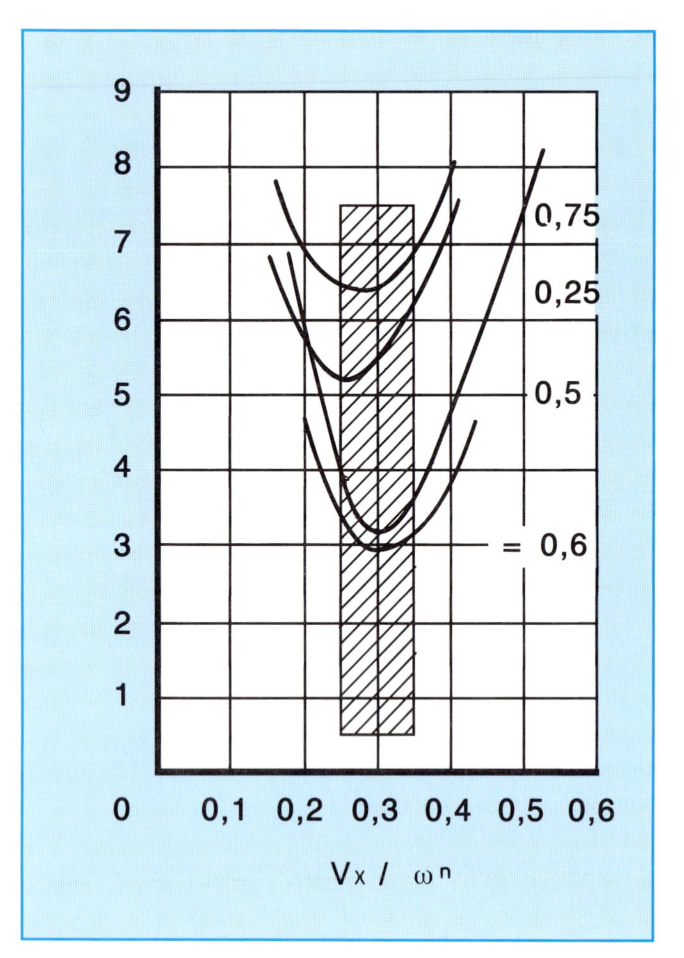

Bild 5

Man erkennt, daß für den Bereich typischer Dämpfungsbeiwerte ($0{,}2 < D < 0{,}9$) die optimalen ITAE – Werte zwischen K_V/ω_n = 0,25 und 0,35 liegen.

Daraus folgt die Regel 1

$$K_{V\,X,opt} \approx 1/3 \cdot \omega_n \qquad [s^{-1}]$$

Diese Verstärkung, auch Geschwindigkeitsverstärkung genannt, ist das Produkt aus der hydraulischen Verstärkung und der elektrischen Verstärkung.

b) Es werden beide Eigenfrequenzen berücksichtigt.

Somit entsteht ein System 5.Ordnung. Stabilitätsbetrachtungen ergeben hierfür eine kritische Frequenz ω_{crit} und eine kritische Kreisverstärkung $K_{V\,crit}$ die von den beiden Eigenfrequenzen ω_V = Ventileigenfrequenz und ω_L = Lasteigenfrequenz abhängig sind.

Die kritische Frequenz ω_{crit} ist immer kleiner als die kleinere der beiden Frequenzen ω_V und ω_L.

Unter Vernachlässigung der Dämpfungsfaktoren ergibt sich Regel 2

$$\omega_{crit} = \omega_V \cdot \omega_L / (\omega_V + \omega_L)$$

Die optimale Kreisverstärkung ist hierbei

Regel 3

$$K_{vopt} = 1/3\ \omega_{crit}$$

Genauigkeit der Position und Steifigkeit gegenüber Störkräften erfordern eine hohe elektrische Verstärkung K_p.

Die hydraulische Verstärkung soll daher nur so groß wie nötig sein (vgl. Stellfehler).

Regel 4

Ventil mit möglichst kleinem Nenndurchfluß verwenden. Dies ist in der Regel auch das Ventil mit der höheren Dynamik.

Ermittlung der Kennfrequenzen

Servoventil

Der Frequenzgang des Servoventiles wird aus der Frequenzgangkennlinie entnommen.

Zylinder

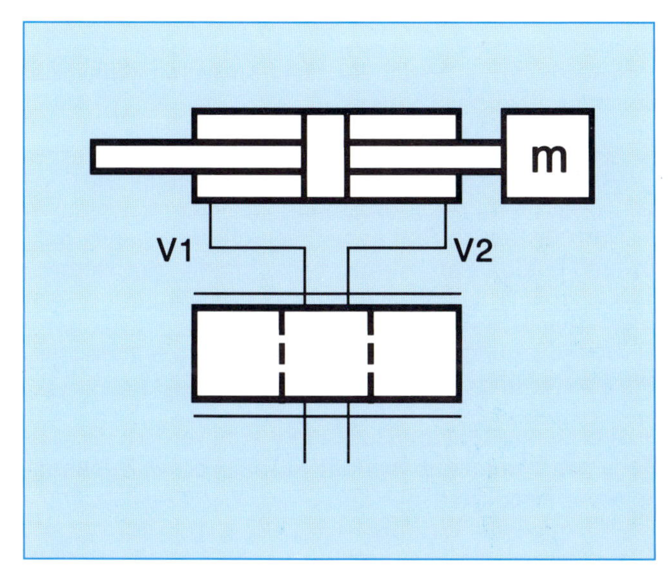

Bild 6 *Bestimmung der Eigenfrequenz mit Gleichgangzylinder*

E	= Elastizitätsmodul des Öles $1{,}4 \bullet 10^7$	[kg/cm • s²]
A_R	= Ringfläche des Zylinders	[cm²]
H	= Hub des Zylinders	[cm]
V	= gesamtes eingespanntes Ölvolumen	[cm³]
m	= Masse	[kg]
V_{LR}	= eingespanntes Ölvolumen in der Rohrleitung auf der Ringseite des Zylinders	[cm³]
ω_0	$= \sqrt{2 \bullet E \bullet A_R^2 / (V \bullet m)}$	[s⁻¹]
V	$= V_1 = V_2 = A_R \bullet H/2 + V_{LR}$	[cm³]

Die Eigenfrequenz hat in der Mittelstellung des Zylinders das Minimum.

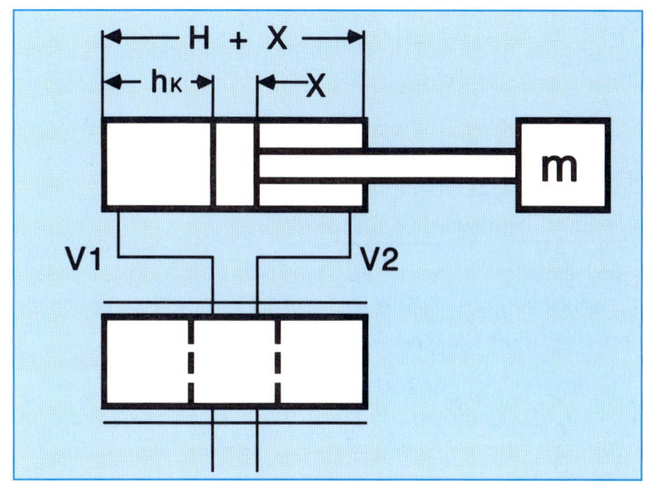

Bild 7 *Bestimmung der Eigenfrequenz mit Differentialzylinder*

E	= Elastizitätsmodul des Öles $1{,}4 \bullet 10^7$	[kg/cm • s²]
A_R	= Ringfläche des Zylinders	[cm²]
A_K	= Kolbenfläche des Zylinders	[cm²]
V_1	= Ölvolumen auf der Kolbenseite	[cm²]
V_2	= Ölvolumen auf der Ringseite	[cm²]
m	= Masse	[kg]
H	= Hub	[cm]
h_K	= Zylinderhub bei min. Eigenfrequenz	[cm]
V_{LK}	= Leitungsvolumen auf der Kolbenseite	[cm³]
V_{LR}	= Leitungsvolumen auf der Ringseite	[cm³]
ω_0	$= \sqrt{(C_1 + C_2)/m}$	
ω_0	$= \sqrt{E \bullet A_K^2 / (V_1 \bullet m) + E \bullet A_R^2 / (V_2 \bullet m)}$	
V_1	$= A_K \bullet h_K + V_{LK}$	[cm³]
V_2	$= A_R \bullet (H - h_K) + V_{LR}$	[cm³]

$$h_K = \frac{\left(\frac{A_R \cdot H/10}{\sqrt{A_R^3}} + \frac{V_{LR}}{\sqrt{A_R^3}} - \frac{V_{LK}}{\sqrt{A_K^3}}\right)}{\left(\frac{1}{\sqrt{A_R}} + \frac{1}{\sqrt{A_K}}\right)} \cdot 10 \quad (\text{mm})$$

Die Eigenfrequenz hat bei der Zylinderstellung h_K ihr Minimum.

Hydromotor Eigenfrequenz

ω_0	$= \sqrt{2 \bullet (q/2 \bullet \pi)^2 \bullet E / (V_1 \bullet J)}$	
q	= Schluckvolumen	[cm³/U]
V_1	= eingespanntes Ölvolumen	[cm³]
J	= Massenträgheitsmoment	[kgcm²]
E	= Elastizitätsmodul des Öles $1{,}4 \bullet 10^7$	[kg/cm • s²]

Ergibt die Berechnung des Antriebes, daß die Genauigkeitsanforderungen nicht erreicht werden, so kann die Kreisverstärkung durch entsprechende Reglerbeschaltung erhöht werden.

Folgende Beschaltungen ermöglichen eine Erhöhung der optimalen Kreisverstärkung und damit eine Verbesserung der Stellgenauigkeit.

- Beschaltung des Reglers als PD – Regler
- Rückführung des Lastdruckes
- Rückführung der Geschwindigkeit
- Eine Integralbeschaltung kann die Genauigkeit beliebig erhöhen, gleichzeitige Anforderungen an die Dynamik begrenzen jedoch den I – Anteil.
- Eine Verstärkungserhöhung ermöglicht auch eine Erhöhung der Dämpfung durch eine Bypass – Leckage zwischen den Verbraucheranschlüssen. Die statische Steifigkeit wird dadurch jedoch verringert.

Auswahl des Meßsystems

Wie bereits erwähnt, ist zum Regeln einer physikalischen Größe ein Meßsystem erforderlich. Es muß in der Lage sein, die betreffende Größe in ein elektrisches Signal – Strom oder Spannung – umzuwandeln. Demnach benötigt man Geräte zum Messen von Wegen, Winkeln, Geschwindigkeiten, Drehzahlen, Drücken, Kräften, Drehmomenten und Beschleunigungen. Für jede dieser Größen gibt es eine Anzahl von Meßprinzipien. Sie kommen je nach Meßbereich, Genauigkeitsforderungen, Lebensdauer, Umgebungsbedingungen usw. zur Anwendung. Entsprechend groß ist die Zahl der Meßelemente, sodaß es unmöglich ist, auch nur einen Überblick zu geben.

Allgemein gilt jedoch folgendes:

- Eine Regelung kann niemals genauer sein als die Meßmethode.
- Das Meßsystem ist durch seinen Übertragungsfaktor gekennzeichnet. Das ist das Verhältnis von Ausgangsspannung oder Strom zur Meßgröße.
- Die Genauigkeit des Meßsystems muß mindestens 5 mal so groß sein wie die gewünschte Regelgenauigkeit.
- Das Meßsystem muß der sich ändernden Meßgröße unverzögert folgen können.
- Der Übertragungsfaktor und der Nullpunkt müssen unter allen Betriebsbedingungen konstant sein.
- Das elektrische Signal muß so aufbereitet sein, daß es von Störungen durch benachbarte Starkstromelemente frei ist oder frei gehalten werden kann.
- Die Koppelung des Meßsystems mit dem Antrieb muß extrem steif und spielfrei sein.
- Das Meßsystem muß so angeordnet werden, daß die Regelgröße unmittelbar erfaßt und nicht durch Nebeneffekte verfälscht wird.

Aus diesen wenigen Punkten ist ersichtlich, welche große Bedeutung die Meßtechnik für die Regelungstechnik allgemein und für die Servohydraulik hat.

Berechnungsbeispiel

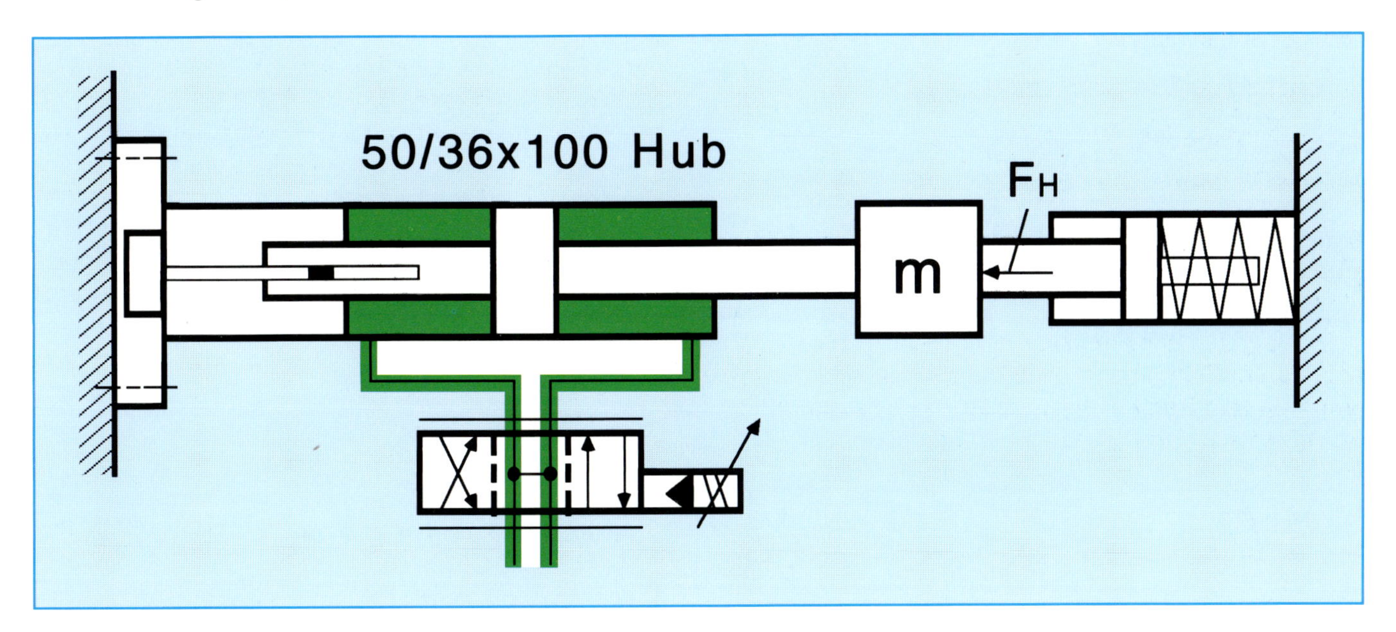

Bild 8

Zylinder 50/36 x 100 Hub			
Zylinderringfläche	A_R	= 9,45	cm^2
bewegte Masse	m	= 500	kg
Verstellzeit für 80 mm Hub	t	= 400	ms
Haltekraft	F_H	= 6000	N

Hydraulische Eigenfrequenz des Zylinder–Masse–Systems

$$\omega_0 = \sqrt{2 \bullet E \bullet A_R^2 / (v \bullet m)}$$

wird das Ventil direkt auf den Zylinder aufgebaut, gilt für das eingespannte Volumen

$$V = H/2 \bullet A_R$$

eingesetzt in obige Formel für W_0 ergibt sich

$$\omega_0 = \sqrt{4 \bullet E \bullet A_R / (H \bullet m)}$$

$$\omega_0 = \sqrt{4 \bullet 1{,}4 \bullet 10^7 \text{ (kg/cms}^2) \bullet 9{,}45 \text{ (cm}^2) / / 10 \text{ (cm)} \bullet 500 \text{ (kg)}}$$

$$\omega_L = \underline{W_0 = 325}\ s^{-1}$$

$$f_0 = 51 \text{ Hz}$$

Für den Fall daß die Ventil–Eigenfrequenz wesentlich höher ist als die Eigenfrequenz des Systems Zylinder–Masse gilt für die Kreisverstärkung K_V

$K_V < K_{V\,crit} = 2\,D \bullet w_L$ (siehe Seite H4 Fall a)

Regel 1

$$V_{opt} = 1/3\ \omega_L$$

$$V_{opt} = 325/3 = 108\ s^{-1}$$

Zeitkonstante

$$T = 1/V = 1/108\ s^{-1} = 0{,}0092\ s$$

Mögliche Beschleunigungszeit

$$T_B = 5 \bullet T \approx 50\ ms$$

Auswahl des Servoventiles
Maximale Geschwindigkeit

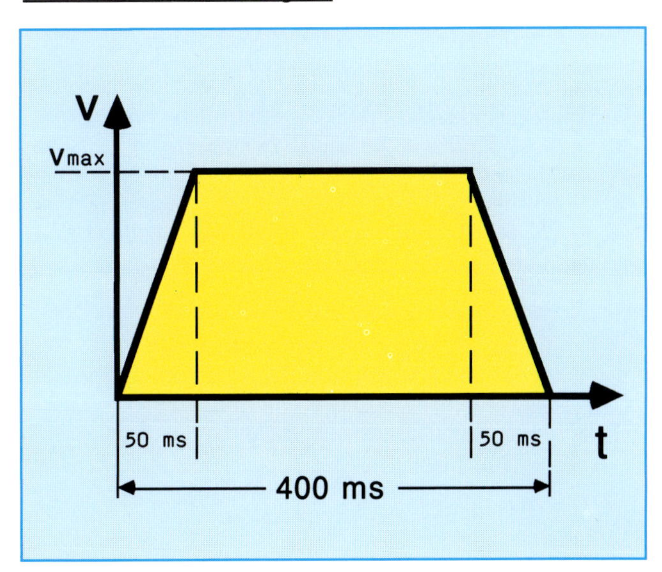

Bild 9

$v_{max} = s/(T_{ges} - T_B) = 80\ (mm) / (0{,}4\ (s) - 0{,}050\ (s))$
$v_{max} = 228\ (mm/s)$

Erforderlicher Durchfluß

$Q = A \bullet v = 9{,}45\ (cm^2) \bullet 22{,}8\ (cm/s)$

$Q = 215{,}5\ (cm^3 / s)$

$Q = 13\ (L/min)$

Gewählt:
Servoventil mit $Q_N = 20$ L/min bei $\Delta p = 70$ bar .

Berechnung der Kreisverstärkung unter Berücksichtigung der Ventil-Eigenfrequenz

Ventil-Eigenfrequenz aus dem Frequenzgang (siehe Bild 10)

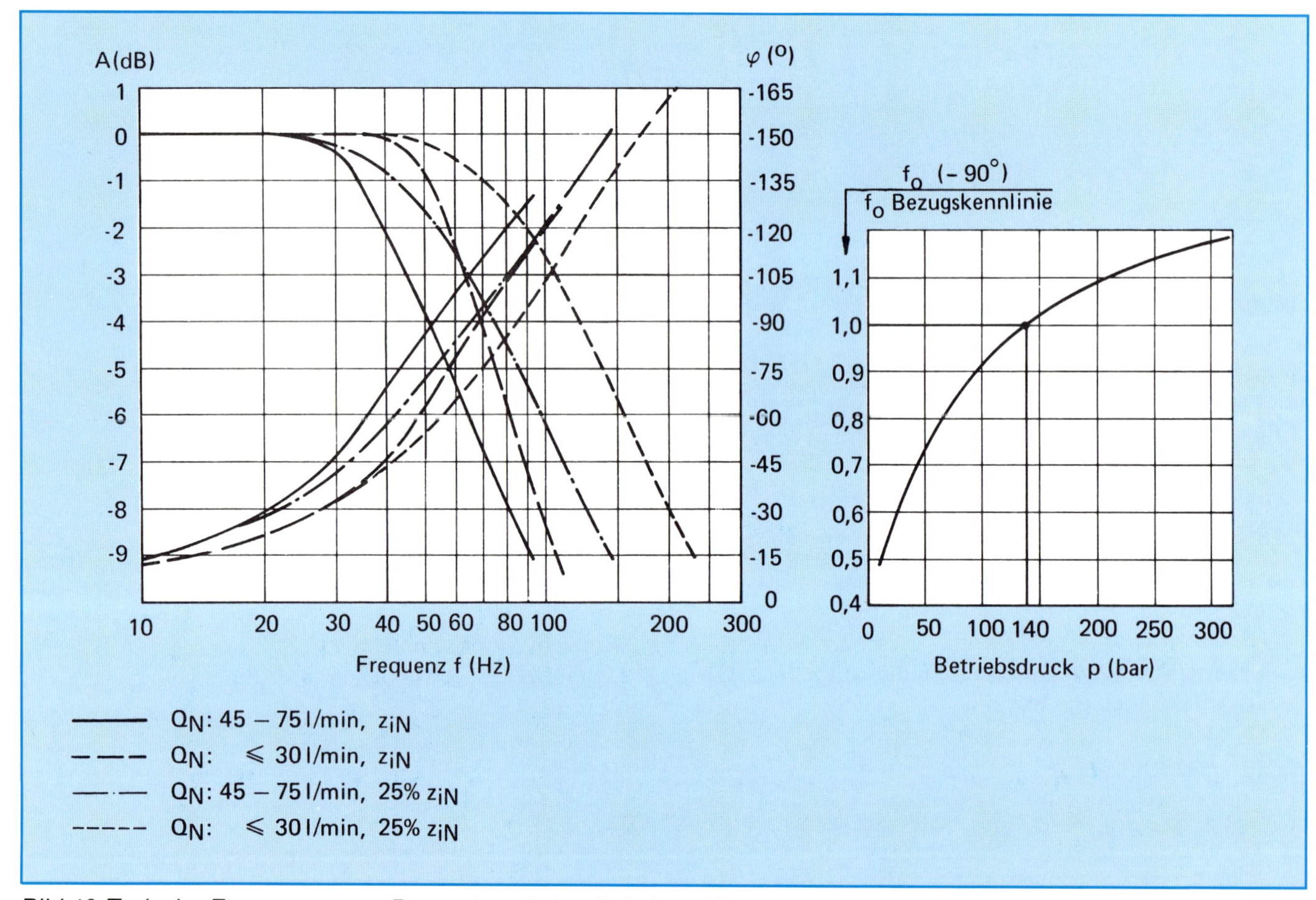

Bild 10 *Typische Frequenzgang-Bezugskennlinien (links) und Frequenzabhängigkeit vom Betriebsdruck (rechts) für Servoventile mit mechanischer Rückführung*

Regel 2

$\omega_{crit} = \omega_V \bullet \omega_L / (\omega_V + \omega_L)$

$\omega_{crit} = 534 \bullet 325/(534 + 325)$

$\omega_{crit} = 202\ [1/s]$

Regel 3

$K_{vopt} = 1/3\ \omega_{crit} = 202/3 = 67{,}3\ 1/s$

Ermittlung von ω_V aus dem Frequenzgang

Für ≤ 30 L/min und 25% Signal ist

$f_{-90^o} = 85$ Hz bei 140 bar

$\omega_L = 2 \bullet \pi \bullet 85 = 534 \quad [1/s]$

Der Vergleich der beiden errechneten Kreisverstärkungen zeigt, daß in dem vorliegenden Fall das Ventil die mögliche Kreisverstärkung stark beeinflußt und somit berücksichtigt werden muß.

Zeitkonstante

$T = 1/K_V = 1/67\ (1/s^{-1}) = 0{,}015\ [s]$

Mögliche Beschleunigungszeit

$T_B = 5 \bullet T = 0{,}075\ [s]$

Auswahl des Servoventils

Maximale Geschwindigkeit

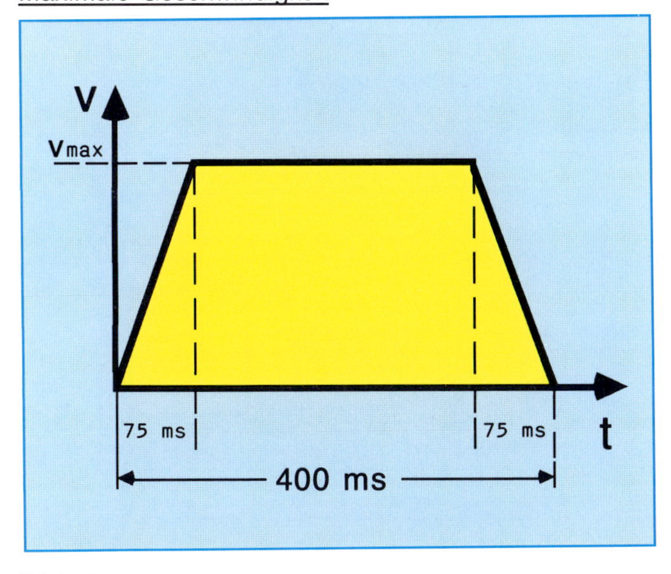

Bild 11

$v_{max} = s/(T_{ges} - T_B)$

$v_{max} = 80\ (mm)/(0{,}4(s) - 0{,}075(s))$

$v_{max} = 246\ (mm/s)$

Erforderlicher Durchfluß

$Q = A \bullet v = 9{,}45\ (cm^2) \bullet 24{,}6\ (cm/s) = 232{,}5\ [cm^3/s]$

$Q = 13{,}9\ [L/min]$

Gewählt:
Servoventil mit $Q_N = 20$ L/min bei $\Delta p = 70$ bar.

Druckabfall am Ventil

$\Delta p = (Q/Q_N)^2 \bullet 70\ (bar) = (14/20)^2 \bullet 70 = 34\ [bar]$

Beschleunigung

$a_{max} = v_{max}/T_B = 0{,}25\ (m/s) / 0{,}075\ (s) = 3{,}3\ [m/s^2]$

Beschleunigungskraft

$F_B = m \bullet a_{max} = 500\ (kg) \bullet 3{,}3\ (m/s^2) = 1650\ [N]$

Erforderlicher Beschleunigungsdruck

$p_{Bmax} = F_B/A_R = 1650\ (N) / 9{,}45\ (cm^2) = 17{,}4$ bar

Druckbedarf für Haltekraft

$p_H = 6000\ (N) / 9{,}45\ (cm^2) = 64\ [bar]$

Berechnung des Systemdruckes

(siehe "Kriterien für die Auslegung der Steuerung mit Proportionalventilen", Seite 20)

$p_P = 2 \bullet m \bullet v / (T_B \bullet 10 \bullet A_W) + \Delta p_V + (F_{St} + F_R) / 10 \bullet A_W)$

$p_P = 2 \bullet 500(kg) \bullet 0{,}25(m/s) / (0{,}075\ (s) \bullet 10 \bullet 9{,}45\ (cm^2)) + 10\ (bar) + 6000(N) / (10 \bullet 9{,}45\ (cm^2))$

$p_P = 109\ [bar]$

p_P gewählt 100 bar

Bestimmung der Stellgenauigkeit

Kreisverstärkung

$K_V = K_1 \bullet K_2 \bullet K_3 \bullet K_4 = 67 \quad [s^{-1}]$

K_1 = elektrische Verstärkung (noch nicht bekannt)

K_2 = 20 L/min/10 Volt = 33 [cm^3/s/Volt]

K_3 = 1/9,45 cm^2 = 0,106 [1/cm^2]

K_4 = 10 Volt/10 cm = 1 [Volt/cm]

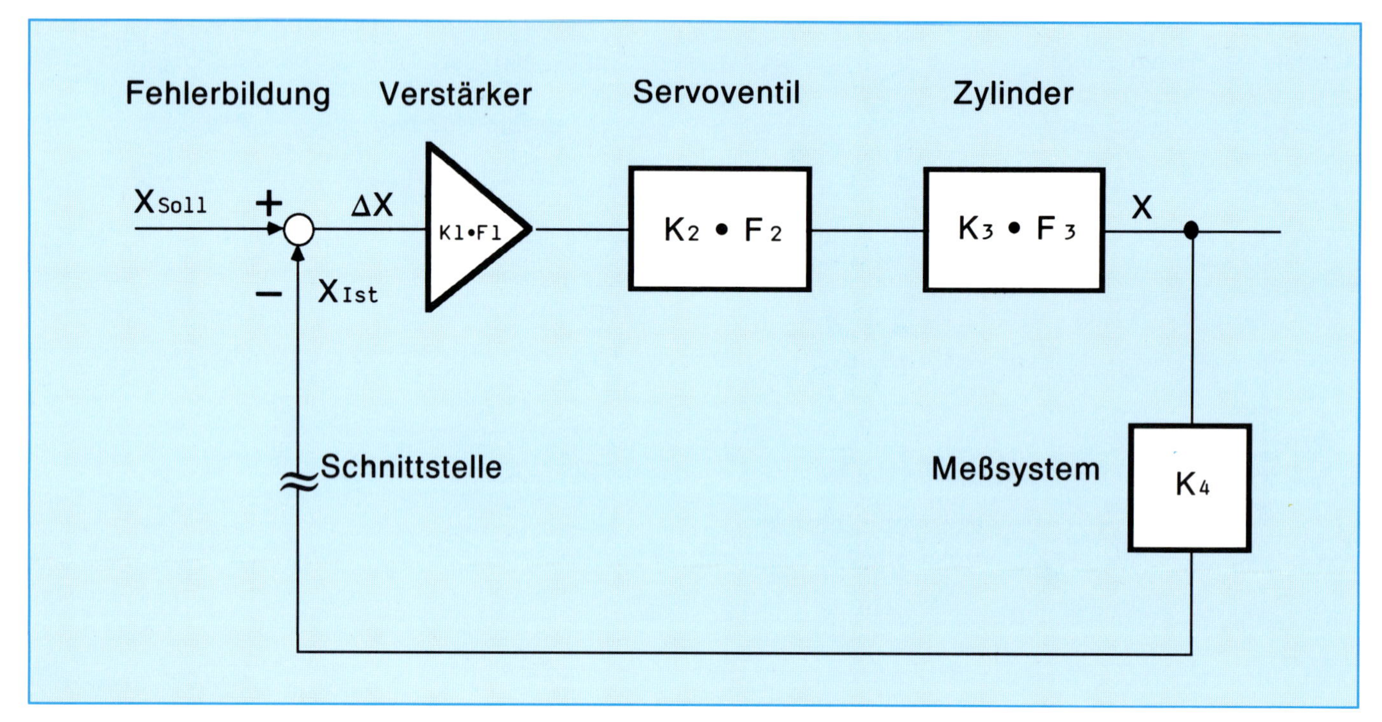

Bild 12

Berechnung von K_1

$K_1 = K_V/(K_2 \bullet K_3 \bullet K_4) =$

$= 67$ (cm/s/cm) /

/ (33 (cm^3/s/Volt) • 0,106 (1/cm^2) • 1 (Volt/cm))

$K_1 = 19$

Nachlauffehler

$s_N = v_{max}/K_V$

v_{max} ist hier die maximal mögliche Geschwindigkeit, wenn das Ventil geöffnet ist.

s_N = 250 (mm/s) / 67 (s^{-1}) = 3,7 mm

Stellgenauigkeit

$\Delta x \leq 5\%$ von s_N

$\Delta x \leq 0{,}19$ mm

Fehler durch die Umkehrspanne des Servoventiles

Wie groß muß der Regelfehler werden, damit das Servoventil seine Umkehrspanne überwindet.

Annahme: K_U = 0,2 % vom Nennsignal

$\Delta x = K_U / (K_1 \bullet K_4)$

Δx = 0,002 • 10 (V) / (19 • 1 (Volt/cm)) = 0,001 cm

Δx = 0,01 mm

Fehler durch Laständerung

bei $\Delta F = + 3000$ N

Um diese Laständerung zu kompensieren muß das Servoventil einen bestimmten Betrag öffnen, dies wird hervorgerufen durch einen Regelfehler Δx.

$\Delta x = \Delta F / (K_1 \bullet K_2 \bullet K_3 \bullet K_4)$

K_2 ist hierbei die Druckverstärkung des Servoventiles.

Bei 1% Signal stehen 80% Druck am Verbraucher an

0,8 •100 / 0,1 (Volt) = 800 bar / Volt

damit ist der Lastfehler

Δs = 3000 (N) /

/ (18 • 8000 (N/cm^2/Volt) •

• 9,45 (cm^2) • 1 (Volt/cm))

Δs = 0,0022 cm = 0,022 mm.

Notizen

Notizen

Kapitel K

Filtration bei Hydraulikanlagen mit Servo- und Proportionalventilen

Martin Reik

Warum Filtration von Hydraulikölen

Die Forderungen nach mehr Wirtschaftlichkeit, geringere Störanfälligkeit und höhere Lebensdauer, sowie eine hohe Wartungsfreundlichkeit bei den Servo – und Proportionalventilen haben dazu geführt, daß von den Ventilherstellern und den Betreibern eine bessere Filterung der Hydraulikflüssigkeit gefordert wird.

Wegen der stetigen Leistungssteigerungen bei den hydraulischen Geräten sind hohe Anforderungen an die Schaltgenauigkeit von Ventilen notwendig. Dieses wurde unter anderem erreicht, in dem die Passungen zwischen Gehäuse und Schaltkolben immer enger wurden.

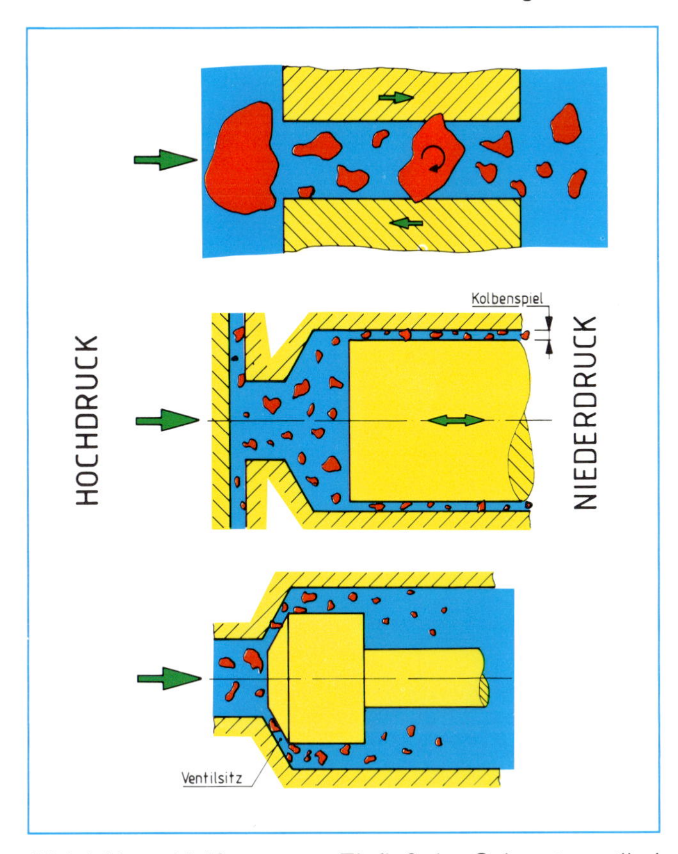

Bild 1 *Verschleißvorgang, Einfluß der Schmutzpartikel an Ventilsitz und Kolbenspiel*

Wirkung der Feststoffverschmutzung

Allgemein
Schmutzteile, die sehr viel größer sind als das Passungsspiel, beeinträchtigen das Ventil nicht. Teile, die kleiner sind als das Passungsspiel, schwimmen durch den Spalt und beeinträchtigen das Ventil ebenfalls nicht.
Teile mit gleicher Größe wie die Spaltweite sind kritisch für die Oberfläche von Ventil und Schaltkolben. Durch die Schabwirkung dieser Schmutzteile beim Betrieb entstehen neue Teile (aus dem Ventilmaterial). Ebenso werden die Teile, die größer sind als das Ventilspiel durch die Schaltbewegung des Kolbens oder der Strömungsgeschwindigkeit des Hydraulikmediums zerkleinert.

Folgen sind: Erhöhung der Leckage, Kolbenklemmer, Schaltzeitveränderungen, Ventilausfall, Veränderung der Ventilcharakteristik.

Ohne Filterung entsteht eine Kettenreaktion, die eine erhöhte Schmutzkonzentration zur Folge hat.
Bei längeren Durchflußzeiten können die Schmutzteilchen die Blende im Vorsteuerkreis zusetzen.

Errosionswirkung auf Steuerkanten

Schmutz erhöht die Materialbelastung an den empfindlichen Kanten.

Folge: Erhöhte Auswaschung und daraus folgend ungenaues Schalten und Steuern der Servo – und Proportionalventile (Verschleiß steigt progressiv an).
Die von außen ins System gelangende Verschmutzung kann diese Entwicklung einleiten oder beschleunigen.
Die Kettenreaktion von Partikelentwicklung und Partikelanhäufung muß durch Verwendung guter Systemfilter minimiert oder gar verhindert werden.
Richtige Filterauslegung und Auswahl bedeutet höhere Wirtschaftlichkeit der Gesamtanlage (Verringerung der Ausfallzeiten) und der Serviceaufwendungen.

Das ausgewählte Filtersystem muß sicherstellen:

- Funktion und Lebensdauer der Ventile
- kein plötzlicher Ausfall der Ventile
- kein zunehmender Leistungsabfall durch größer werdende innere Leckage
- keine Änderung der Ventileinstelldaten über die Betriebszeit
- keine Änderung der Ventilcharakteristik z.B. durch eingeklemmte Schmutzteile

Immer wieder wird bei der Planung einer Hydraulikanlage der Hydraulikfilter vernachlässigt oder sogar vergessen. Erst bei der Montage der Anlage erfolgt dann oft noch der Einbau eines Filters.

Aus Kosten – oder Platzgründen wird dann ein zu kleiner und grober Filter gewählt. Der Anlagenbetreiber hat dann die Schwierigkeiten durch zu kurze Elementstandzeiten (Filter zu klein) oder durch häufige Ausfälle von Servo – und Proportionalventilen (Filter zu grob) die dadurch entstehenden Kosten zu tragen.

Entstehung der Verschmutzung durch Feststoffpartikel in Hydraulikanlagen

Man unterscheidet folgende Verschmutzungsarten:

Anfangsverschmutzung

Diese Verschmutzung des Hydrauliköles erfolgt bei Montage und bei Inbetriebnahme der Hydraulikanlagen (Staub, Zunder, Späne, Schweißperlen, Flusen, Rost, Verpackungsreste, Farbpartikel usw.).

Verschmutzung während des Betriebes
Eindringen von Schmutz am Hydrauliktank durch unzureichende Tankbelüftung, Rohrdurchführungen, Kolbenstangenabdichtungen usw. Die Staubeindringrate ist sehr abhängig vom Einsatzgebiet, z.B. Steinbrüche, Straßenbau, Zementwerke usw.

Verschmutzung durch Neuöl
Das vom Öllieferant angelieferte Neuöl hat vielfach eine für die Servo – und Proportionalventile unzulässig hohe Feststoffverschmutzung. Diese Verschmutzung muß durch die in der Anlage installierten Filter ausgefiltert werden.

Bei Anlagen, die nur einen Rücklauffilter haben, kann jedoch die "eingefüllte Verschmutzung" schon bei der Spülung der Anlage zu einer starken Beschädigung der eingesetzten Komponenten führen.

Deshalb ist es notwendig, das Einfüllen des Neuöls oder bei Ölwechseln, mittels eines Öl – Service – Aggregates oder über den installierten Rücklauffilter durchzuführen.

Der dort eingesetzte Hydraulikfilter muß die gleiche Filterfeinheit wie der Filter im Hydrauliksystem haben.

Bild 2 *Öl – Service – Aggregat*

Verschmutzungsklassen bei Hydraulikölen

Die Verschmutzungsklassen geben an, wieviel Partikel einer bestimmten Partikelgröße in 100ml Hydraulikflüssigkeit enthalten sind.

Die Festlegung der Verschmutzungsklasse geschieht durch Zählung und Größenzuordnung der Schmutzteile. Dies erfolgt entweder mit Hilfe des Mikroskopes oder über elektronische Partikelzähler. Im Gegensatz zur Partikelzählung mit Microskop ist die Zählung mit dem elektronischen Partikelzähler weit weniger emotionalen Bedingungen unterworfen. Ab einer Schmutzkonzentration von ca. 10 mg pro Liter oder einer sehr starken Trübung der Flüssigkeit, kann die Verschmutzung nur über die Gewichtsbestimmung des Schmutzes (gravimetrische Analyse) festgelegt werden. Bei diesem Verfahren können jedoch nicht die einzelnen Schmutzpartikel klassifiziert werden.

Meist sind die Servo – und Proportionalventile die schmutzempfindlichsten Komponenten in der Hydraulikanlage. Daher bestimmen sie die Gesamtverschmutzungsklasse des Hydrauliköls und somit die notwendige Filterfeinheit.

Aufbau der Verschmutzungsklassen
Es stehen momentan 5 Klassifizierungs – Systeme (ISO 4406 bzw. CETOP RP 74H, NAS 1638, SAE, Mil.std. 1246 A) zur Verfügung.
Wie der nachfolgenden Aufstellung zu entnehmen ist, sind diese Systeme miteinander vergleichbar.

ISO 4406 bzw. Cetop RP 70 H	Partikel pro ml > 10 µm	ACFTD Feststoffgehalt mg/l	MIL STD 1246 A (1967)	NAS 1638 (1964)	SAE (1963)
26/23	140000	1000			
25/23	85000		1000		
23/20	14000	100	700		
21/18	4500			12	
20/18	2400		500		
20/17	2300			11	
20/16	1400	10			
19/16	1200			10	
18/15	580			9	6
17/14	280		300	8	5
16/13	140	1		7	4
15/12	70			6	3
14/12	40		200		
14/11	35			5	2
13/10	14	0,1		4	1
12/ 9	9			3	0
18/ 8	5			2	
10/ 8	3		100		
10/ 7	2,3			1	
10/ 6	1,4	0,01			
9/ 6	1,2			0	
8/ 5	0,6			00	
7/ 5	0,3		50		
6/ 3	0,14	0,001			
5/ 2	0,04		25		
2/ 8	0,01		10		

Bild 3 *Vergleichstabelle Reinheitsklassen*

Aufbau der ISO 4406

Auf dem Diagramm sind auf der X – Achse die Partikelgrößen angegeben. Auf der Y – Achse sind die Partikelanzahlen eingetragen und in Klassenzahlen 1 – 20 aufgeteilt. Die in das Diagramm eingetragene Gerade beschreibt die Partikelverteilung im Hydrauliköl. Die Steigung der Geraden wird durch die Eintragung der Partikelgröße von 5 μm und 15 μm bestimmt. Durch Feststellen der Klassenzahl bei den 5 μm Partikeln und den 15 μm Partikeln wird die Partikel – Verteilungsgerade beschrieben (siehe Bild 4).

Für Servo – und Proportionalventile ist folgende Ölreinheit notwendig:

Servoventile 13/10 (rote Kurve)

Proportionalventile 17/14 (blaue Kurve)

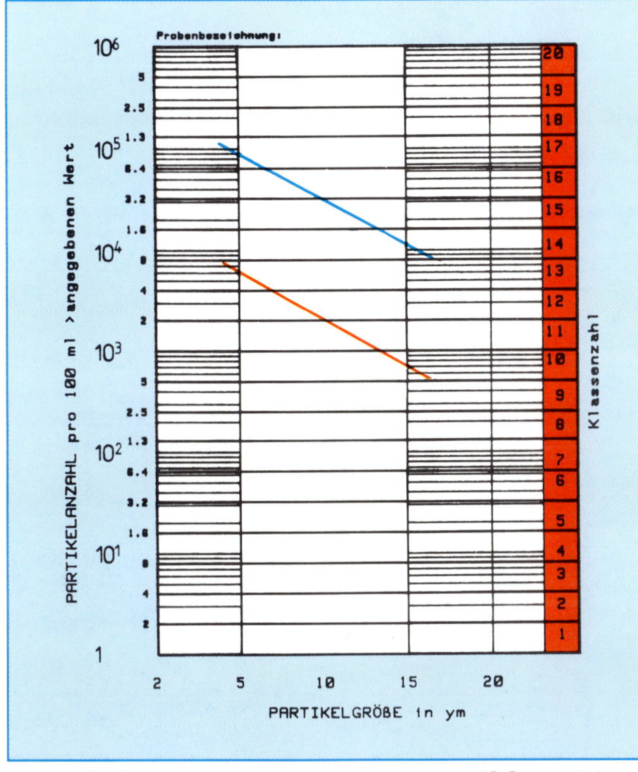

Bild 4 *Aufbau der Reinheitsklasse nach ISO 4406 bzw. Cetop RP 70 H*

Aufbau von NAS 1638

Die einzelnen Partikelgrößen sind in 5 Bereiche zusammengefaßt.
Für jeden Bereich ist nun in jeder Klasse eine maximale Partikelanzahl angegeben (siehe Bild 5).

Notwendige Ölreinheit:
Servo – Ventile : NAS 4 bis 6 (roter Bereich)
Proportional – Ventile : NAS 8 bis 9 (blauer Bereich)

Verschmutzungsklasse nach SAE

Wegen der verhältnismäßig geringen Anzahl von Verschmutzungsklassen (9 Partikel/ml bis 580 Partikel/ml) wird diese Verschmutzungsklasse fast nicht angewandt.

Vor – und Nachteile der NAS 1638 zur ISO 4406

Vorteil der NAS 1638:
Ausgezählte Partikel können sofort einer Klasse zugeordnet werden.

Nachteil der NAS 1638:
Keine genaue Beschreibung der wirklich vorhandenen Partikelverteilung. Die geforderte Klasse kann nur in einem Partikelgrößenbereich eingehalten werden. Deshalb muß bei der Klassifikation nach NAS 1638 der festgelegte Partikelgrößenbereich mit angegeben werden.

Vorteil der ISO 4406:
Beschreibung der wirklichen Partikelverteilung. Jeder Verschmutzungszustand der Flüssigkeit kann beschrieben werden.

Nachteil der ISO 4406:
Zeitaufwendige Auswertungsmethode. Gemessene Partikelzahl muß zuerst in die Ordnungszahl umgewandelt werden. Danach ist die Beschreibung der Verteilungsgeraden möglich.

Maximale Anzahl von Schmutzpartikeln in 100 ml Hydraulikflüssigkeit bei Partikelgröße														
μm	Klasse													
	00	0	1	2	3	4	5	6	7	8	9	10	11	12
5 - 15	125	250	500	1000	2000	4000	8000	16000	32000	64000	128000	256000	512000	1024000
15 - 25	22	44	89	178	356	712	1425	2850	5700	11400	22800	45600	91200	182400
25 - 50	4	8	16	32	63	126	253	506	1012	2025	4050	8100	16200	32400
50 - 100	1	2	3	6	11	22	45	90	180	360	720	1440	2880	5760
>100	0	0	1	1	2	4	8	16	32	64	128	256	512	1024

Bild 5 *Aufbau der Reinheitsklassen nach NAS 1638*

Probeentnahme von Hydraulikflüssigkeiten

Allgemein

– Vor Probeentnahme muß die Meßeinrichtung sorgfältig mit Lösungsmitteln gespült werden.

– Nur Probeentnahmeflaschen die mit gereinigtem Lösungsmittel gereinigt sind verwenden.

– Vor der Probeentnahme evtl. Restmengen von Lösungsmitteln entfernen.

– Probeentnahmevolumen: mind. 250 ml.

– Vor der eigentlichen Probeentnahme mit mind. 2 l Anlagenflüssigkeit Entnahmeeinrichtung spülen.

– 0 – Probe entnehmen (diese wird zur Auswertung nicht benutzt).

– In eine neue, gereinigte Probeflasche die zu untersuchende Flüssigkeit einfüllen. Dabei muß Schutzfolie mit Entnahmegerät durchstoßen werden (Folie nicht von Probeflasche abnehmen).

Entnahmearten

– Dynamische – Entnahme

Entnahmestelle: Im Betrieb befindliche Anlagen (turbulente Strömung muß vorhanden sein). Bitte ISO 4021 beachten.

– Statische – Entnahme

Entnahmestelle: Aus dem Hydraulikbehälter (ruhendes System). Bitte CETOP RP 95 H, Abschnitt 3 beachten.

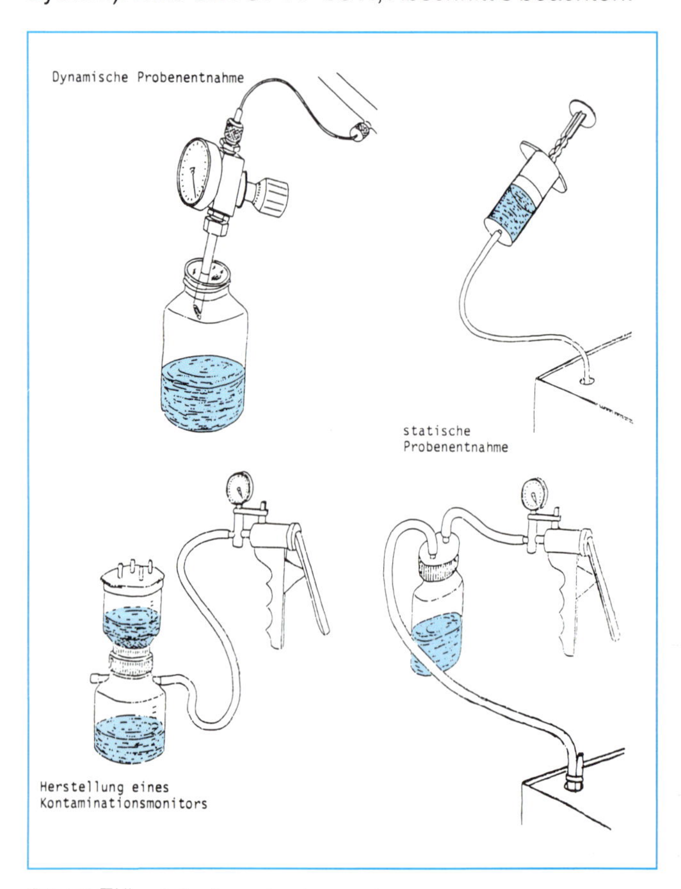

Bild 6 *Flüssigkeitsentnahmearten*

Vorteile und Nachteile der Entnahmearten

– Vorteil der dynamischen Entnahme
Ölqualität nach dem Filter oder nach dem Ventil kann direkt gemessen werden. Dadurch kann genau bestimmt werden, welche Schmutzmenge dem Ventil zugeführt wird.

– Nachteil der dynamischen Entnahme
Entnahmestellen müssen bei der Projektierung der Anlage bereits vorgesehen werden, oder spezielle Adapterstücke müssen angefertigt werden. Komplizierte Entnahmeeinrichtung.

– Vorteil der statischen Entnahme
Problemlose Entnahme aus dem Hydrauliktank.

– Nachteil der statischen Entnahme
Bestimmung der Ölqualität nur im Hydrauliktank, nicht direkt am Ventil.

Wahl der Entnahmestelle kann zur falschen Bestimmung der Ölreinheit führen. Z.B. an der Entnahmestelle am Tankboden wird sich eine andere Ölverschmutzung zeigen als an der Flüssigkeitsoberfläche.

Multipastest nach ISO 4572

Mit Hilfe dieses Tests wird das Abscheidungsverhalten und die Schmutzaufnahmekapazität der Filterelemente ermittelt.

Bild 7 *Multipas – Prüfstand*

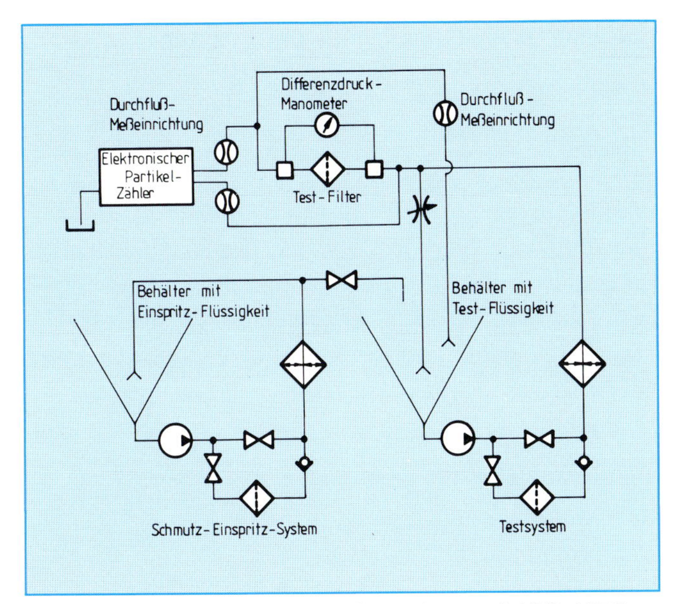

Bild 8 *Schaltschema des Prüfstandes nach ISO 4572*

Im Prüfstand sind 2 Hydraulikkreise aufgebaut.

Das Testsystem mit Behälter, Testflüssigkeit, Pumpe, Kühler/Heizung, Durchflußmeßeinrichtung, Filter mit Testelement und elektronischer Partikelzähler.

Der Einspritzkreis mit Pumpe, Kühler/Heizung, Einspritzdüse und mit Einspritz – Flüssigkeit. In diesem Behälter wird die Flüssigkeit mit Testschmutz (ACFTD) verschmutzt.

Vor Beginn der Untersuchung werden beide Systeme mit ultrafeinen Filtern gereinigt. Der Testbeginn erfolgt erst, wenn nur noch die vorgeschriebene Anzahl von Schmutzteilchen in den Testkreisen vorhanden sind.

Testablauf

Vom Einspritzkreis wird stetig eine kleine Menge Flüssigkeit in den Hauptkreis gegeben.
Die nunmehr verschmutzte Testflüssigkeit wird dem Element zugeführt. Es werden Flüssigkeitsproben vor und nach Test Filter entnommen und diese im elektronischen Partikelzählgerät ausgezählt. Gleichzeitig wird der durch die Verschmutzung des Elements entstehende Differenzdruck gemessen.
Als Maß für die Rückhalterate (Filterfeinheit) dient der ßx – Wert.

Allgemein: Der ßx – Wert bezieht sich immer auf Partikel, die größer sind als die betrachtete Partikelgröße X. Bei Änderung des Differenzdruckes am Filterelement ändert sich ebenfalls der ßx – Wert.

Errechnung des ßx – Wertes

Die ausgezählten Schmutzteilchen vor dem Filterelement größer einer bestimmten Partikelgröße X werden durch die ausgezählten Schmutzteilchen nach dem Filterelement (gleiche Partikelgröße X, bei gleichem Differenzdruck, zum gleichen Zeitpunkt ausgezählt) geteilt. Die errechnete dimensionslose Zahl stellt dann den ßx – Wert dar.

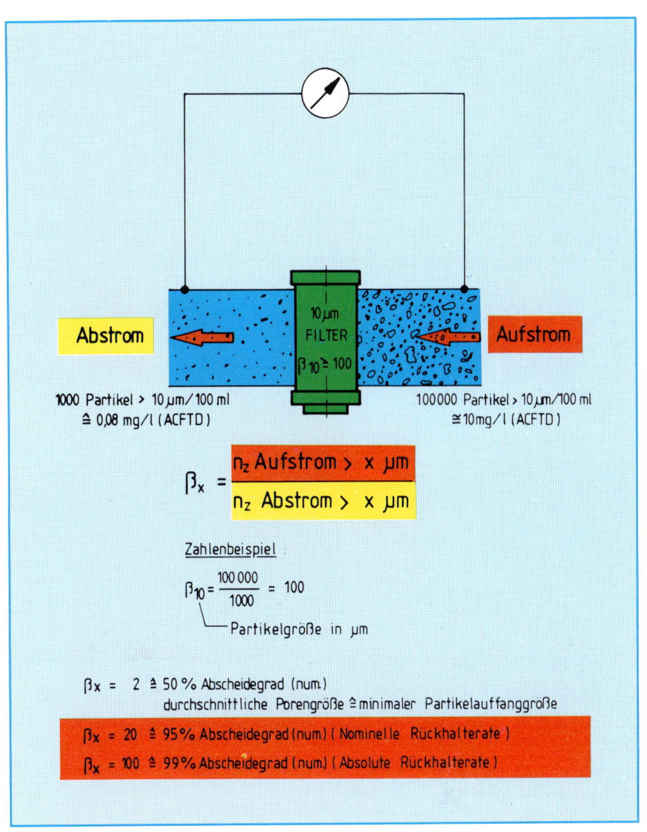

Bild 9 Darstellung der Abscheidung von Schmutzteilen durch Filterelemente

Zahlenbeispiel

Gemessene Partikelanzahlen:

Aufstrom: 10000 Partikel $> 3\,\mu$m in 100 ml.
Abstrom: 100 Partikel $> 3\,\mu$m in 100 ml.
$\beta_3 = n_{Z Aufstrom} / n_{Z Abstrom} = 10000 / 100 = 100$
$\beta_3 = 100 = 99\%$ Abscheidung (auch als Trenngrad bezeichnet)

Die Angabe des ßx – Wertes bezeichnet das Abscheideverhalten (Wirkungsgrad) des Filterelements. Der Vorteil liegt darin, daß der Bereich zwischen 90% und 100% Abscheidungsgrad sehr weit gespreizt werden kann.

Dimensionslose ßx – Werte können jederzeit in eine % – Angabe des Abscheidungsgrades umgewandelt werden (siehe Bild 10).

Warum ßx – Wert – Angaben?

Ältere Feinheitsangaben basieren auf unterschiedlichen werksinternen Prüfungen der verschiedenen Filterhersteller. Erst mit Angabe des ßx – Wertes unter Berücksichtigung des entstehenden Differenzdruckes ist es möglich, Angaben für Filterfeinheit unterschiedlichster Filterlieferanten zu vergleichen.

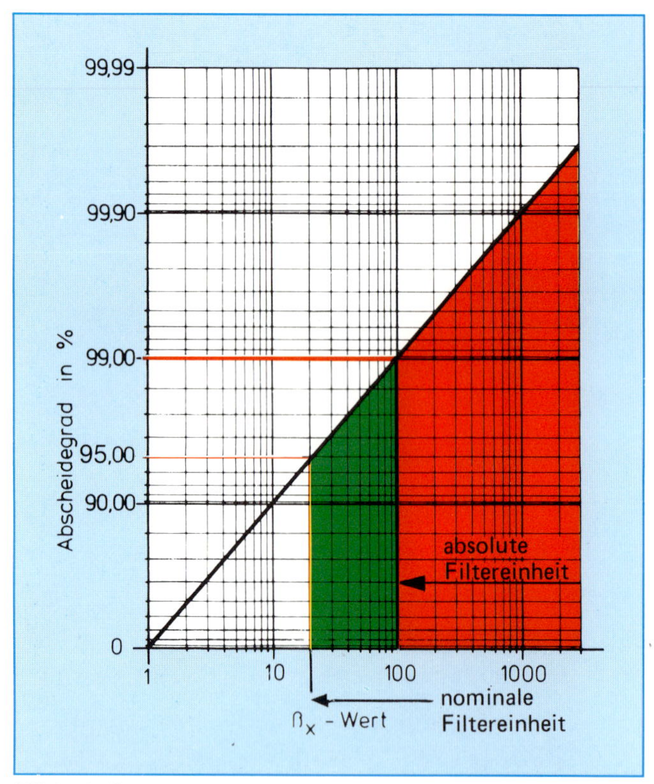

Bild 10 *Darstellung der Abhängigkeit des ßx – Wertes zum Abscheidungsgrad in %*

Definition der Filterfeinheit

Vor Festlegung des ßx – Wertes keine Aussagekraft, erst durch ßx ist eine eindeutige Aussage möglich.

Es entstanden 2 verschiedene Definitionen für die Filterfeinheit:

Nominale Filterfeinheit – hier sind keine brauchbaren ßx – Werte festgelegt. Das heißt für den Anwender, es wird nur ein Teil des mit einem optimalen Filter ausfiltrierbaren Schmutzes herausgefiltert.

Definition: ßx $\leq$ 20. Dies entspricht einem Abscheidungsgrad von ca. 95 %.

Absolute Filterfeinheit Ab einem ßx – Wert von $\geq$ 100 oder einem Abscheidungsgrad von 99% wird die Filterfeinheit als absolute Rückhalterate bezeichnet.

Eigenschaften von Filterelementen mit mehrlagigem Mattenaufbau

(zum Beispiel
Rexroth – und Hydac – Filterelemente – Betamicron)

Die in der Praxis und auf dem Prüffeld gesammelten Erfahrungen haben zur Entwicklung von Filterelementen mit mehrlagigem Mattenaufbau geführt.

Ebenfalls hat sich bei diesen Untersuchungen gezeigt, daß nur mit diesem Mattenaufbau die von den Servo – und Proportionalventilherstellern geforderten Ölreinheiten eingehalten werden können.

Die Durchströmung der Filterelemente muß grundsätzlich von außen nach innen erfolgen. Damit in dem Einbauraum des Filterelementes die größtmögliche Filterfläche eingebaut werden kann, sollte die Filtermatte sternförmig gefaltet werden. Der Aufbau der Filtermatte ist abhängig vom zulässigen Elementdifferenzdruck.

Die Einbindung der Filtermatte in die Endkappen des Filterelements sowie die Verbindung der Mattenenden erfolgt durch hochwertige Klebstoffe. Die Festigkeit dieser Klebstoffe nimmt bei Betriebstemperaturen über 100°C sehr stark ab, sodaß diese Elemente nur bis zu einer max. Betriebstemperatur von 100°C eingesetzt werden können.

Diese Betamicron – Elemente haben folgende Vorteile:

- genau definierte Porengröße,
- hervorragende Retention feinster Partikel über einen weiten Differenzdruckbereich,
- durch große spezifische Anlagerungsfläche hohe Schmutzaufnahmekapazität
- gute chemische Resistenz
- Schutz vor Elementbeschädigung durch hohe Berstdruckfestigkeit, z.B. bei Kaltstart, Schalt – und Differenzdruckspitzen
- Wasser und Wasseranteile in der Hydraulikflüssigkeit bewirken keine Verminderung der Filtrationsleistung

ßx – Stabilität

Für diese Elemente können ßx – Werte bei hohen Differenzdrücken angegeben werden. Wie Bild 11 zeigt, halten Betamicron – Elemente der Bauart BH konstante ßx – Werte bis zu hohen Differenzdrücken am Filterelement.

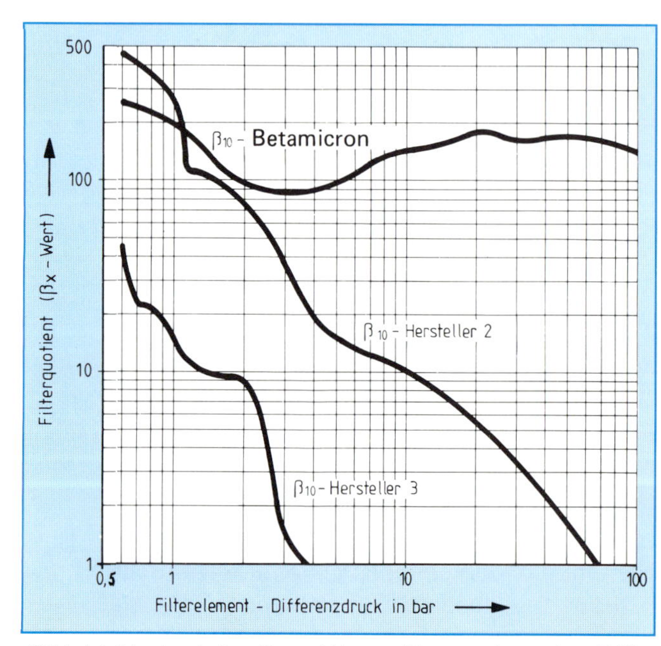

Bild 11 *Verlauf der ß10 – Werte über steigenden Differenzdruck von Elementen verschiedener Hersteller*

Diese hohe ßx – Wert – Stabilität ist notwendig um einen

störungsfreien Betrieb der Servo – und Proportional – Ventile zu gewährleisten.

Dynamisch – hydraulische Belastungen, Druckspitzen durch schnelle Schaltvorgänge, schockartig wechselnde Durchflußströme und unterschiedliche Temperaturbereiche, nicht Beachten der Verschmutzungsanzeige, beeinträchtigen die Rückhalteeigenschaften dieser Elemente nicht.

Bei den Rücklauffilterelementen (mit eingebautem Bypaßventil) müssen ßx – Werte bis zu einem Differenzdruck gehalten werden der um ein vielfaches höher ist als der Öffnungsdruck des Bypaßventils oder der Ansprechpunkt der Verschmutzungsanzeige.

Konstruktive Merkmale von Betamicron Elementen

Durchströmungsrichtung: Von Außen nach Innen. Eine Umkehrung der Durchflußrichtung zerstört das Filterelement (negative Druckspitzen, Filterelemente aufgebeult).

In diesen Fällen müssen schnell schließende Rückschlagventile nach dem Filterelement eingebaut werden. Der Einbau von Filtergehäusen mit integrierten Rückschlagventilen (z.B. Filterbaureihe DFF) haben sich in solchen Fällen bestens bewährt.

Sternfaltung: Um eine möglichst große Filterfläche und somit eine lange Standzeit im Filterelement installieren zu können, haben die Elemente eine sternförmig gefaltete Filtermatte (Matrix).
Filterelementstandzeit: Die Standzeit bzw. der Wechselintervall eines Filterelementes wird durch dessen Schmutzaufnahmekapazität bestimmt. Diese kann bei gleichem Element unter verschiedenen Betriebsbedingungen sehr unterschiedlich sein.

Die Einflußgrößen sind:

- Schmutzbelastung des Systems,
- hydraulische Belastung des Elementes,
- nutzbares Differenzdruckspektrum am Element.

Die Schmutzbelastung des Systems wird bestimmt durch die Schmutzproduktion des Systems, die Schmutzeindringrate, die Partikelgröße und Partikelanzahl, sowie durch die Verschmutzungsart.

Die Einflußgrößen für die hydraulische Belastung sind Filterfläche, Durchflußstrom, Betriebsviskosität sowie Betriebsdruck und Betriebsmedium.

Die Einflußgrößen für die Elemente werden bestimmt durch eine wirksame Partikelauffanggröße, der hohen spezifischen Schmutzaufnahmekapazität und dem Aufbau der Filtermatte.

Um für die Schmutzaufnahme ein möglichst großes nutzbares Differenzdruckspektrum bereit zu halten, empfiehlt sich bei der Baugrößenfestlegung von einem möglichst geringen Druckverlust bei sauberem Element auszugehen. Dies wird in Bild 12 veranschaulicht. Hier ist der Differenzdruck am Element bei zunehmender Verschmutzung bzw. Betriebszeit dargestellt. Es ist deutlich zu erkennen, daß bei einem geringen Anfangs – Δp eine höhere reale Schmutzaufnahmekapazität möglich ist, als bei hohem Anfangs – Δp. In beiden Fällen bilden Bypaßventil, Verschmutzungsanzeige oder Elementdifferenzdruckfestigkeit die obere Grenze für die maximale Elementbelastung.

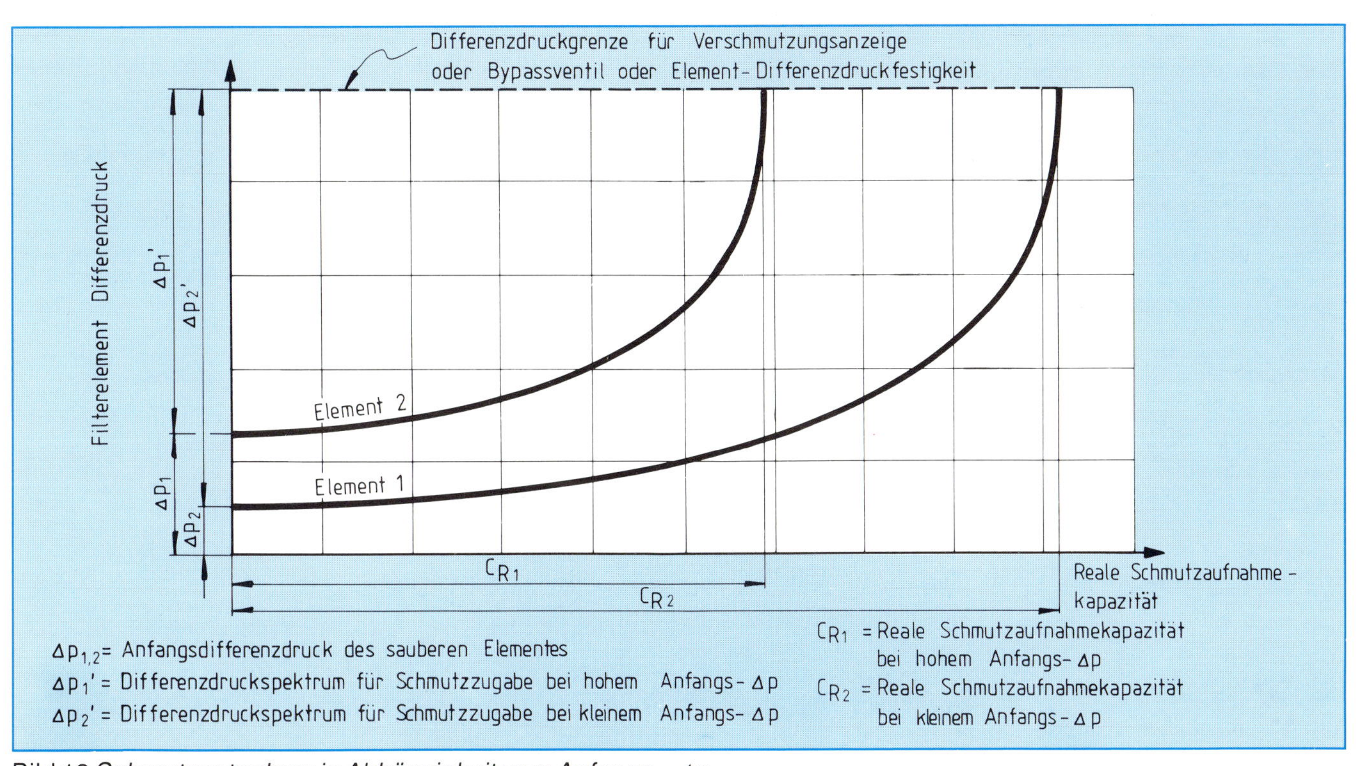

Bild 12 *Schmutzentnahme in Abhängigkeit vom Anfangs – Δp*

Filterauslegung

Neben der Forderung nach Funktionssicherheit und Lebensdauer bei Servo – und Proportional – Ventilen sind auch Anlagen – und Betriebskosten ausschlaggebend bei der Festlegung eines geeigneten Hydraulikfilters.

Durch die Auswahl der feinen und qualitativ hochwertigen Filterelemente lassen sich entscheidende Verbesserungen bei der Betriebssicherheit und Standzeit von Servo – und Proportional – Ventilen erzielen.

Bei der Festlegung der Filterbaugröße, der Filterfeinheit und der Filterausführung sind folgende Kriterien zu berücksichtigen:

– Schmutzempfindlichkeit der Servo – und Proportional – Ventile:
Filterfeinheit oder geforderte Reinheits klasse beachten

– Einsatzgebiet der gesamten Hydraulikanlage
Dabei muß die eventuelle Schmutzbelastung von der Umgebung beachtet werden (Laboranlage oder Anlage im Hüttenwerk).

– Ermittlung des Durchflußstroms
Dieser kann zeitweise größer sein als der max. Pumpenförderstrom (etwa bei Differenzialzylindern oder Rücklaufleitungen aus mehreren Kreisläufen).

– Zulässiger Druckabfall (Gehäuse und Element) bei sauberem Element
Bei Druckfiltern: 1,0 bar, bei sauberem Element und Betriebsviskosität.
Bei Rücklauffiltern: 0,5 bar, bei sauberem Element und Betriebsviskosität.

– Zulässiger Differenzdruck des Filterelements muß den Systembedingungen an der Filtereinbaustelle entsprechen.

– Verträglichkeit der Filterwerkstoffe mit der Druckflüssigkeit muß gewährleistet sein.

– Auslegungsdruck des Filtergehäuses (Betriebsdruck)

– Festlegung der Filterausführung:
Welche Art der Verschmutzungsanzeige soll eingebaut werden (optisch, elektrisch, elektronisch). Bei Druckfilter kein Bypaßventil einbauen.

– Betriebstemperatur bzw. Auslegungstemperatur

Filteranordnung im Hydraulikkreis

Auslegungsgrundsatz
Die je nach Anwendungsfall ausgewählte Filterfeinheit sollte bei allen eingesetzten Filtern im Hydraulikkreis gleich sein (Hydrauliksystem – und Einfüll – und Belüftungsfilter).
Bei Anlagen mit größerem Ölvolumen wird meist die Hauptstromfiltration mit einem Rücklauffilter (Filterfeinheit 20 µm absolut) durchgeführt. Die erforderliche Reinheitsklasse für das Betriebsmedium bei Proportional – und Servoventilen wird durch den Einsatz eines Druckfilters mit der notwendigen Filterfeinheit unmittelbar vor dem Ventil erreicht.
Zusätzlich zu dieser Anordnung ist die Installation einer Nebenstromfilteranlage mit einer Filterfeinheit von 5 µm absolut zu empfehlen.
Achtung: Bei dieser Filteranordnung muß der Druckfilter wegen der zu erwartenden hohen Schmutzbelastung größer ausgelegt werden.

Auswahl der geeigneten Filterfeinheit

Verschmutzungsklassen				Vorgeschlagene Filterfeinheit	Anwendung bei
Cetop RP 70		NAS 1638		$\beta_x \geq 100$	
> 5 µm	> 15 µm	> 5 µm	> 15 µm		
13	10	4 u. 5	3 u. 4	X = 3	Servoventile bei einem Betriebsüberdruck > 160 bar
15	12	6 u. 7	5 u. 6	X = 5	Servoventile bei einem Betriebsüberdruck < 160 bar
17	14	8 u. 9	7 u. 8	X = 10	Proportionalventile

Auswahl der Filterelemente

Element Typ	Differenz-druck-festigkeit	Filter-feinheit x	- Rexroth - Elementbe-zeichnung	Anwendungs-bereiche
BH/HC	210 bar	3	... D 003 BH/HC	**Druckfilter** Sicherung von Funktion u. Lebensdauer der Servo- u. Proportionalventile
		5	... D 005 BH/HC	
		10	... D 010 BH/HC	
BN/HC	30 bar	3	... R 003 BN/HC	**Rücklauffilter** mit Bypaßventil Öffnungsdruck: 3 bar
		5	... R 005 BN/HC	
		10	... R 010 BN/HC	
		3	... D 003 BN/HC	**Nebenstromfilter,** Filterelement zum **Spülen** der Anlage
		5	... D 005 BN/HC	
		10	... D 010 BN/HC	

Die max. Betriebstemperatur der Filterelemente beträgt 100°C.

Filterelemente müssen bei der Herstellung einer Qualitätsüberprüfung unterzogen werden (ISO 2942).

Auswahl des Filtergehäuses

Filterbauart	Filterbaugrößenbestimmung	Bemerkungen
Druckfilter	$\Delta p_{Gehäuse} + f \cdot \Delta p_{Element} \leq 1{,}0$ bar	**ohne** Bypaßventil
Rücklauffilter	$\Delta p_{Gehäuse} + f \cdot \Delta p_{Element} \leq 0{,}5$ bar	**mit** Bypaßventil
Nebenstromfilter	$\Delta p_{Gehäuse} + f \cdot \Delta p_{Element} \leq 0{,}3$ bar	Fördermenge der Pumpe ca. 5 - 10 % des Tankinhalts **ohne** Bypaßventil

f = Viskositätserhöhungsfaktor

Viskositätseinfluß bei der Filterauslegung

Die in den Prospekten angegebenen Kennlinien der Filtergehäuse und Filterelemente beziehen sich auf eine Viskosität von z.B. 30 mm²/s. Weicht die Auslegungsviskosität (meist Betriebsviskosität) von dieser Bezugsviskosität ab, so muß der Druckverlust im Filterelement (Diagrammangabe) auf den Druckverlust bei Betriebsviskosität umgerechnet werden.

Diese Umrechnung erfolgt durch den Viskositätserhöhungsfaktor "f".

Bestimmung des Viskositätserhöhungsfaktor "f"

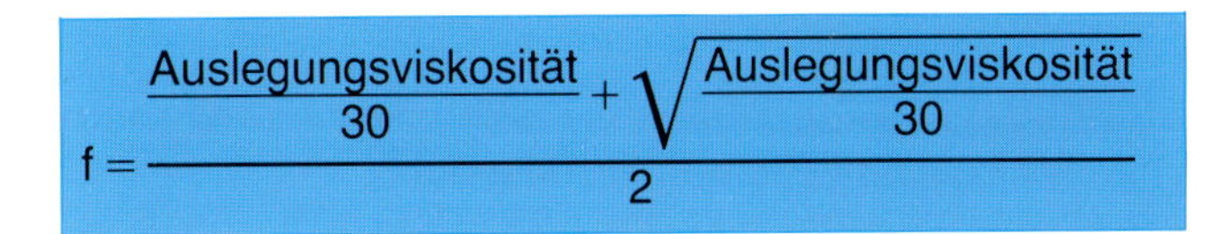

$$f = \frac{\frac{\text{Auslegungsviskosität}}{30} + \sqrt{\frac{\text{Auslegungsviskosität}}{30}}}{2}$$

Berechnungsformel nach Panzer – Beitler, Arbeitsbuch der Ölhydraulik – Projektierung und Betrieb, 2. Auflage 1969.
Der Gültigkeitsbereich für diese Berechnungsformel liegt zwischen 30 und 3000 mm²/s.

Ermittlung des Faktors "f" mit Hilfe eines Diagramms

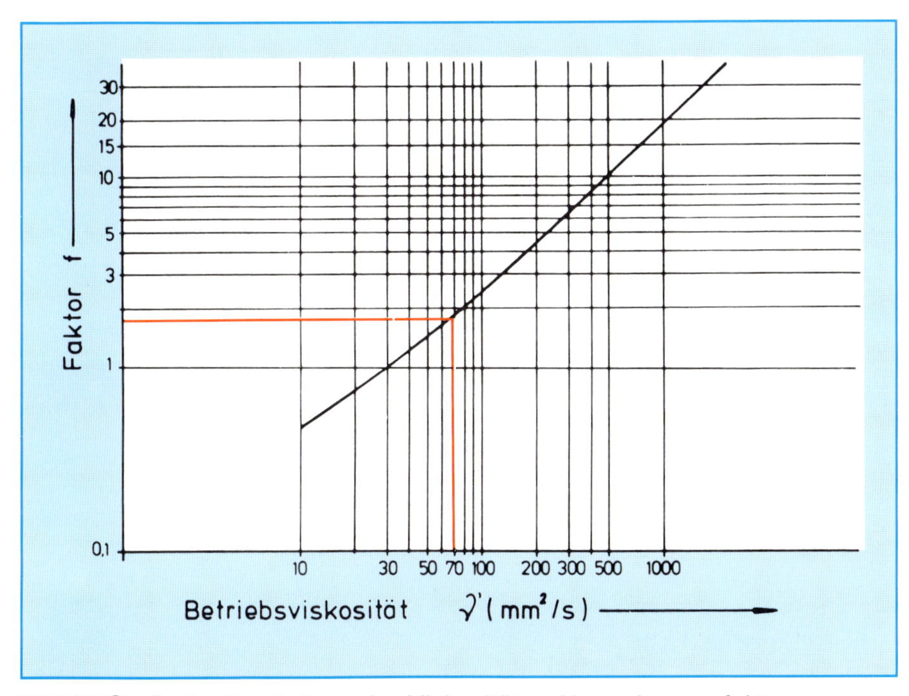

Bild 13 *Grafische Darstellung des Viskositäts – Umrechnungsfaktors*

Beispiel

Prospektkurven sind bei 30 mm^2/s abgebildet. Die Hydraulikanlage wird mit einem Hydrauliköl ISO VG 68 betrieben. Die Betriebstemperatur beträgt 40°C.
Der Hydraulikfilter soll bei der angegebenen Betriebstemperatur ausgelegt werden.

1) Berechnung des Faktors f mit Hilfe der Formel:
$f = (68/30 + \sqrt{68/30})/2 = 1,89$
f = 1,89

2) Festlegen des Faktors f mit Hilfe des Diagramms:
Aus Bild 13 kann Faktor "f" direkt abgelesen werden (rote Linie).
f = 1,9

Einfluß der Dichte der zu filternden Flüssigkeit auf die Filterbaugröße

Die Gehäusediagramme sind bei einer Dichte von 0,86 kg/dm^3 (Mineralöl) ermittelt worden. Ändert sich diese Dichte muß der ermittelte Gehäusedifferenzdruck proportional zur Änderung der Dichte umgerechnet werden.

Ermittlung des Gesamtdifferenzdruckes aus Gehäusekennlinien und Elementkennlinien

Beispiel:

- Hydraulikanlage mit Proportionalventilen
- Durchflußmenge 50 L/min
- Ölsorte: ISO VG 68
- Betriebstemperatur 40°C
- Betriebsdruck 300 bar
- mit elektrischer Verschmutzungsanzeige.

Vorgehensweise

– Bestimmung der Filterfeinheit
Aus Diagramm "Auswahl der geeigneten Filterfeinheit" Filterfeinheit auswählen.
Z.B.: Anwendungsbereich: Proportionalventile. Vorgeschlagene Filterfeinheit 10 μm ($\beta_{10} \geq 100$) kann abgelesen werden.

– Bestimmung der Filterbauart
Filter soll direkt vor das Proportionalventil eingebaut werden (Sicherung von Funktion und Lebensdauer). Betriebsdruck 300 bar: DF – Filtergehäuse ohne Bypaßventil muß eingesetzt werden.

– Bestimmung des Elementaufbaus
Aus Diagramm "Auswahl der Filterelemente" Element – Typ und Elementbezeichnung auswählen.
Z.B.: Anwendungsbereich: Proportionalventile, Sicherung von Funktion und Lebensdauer.
Notwendiger Elementtyp: BH/HC,
Elementbezeichnung: ... D 10 BH/HC

– Bestimmung des Viskositätserhöhungsfaktor "f"
Aus Bild 13 Faktor f ermitteln: **f = 1,9**

– Bestimmung der Filterbaugröße
Angenommene Baugröße: DF ... 110
Aus Gehäusediagramm den Druckverlust bei Q = 50 L/min ermitteln.

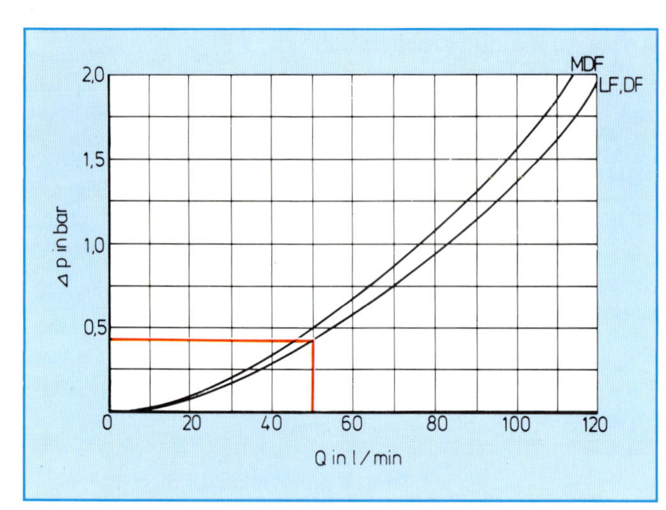

Bild 14 *Gehäusediagramm aus Druckfilterprospekt*

Δp Gehäuse = 0,4 bar.

Aus Elementdiagramm den Druckverlust bei Q = 50 L/min ermitteln

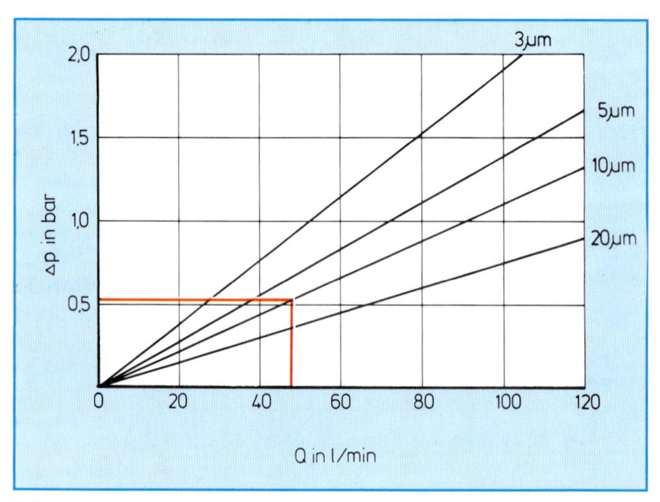

Bild 15 *Elementdiagramm*

Δp Element = 0,6 bar.

– Ermittlung des Gesamtdifferenzdruckes

$$\Delta p_{Gesamt} = \Delta p_{Gehäuse} + f \bullet \Delta p_{Element}$$

Für Filter DFBH/HC 110 G10 C1.X ergibt sich folgende Rechnung:

Δp Gesamt = 0,4 bar + 1,9 . 0,6 bar = 1,54 bar.

Der somit ermittelte Gesamtdifferenzdruck ist höher als 1,0 bar.

Dies bedeutet der Druckfilter DF BH/HC 110 G 10 C 1.X ist zu klein ausgelegt.

Nun muß die gleiche Rechnung mit einer größeren Baugröße nochmals durchgerechnet werden. Ist der errechnete Gesamtdifferenzdruck unter den vorgegebenen max. Anfangsdifferenzdruck ist der Filter richtig ausgelegt.

Um diese relativ komplizierte Arbeitsweise der Filterauslegung zu vereinfachen, sind Diagramme zur Filterbaugrößenbestimmung festgelegt worden.

Arbeitsweise mit den Diagrammen zur Baugrößenbestimmung

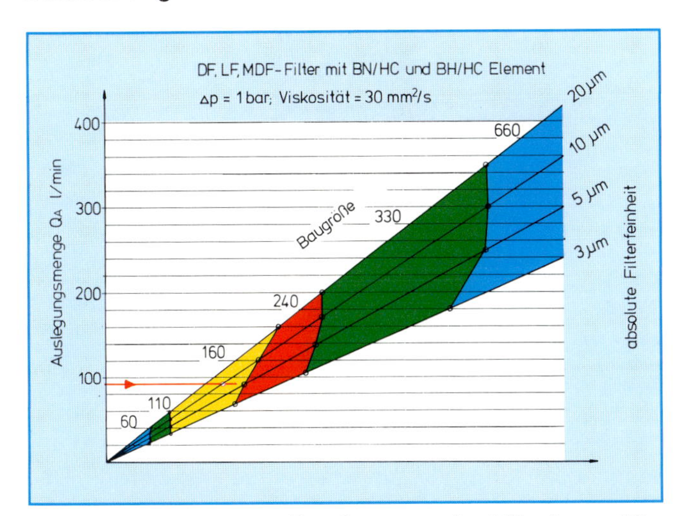

Bild 16 *Diagramm zur Bestimmung der Filterbaugröße bei Druckfiltern*

Der Schnittpunkt von Durchflußmenge und Filterfeinheit bestimmt die Filterbaugröße.

Weicht die Auslegungsviskosität von der dem Diagramm zugrundegelegten Viskosität von 30 mm²/s ab, so muß die Durchflußmenge um den Viskositätsumrechnungsfaktor "f" erhöht werden.

$$Q_{Diagramm} = Q_{Auslegung} \cdot f$$

Beispiel: Proportionalventil (vorheriges Beispiel)

$Q_{Diagramm}$ = 50 l/min . 1,9 = 95 l/min.

Baugrößenbestimmung aus Diagramm (Bild 16)

Der Schnittpunkt von Durchflußmenge 95 l/min mit der 10 µm Filterfeinheitslinie liegt im Bereich für die Baugröße 160.

Somit muß folgender Filter eingesetzt werden:

DF BH/HC 160 G 10 C 1.X

Bei Auslegung von Rücklauffiltern (Tankeinbau) gelten folgende Diagramme (Bild 17 und 18)

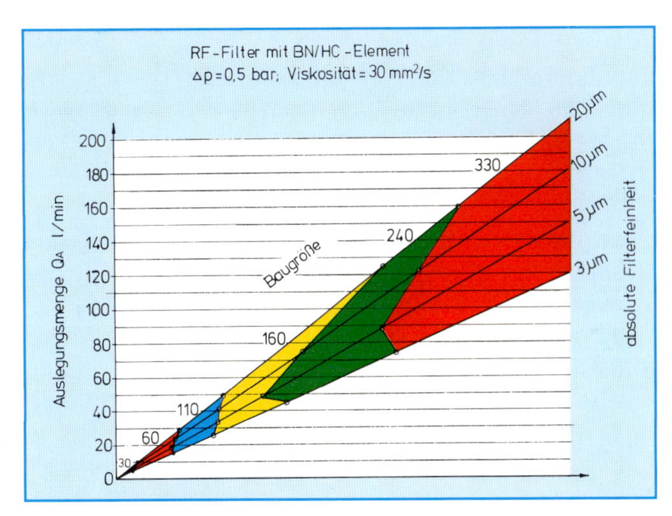

Bild 17 *Diagramm zur Bestimmung der Filterbaugröße bei Rücklauffiltern Q bis 200 L/min*

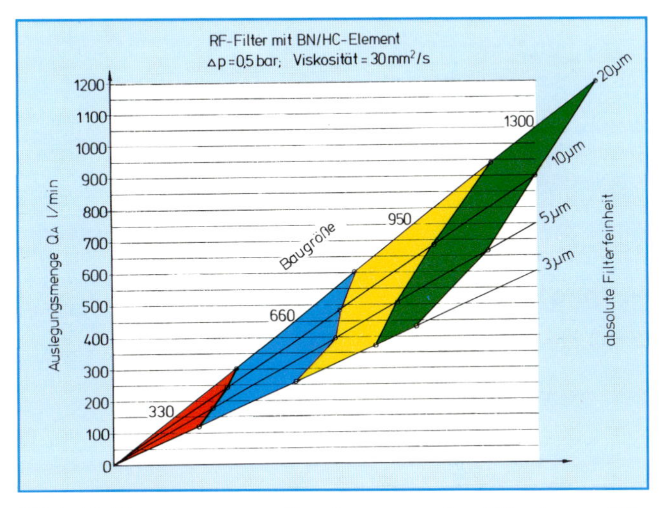

Bild 18 *Diagramm zur Bestimmung der Filterbaugröße bei Rücklauffiltern Q bis 1200 L/min*

Auslegung der Filter bei Filtration von schwerentflammbaren Flüssigkeiten

Bei Filtration von schwer entflammbaren Flüssigkeiten sind in den meisten Fällen Serienfilter nur bedingt einsetzbar.

Je nach Zusammensetzung der Flüssigkeit müssen Änderungen am Filtergehäuse oder – Element vorgenommen werden.

Bei der Filterung dieser Flüssigkeiten ist ein besonderes Augenmerk auf die Verträglichkeit mit den Filterwerkstoffen zu richten. Es gibt heute seitens des Filterherstellers genügend Erfahrungen, um je nach Flüssigkeitstyp entsprechend beständige Filter anzubieten. Dabei müssen teilweise andere Werkstoffe verwendet oder bestimmte Oberflächenschutzmaßnahmen getroffen werden. Dies gilt auch für die Verschmutzungsanzeigen und andere Zubehörteile. Darüber hinaus empfiehlt es sich gegenüber dem Einsatz in

Mineralöl die Filter größer auszulegen. Dies ist notwendig wegen des höheren Verschleißverhaltens der Komponenten, der seifigen Rückstände, der Bildung von Mikroorganismen, sowie des veränderten Schmutzbindevermögens. Bei der Auslegung des Filtersystems empfiehlt es sich mit dem Filterhersteller Rücksprache zu nehmen.

Auslegung von Tankbelüftungsfiltern

Ein wesentlicher Einfluß auf die Schmutzbelastung des Systems hat die Schmutzeindringrate. Hier fällt der Tankbelüftung eine besondere Aufgabe zu. Diese soll verhindern, daß die Umgebungsverschmutzung trotz Luftaustausch nicht in das System eindringen kann. Eine falsch oder nachlässig projektierte Behälterbelüftung kann zu einer starken zusätzlichen Belastung des Filterkreises und damit zu verkürzten Standzeiten der Filterelemente führen. Die Leistungswerte der Belüftungsfilter sollten denen der Systemfilter angepaßt sein. Bei der Auslegung des Belüftungsfilters bitten wir folgende Daten zu berücksichtigen:

Filterfeinheit: $\beta_3 \geq 100$

Auslegungsmenge für den Luftfilter:

10 – fache der max. Volumenschwankung im Flüssigkeitsbehälter.

Auslegungsdifferenzdruck bei sauberem Filterelement; und Auslegungsmenge: 0,02 bar.

Konstruktive Merkmale der Hydraulikfilter

Druckfilter (Leitungseinbau)

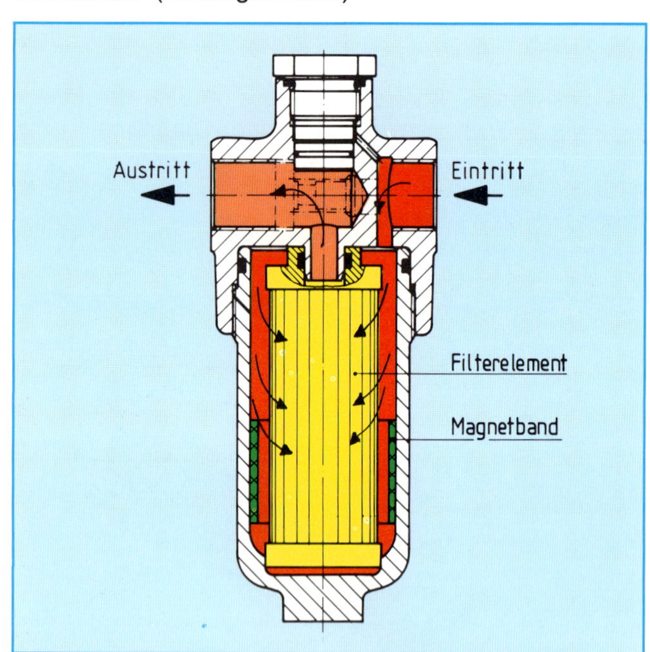

Bild 19 *Schnittbild eines Druckfilters (Leitungseinbau)*

Filter sollten ohne Bypaßventile eingesetzt werden. Der Durchfluß durch das Filterelement muß immer von außen nach innen erfolgen (Bitte Durchflußpfeil am Filterkopf beachten).
Filterverschmutzungsanzeige sollte unbedingt eingesetzt werden.

Druckfilter zum direkten Anbau an die Proportional – und Servoventile

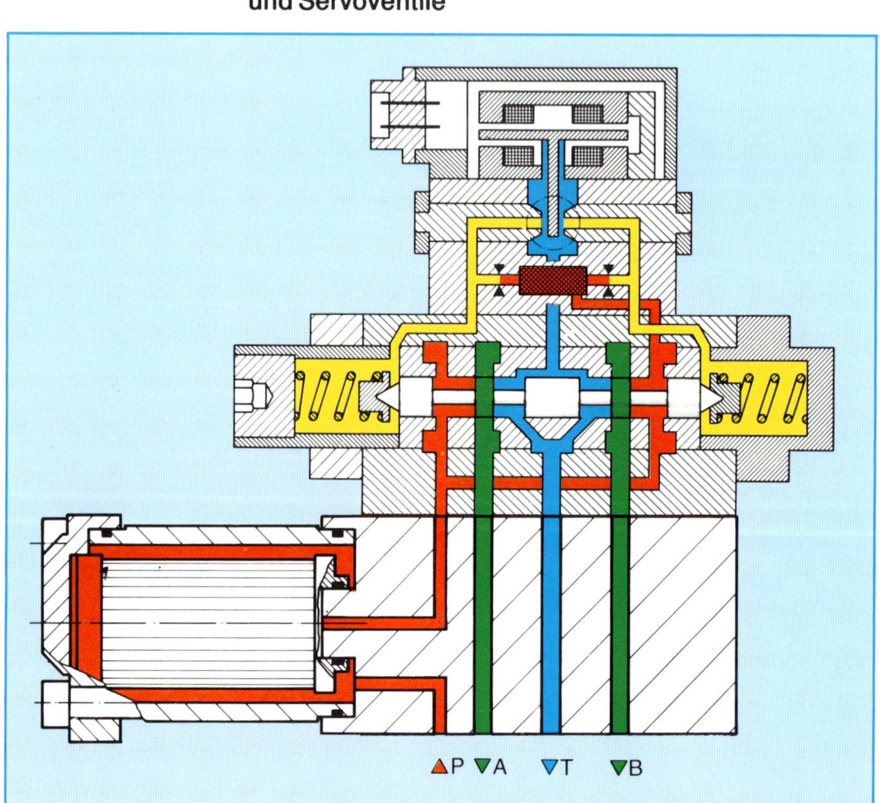

Bild 20 *Druckfilter, direkt unter dem Ventil angebracht*

Durch diese Filteranordnung ist gewährleistet, daß zwischen Filter und Ventil keine Verschmutzung der Hydraulikflüssigkeit mehr erfolgt, sowie eine Spülung der Anlage mit der Funktion des Ventils erfolgen kann.

Rücklauffilter (Tankeinbau)

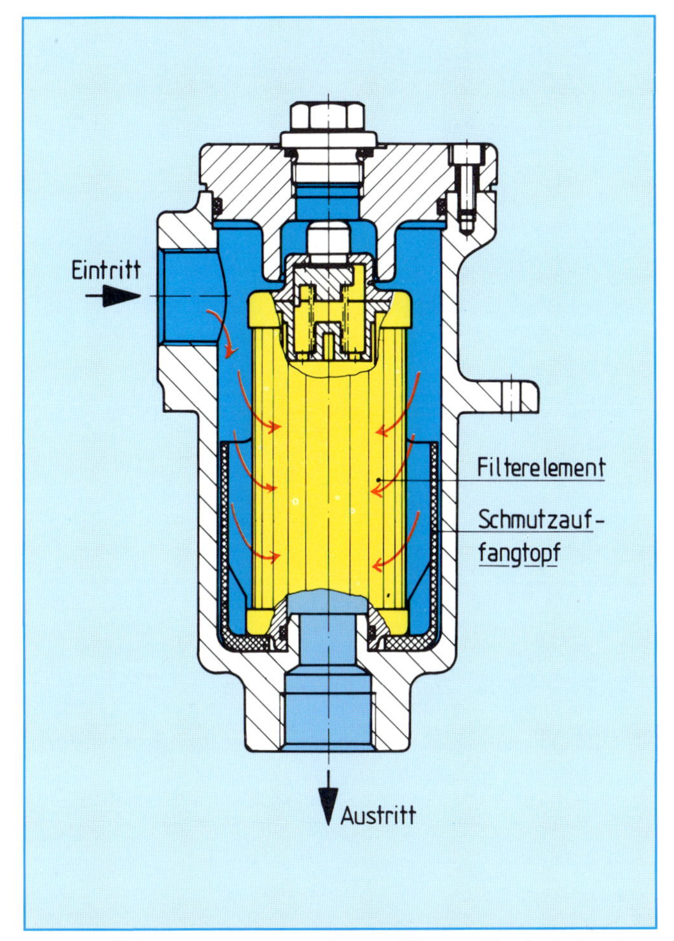

Bild 21 *Schnittbild eines Rücklauffilters (Tankeinbau)*

Damit eventuelle Fehlschaltungen an Ventilen oder anderen hydraulischen Geräten nicht erfolgen können, werden Rücklauffilter meist mit Bypaßventilen eingesetzt.

Der Durchfluß der Flüssigkeit durch das Filterelement erfolgt in der Regel immer von außen nach innen.

Filterverschmutzungsanzeige sollte unbedingt eingesetzt werden, da sonst das Öffnen des Bypaßventils nicht registriert wird.

Durch den installierten Schmutzauffangtopf wird verhindert, daß beim Elementwechsel stark verschmutzte Flüssigkeit in den Tank abfließen kann.

Der angegebene Betriebsüberdruck von 25 bar bezieht sich auf das Filtergehäuse bei dynamischer Belastung.

Verschmutzungsanzeigen

Zur Anzeige und Überwachung des Wechsel– bzw. Reinigungszeitpunktes für die Filterelemente stehen verschiedene Ausführungen von Verschmutzungsanzeigen zur Verfügung. Bei der optischen Anzeige ist darauf zu achten, daß diese nicht durch Verkleidungsteile verdeckt wird, da sie in diesem Falle keine Beachtung findet. Elektrische Anzeigen können auch an schwer zugänglicher Stelle angebracht werden, da

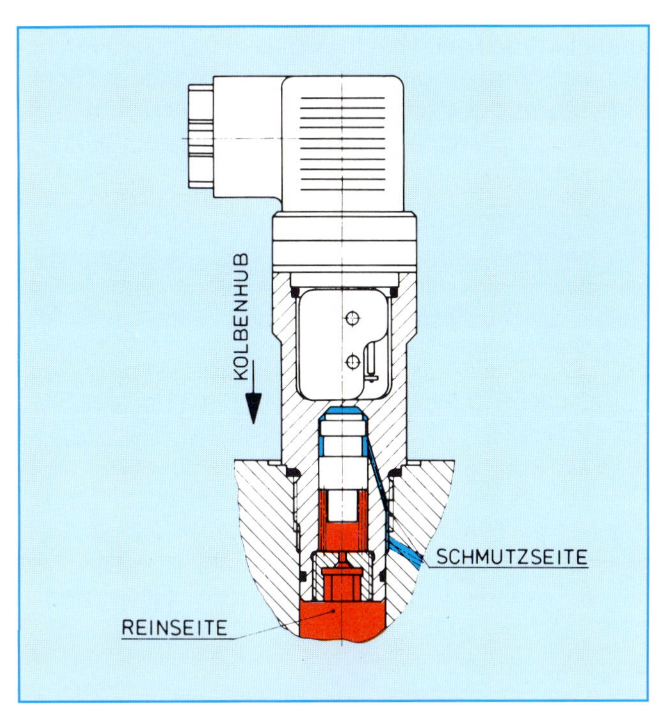

Bild 22 *Elektrische Differenzdruckanzeige*

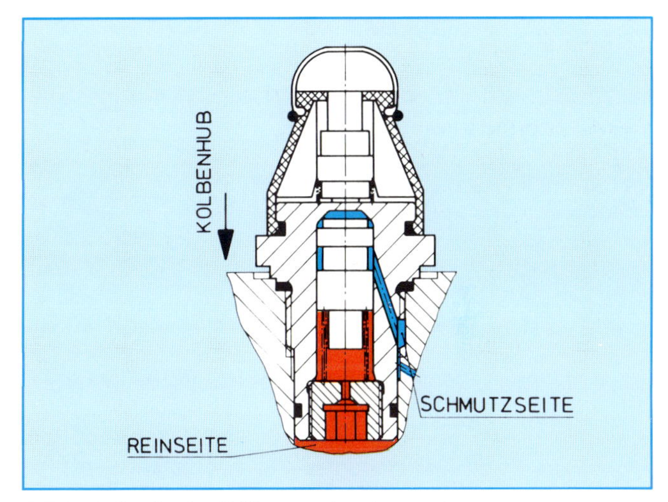

Bild 23 *Optische Differenzdruckanzeige*

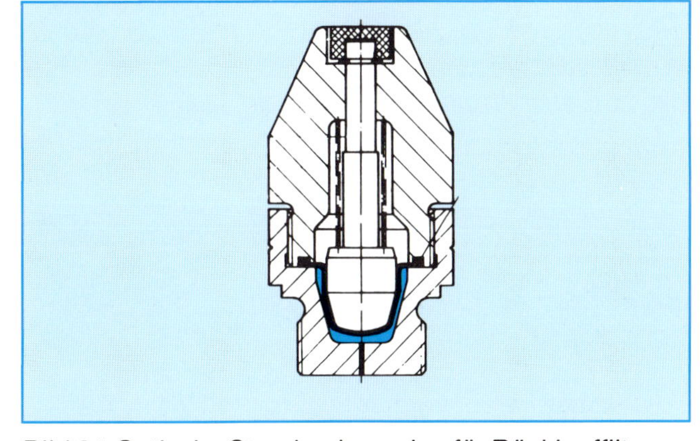

Bild 24 *Optische Staudruckanzeige für Rücklauffilter*

die Anzeige des Wartungszeitpunktes durch ein vielfach verwendbares elektrisches Signal erfolgt.

Für besondere Anwendungsfälle stehen elektronische Verschmutzungsanzeigen zur Verfügung. Solche Anzeigen werden mit großem Erfolg vor allem unter dynamischen Betriebsbedingungen in Verbindung mit hochdifferenzdruckfesten Elementen eingesetzt. Etwa bei niedrigen Startgrenztemperaturen oder häufigen Druckspitzen.

Diese elektronische Anzeige unterdrückt bis zu einer Betriebstemperatur von z.B. 32°C die Anzeigenfunktion. Auch Druckspitzen bis zu einer Wirkungsdauer von 9 Sekunden werden unterdrückt und können daher die Anzeigenfunktion nicht auslösen.

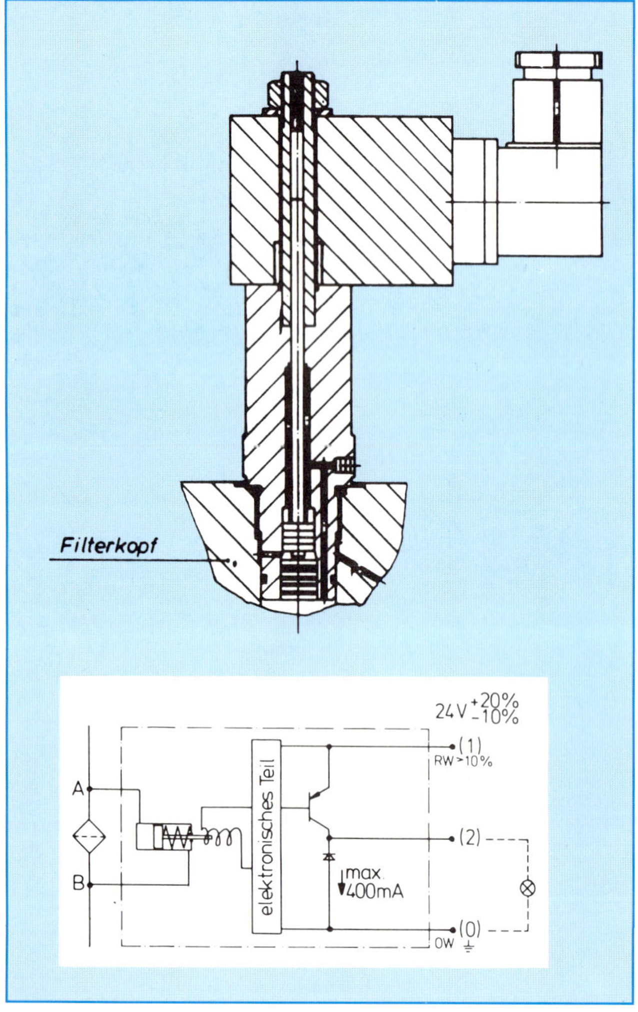

Bild 25 *Elektronische Differenzdruckanzeige*

Einfüll – und Belüftungsfilter

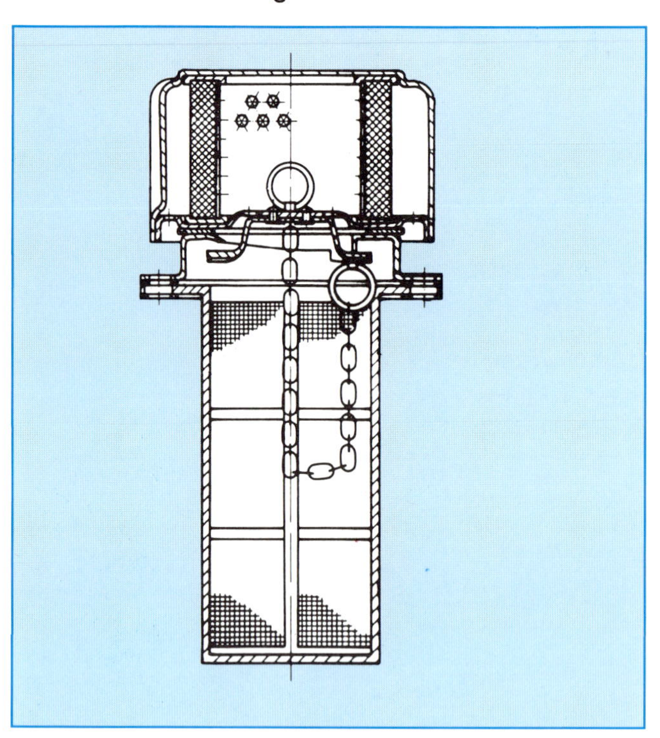

Bild 26 *Schnittbild eines Einfüll – und Belüftungsfilters*

Wartungshinweise

1. Belüftung und Spülen der Hydraulikanlage

Eine weitere Möglichkeit für das Eindringen von Schmutz von außen besteht beim Einfüllen der Druckflüssigkeit in die Anlage. Aufgrund der Herstellung, des Abfüllens, des Transportes und der Lagerung kann die neue Druckflüssigkeit bereits einen relativ hohen Verschmutzungsgrad aufweisen. Um diese Möglichkeit auszuschließen, ist es ratsam sie über eines der Filteraggregate, wie sie in Bild 2 dargestellt sind, in das System einzufüllen. Derartige Filteraggregate eignen sich auch besonders für die Spülung einer Anlage vor der Inbetriebnahme. Durch die Spülung wird die Einbauverschmutzung auf den für den sicheren Betrieb der Anlage erforderlichen Verschmutzungsgrad gesenkt, ohne die Filter des Systems unnötig zu belasten.

Die Größe des Befüllanschlusses ist entsprechend der Pumpenfördermenge auszuwählen.

Als Filterfeinheit ist mindestens die gleiche Filterfeinheit wie bei den Systemfiltern vorzusehen.

Zur schnelleren Handhabung der in Bild 2 gezeigten Geräte ist es ratsam, am Hydrauliktank eine Schnellanschluß – Kupplung vorzusehen.

2. Bei Inbetriebnahme

Prüfen , ob Flüssigkeit, Druck und Menge des Systems mit den Filterangaben im Prospekt und auf dem Filter übereinstimmen.

3. Während des Betriebs

Öffnen des Filtergehäuses und reinigen bei Ansprechen der Anzeige. Falls Leckage am Gehäuse festgestellt wird, entsprechende Dichtung erneuern.

Achtung! Vor Öffnen Filter druckentlasten

4. Elementwechsel

a) Alle Filterelemente sind generell nach 1 Jahr Betriebsdauer zu wechseln.

b) Bei Signal "Filter verschmutzt" muß das Element gewechselt werden.

c) Bei Elementwechsel darf kein verschmutztes Medium in das Hydrauliksystem gelangen. Verschmutztes Medium muß vor Elementwechsel aus dem Filtergehäuse abgelassen werden.

Notizen

Kapitel L

Beispiele ausgeführter Anlagen mit Proportional- und Servoventilen

Josef Hutter

Vorwort

An die Proportionaltechnik werden zunehmend höhere Ansprüche gestellt. In gleichem Maße steigen auch die Ansprüche an den Planer hydraulischer Anlagen mit dieser Technik.

Neben guter Kenntnis der Gerätefunktionen sind beim Aufbau von Schaltungen einige wichtige Kriterien zu beachten:

- Die Eigenfrequenz eines Systems
- Die richtige Kolbenwahl
  Druckabfall an den Steuerkanten!
- Der Steuerbereich – Q_{min} / Q_{max}
- Der Einfluß von Masse – , Geschwindigkeits – , Druck – und Viskositätsänderungen.
  Grenzen der zeitabhängigen Verzögerung.
- Sind Druckwaagen erforderlich?
  Zulauf – Druckwaage / Ablauf – Druckwaage
- Sind Brems – oder Gegenhalteventile erforderlich?
- Druckübersetzung bei Differentialzylindern und Ablauf – Druckwaage.
  Summendruck bei Motoren!
- Ist Regel – Δp – Erhöhung an Druckwaagen sinnvoll oder notwendig?
- Ist überhaupt eine Steuerung möglich, oder muß eine Regelung aufgebaut werden?
- Auswahl der Ventile mit ausreichender Dynamik für die jeweilige Aufgabe, insbesondere bei Rege – lungen.

Die folgenden Anwendungsbeispiele aus verschiedenen Industriebereichen sind ein Querschnitt typischer Aufgabenstellungen. Die Beachtung der genannten Kriterien sind deutlich zu erkennen.

Wesentlich für die Projektierung von Steuerungen und Antrieben in der Proportionalhydraulik ist die exakte Definition der Aufgabenstellung. Liegt eine exakte Aufgabenstellung vor, so ist es – fast ausnahmslos – im ersten Ansatz möglich eine optimale Lösung zu bestimmen.

Funksteuerung für Einschienen Hängebahn im Bergbau

Für den Material – und Personentransport finden seilgetriebene Einschienen – Hängebahnen im Bergbau Verwendung.

Wegen der einfachen Geschwindigkeitsverstellung unter Beibehaltung der notwendigen Zugkräfte im gesamten Drehzahlbereich haben sich hydrostatische Getriebe für seilgetriebene Transportanlagen bewährt.

Die Veränderung des Fördervolumens der Pumpe und damit der Geschwindigkeit der Bahn erfolgt steuerdruckabhängig. Der Schwenkwinkel der Axialkolbenpumpe ist proportional dem Steuerdruck eines Gebergerätes.
Um eine dauernde Einsatzbereitschaft zu garantieren,

sind zwei Systeme zur Regelung des Steuerdrucks für die Verstellung der Pumpe vorgesehen:

1) mit einem 3 – Wege – Proportional – Druckregel – ventil 3 DREP 6 C (Pos. 1)

2) mit einem handbetätigten Vorsteuergerät 2 TH 7 (Pos. 2).

Die Ansteuerung des Druckregelventils erfolgt über Funk. Der Fahrer bedient sich hier eines transportablen Senders. Die Hochfrequenzübertragung zwischen Sender und Empfänger erfolgt im Frequenzbereich um 30 MHz. Die empfangenen frequenzmodulierten Signale basieren auf einem digitalen Modul tionsverfahren der sogenannten Puls – Code – Modulation (PCM), welches im Vergleich zu anderen Verfahren ein Höchstmaß an Übertragungssicherheit bietet.

Bei Handsteuerung des Fahrantriebs über das Vorsteuergerät 2 TH 7 vom Fahrstand aus, steht der Bedienungsmann über Sprechfunk mit dem Fahrer des Zuges in Verbindung. Für die Übertragung der Funksignale dient ein der Strecke entlang laufendes Koaxial – Kabel.

Sowohl das Proportional – Druckregelventil 3 DREP 6 C als auch das Vorsteuergerät 2 TH 7 sind entsprechend den Vorschriften der BVS modifiziert und zugelassen.

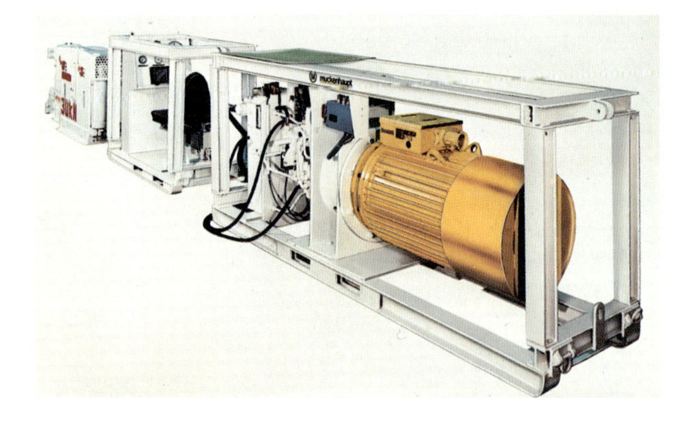

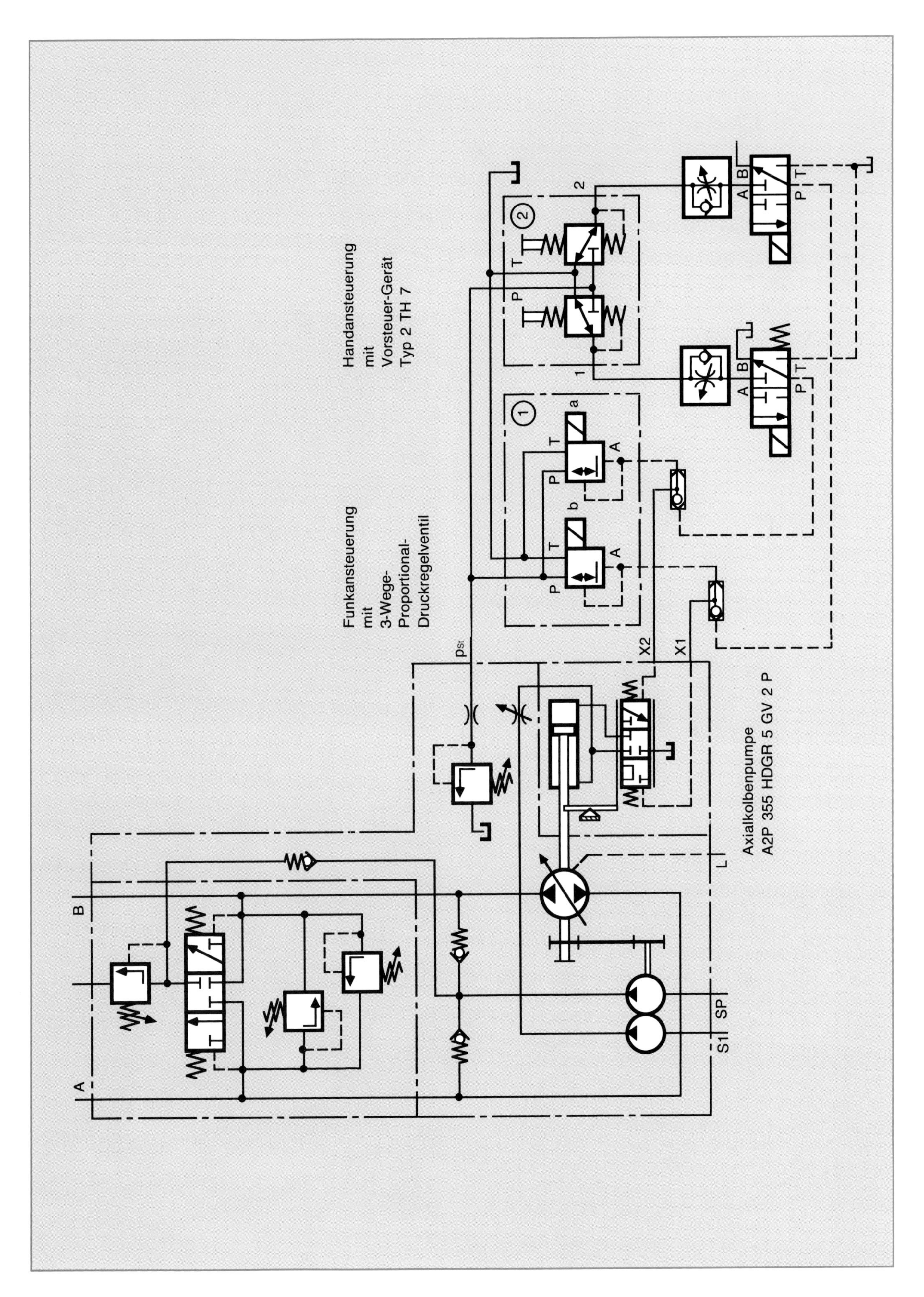
Handansteuerung
mit
Vorsteuer-Gerät
Typ 2 TH 7
Funkansteuerung
mit
3-Wege-
Proportional-
Druckregelventil
Axialkolbenpumpe
A2P 355 HDGR 5 GV 2 P
pSt
X1
X2
L
SP
S1
A
B
P
T
a
b
1
2

Fahrantrieb Gefäßwechselwagen in einem Blas – Stahlwerk

Konverter – Ausmauerungen verschleißen und müssen immer wieder erneuert werden. Dazu muß der Konverter mit einem Gefäßwechselwagen in verschiedene Positionen gefahren werden.

Ein Gefäßwechsel läuft in 4 Phasen ab:

1) Das ausgebaute Gefäß wird in den Parkstand gefahren
2) Der Wagen fährt zum Zustellstand
3) Das überholte Gefäß wird zum Blasstand gefahren.
4) Das Altgefäß wird vom Parkstand zum Zustellstand gefahren

Technische Daten:

Durchmesser des Wagens	16 m
Höhe des Wagens mit Gefäß	9 m
Gesamtgewicht Wagen + Gefäß	1200 t

Die max. Fahrgeschwindigkeit des Wagens beträgt 15 m/min. Dies entspricht einer Drehzahl von 3,2 min^{-1} an den 4 Antriebsrädern. Die Fahrgeschwindigkeit muß völlig ruckfrei und feinfühlig von nahe null bis 15 m/min stufenlos regelbar sein.

Die einzelnen Positionen müssen relativ genau angefahren werden. In einem Kreuzungspunkt wird der Wagen 90° um das Mittelteil gedreht. Dazu wird der komplette Wagen angehoben und nach dem Drehen in das neue Schienenpaar abgesenkt. Hierbei beträgt die Positioniergenauigkeit ± 30mm, in Anbetracht der Abmessungen und Massen kein geringer Wert.

Alle Fahrvorgänge werden mit dem Proportional – Wegeventil (Pos.1) gesteuert. Einflüsse aus unterschiedlicher Schienenreibung, Belastung, Voskosität usw. werden mittels Ablauf – Druckwaagen in den Leitungen A und B kompensiert. Diese Druckwaagen sind als DR – Logiks in einen Block eingebaut. Im Deckel eingebaute Druckbegrenzungsventile (Pos.3) ermöglichen eine Einstellung des Δp an der Blende (= Proportionalventilkolben). Dies ist erforderlich, weil das Proportionalventil 4 WRZ 32 die max. Durchflußmenge von 624 dm^3/min bei dem festinstallierten Δp von 8 daN/cm^2 einer Zwischenplatten – Druckwaage nicht bewältigen kann. Ein höheres Δp an der Blende ergibt einen höheren Durchfluß. Das Proportionalventil wird manuell mit einem Handsteuergeber vorgesteuert. Für den Bedienungsmann ist es dabei sehr wichtig, daß ein bestimmter Auslenkwinkel des Gebers immer eine gleiche Geschwindigkeit ergibt. Diese Analogie gewährleisten die Ablauf – Druckwaagen stets, auch wenn sich die oben erwähnten Einflüsse ändern.

Hydraulischer Fahrantrieb des Gefäßwechselwagens

Der Gefäßwechselwagen ist über der Schienenkreuzung in Position gebracht.

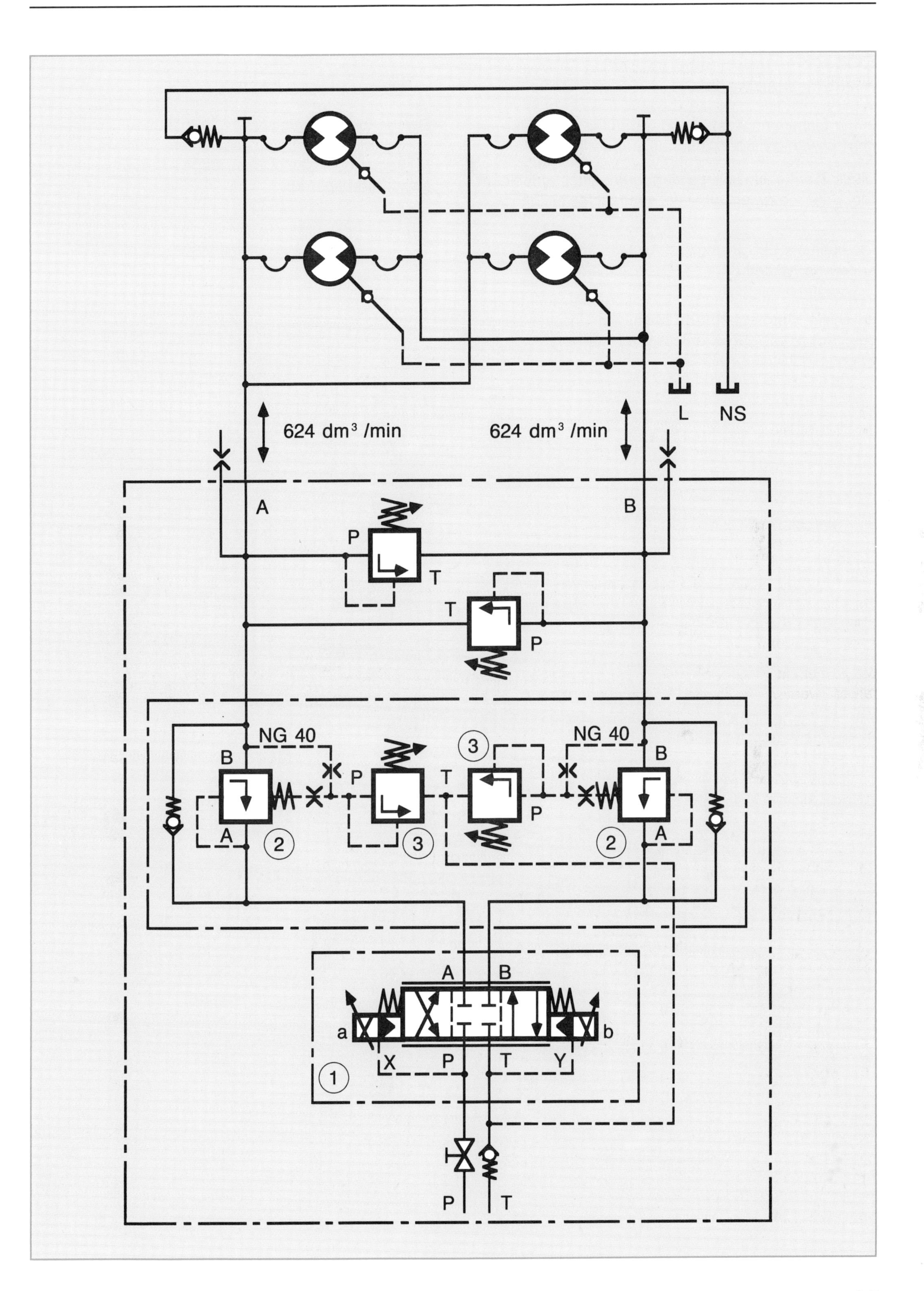
L
NS
624 dm³ /min
624 dm³ /min
A
B
P
T
T
P
NG 40
NG 40
B
P
T
3
B
P
A
2
3
2
A
A
B
a
b
X
P
T
Y
1
P
T

Eintrage – Hochstellschlepper in einem Walzwerk

In der bisherigen Ausführung waren für die Steuerung des Schwenkzylinders 8 Geräte erforderlich.

Diese Geräte einzeln zu verrohren, oder auf einem Block auf – bzw. einzubauen, verursachte einigen Aufwand.

Die optimale Einstellung und Abstimmung aller Geräte erforderte viel Zeit.

In der neuen Ausführung mit Proportionalventil ist nur noch ein Gerät über Anschlußplatte anzuschließen, oder auf einem Block aufzubauen, weil die Ablauf – Sperr – Druckwaage als Zwischenplatte ausgebildet ist.

Diese Ablauf – Druckwaage enthält zwei in die Verbraucherleitung A und B geschaltete Druckwaagen, die in der Mittelstellung des Wege – Proportionalventils leckölfrei absperren.

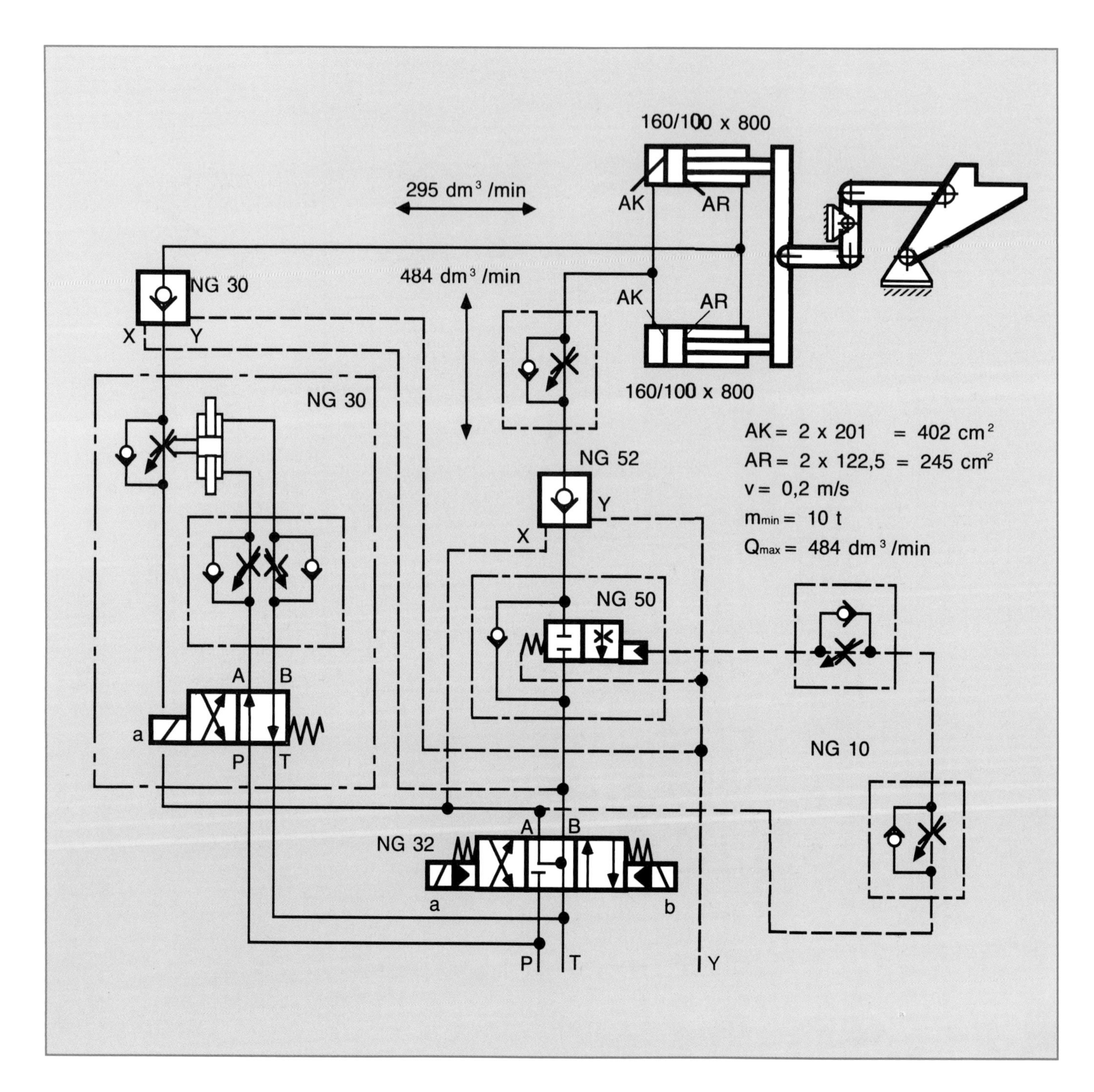

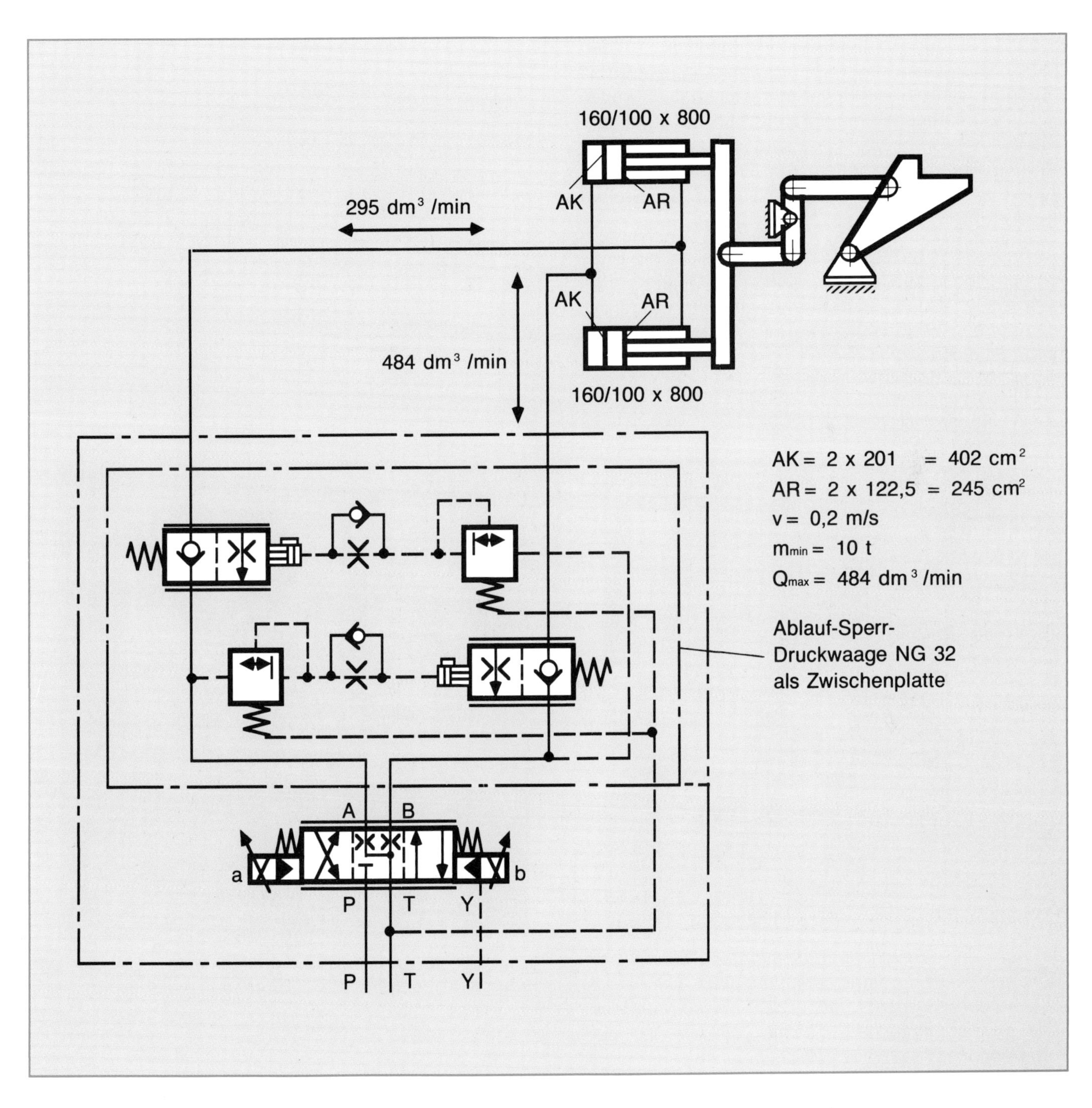
160/100 x 800
295 dm³ /min
AK
AR
AK
AR
484 dm³ /min
160/100 x 800
AK = 2 x 201 = 402 cm²
AR = 2 x 122,5 = 245 cm²
v = 0,2 m/s
mmin = 10 t
Qmax = 484 dm³ /min
Ablauf-Sperr-
Druckwaage NG 32
als Zwischenplatte
A
B
a
b
P
T
Y
P
T
Y

Hubeinrichtung in einer Schweißstraße

Die Schweißstraße ist in der Fertigung von Karosserien für PKW eingesetzt. Die Anlage hat eine Gesamtlänge von 30 m. Alle 12 Hub – Stationen werden über eine entsprechende Einrichtung gemeinsam angehoben und abgesenkt. In der Mitte des Hubes findet die Materialübernahme bzw. – ablage statt. Die Übernahmegeschwindigkeit darf 0,15 m/s nicht überschreiten, damit die eingelegten Blechteile nicht herausgeschleudert werden. Andererseits muß der Hub – bzw. Senkvorgang möglichst schnell ausgeführt werden.

Zur Anwendung kommt hier ein Proportionalventil zusammen mit elektronischen Geräten für wegabhängige Verzögerung.

Elektronische Annäherungsschalter, sogenannte Analog – Initiatoren werden entlang von Eisen – Nocken geführt. Mit der Annäherung des Initiators an den Nocken wird analog die Ausgangsspannung bis 0 Volt verringert. Diese Spannung wird auf einen dafür konzipierten Verstärker geführt und steuert so die Regelmagnete des Proportionalventils. Es handelt sich hier nicht um eine Regelung, sondern um eine wegabhängige Steuerung mit analoger Wegerfassung in der Bremsphase.

Wie im Beispiel gezeigt, kann in jeder beliebigen Position des Hubes durch einen Nocken die Geschwindigkeit auf jeden beliebigen Betrag reduziert und wieder auf den Ausgangsbetrag erhöht werden. Ausschlaggebend hierfür ist der Abstand X des Nockens von der Verbindungslinie der beiden Endnocken.

Da die analoge Wegerfassung nur im Bereich des Bremsweges wirksam sein muß, können Anlagen beliebiger Länge wie z.B. Fahrantriebe, damit ausgerüstet werden.

Zum Einsatz kommt diese Technik überwiegend, wenn mit unterschiedlichen kinetischen Energien eines Antriebes relativ wiederholgenau eine Position angefahren werden muß.

Ist die Geschwindigkeit eines Antriebes höher als ca. 1 m/s ist sie grundsätzlich der zeitabhängigen Verzögerung vorzuziehen.

Die für den Beschleunigungsvorgang benötigten 460 L/min liefert die Speichereinheit, links. Die Flügelzellenpumpe V4, rechts, füllt in den 'bewegungslosen' Phasen den Speicher. Rechts plaziert ist das Proportional – Wegeventil 4 WRZ 25.

Ein Zylinder, der zweite dient als 'stand – by' bewegt über eine Mechanik alle 12 Stationen gleichzeitig.

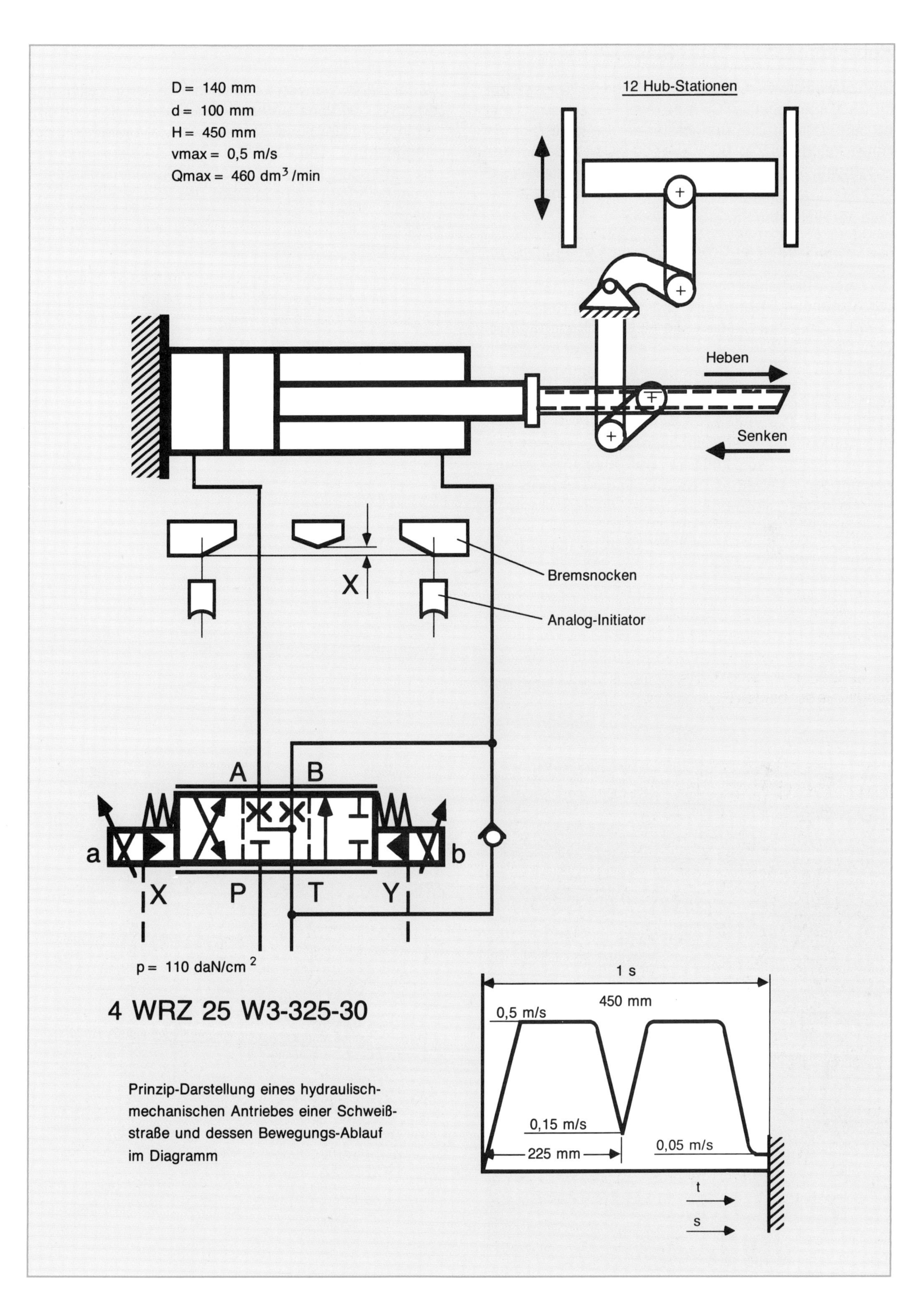

Prinzip-Darstellung eines hydraulisch-mechanischen Antriebes einer Schweißstraße und dessen Bewegungs-Ablauf im Diagramm

Kettenförderer – Fahrzylinder

Im Warmwalzwerk müssen die am Ende der Warmbandstraße aufgehaspelten Coils zu einem Lagerplatz transportiert werden. Die Temperatur der Coils beträgt am Aufwickelhaspel ca. 800 – 1000 °C. Während des Transports sollen die Coils auf ca. 500 – 600 °C abkühlen. Daher durchläuft die Transportkette häufig außerhalb der Halle eine Strecke im Freien.

Die Gesamtlänge der Coiltransportkette beträgt 280 m.

An einer Übergabestation werden die von einer kürzeren, von einem Hydromotor angetriebenen Kette kommenden Coils auf die flureben laufende Kette übergeben. Diese Kette wird von dem Fahrzylinder mit einem gleichmäßigen Takt – Hub von 3600 mm angetrieben.

Beim Hubbeginn wird der Antrieb in die Kette eingeklinkt. Nach Durchfahren des Hubes und Ausklinken des Antriebs bleibt die Kette während des Rückhubes stehen. Nach Rückkehr in die Ausgangsstellung beginnt dann ein neuer Takt, sobald die Übergabestation ein neues Coil übergeben hat.

In der bisherigen Ausführung wurde die Steuerung mit mehreren Geräten aufgebaut. Eine optimale Einstellung war kompliziert und zeitaufwendig.

In der neuen Konzeption wird die Steuerung allein mit einem Proportional – Wegeventil realisiert. Dies ist entschieden kostengünstiger und sehr viel einfacher in der Handhabung. Die Einstellung der Anfahr – und Abbremsrampen sowie der Geschwindigkeiten erfolgt auf einfache Art auf der Frontplatte des Verstärkers.

Steuerung in der neuen Konzeption mit Proportional – Wegeventil

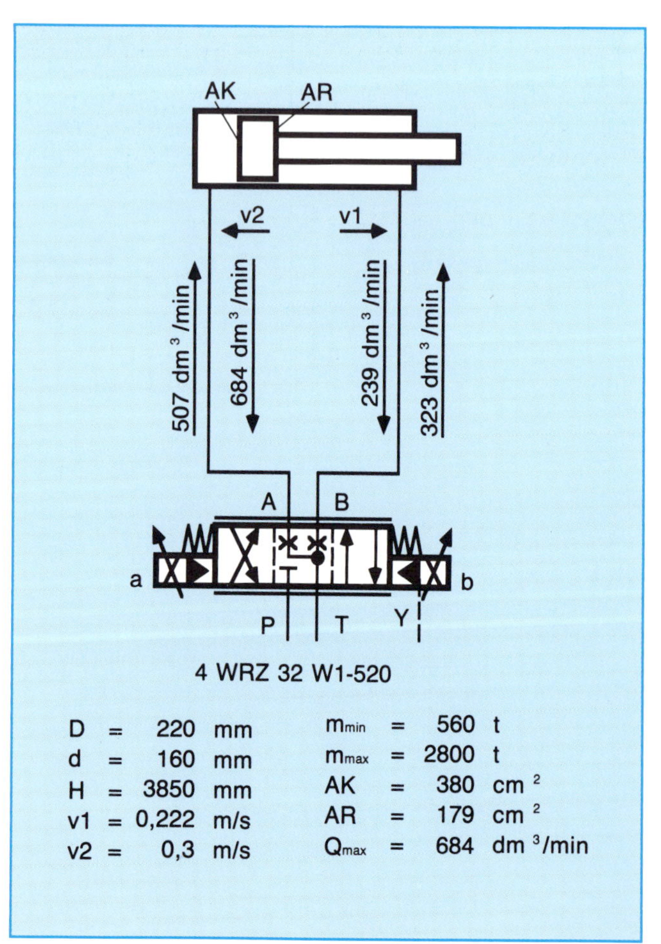

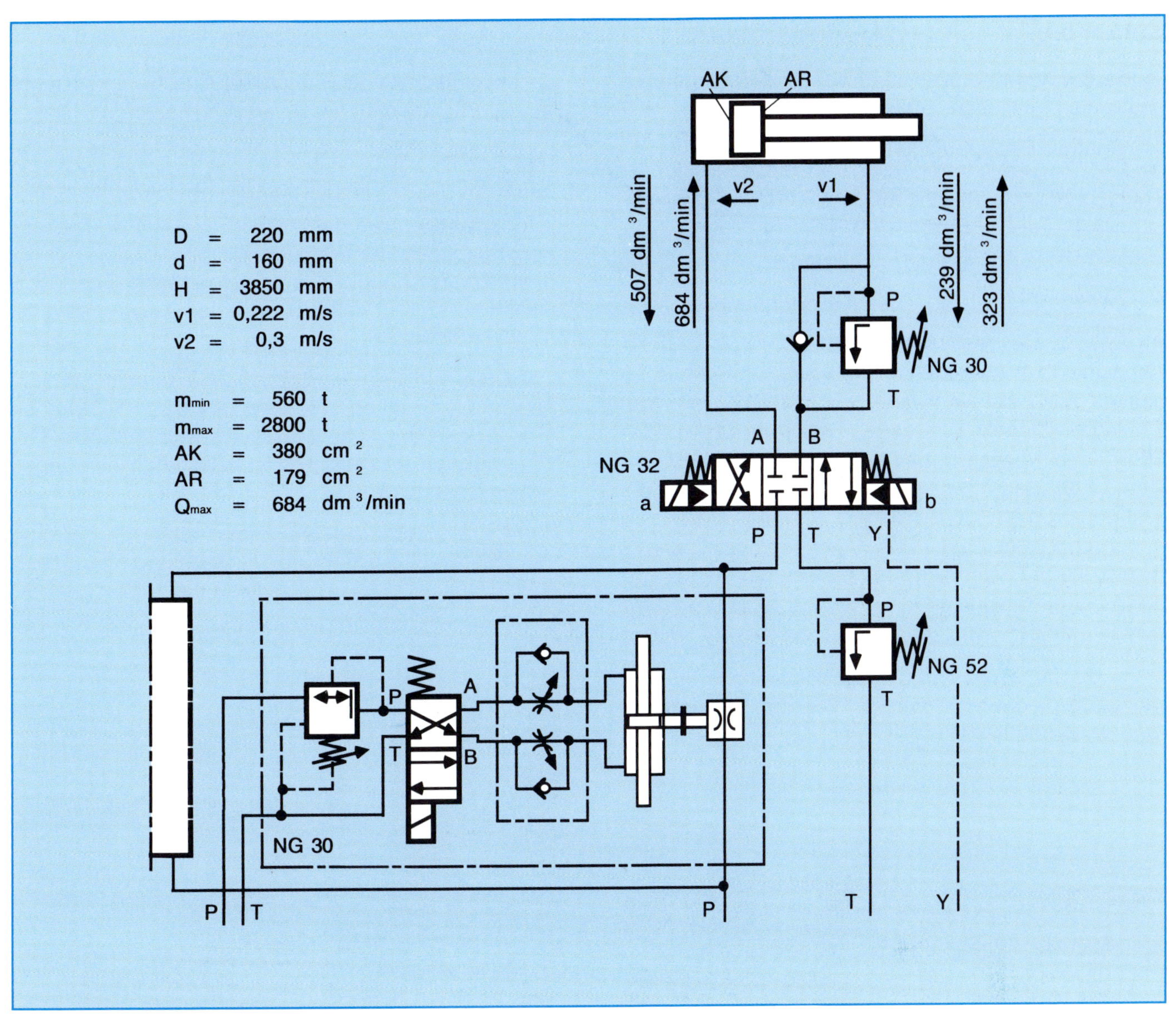

Steuerung in der bisherigen Ausführung

Steuerung für Luftfracht – Hebebühne

An die Steuerung werden nachstehende Bedingungen gestellt:

- stoßfreie Beschleunigung und Abbremsung
- lastunabhängige Geschwindigkeitssteuerung in allen Fahr – Phasen
- leckölfreie Absperrung im Stillstand
- geringe Verlustleistung bei Konstantpumpen – betrieb.

Konstante Geschwindigkeit, unabhängig von der Belastung, wird bei Aufwärtsfahrt erreicht mit der 3 – Wege – Zulaufdruckwaage (Pos.3) als DB – Logik. Diese Druckwaage hat eine Regelfeder von 4 daN/cm². Durch Entlasten mit dem Wegeventil (Pos.6) läuft die Pumpenfördermenge mit diesem geringen Druck von 4 daN/cm² zum Tank. Das Druckbegrenzungsventil (Pos.5) in der Lastdruckleitung erlaubt, das Regel – Δp zu variieren. Im vorliegenden Fall sind 10 daN/cm² eingestellt. Mit dem Druckbegrenzungsventil (Pos.4) wird der Maximaldruck der Pumpe eingestellt.

Der Pumpendruck stellt sich bei Aufwärtsfahrt selbsttätig auf den erforderlichen Lastdruck + Regel Δp von 10 daN/cm² an der Blende = Steuerkante P nach A ein.

Im Stillstand und bei Abwärtsfahrt wird der E – Motor der Konstantpumpe abgeschaltet. Deshalb ist dann für die Steuerölversorgung des Proportionalventils (Pos.1) und der Ablauf – Druckwaage (Pos.2) das Wege – Sitzventil (Pos.7) erforderlich.

Das Druckgefälle an der Steuerkante A nach T wird bei Abwärtsfahrt durch die Ablauf – Sperrdruckwaage (Pos.2) konstant gehalten. Damit wird auch die Geschwindigkeit, unabhängig von Belastungsänderungen konstant gehalten.

Zusätzlich übernimmt die Ablauf – Sperrdruckwaage die leckölfreie Absperrung im Stillstand und Rückschlagventil – Funktion bei Aufwärtsfahrt.

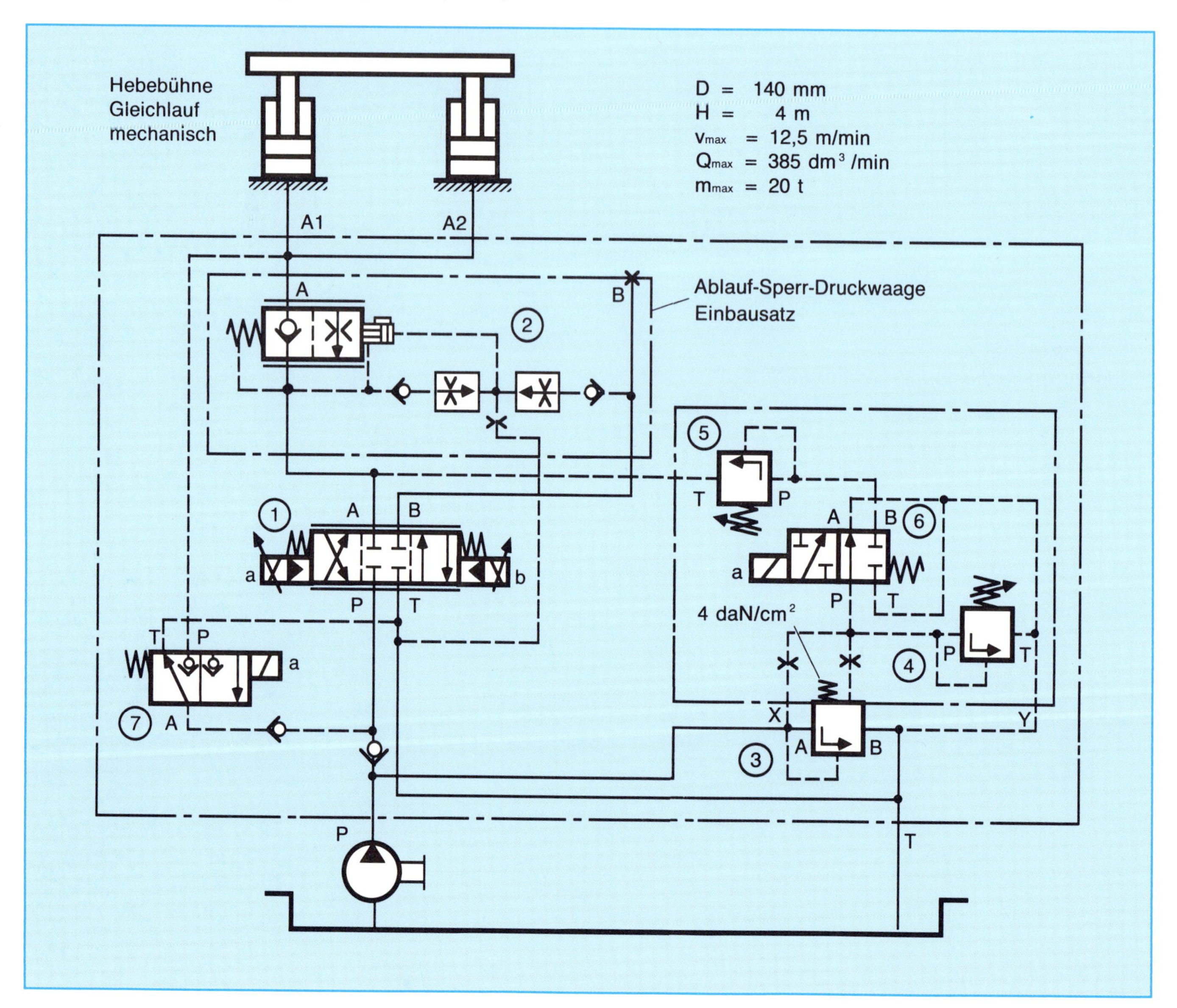

Stapeleinrichtung in der Papierindustrie

Um eine Druckübersetzung an den Differentialzylindern zu vermeiden, ist eine 2 – Wege – Zulaufdruckwaage (Zwischenplatte) eingesetzt.

Die negative (ziehende) Last erfordert dann ein Bremsventil. Die Last muß bei Abwärtsfahrt durch das Bremsventil übernommen werden um zu gewährleisten, daß das Druckgefälle von P nach B am Proportional – Wegeventil mit 8 bar konstant bleibt.

Mit einem Wechselventil erfolgt der Lastdruck – Abgriff in den Verbraucherleitungen. Dieses Wechselventil ist in die Druckwaage integriert.

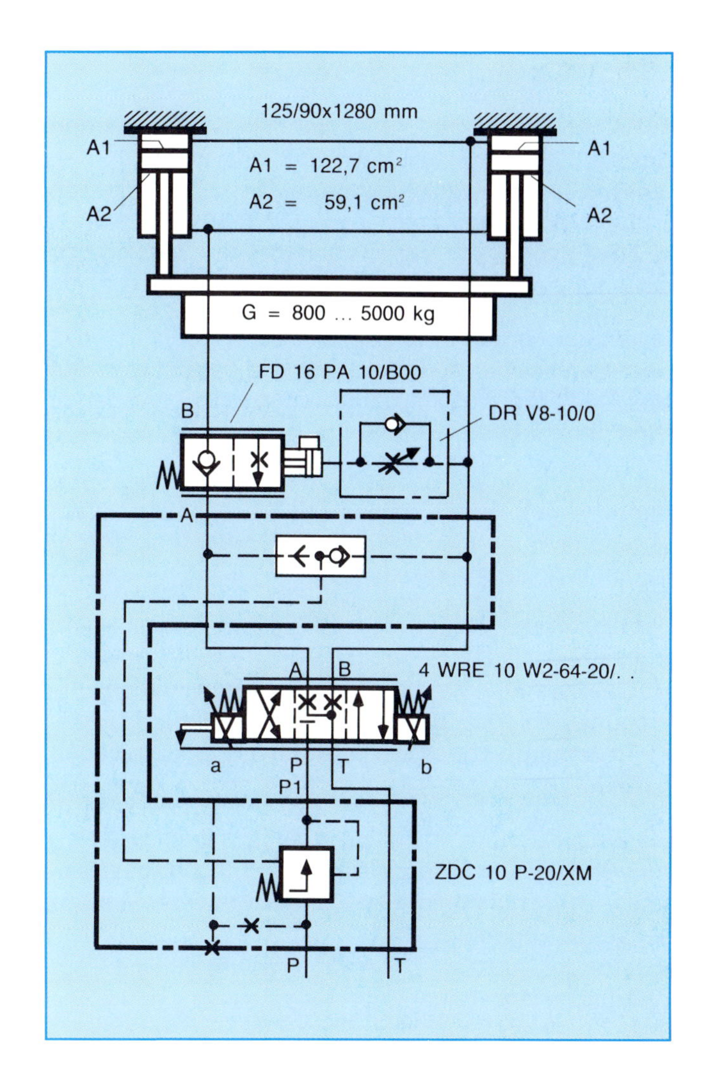

Manipulierwagen an 2 Pressen

Auf einer Warmform – und Warmziehpresse werden Gasflaschen hergestellt. Der Transport zwischen den Pressen und die Beschickung laufen vollautomatisch ab. Der Manipulierwagen – bestehend aus Oberwagen für Längsfahren und Unterwagen für Ein – und Ausfahren – führt alle Bewegungen aus.

Betrachtet werden sollen hier die Fahroperationen des Oberwagens. Der maximale Fahrweg beträgt 6 m. Auf dieser Strecke müssen 5 Positionen relativ weggenau angefahren werden.

Der Antrieb erfolgt über Hydromotor, Ritzel und Zahnstange direkt. Zur Steuerung der Bewegungen ist ein vorgesteuertes Wege – Proportionalventil (Pos. 1) der Type 4 WRZ 16 E 100 eingesetzt.

Die elektrische Steuerung des Antriebs wird mit dem digitalen Positionier – Verstärker VT – 4630 realisiert. Mit diesem Verstärker werden hydraulische Antriebe mit Proportional – oder Servoventil – Steuerungen in Positionen gefahren, die digital im BCD – Code vorgegeben werden.

Die Wegerfassung erfolgt inkremental mit einem Drehimpulsgeber oder Glasmaßstab. Vor Erreichen der Position wird wegabhängig abgebremst, wobei der Sollwert der Ventil – Endstufe bis Null reduziert wird. Das Ventil ist dann geschlossen. Der Anfahrvorgang wird mit einer Zeitrampe eingestellt.

Der Verstärker ermöglicht wahlweise die Positionsvorgabe intern über 5 – stellige Dekadenschalter als auch extern über eine frei programmierbare Steuerung. Ebenso kann die 5 – stellige Positionsanzeige alternativ intern oder extern installiert werden.

Bei externer Positionsvorgabe über eine PC – Steuerung ist die Zahl der Positionen beliebig. Bei interner Vorgabe ist die Zahl der Positionen auf 9 beschränkt.

Die Einstellung der Geschwindigkeiten, Anfahrrampen, Abbremsrampen (für Tippbetrieb) und Bremsweg für wegabhängiges Abbremsen erfolgt auf der Frontplatte des Verstärkers mit Potentiometern. Die Positionsvorgabe für die 5 anzufahrenden Positionen erfolgt extern aus der PC – Steuerung.

Der Weg wird hier mit einem inkrementalen Drehimpulsgeber mit 1250 Impulsen/Umdrehung erfaßt. Bei einem Ritzeldurchmesser d0 = 159 mm ergeben 2 Umdrehungen = 1 m Fahrweg = 2500 Impulse. Diese Impulszahl wird in einer entsprechenden Einrichtung auf dem Verstärker vervierfacht. Somit wird 1 m Fahrweg in 10.000 Impulse (1 Impuls = 0,1 mm) aufgelöst. Damit wird die geforderte Positionsgenauigkeit von ± 1 mm sicher erreicht.

Für den Bremsvorgang stehen auf dem Verstärker 10.000 Impulse = 0 ... + 10 V zur Verfügung. Der errechnete Bremsweg beträgt 0,75 m = 7.500 Impulse.

Zum Schutz des Hydromotors bei "Not – Aus" – das Proportionalventil schließt hierbei nicht mehr kontrolliert über Zeitrampe oder wegabhängige Bremseinrichtung, sondern mit der minimalen Eigenschließzeit von ca. 70 ms – ist die Abspritz – und Nachsaugeeinrichtung (Pos. 2) installiert.

Damit die Füllung der Zulaufseite gewährleistet bleibt, ist es zweckmäßig ein Rückschlagventil (Pos. 3) mit 3 bar Öffnungsdruck in der Tankleitung vorzusehen.

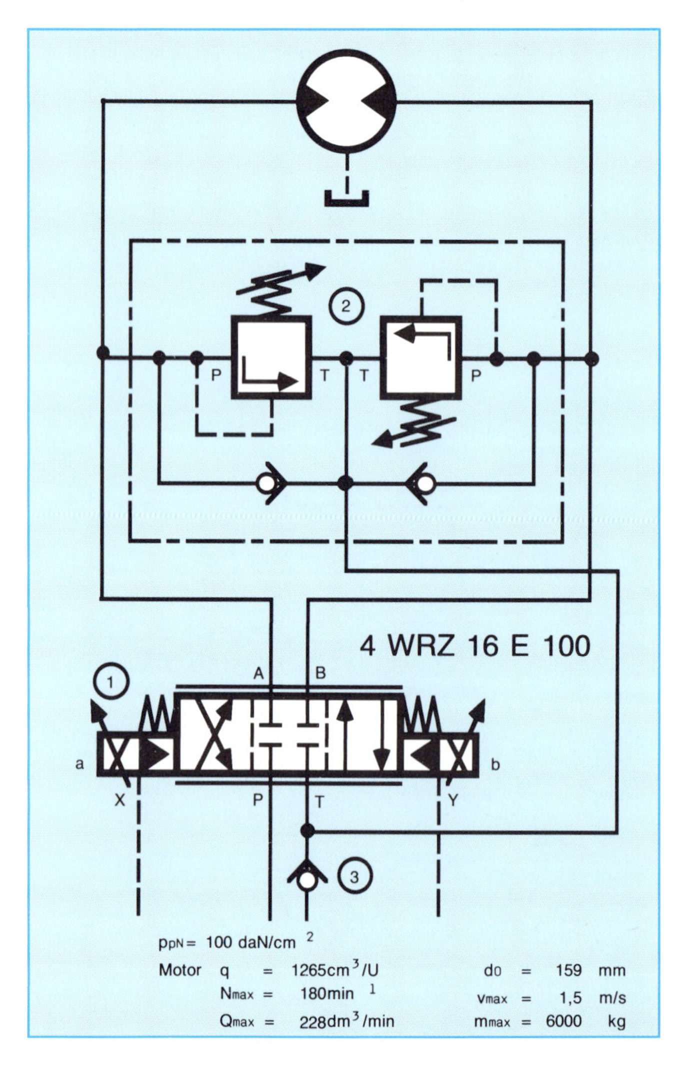

Schlitteneinheit

Schlitteneinheiten an Transferstraßen haben überwiegend Zylinder mit Flächenverhältnissen 1 : 2. In diesen Fällen wird die Differentialschaltung angewandt. Kompakt – Steuerblöcke in den NG 6, 10 und 16 als Baukasten konzipiert, werden direkt auf die Einheitenzylinder aufgebaut. Das Proportional – Wegeventil (Pos.1) als Eilgangventil ermöglicht stoßfreies Anfahren und Abbremsen relativ großer kinetischer Energien. Eilganggeschwindigkeiten bis 25 m/min werden bei zeitbestimmenden Einheiten in Transferstraßen häufig realisiert. Mit dem Stromregler (Pos.2) wird die Vorschubgeschwindigkeit auf konventionelle Art eingestellt.

Am lastabhängigen Gegenhalteventil (Pos.3) stellt sich in jeder Phase des Bearbeitungsvorgangs automatisch ein optimaler Gegendruck ein.

Die Einstellung der Eilganggeschwindigkeit sowie der Beschleunigungs – und Verzögerungswerte wird auf sehr einfache Art am elektrischen Verstärker vorgenommen.

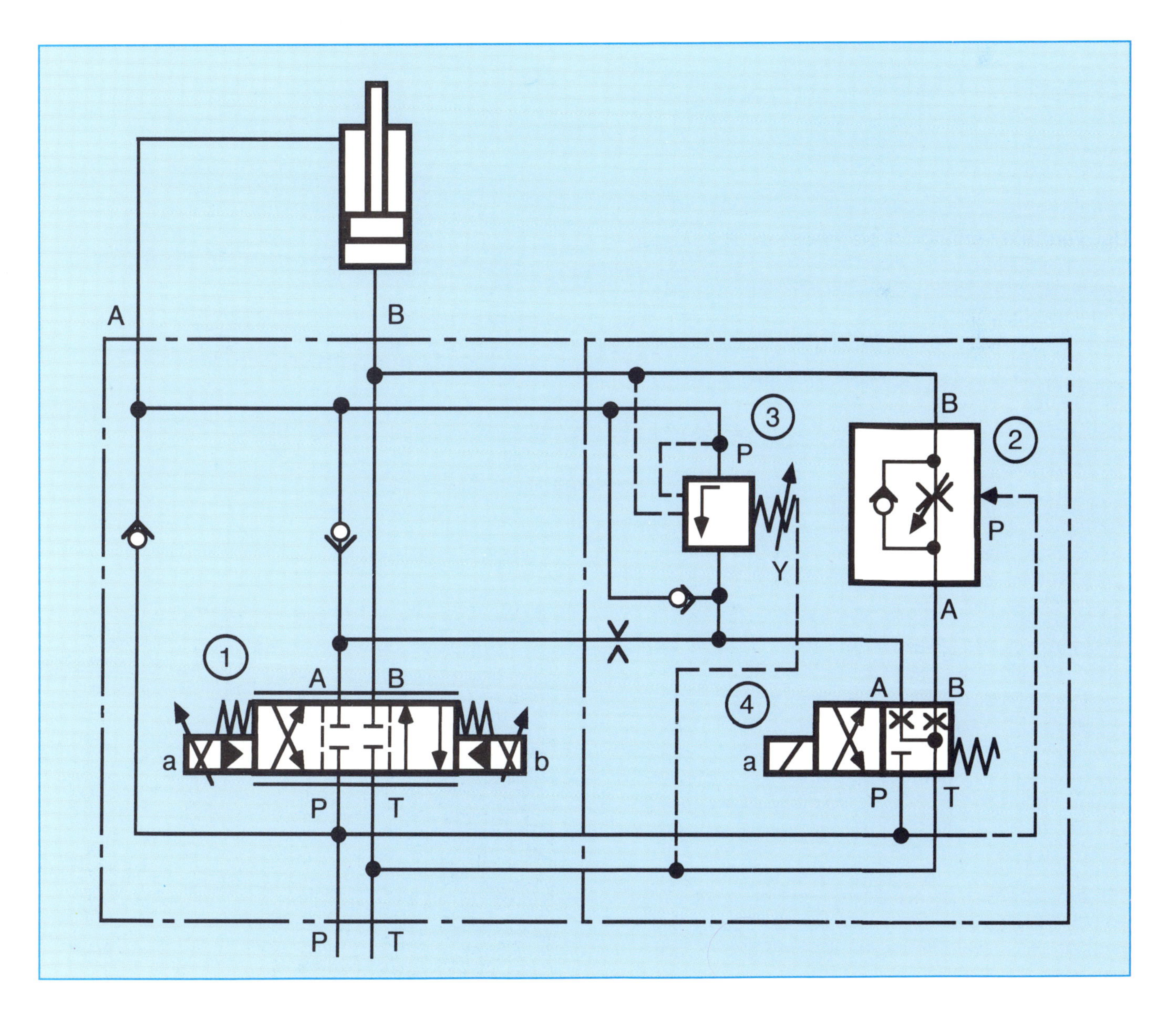

Plattformsteuerung in einem Theater

Anforderungen an die Hydraulik:

1) Absolut ruckfreies Anfahren und Abbremsen aller Bewegungsvorgänge
2) Stufenlos regelbare Geschwindigkeit
3) Gleichlauf der beiden Schwenkarme

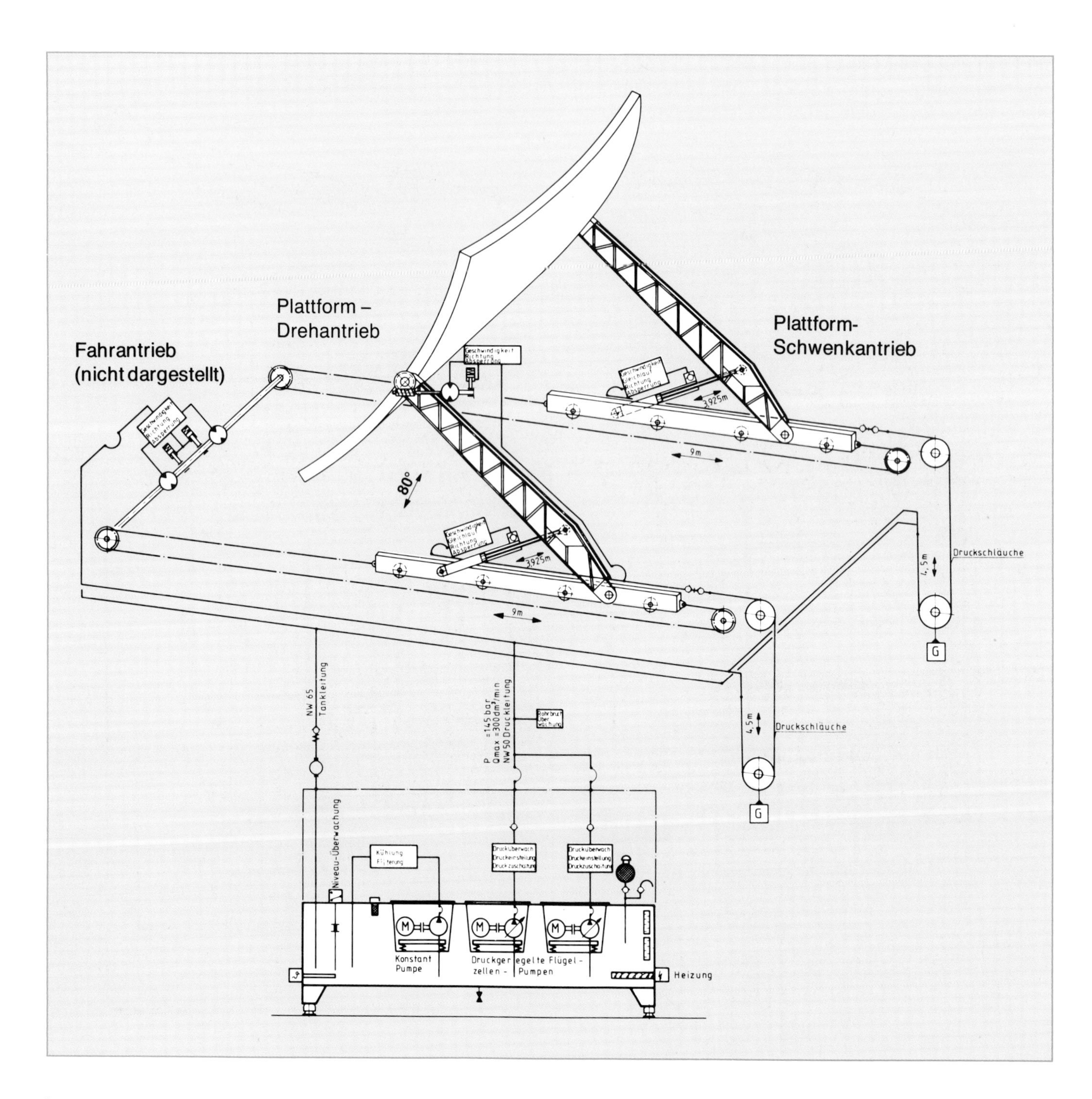

Plattform – Schwenkantrieb

Das Heben und Senken der Plattform erfolgt über je einen an den Schwenkarmen angreifenden Zylinder. Die Zylinder sind am Fahrwagen und am Schwenkarm mittels Gelenklagern allseitig beweglich angelenkt. Die Hub – und Senkbewegung erfolgt mit vorgesteuerten Wege – Proportionalventilen (Pos.2) im geschlossenen Regelkreis. Die relativ geringe Dynamik des Antriebs erlaubt den Einsatz dieser Geräte.

Infolge der Kinematik des Systems treten über den Hub der Zylinder sehr unterschiedliche Kräfte auf. Den Proportional – Wegeventilen vorgeschaltete Druckwaagen (Pos.1) kompensieren den Einfluß dieser unterschiedlichen Kräfte. Die Regelung muß nur noch den Gleichlauffehler ausregeln.

Die Erfassung der Schwenkwinkel erfolgt mit Drehpotentiometern im Anlenkpunkt der Zylinder am Fahrwagen.

Bei den gegebenen Zylinder – Flächenverhältnissen von 1 : 2,54 ist der Einsatz von Ablauf – Druckwaagen nicht möglich. Deshalb sind neben den Zulauf – Druckwaagen in den P – Leitungen, Bremsventile (Pos.3) in den A – Leitungen erforderlich. Damit ist auch leckölfreie Absperrung der Kolbenbodenseiten im Stillstand gewährleistet.

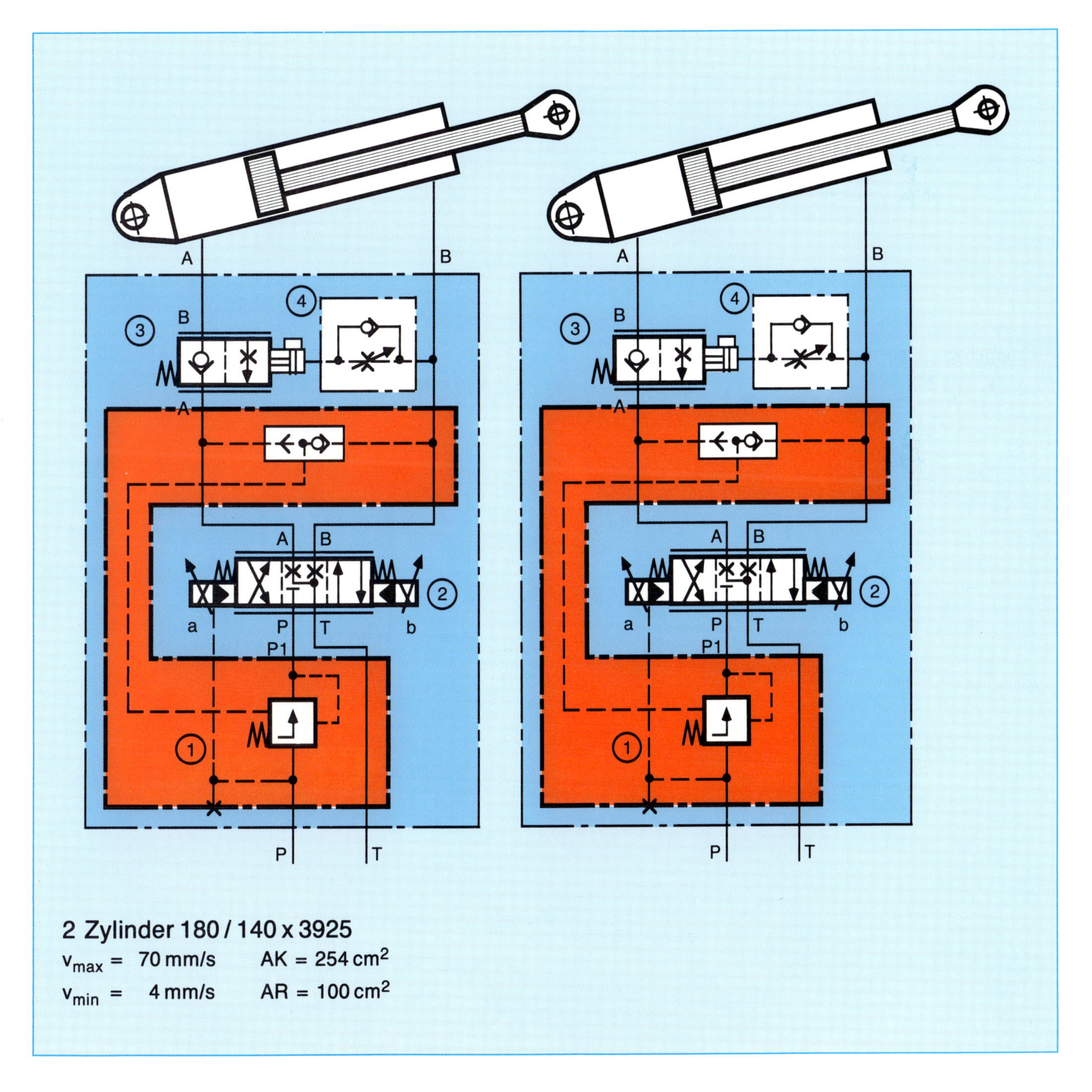

Plattform – Drehantrieb

Das Drehen (Neigen) der Plattform um ihre Mittelachse erfolgt mit einem Hydromotor über ein Schneckengetriebe mit der Übersetzung 150 : 1. Die Drehgeschwindigkeit der Plattform muß stufenlos von nahe null bis 1 min^{-1} regelbar sein. Deshalb ist ein Axialkolben – Langsamläufer der Baureihe MCS eingesetzt. Dieser Motor gewährleistet bei den gegebenen Verhältnissen geringe Drehmomentschwankungen und keine größeren Druckschwankungen – eine minimale ruckfreie Drehzahl von 0,5 min^{-1}.

Zur Lastkompensation ist eine Zulauf – Druckwaage (Pos.1) dem Wege – Proportionalventil (Pos.2) vorgeschaltet. Eine Ablauf – Druckwaage ist deshalb nicht möglich, weil bei dem Betriebsdruck von 150 daN/cm^2 der Motor zu hoch belastet würde. Der zulässige Summendruck des Motors beträgt max. 300 daN/cm^2. Der in der Bremsphase auftretende Bremsdruck müßte dem doppelten Betriebsdruck aufaddiert werden. Der max. zulässige Summendruck würde dann überschritten.

Die Zulauf – Druckwaage bewirkt nur dann eine Lastkompensation – Konstanthalten des Δp an der Blende – wenn die Lastrichtung positiv ist. Deshalb sind in die Verbraucherleitungen A und B Bremsventile (Pos.3) eingebaut. Eine weitere Aufgabe dieser Geräte ist , aus Sicherheitsgründen im Stillstand leckölfrei abzusperren. Damit die Plattform sicher in jeder beliebigen Position festgehalten wird – Leckage am Motor! – ist der Motor mit einer hydraulisch lüftbaren Lamellenbremse ausgerüstet.

Die Steuerung des Antriebes, d.h. die Betätigung des Wege – Proportionalventils erfolgt manuell mit einem Handsteuergeber.

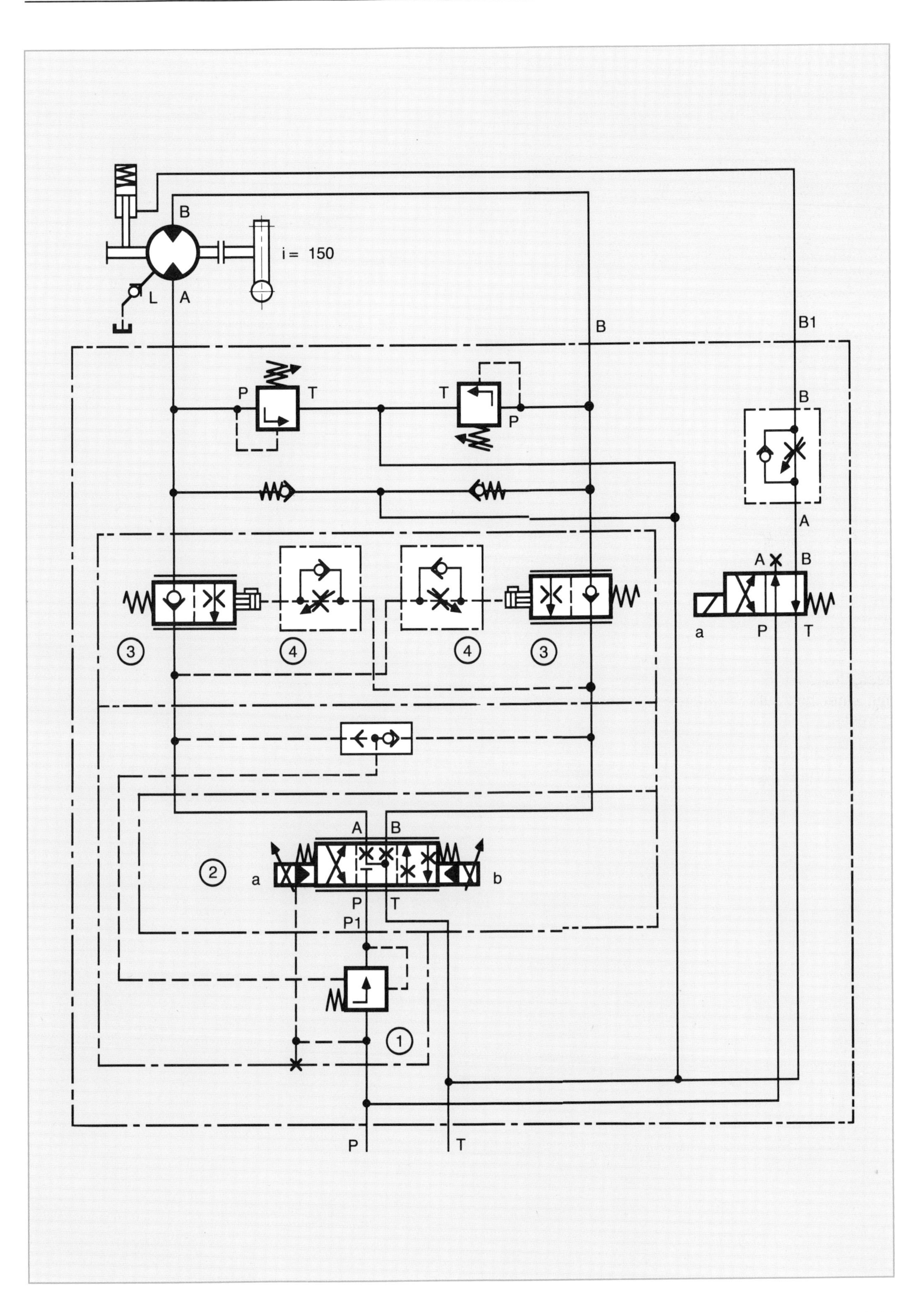
B
L
A
i = 150
B
B1
P
T
T
P
B
A
A
B
a
P
T
3
4
4
3
2
A
B
a
b
P
T
P1
1
P
T

Spritzgießmaschine

Die hohen Anforderungen, die bei modernen Spritzgießmaschinen an die Kontinuität der Qualitätsmerkmale von Spritzteilen gestellt werden, verlangen immer häufiger eine Spritzprozessregelung. Der Streubereich der Werkstückdaten ist dabei bis zu neun mal kleiner als bei nicht geregelten Maschinen. Das Ein – bzw. Anfahren einer geregelten Maschine ist bereits nach wenigen Zyklen abgeschlossen. Die verlangte Konstanz in den Qualitätsmerkmalen der Teile ist dabei erreicht.

Eine weitere Qualitätssteigerung, auch an komplizierten Teilen, ist zu erreichen, wenn eine Werkzeug – Innendruckmessung in den Regelkreis aufgenommen wird.

Der Verlauf der Einspritzgeschwindigkeitskurve ist verfahrenstechnisch ermittelt.
Der Hub des Spritzzylinders wird von einem Wegmeß – System erfaßt und entsprechend verarbeitet.
Der so gebildete Istwert wird mit dem Sollwert der Einspritzkurve verglichen und korrigiert.

Beim Spritz – bzw. Nachdruck kann, sofern die Werkzeug – Innendruckmessung angewandt wird, der Form – Innendruck unabhängig von der Viskosität der Schmelze sehr genau einer vorgegebenen Nachdruckkurve nachgeführt werden.

Die Umschaltung von Geschwindigkeitsregelung in Druckregelung kann entweder "einspritzwegabhängig" oder "masse – innendruckabhängig" erfolgen.

Der Staudruck beim Plastifizieren wird ebenfalls einer verfahrenstechnisch ermittelten Kurve nachgeführt.

Alle Regelvorgänge werden vom Regelventil 4 WRDE 52 V ausgeführt. Die Regelelektronik ist in Mikroprozessortechnik ausgeführt. Der Analog – Regler für das Ventil ist als Hardware – Regler aufgebaut.

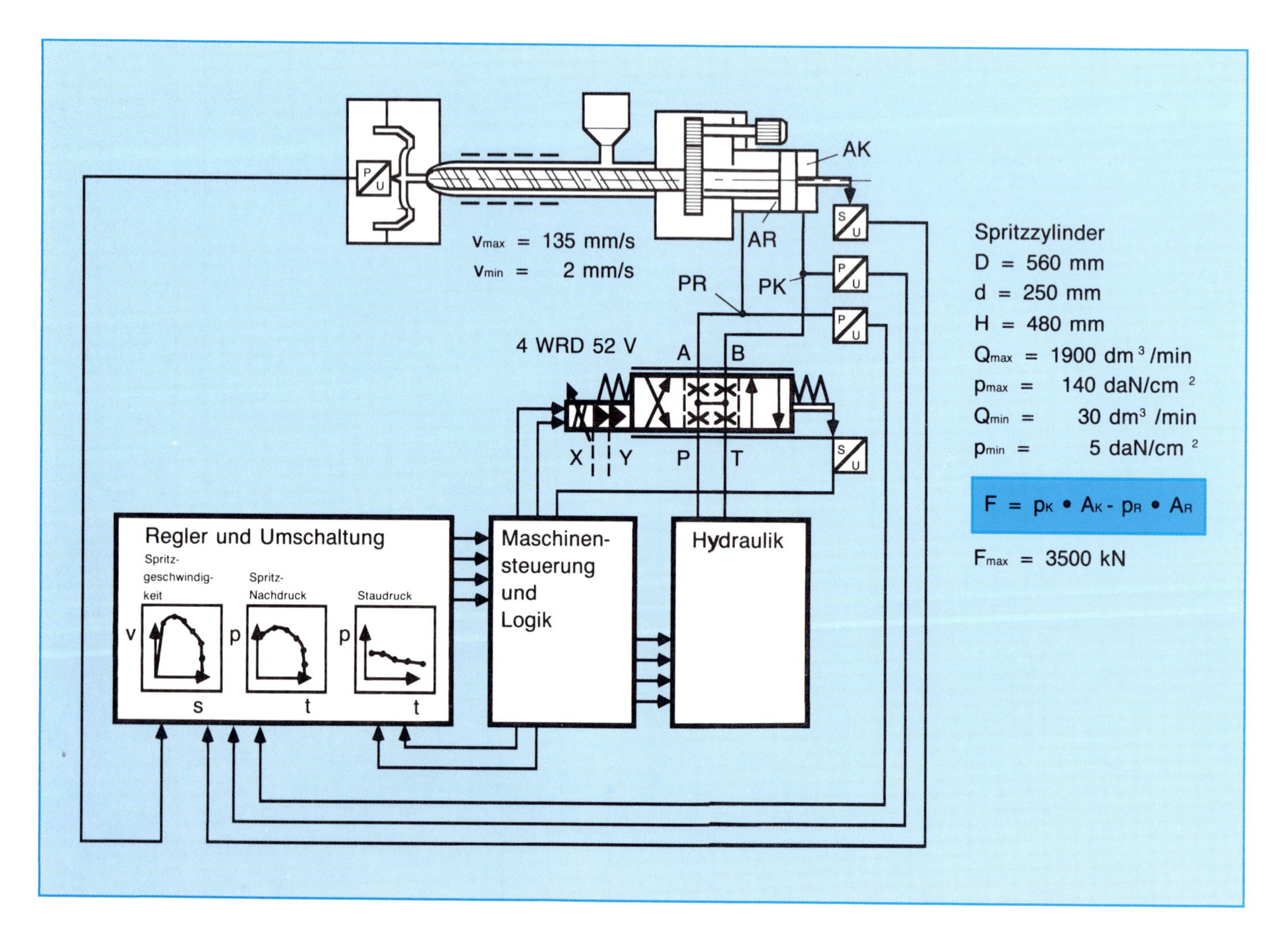

Notizen

Notizen

Zirpel, M.	Operations-Verstärker Franzis-Verlag, München
Siemens	Elektrische Vorschubantriebe für Werkzeugmaschinen Siemens Aktiengesellschaft, Erlangen
Backè, W.	Servohydraulik Umdruck zur Vorlesung, Aachen
Föllinger, O.	Regelungstechnik AEG-Telefunken AG, Berlin
Harms, G.	Linear-Verstärker Vogel-Verlag, Würzburg
Bauer, G.	Ölhydraulik Teubner Studienskripten, Stuttgart
VdEh	Seminarunterlagen Servohydraulik, Düsseldorf
Flieger, K.	Regelungstechnik, Grundlagen und Geräte Hartmann u. Braun, Frankfurt
Friedrich	Tabellenbuch Elektrotechnik Ferd. Dümmler-Verlag, Bonn
Samson	Regelungstechnische Informationen Samson Apparatebau AG, Frankfurt
Zygo	Berührungsfreies Laserscanner-Meßsystem Zygo LTS
Mann/Schiffelgen	Einführung in die Regelungstechnik Carl Hanser Verlag, München
(Firmenbroschüre)	Digital-technische Mittel Fa. Fraba, Köln
(Firmenbroschüre)	Längenmeß-Systeme, Winkelcodierer Dr. Johannes Fa. Heidenhain, Traunreut
Panzer-Beitler	Arbeitsbuch der Ölhydraulik Projektierung und Betrieb, 2.Auflage Krausskopf-Verlag, Mainz